U0052329

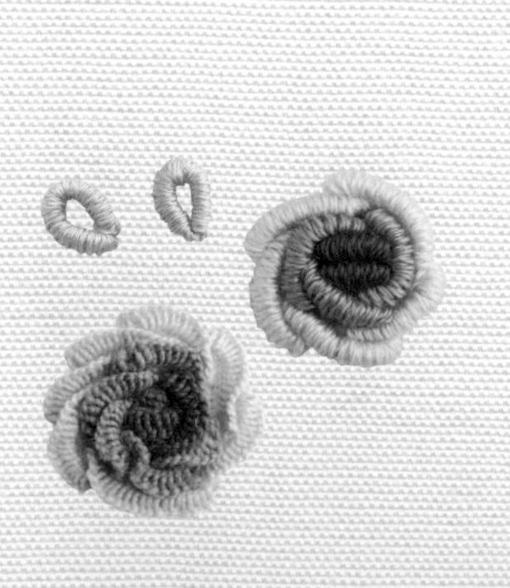

一本搞定！初學者的

刺繡基礎教科書

アトリエFil ◎著

豐富收錄100款刺繡技法・小訣竅・繡名由來，
新手必備的最強刺繡指南！

contents

前言

刺繡的歷史距今超過兩千年，原本只是補強衣物的技術，後來成為裝飾衣物的技法，透過人類之手傳承。如今所使用的刺繡技法大多都是在古早之前就發明出來，完備已久。

歷經各個國家和時代，經手的刺繡看似相同，但繡法卻有些許不同或是名稱不盡相同。有時不知道哪個才是正確的，本書盡可能收集一般的繡法，並將其他名稱也網羅入內，讓您能夠一目了然的理解。

刺繡就跟其他手作相同，是需要花費時間完成的技藝，希望在運用本書完成作品之外，還能讓您享受每一次入針的刺繡時光。

アトリエFil
清　弘子
安井しづえ

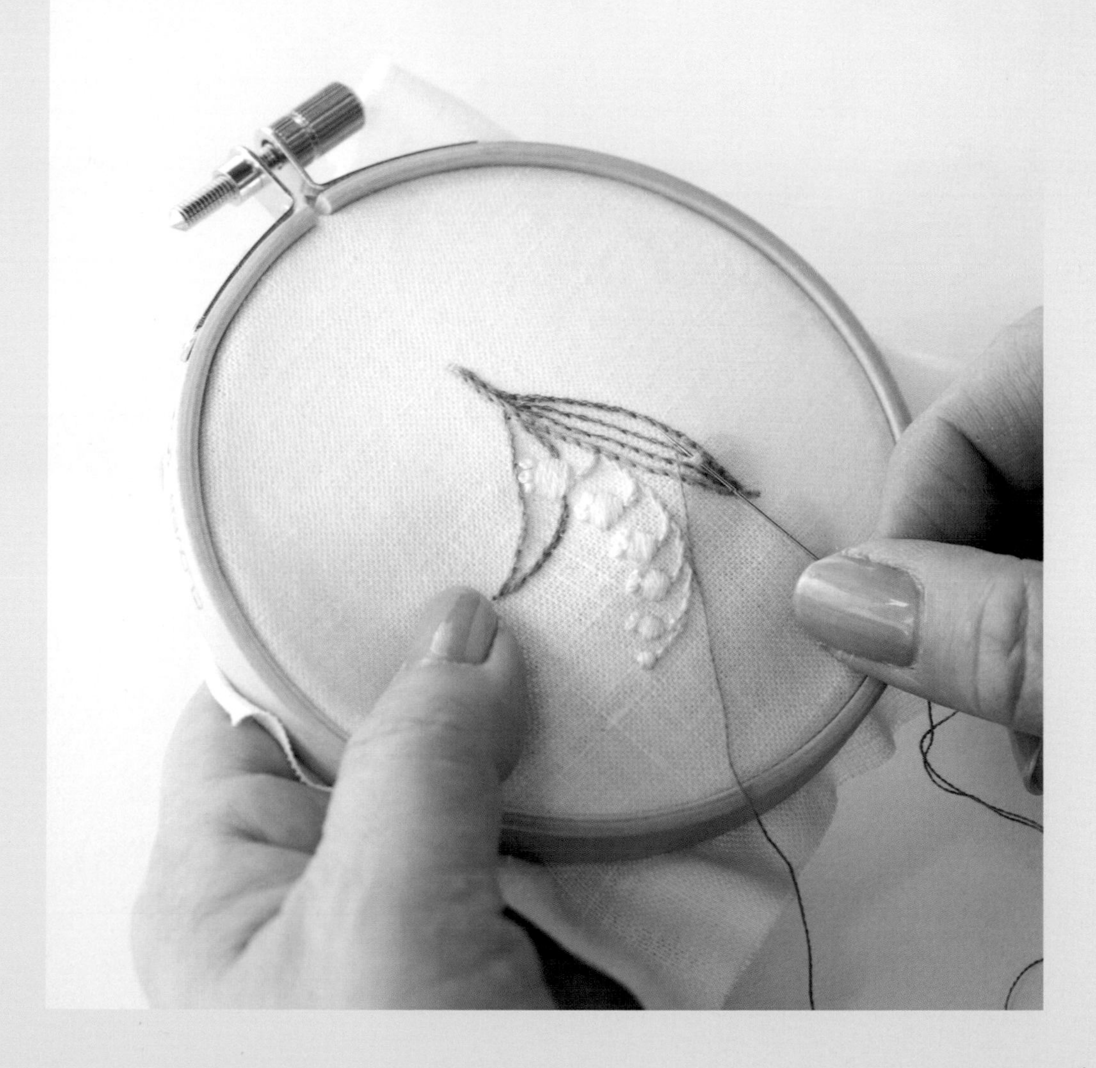

繡法一覽表

線條&緣飾繡

填滿繡

十字繡

立體繡

抽紗繡

挪威Hardanger繡

刺繡的基礎

關於繡線

25號繡線

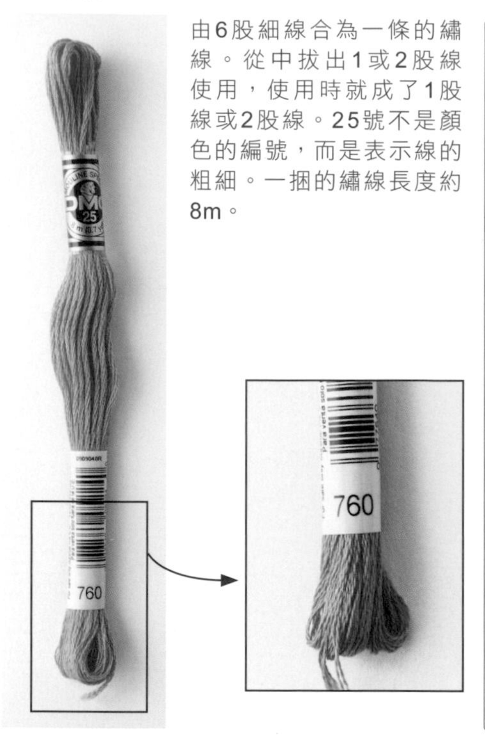

由6股細線合為一條的繡線。從中拔出1或2股線使用，使用時就成了1股線或2股線。25號不是顏色的編號，而是表示線的粗細。一捆的繡線長度約8m。

製造商不同，顏色編號也會不同。

繡線的顏色編號會因為製造商而有所不同。市面上除了DMC牌的繡線外，還有Olympus、Cosmo等多種品牌販售。本書使用的繡線是DMC牌。

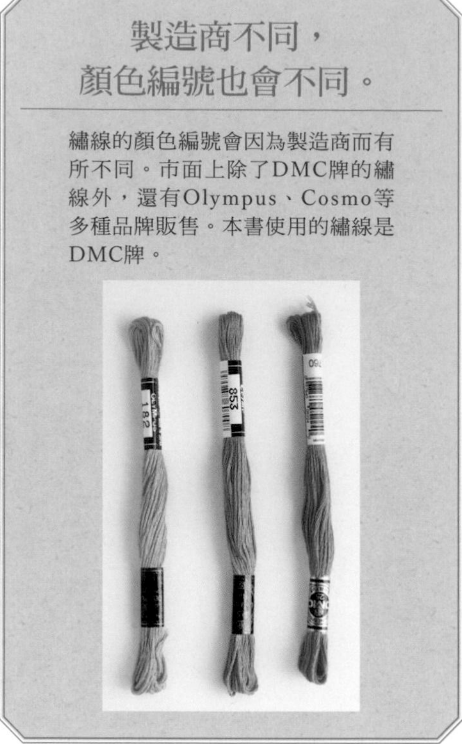

5號繡線
（棉珍珠線）

比25號繡線粗，緊緊纏繞在一塊的繡線。這個繡線沒法鬆開使用，所以只能使用1股線。一捆線的長度為25m。

8號繡線
（棉珍珠線）

比5號繡線還要細。
捲成球形販售。

12號繡線
（棉珍珠線）

比8號繡線還要細的線。

關於棉珍珠線

5號、8號、12號繡線的另一個名稱叫作棉珍珠線。
棉珍珠線是堅固有光澤且好幾條纏繞在一起的線。
因為纏繞得很緊，所以也可以當作一股線使用。
不同製造商有時會將之叫作「珍珠棉線」。

其他的繡線

A

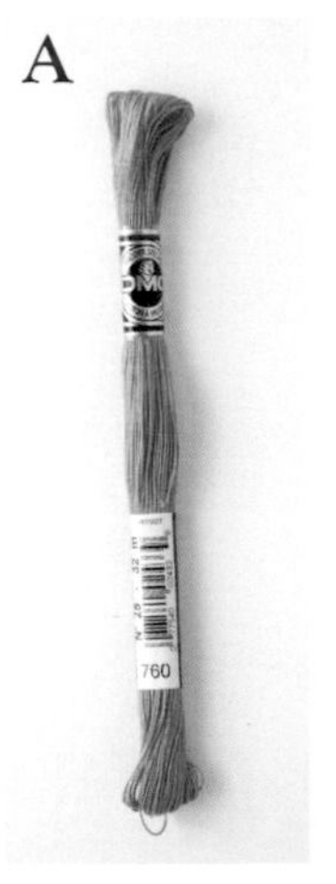

B

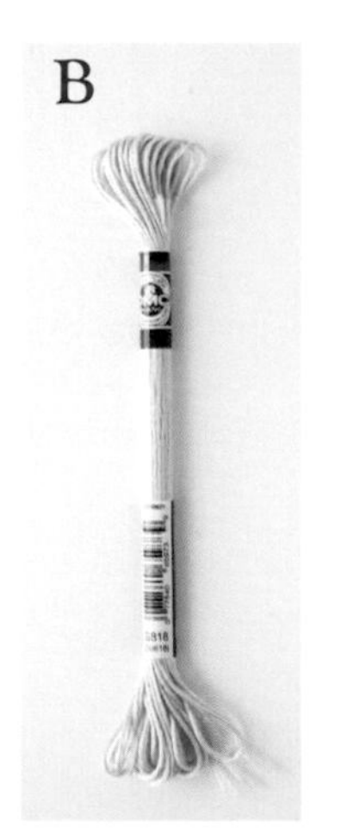

C

D

A A Broder
B 緞絲線
C 羊毛繡線
D 金銀線

A是4條細線纏繞在一起、可以當作一股線使用的繡線。25號、20號、16號也都是粗細不同的繡線。B是以嫘縈製成、有光澤的繡線。其他還有像是毛線、以羊毛製成的繡線（C），及金線、銀線（D）等。

線的實際大小

25號1股線
25號6股線
8號繡線
5號繡線

關於繡針 專用繡針各有千秋，以配合繡線的粗細及種類。

法國繡針

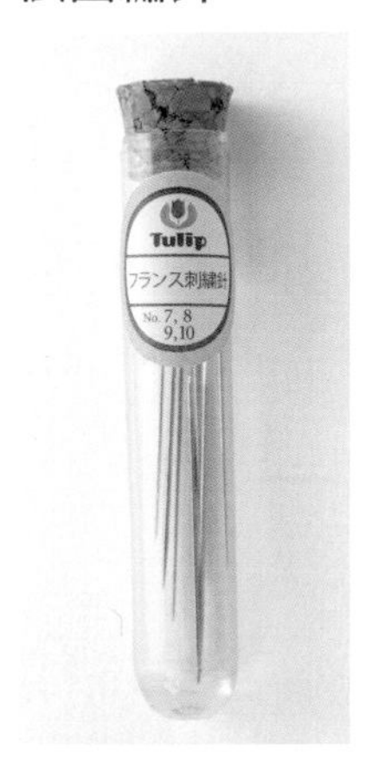

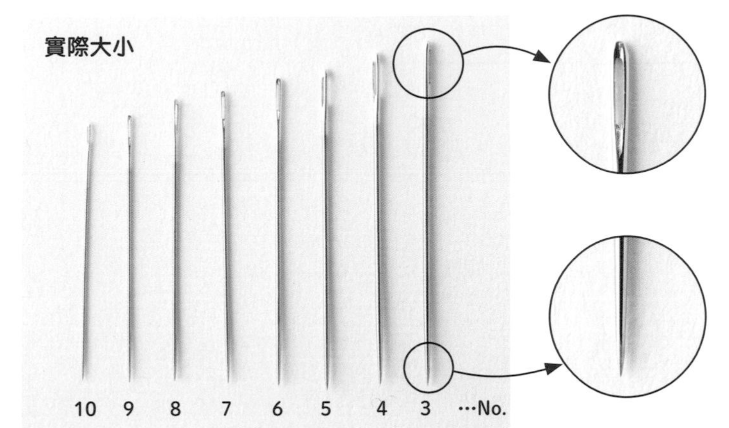

法國繡針的針頭十分尖銳。針的No.（號碼）越大代表繡針越細越短。包裝盒上會標示繡針的尺寸，敬請檢查確認。

法國繡針 VS 十字繡繡針分辨法

只要比較針孔就能分辨。
十字繡繡針的針孔較大。

捲線繡繡針

實際大小

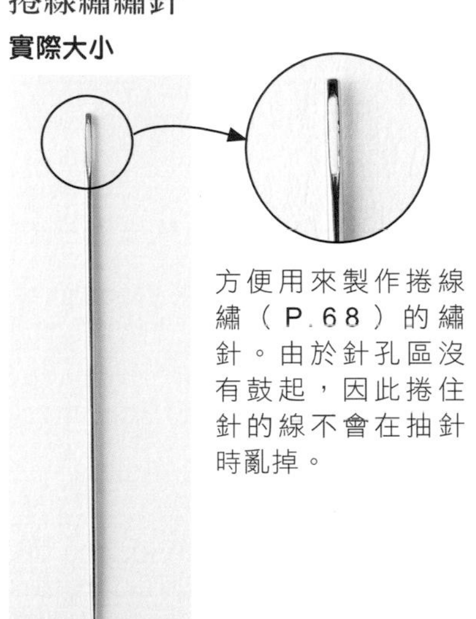

方便用來製作捲線繡（P.68）的繡針。由於針孔區沒有鼓起，因此捲住針的線不會在抽針時亂掉。

十字繡繡針 ※

實際大小

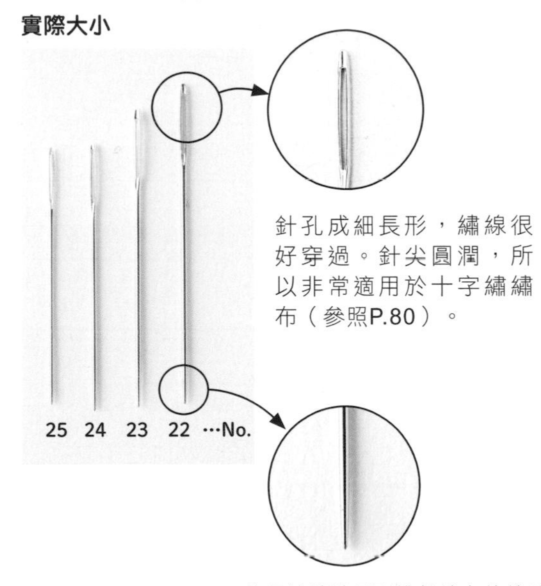

針孔成細長形，繡線很好穿過。針尖圓潤，所以非常適用於十字繡繡布（參照P.80）。

※使用的繡法需要挑起繡布的線時，也可以使用十字繡繡針。由於針頭圓潤，十分適用於挑起線的繡法。

絨線針

實際大小

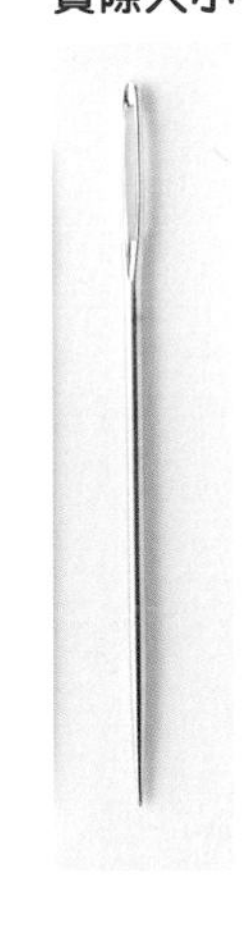

針孔大針頭尖銳。當要在布目緊的布上繡上粗線、毛線或緞帶時就很好用。

法國繡針＆繡線表

No.10　No. 9	25 號繡線 1 股線
No. 8　No. 7	25 號繡線 2 股線
No. 6　No. 5	25 號繡線 2 至 4 股線／ 8 號繡線
No. 4　No. 3	25 號繡線 5 至 6 股線／ 5 號繡線

十字繡繡針＆繡線表

No.25　No. 24	25 號繡線 1 股線
No. 23	25 號繡線 2 股線
No. 22	25 號繡線 2 至 4 股線

※十字繡繡針的編號會根據製造商而有所不同。

關於繡針的保存・・・

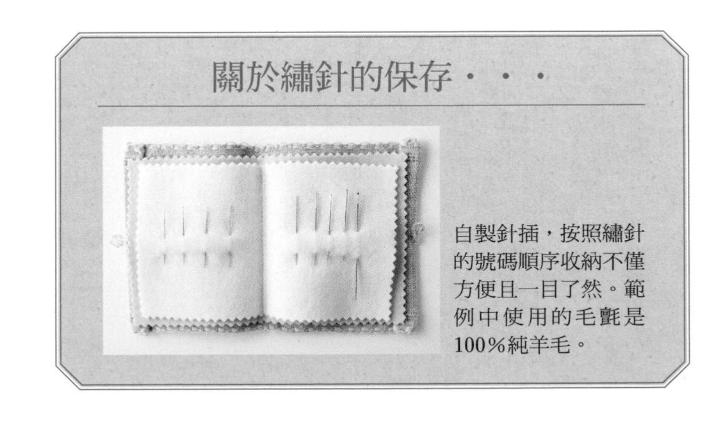

自製針插，按照繡針的號碼順序收納不僅方便且一目了然。範例中使用的毛氈是100%純羊毛。

關於繡布

基本上任何布都能刺繡，但平織（橫直交織的線都是一比一等比例交錯）的布比較適合。在此介紹的布都是適合法國刺繡&格子刺繡（要數布目的刺繡）。
容易在手工用品店買到的布，例如日本品牌Cosmo和Olympus，外國品牌則是DMC（法國）和Zweigart（德國）較為出名。
麻布比較容易讓繡針穿過，所以經常用在刺繡上。
十字繡的繡布及格子刺繡的說明，請參照P.80。

法國刺繡（適合自由發揮的繡法）……布目密集的平織布

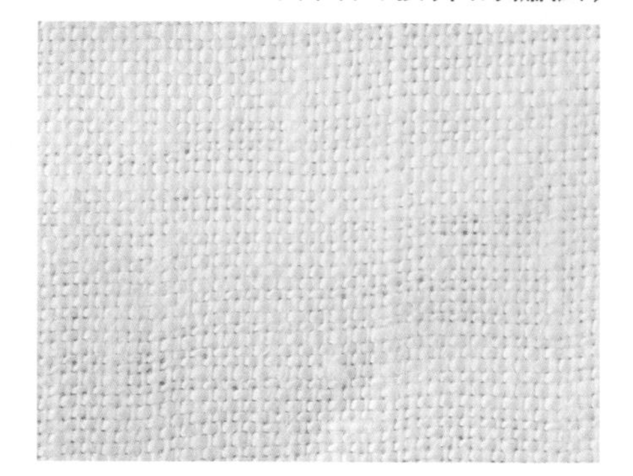
Classy（麻布）

Devirise（麻布）

英呎&布目

1英呎約2.54cm。布目（格數）越多就代表布面越緊密。

適合法國刺繡及數布目的刺繡……布目比較粗的平織布

Belfast
（麻布／1英呎32目＝32格）

Cashel
（麻布／1英呎28目＝28格）

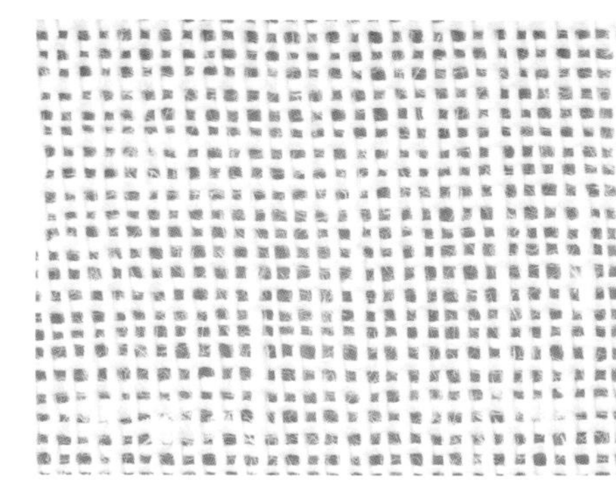
Dublin
（麻布／1英呎25目＝25格）

適合數布目的刺繡……橫線及直線粗細一致的平織布

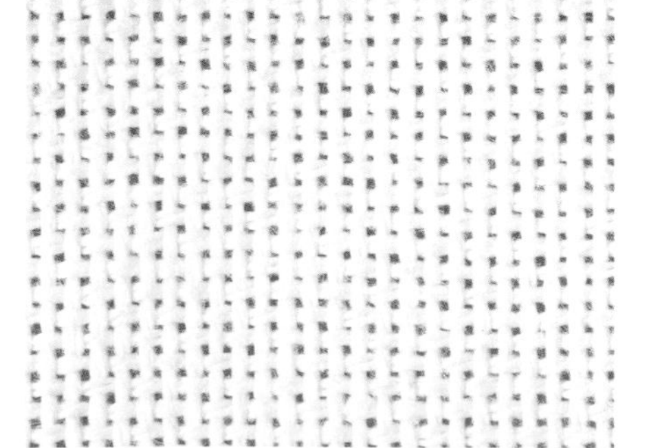
Lugana
（綿嫘縈混紡／1英呎25目＝25格）

Cork
（麻布／1英呎20目＝20格）

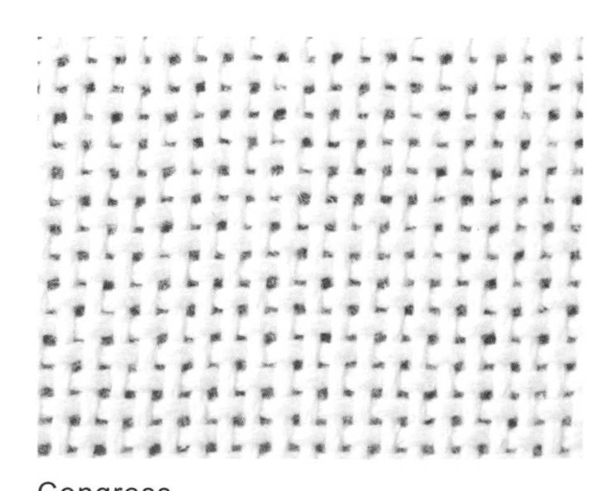
Congress
（木綿／1英呎20目＝20格）

工具

★／Clover
♡／Adger
☆／Tulip

繡框 ★

配合作品的大小事先作準備。方便使用的尺寸是10cm至15cm的繡框。

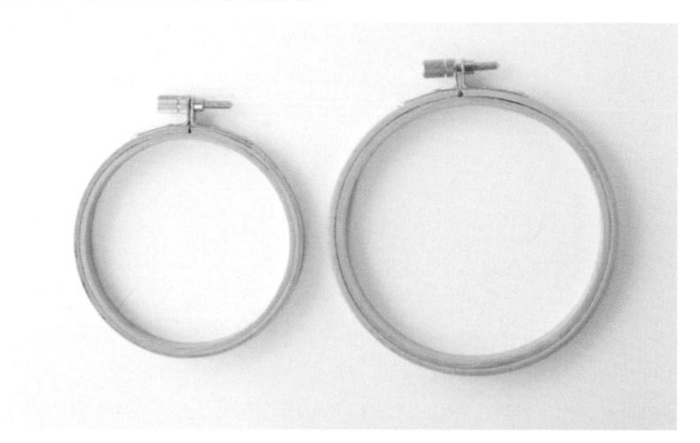

剪線剪刀 ☆

雖小但很方便。

彎嘴剪刀 ☆

剪刀的嘴巴刀刃處是彎曲的，適合避開繡布只剪到繡線。

布用複寫紙

將圖案畫在布上的時候使用。推薦使用灰色的複寫紙，比較容易看得分明。

記號筆 ★

將圖案直接畫在布上的時候使用。以水就能消除筆跡。

布料描圖麥克筆 ♡

將軟性描圖紙放在圖案上，以麥克筆描摹想要的圖案。筆跡可以用水消除。

鐵筆 ★

與記號筆一起使用。也可以拿已經沒有墨水寫不出字的原子筆代替。

軟性圖描圖紙

因為很薄，所以即使將紙放上也看得見圖案。以布料描圖麥克筆描摹圖案，再將紙放在布上描摹一遍，就能將圖案轉印在布上。

穿線器 ★

繡線專用的穿線器。

圖案的描摹方式

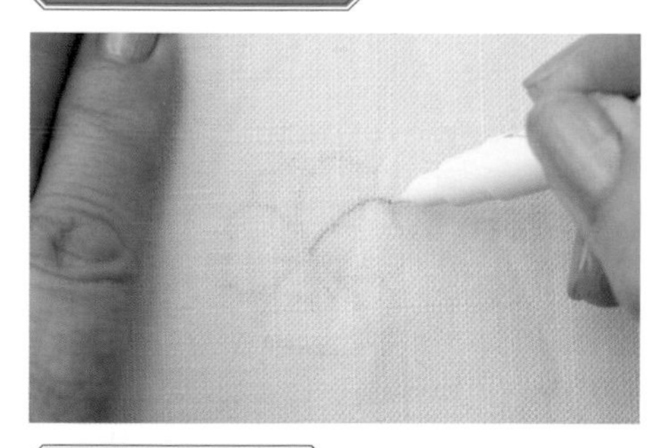

可看到描圖紙底下的圖案時，就直接以記號筆描摹。

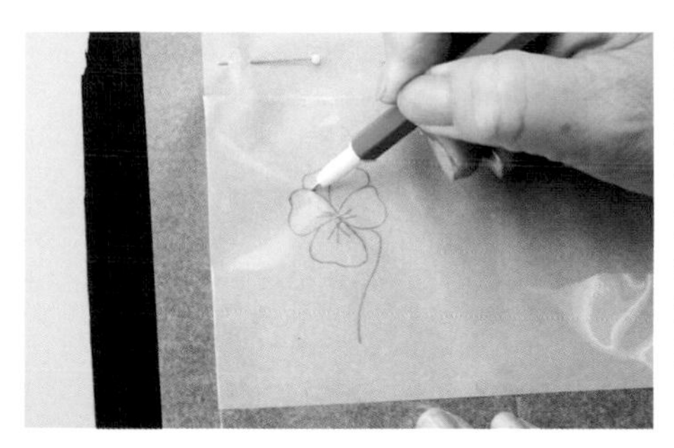

畫在深色布上時，就使用記號筆吧！依照布、記號筆、圖案、保護用玻璃紙的順序重疊在一起，以鐵筆描摹圖案。在最底下墊本雜誌，會畫得更漂亮。

繡框的使用法

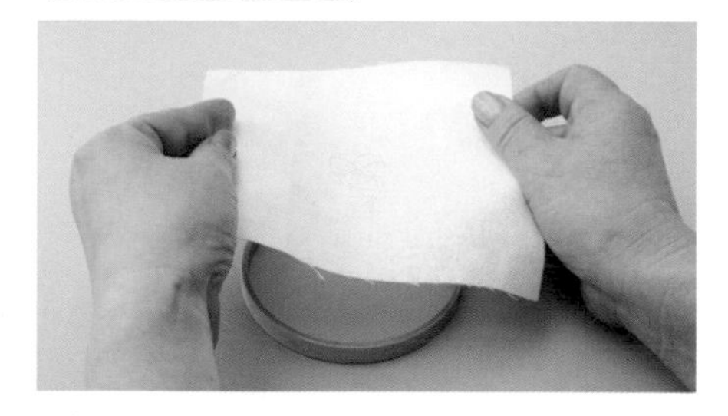

1 拆開繡框，下框放在桌面上。將繡布以圖案為中心放在下框上。

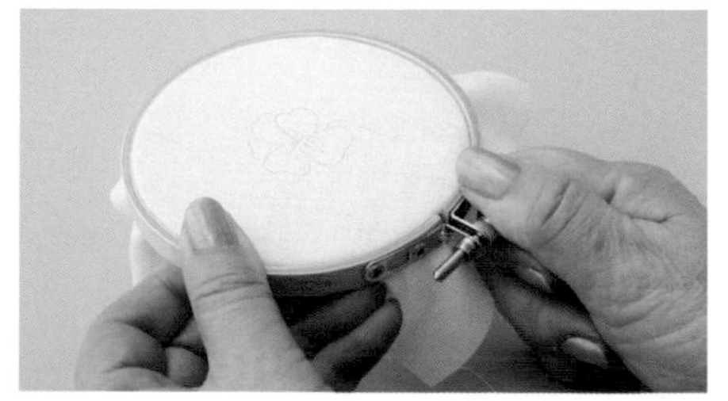

2 放上上框，夾住繡布後，鎖上螺絲。拉框框外的布，調整鬆緊度，再將螺絲牢牢鎖緊。

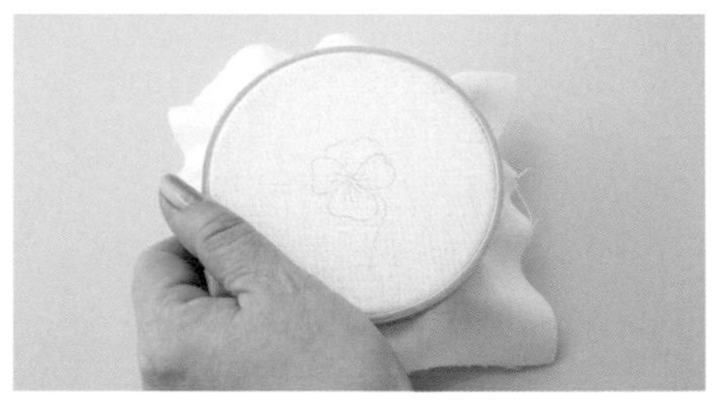

3 繡布被繡框繃得緊緊的，左手拿著繡框的金屬區，刺繡時就能預防繡線纏繞到金屬區。

繡線的準備

為了讓繡線更好使用而所作的準備。

25號繡線

從整捆繡線抽出線頭，剪下所需的長度，是一般的用法，不過在此介紹剪下1m繡線的方法。

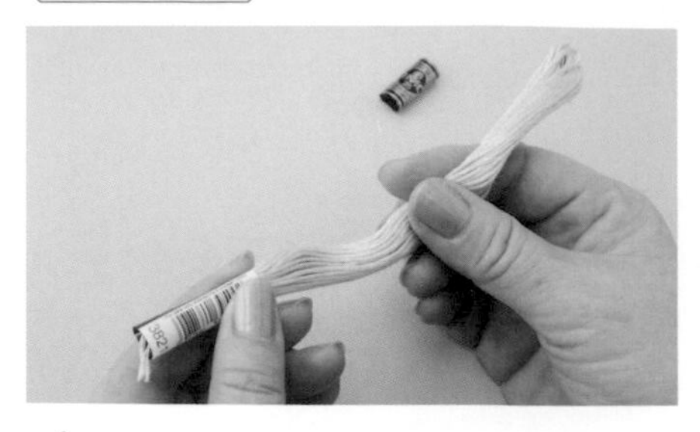

1 將整捆繡線從標籤條裡取出，兩個標籤條之後還要用到，所以先留著。

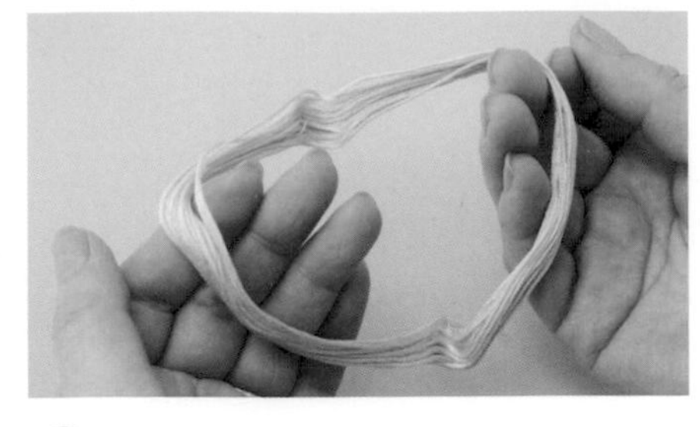

2 攤開繡線，使其成一個圓圈。

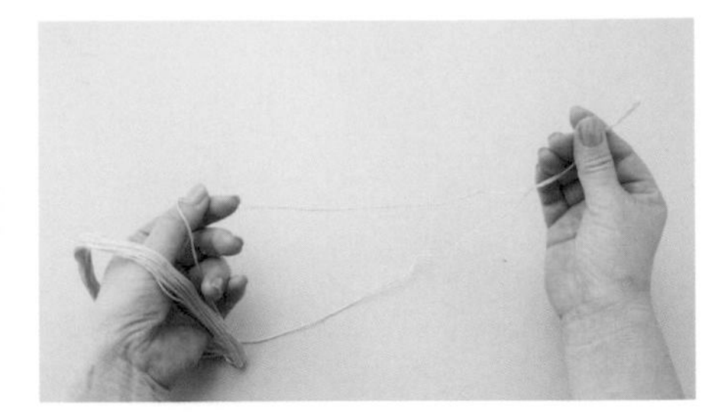

3 將整圈繡線套在手上。找到線頭後，以另一手抓住，開始拆線。將整捆繡線鬆開。

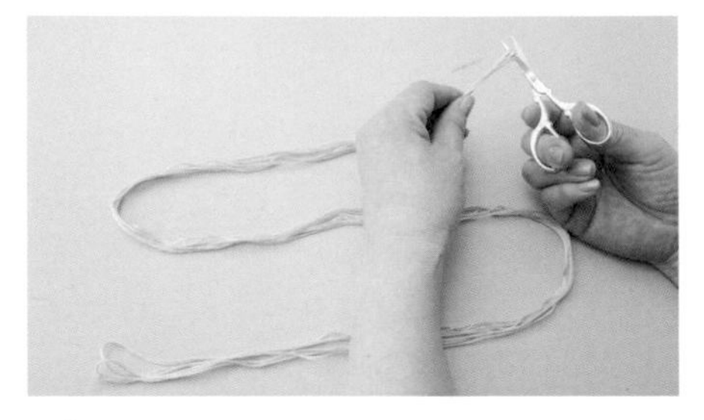

4 將繡線對摺後，再以三等分對摺，並剪斷打摺處。整捆繡線約8m，之後將整捆繡線剪成每條約1m的長度。

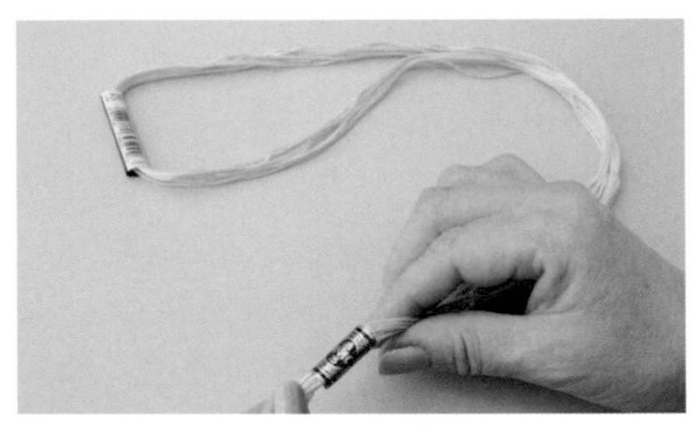

5 將8條繡線全都穿過有色碼編號的標籤條。所有線頭對齊（共16條）後，全部一起穿過另一個標籤條。

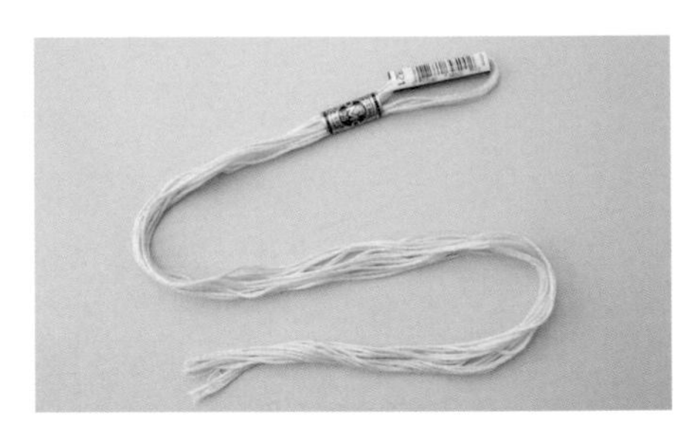

6 將標籤條拉至繡線中央。由於所有繡線長度都一樣，使用起來就不會浪費。

5號繡線

1 將標籤條拿出。

2 鬆開整捆繡線，使其呈現一個圓圈。

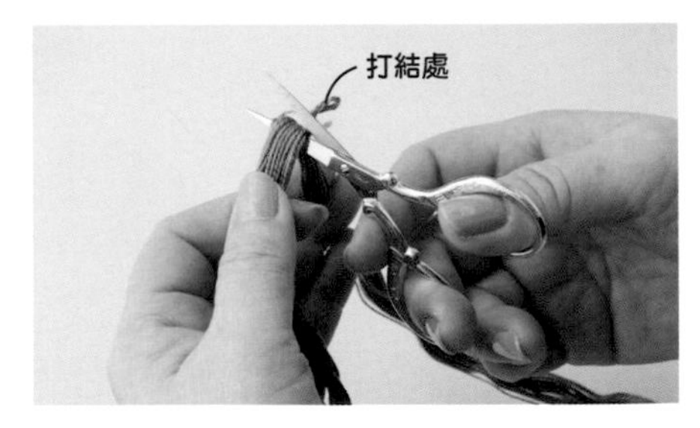

3 線頭須打結，因此請集中在一邊剪掉。

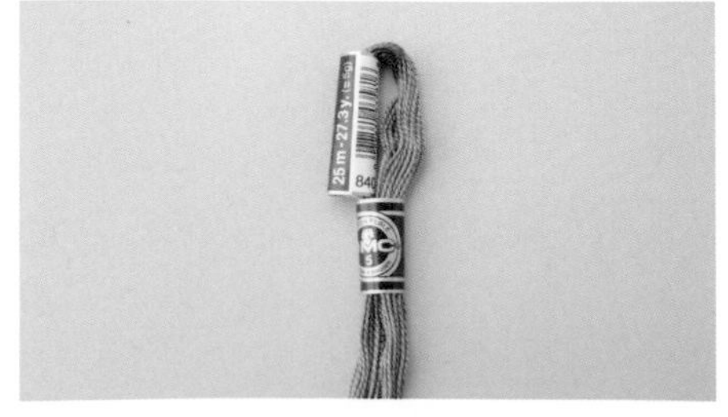

4 剪掉打結處後，把色碼編號的標籤條穿過線頭處，再將繡線兩頭對齊並穿過另一個標籤條。

8號・12號繡線

由於線頭位在中央邊緣，找到後，就可以直接使用。

將繡線穿針

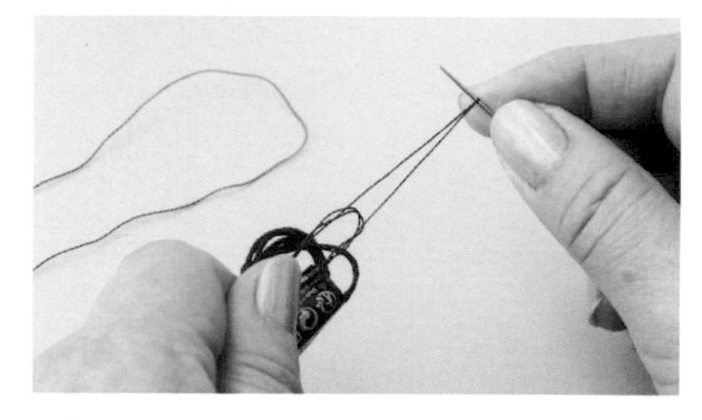

1 以針從繡線中央的標籤條旁，一次拉出一股繡線。

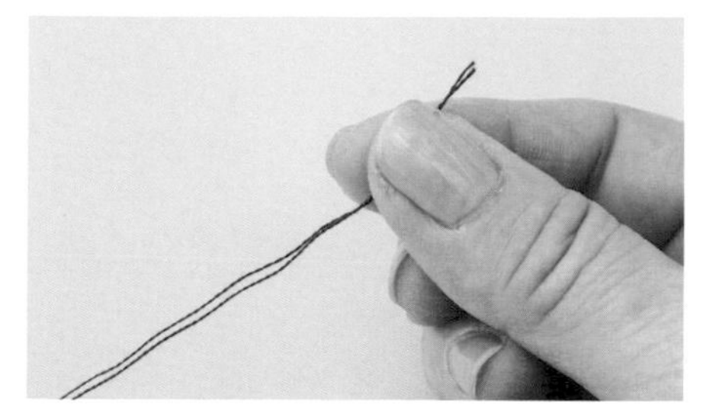

2 備齊想使用的股數。

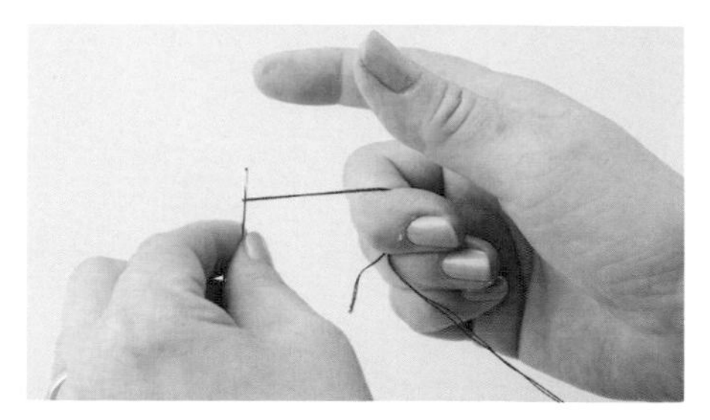

3 握住針，將線掛在針上。以拇指及食指一併抓住針及線，作出摺痕。

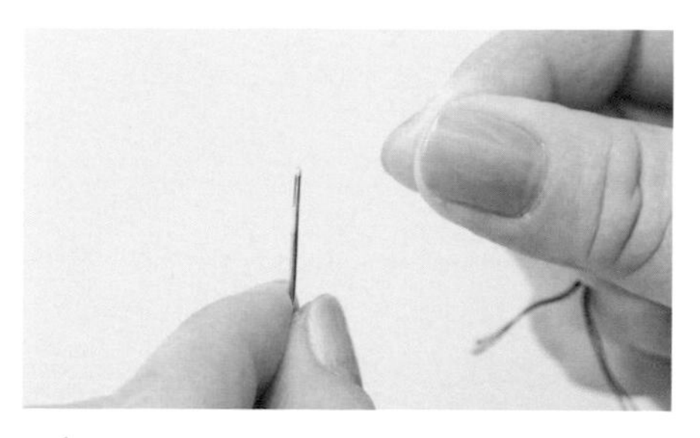

4 繼續抓著線不放，但將針移走。

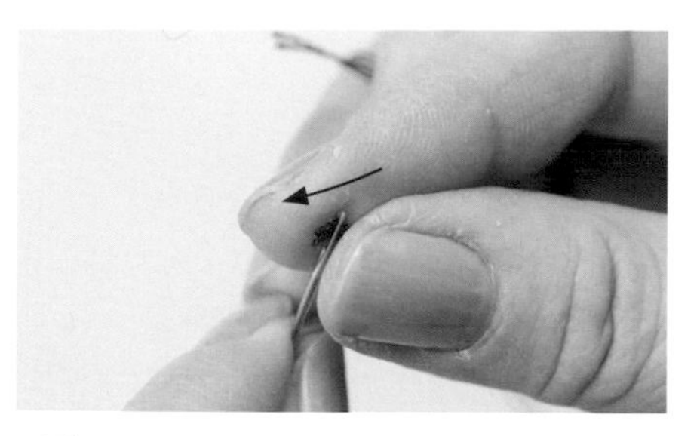

5 將線的摺痕對準針孔，一邊鬆開手指，一邊將線往前推，穿過針孔。

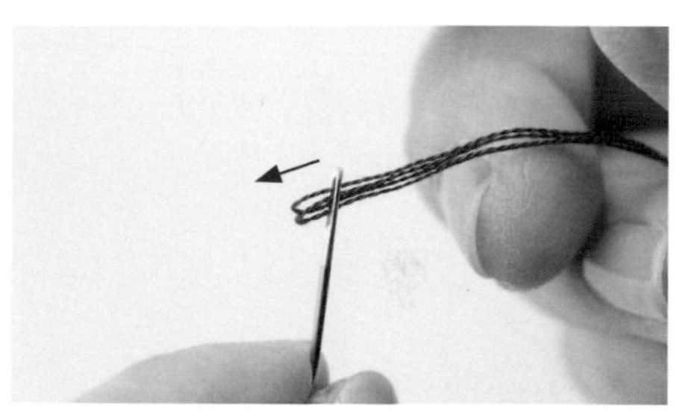

6 抓住穿過針孔的線並拉過去。

使用穿線器穿針

繡線股數較多或使用5號繡線此款較粗的繡線時，使用專用的穿線器較為方便。將針孔套進穿線器裡，再將繡線穿過穿線器的套圈裡，拔針離開，即可讓繡線穿過針孔。

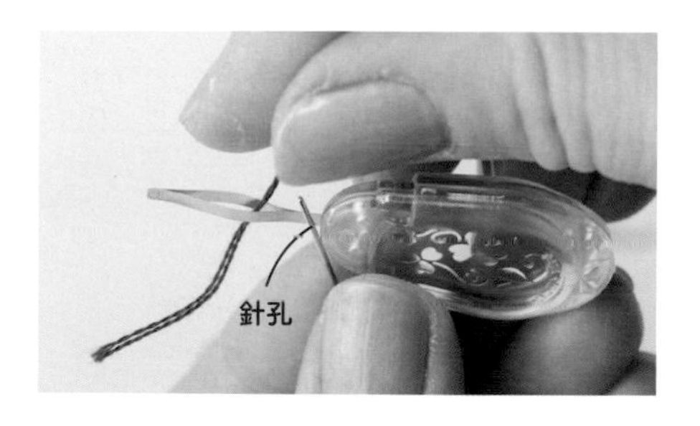

繡線長度

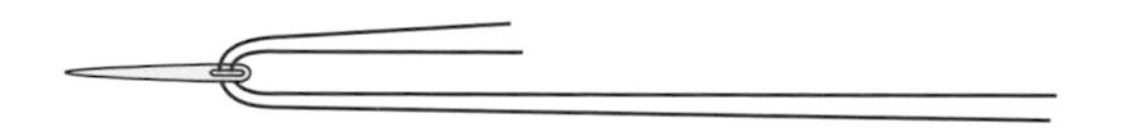

因為都剪齊成1m，所以可直接使用。若太長，請對摺再剪一半成50cm。穿針後，線只要拉到1/3長即可使用。

打結

將線頭繞在針上數圈，再以拇指壓住，並直接將針往上拉就能打結。

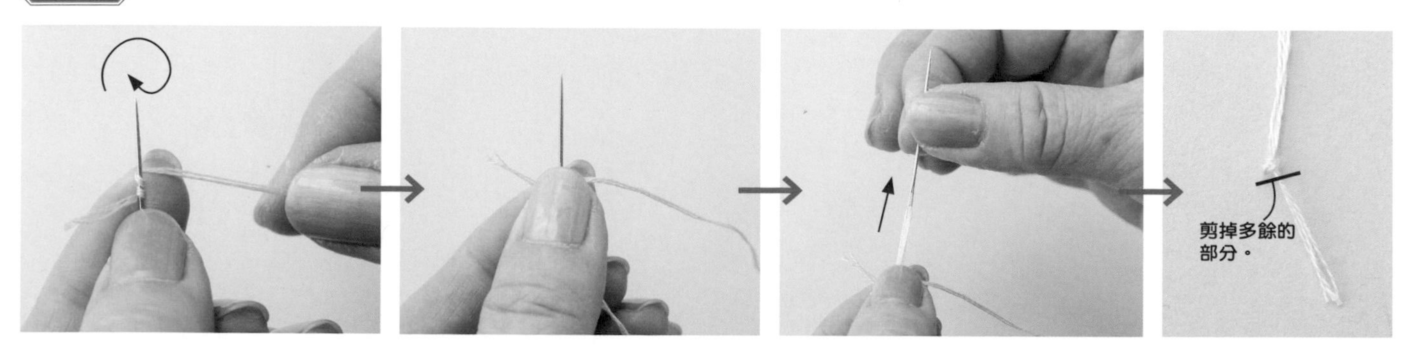

刺繡的開始與結束

根據刺繡的種類為您介紹各種方法。

線的刺繡

開始

從圖案稍遠處的表面入針，留下線頭並從開始的位置出針（1）。

結束

繡線繞針3次，再回到原處（從2至3）。
將開頭的繡線拉到布的背面，將之穿針後跟結束一樣繞針打結（4）。
在圖案的邊緣剪斷線。

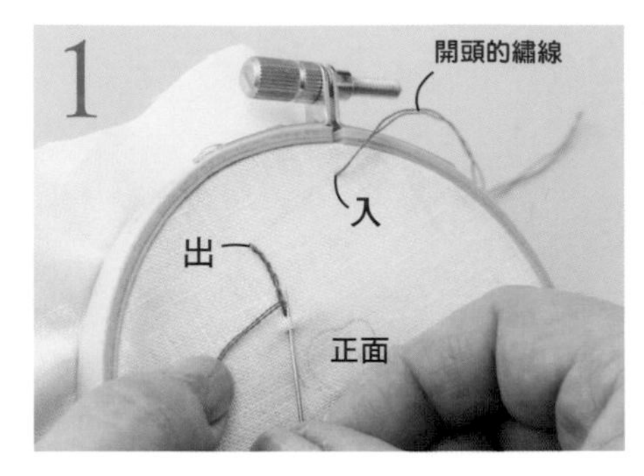

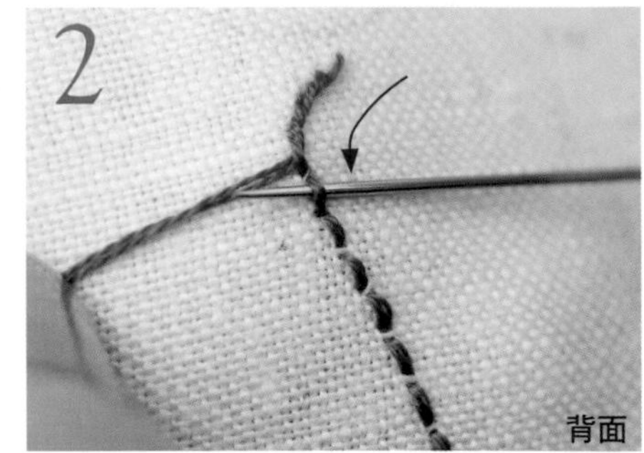

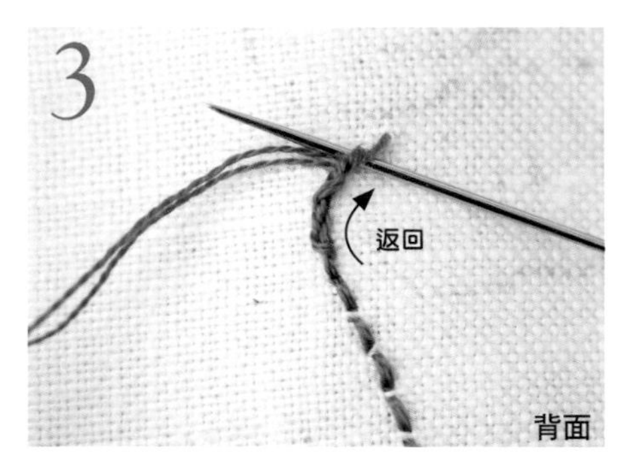

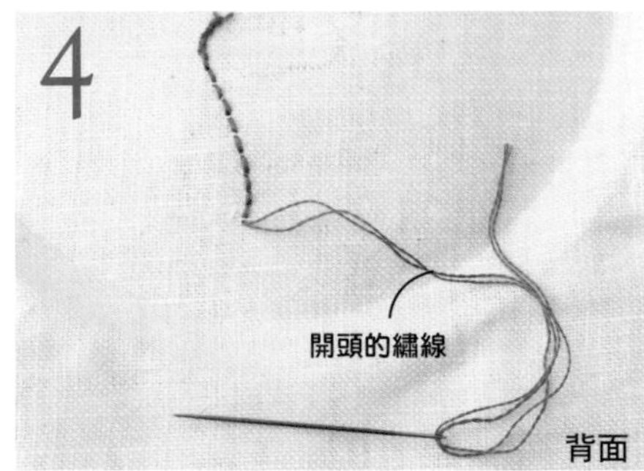

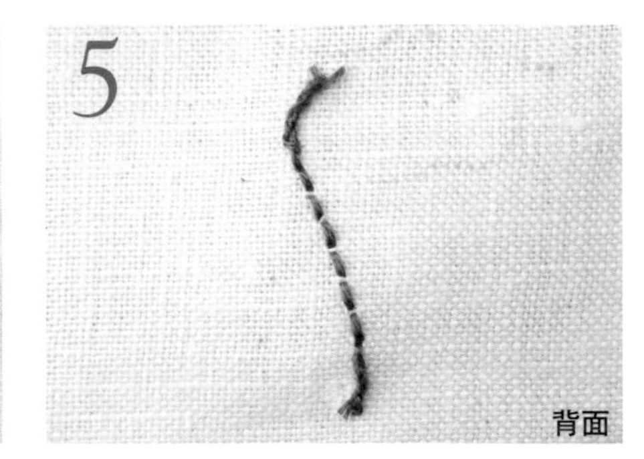

面的刺繡

開始

會被圖案蓋住的地方，先施以小小的平針繡，線頭要在接近布面的地方剪斷（1）。
之後刺繡繡面時，就能將平針繡蓋過（2）。

結束

在背面出針，在繡面底下入針（2）。
橫跨1至2條線後，回到原本的方向入針，並剪斷線（4至5）。

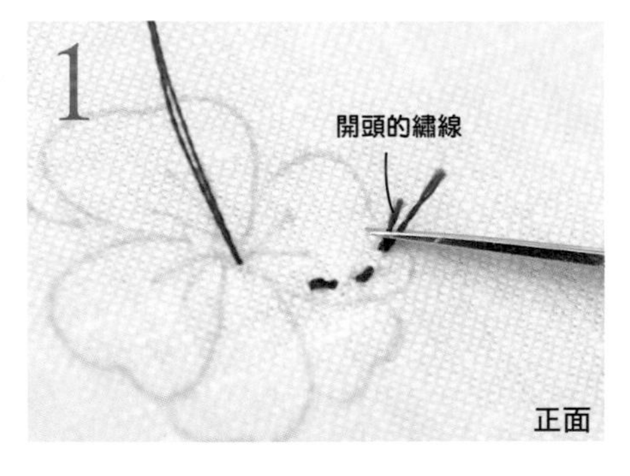

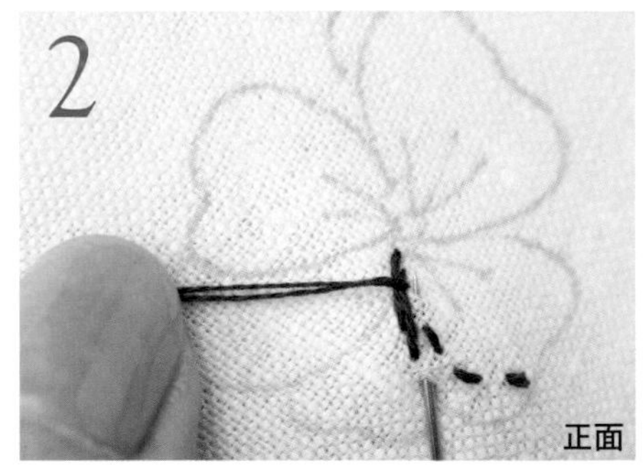

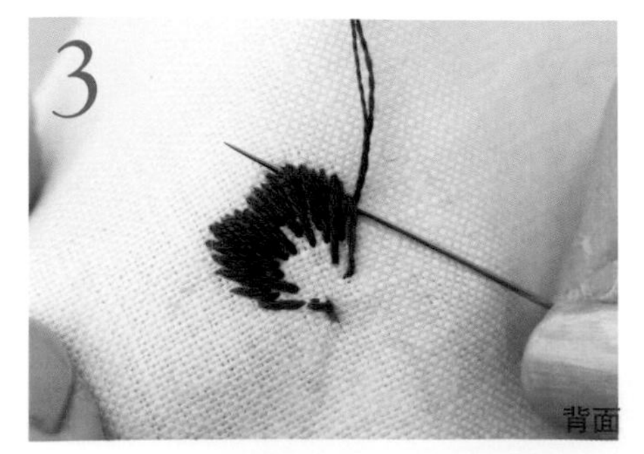

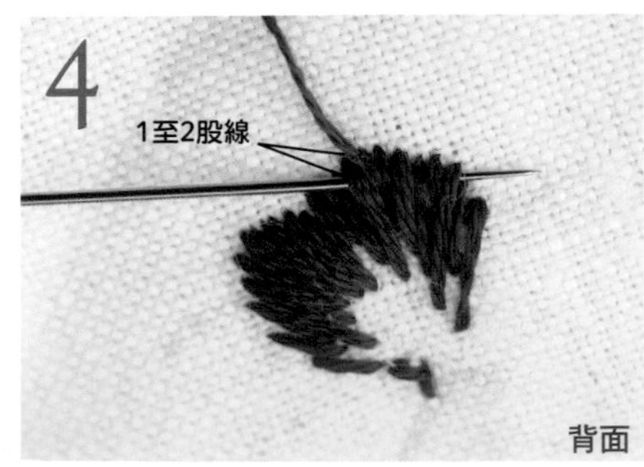

結粒繡（打結）刺繡

開始

在結粒繡的位置背面縫左右及上下各一針，繡出一個小十字並固定住十字中央（1至2）。接著針從布的正面、線的旁邊出針，直接將剛剛的十字當作基底開始刺繡（3）。

結束

從布的背面出針，讓針通過開頭的繡線後剪掉（4至5）。

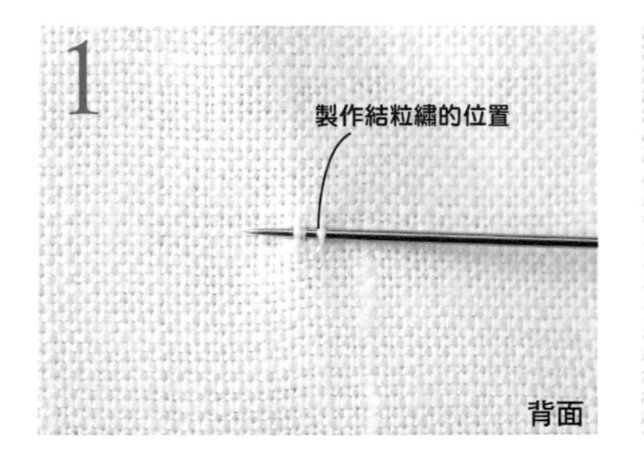

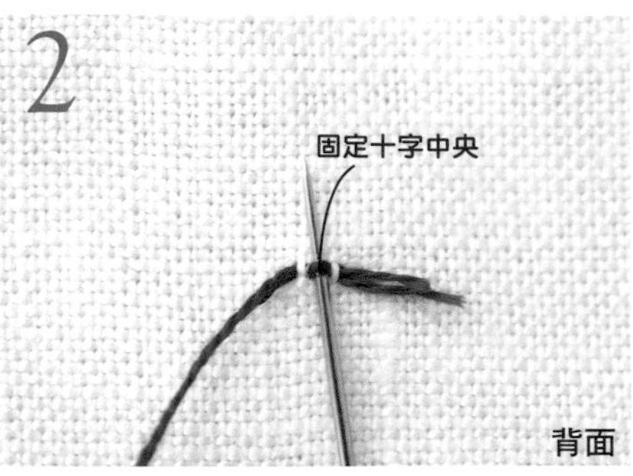

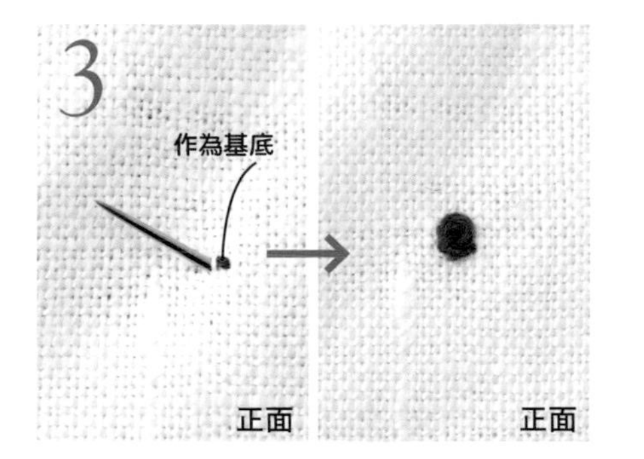

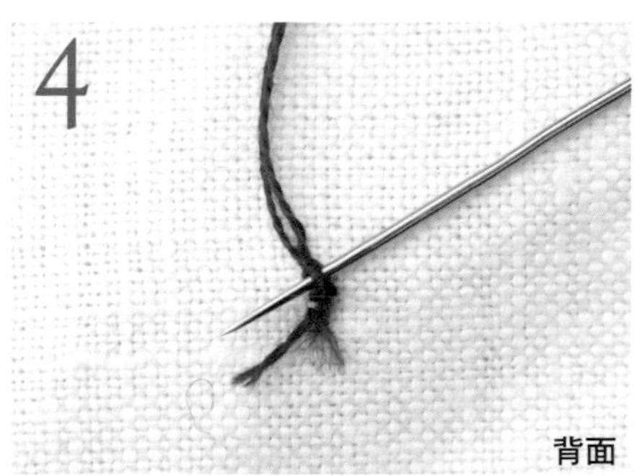

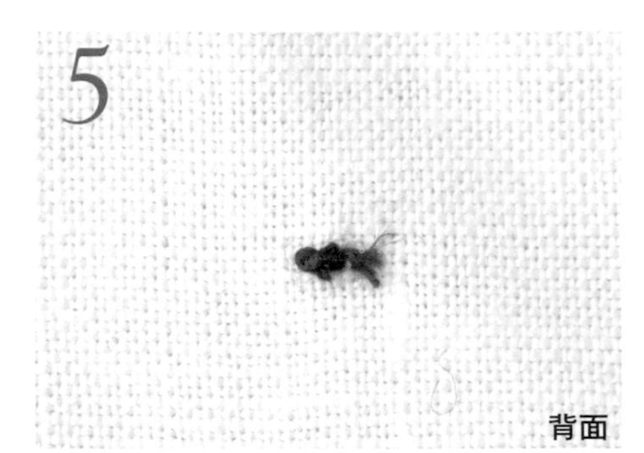

如何接上其他刺繡

想要接上新繡線的位置，附近若有刺繡結束的部分，就在布的背面讓線交纏。
以2至3針穿诱背面的線條後，再回一針。
拉扯後，新繡線不會鬆脫即可。

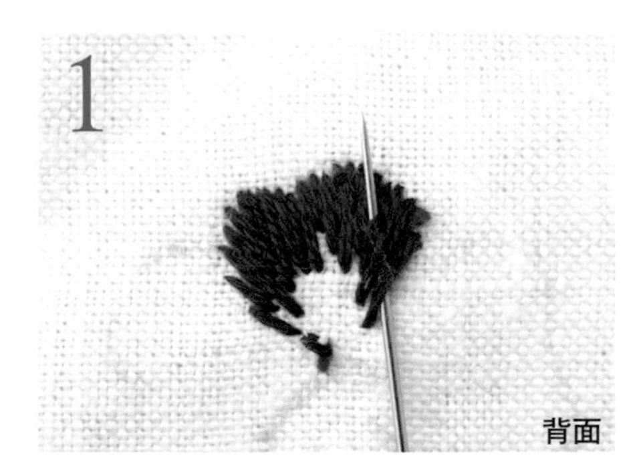

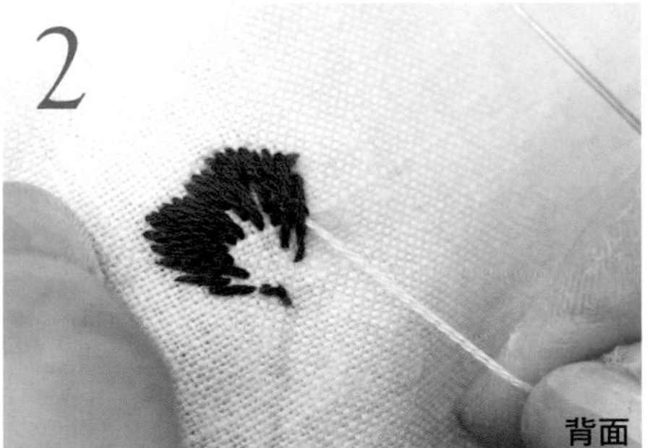

以2股線開始刺繡

將繡線對半摺，把兩條線頭一併穿針。穿過其他刺繡底下，接著將針穿過摺雙部位的線之間再拉針引線即可。

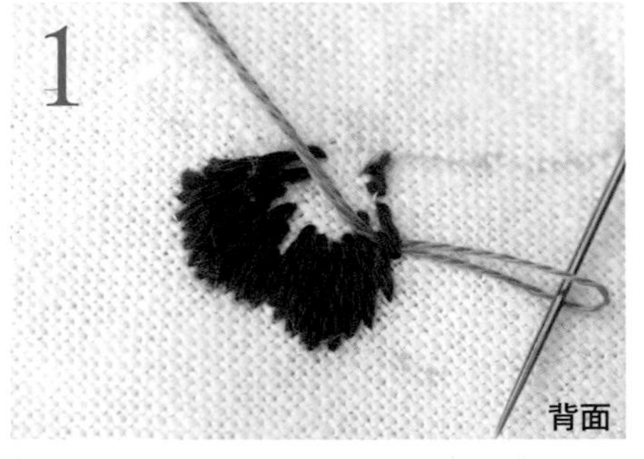

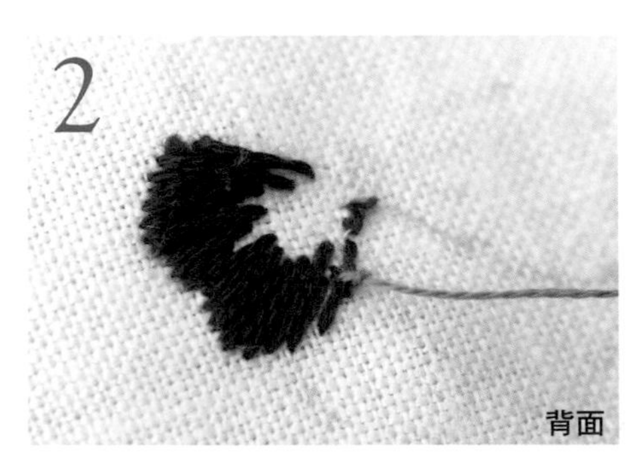

繡得漂亮的訣竅

在此介紹事先知道就能派上用場，
讓刺繡變得更漂亮的訣竅。

1 以漂亮的線條描繪圖案

當布有點鬆弛時，先輕輕以熨斗熨燙平整再畫圖案。圖案不要有多餘的線條，盡量以一條線畫完。（圖案畫得整齊漂亮，刺繡也會更輕鬆）當圖案裡頭有直線時，就配合布目吧！畫圓形時，若有圓規就會很方便。

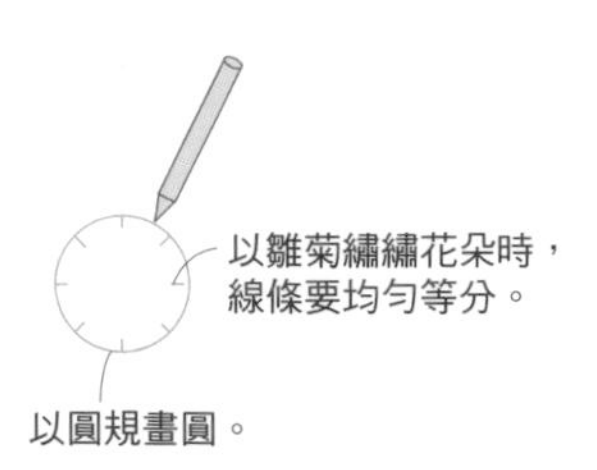

以雛菊繡繡花朵時，
線條要均勻等分。
以圓規畫圓。

2 使用適當的繡針

繡針請配合繡線的條數選擇。使用1股線時，以細針製作較好，若使用2股以上的線，選擇針孔大的繡線加上好使力的粗針，就能讓線條分明，圖案也漂亮。若要繡在厚布上，使用的針要比繡在薄布上的針粗一點，刺繡時會方便。

3 拉線的力道要均一

拉線的力道關係著刺繡的成果。若拉太緊，布會起皺，若太鬆，線會翹起。結粒繡的大小會因為拉線的力道而有所改變。不要拉太緊或太鬆，以一定的力道拉線，如此一來就能繡出美麗的圖案。

4 按住線刺繡

以左手拇指將線輕輕按在旁邊，維持這個狀態刺繡。如此作法可以預防拉線時纏到他處或拉過頭。

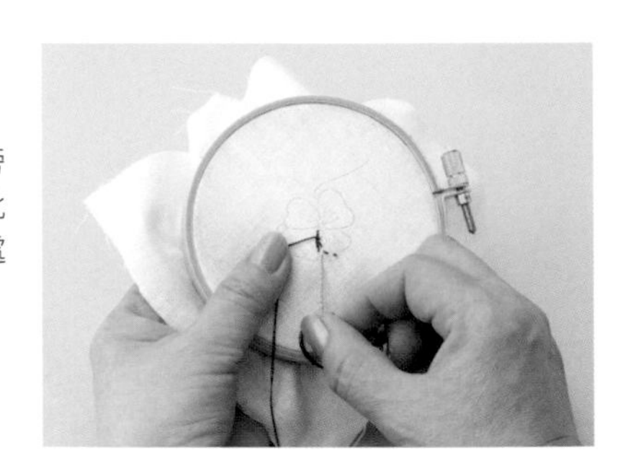

5 讓繡線回歸平順

持續進行相同刺繡一段時間後，線就會開始扭轉。要是放任繡線扭轉，會導致針目不整齊，線也容易纏繞到東西。請在刺繡時回針之後，調整線使其回歸平順。

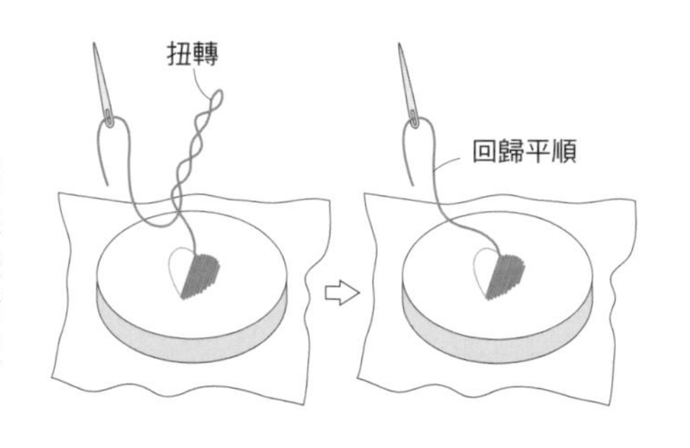

扭轉
回歸平順

6 替換新線

繡線會在穿布的期間，因為摩擦而失去光澤或起毛。要重繡而拆線，及刺繡很長一段時間時，就果斷地剪斷並換成新線吧！

7 曲線的針目要小

圖案中有曲線時，針目要比直線小，才能構成平順的線條。

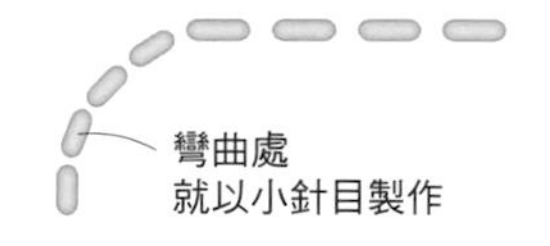

彎曲處
就以小針目製作

8 背面的繡線也要整理整齊

以同一條線繡下一個位置時，在背面的布上拉線時，最多留2cm。若超過這距離，請先打結剪線再下針。

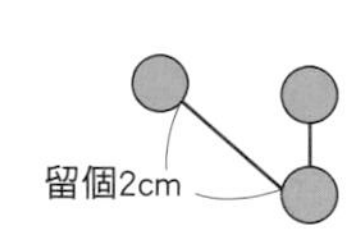

布的背面
超過2cm
乾脆就打結剪線
留個2cm

完工＆清洗

完工

刺繡結束後，要確認布的背面是否將線收拾整齊，並消除印在圖案上的記號筆的筆跡。
能夠以水消除筆跡，就以噴霧噴溼，細部則以棉花棒沾水消除。
確認弄濕的地方完全乾燥後，就以熨斗燙過。若在半乾的狀態下熨燙，會讓筆跡再度出現且再也無法消除，請多加留意。

以棉花棒
沾水弄濕
消除記號筆的筆跡

熨斗的熨燙方式

在熨燙台上鋪上浴巾等布，從繡布的背面開始熨燙。溫度請配合繡布能承受的溫度。

洗滌

請以衣物專用清潔劑沖洗。適當脫水後，請勿讓布起皺，並且陰乾。

線條&緣飾的刺繡

～線條&飾邊繡～

平針繡

Running Stitch

可製作簡單線條的刺繡。雖然跟並縫一樣，但是要一針一針繡，也能作為緞面繡的基底。

實際大小的針目

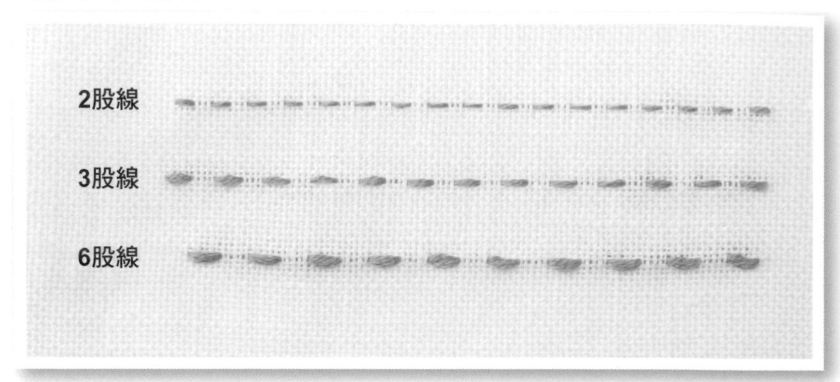

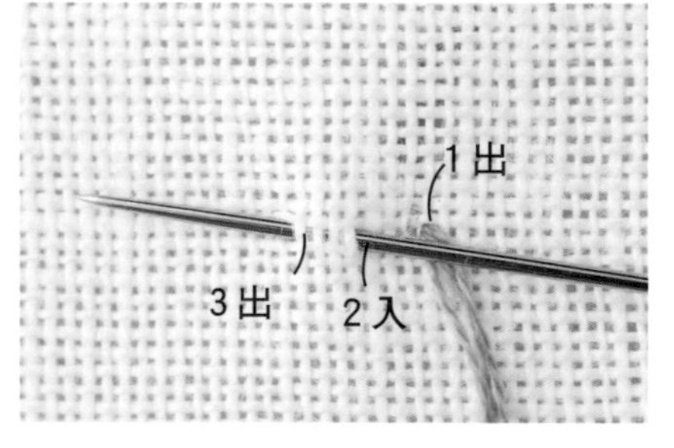

1 由右往左繡。從右邊出針（**1**），每一針都輕輕挑起布（**2**至**3**）。

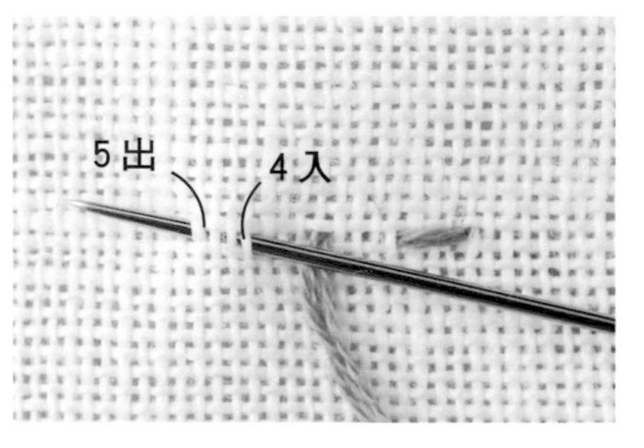

2 拉動繡線，順著方才的刺繡方向平行入針（**4**），等距離地出針（**5**）。

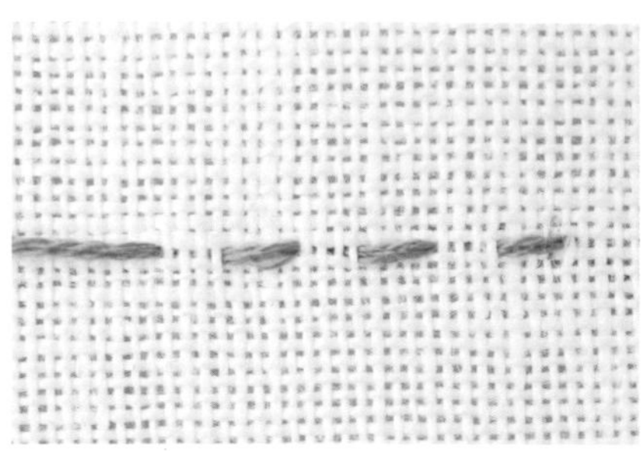

3 請注意拉線的力道，並注意長度保持均一。

將平針繡繡得漂亮的訣竅

平針繡是最簡單的刺繡，可以跟其他刺繡組合，或作為基底（事先繡在緞面繡底下，讓繡出的圖案隆起），是個應用範圍很廣泛的刺繡技法。讓我們把它繡得漂亮吧！

針要垂直刺進布裡，每一針都以挑布刺入的方式刺繡。每一針穿線入布後，都要拉動線，使針目整齊。

線若拉得太用力，布就會皺起，若拉得太小力，線則會突起。從旁邊看時，要像是線貼在布上的樣子。

○

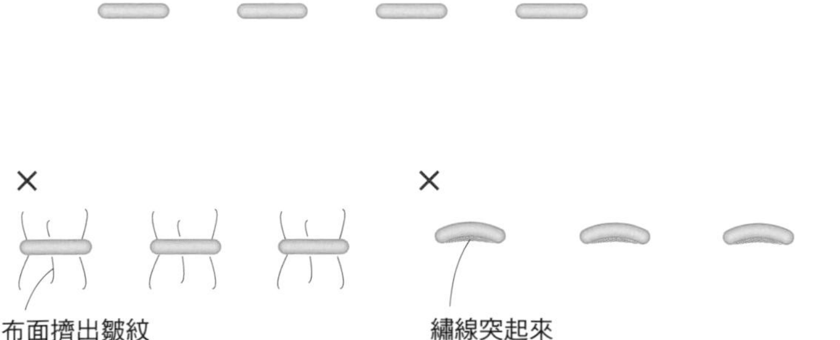

平針繡還有許多種繡法，各有各的優點。可依圖案分別運用。

1 如同並縫縫個幾針後，才拉平布的方法，在只繡平針繡，且要繡長線條時即可快速繡好。

2 從下往上出針後拉線，再由上往下入針拉線，一針一針繡的方法是用在要將細部繡得漂亮的時候。

繞線平針繡

Whipped Running Stitch

別稱：扭轉平針繡

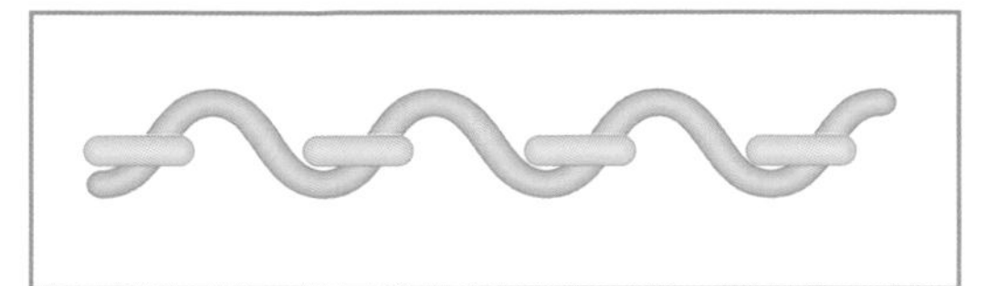

以線纏繞在平針繡上。會因為纏繞的繡線顏色及條數而有所變化。

實際大小的針目（3股線）

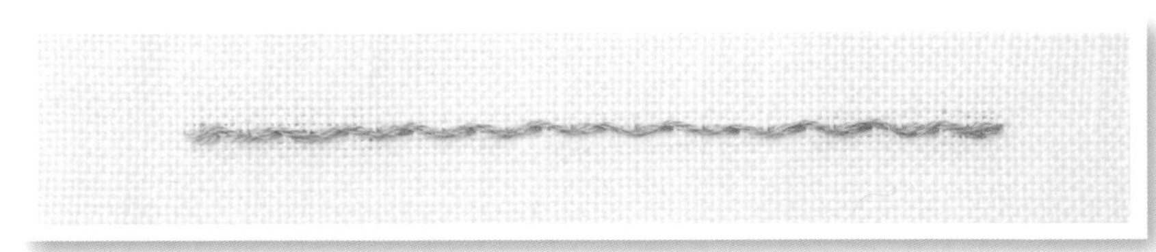

※刺繡方向 ←

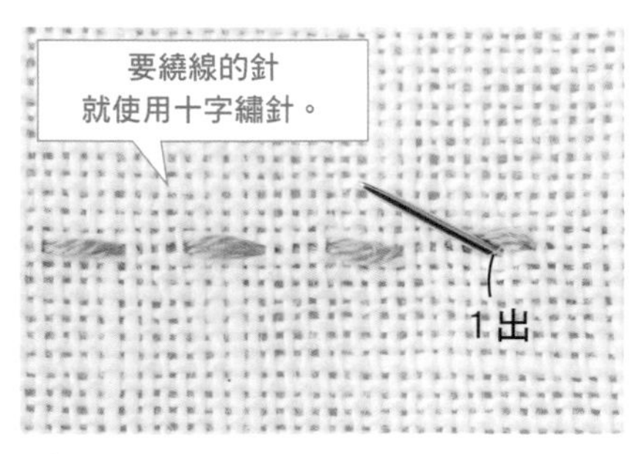

1 先繡出平針繡。要繞線的針就在繡線中央正下方出針（**1**）。

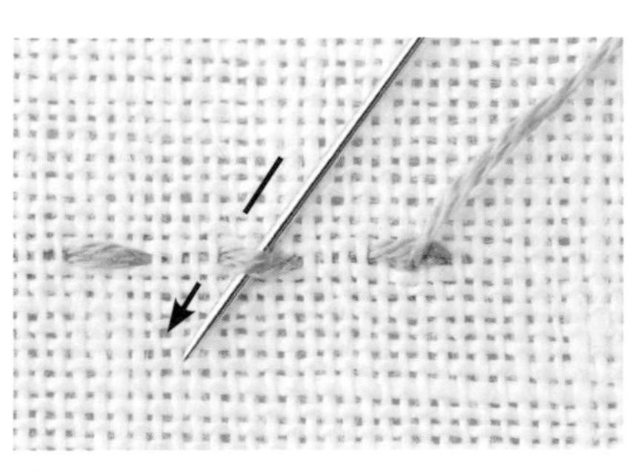

2 針頭從第二個平針繡的上面朝下穿針。

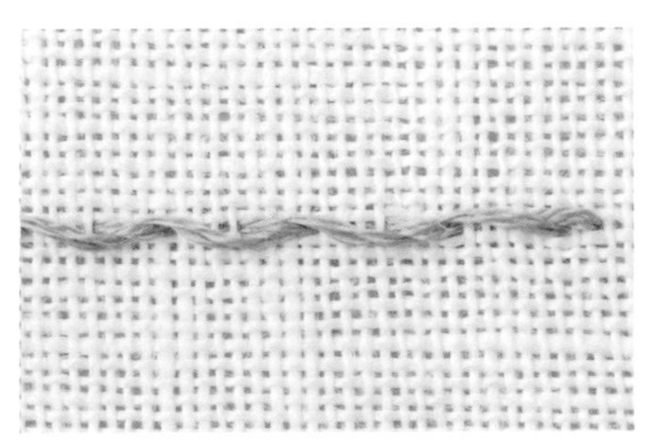

3 請留意勿挑起布及繡線，逐一繞過平針繡。

穿線平針繡

Laced Running Stitch

別稱：交錯平針繡

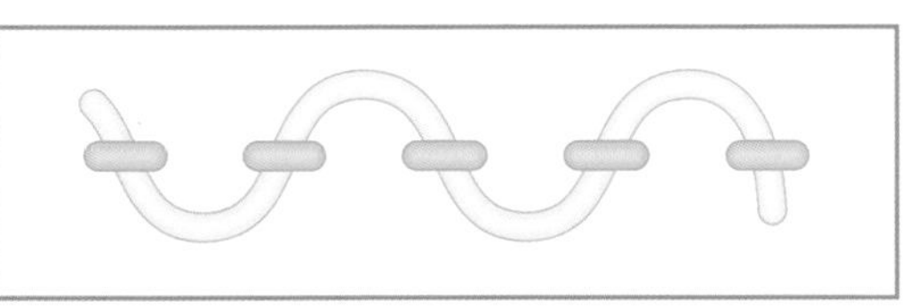

讓繡線穿過平針繡，作出猶如蕾絲的裝飾性刺繡。

實際大小的針目（3股線）

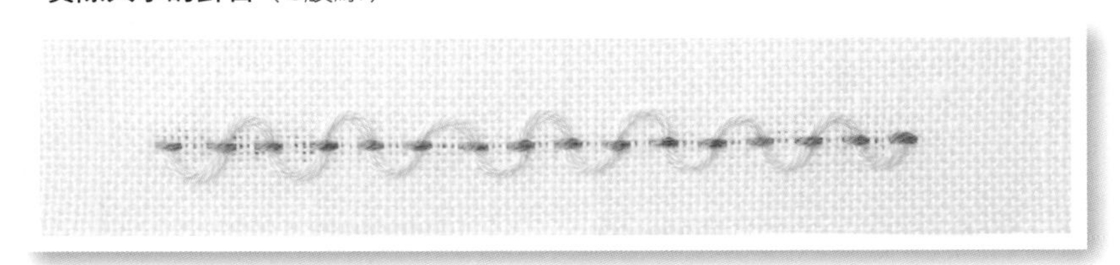

※刺繡方向 ←

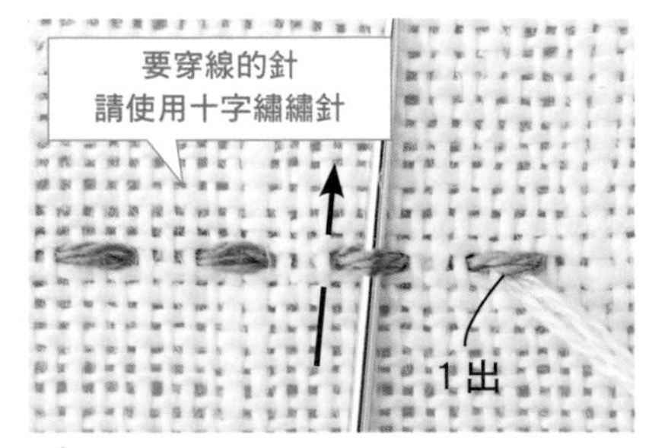

1 先繡出平針繡。第二條線要在**1**處出針，從第二個平針繡的下方穿針。

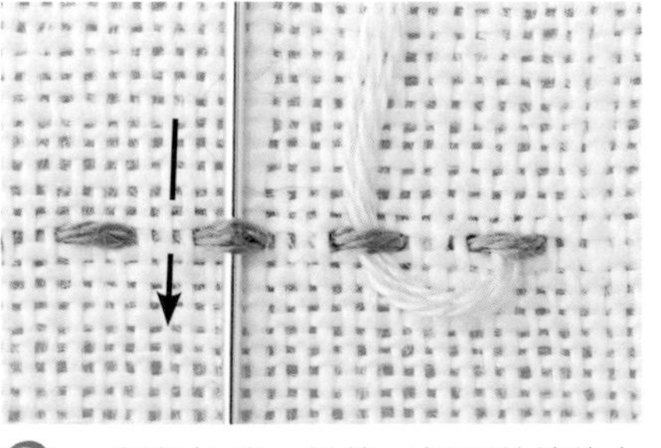

2 輕輕拉線，從第三個平針繡的上方穿針。

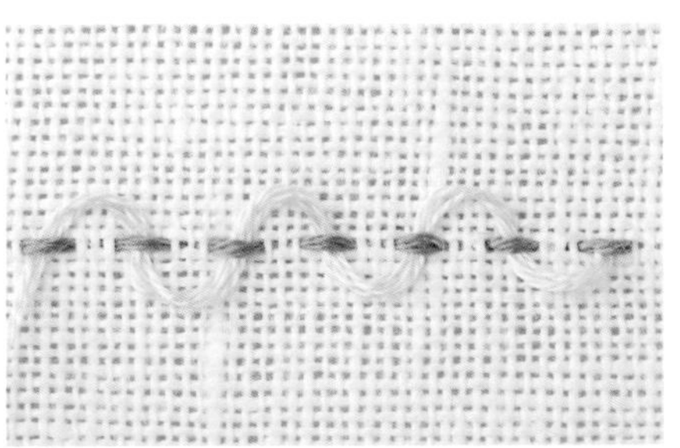

3 請留意勿挑起布及繡線，讓第二條線上下交錯繞線。第二條線以同樣的力道拉線，作出漂亮的弧形。

霍爾拜因繡

Holbein Stitch

別稱：雙重平針繡

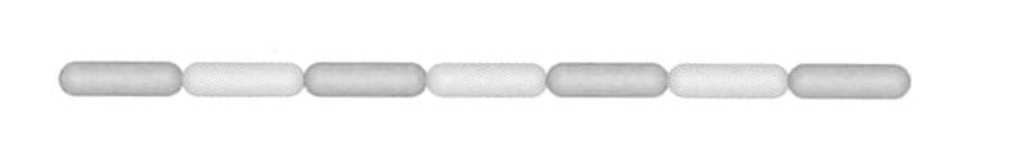

乍看之下與回針繡一樣，但其實是讓平針繡一往一返，作出一條線的刺繡。
也會應用在黑繡及阿西西刺繡上（參照P.123）。
是以文藝復興時期的畫家漢斯·霍爾拜因的名字命名。

實際大小的針目（3股線）

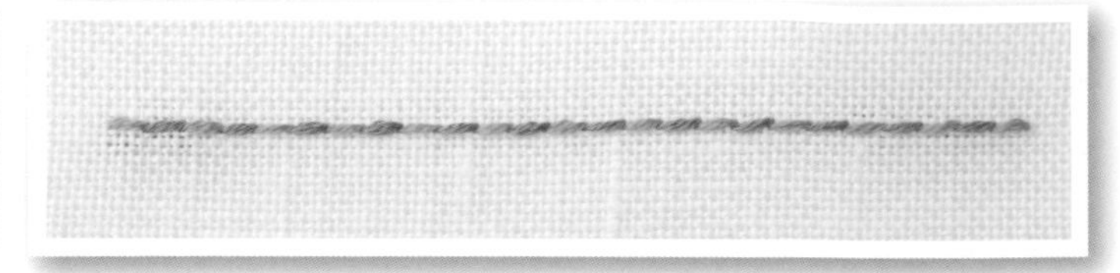

※刺繡方向

（回來時要改從布的背面，往同個方向繡。）

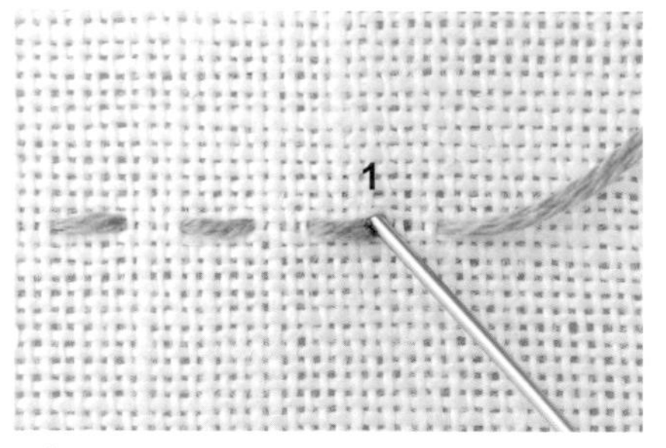

1 先繡出平針繡。接著讓布上下顛倒，在**1**處入針。針要跟之前的平針繡一樣的針位入針。

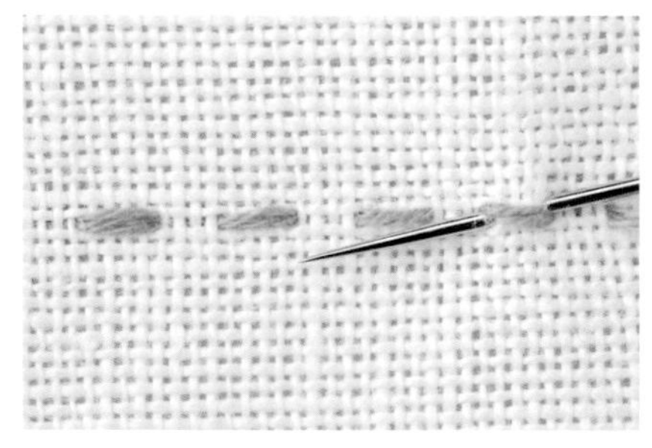

2 穿過一個針目後出針。針一樣是從相同針位的下方出針。

3 像是要將一開始的平針繡間隙填滿。拉緊線，就會形成一條直線。

織補繡

Darning Stitch

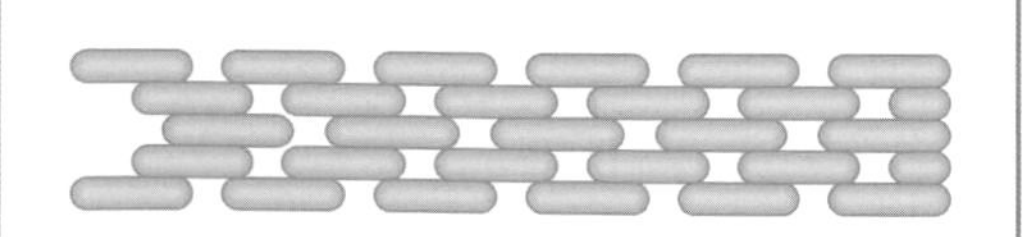

以平針繡填滿一個面。可改變布的方向重複刺繡。
改變布表面及布背面的線長，就能作出各種花樣。

實際大小的針目（3股線）

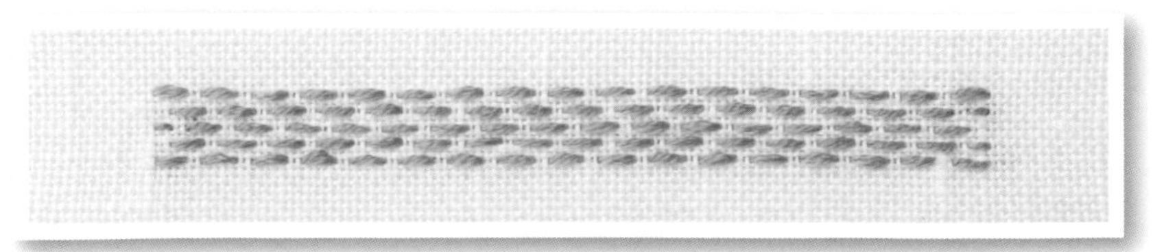

※刺繡方向

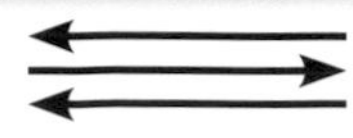

（偶數行是將布上下顛倒後，朝同個方向刺繡。）

回針繡

Back Stitch

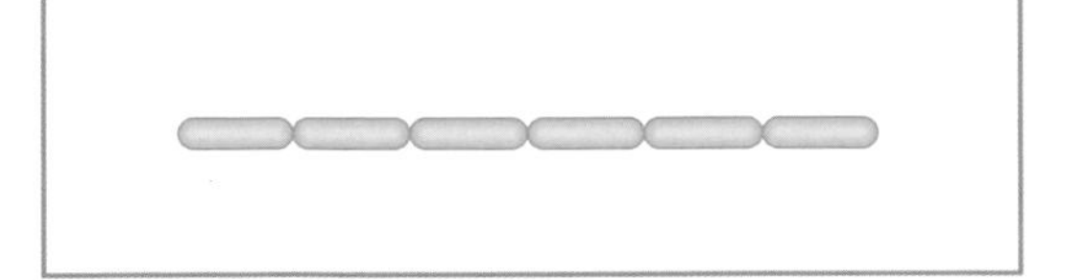

毫無間隙，能作出最細小的線條的刺繡。
每一針都會回到前一針（意謂回針）的繡法。

實際大小的針目

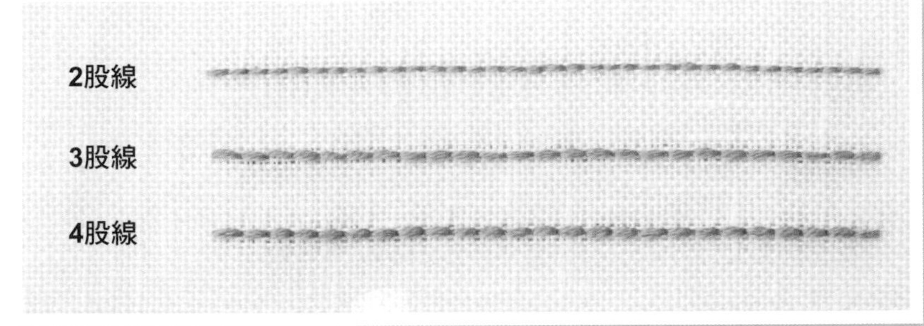

※刺繡方向

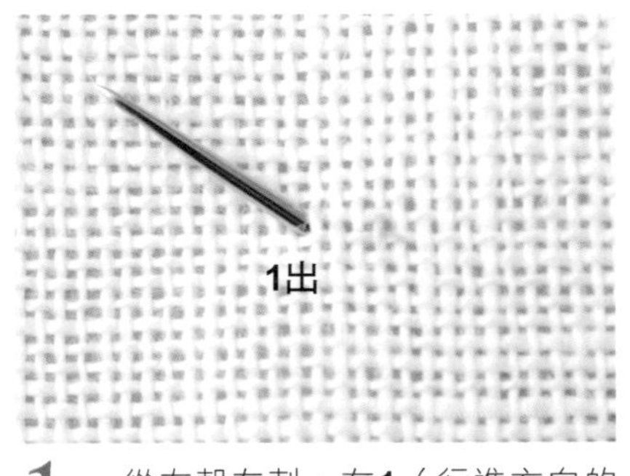

1 從右朝左刺。在**1**（行進方向的下一針位置）出針。

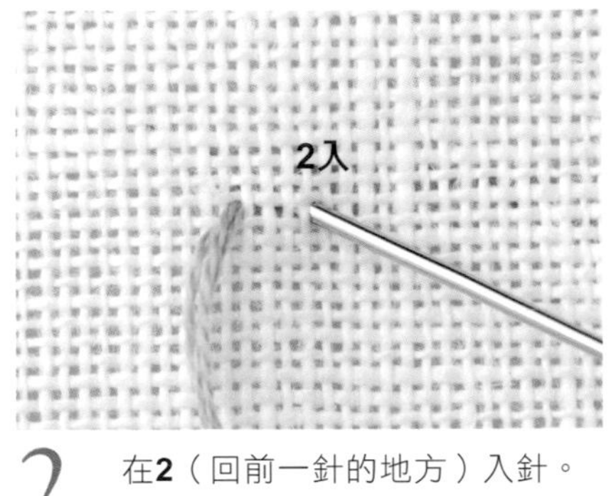

2 在**2**（回前一針的地方）入針。

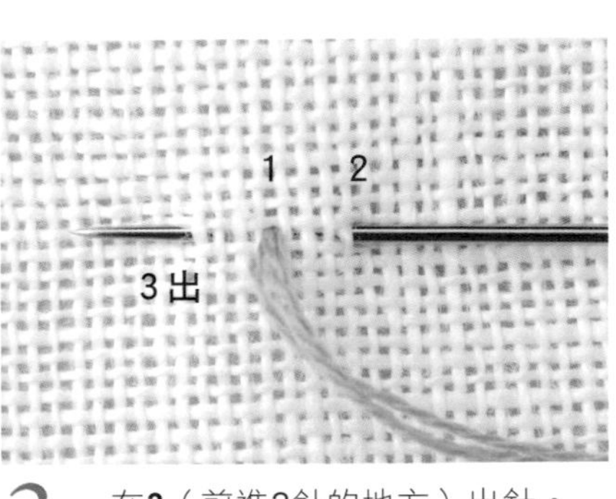

3 在**3**（前進2針的地方）出針。

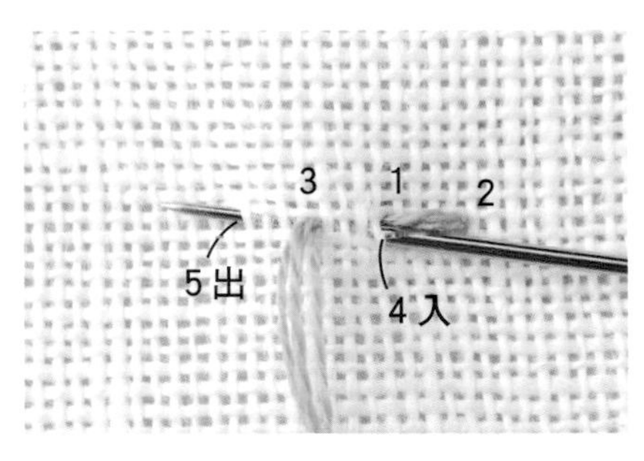

4 拉線。在**4**（與第一針相同針位）入針，在前進2針的地方（**5**）出針。

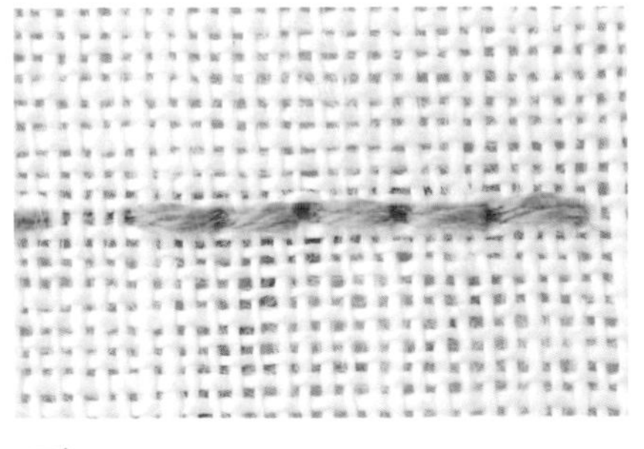

5 繡出的線條毫無間隙。

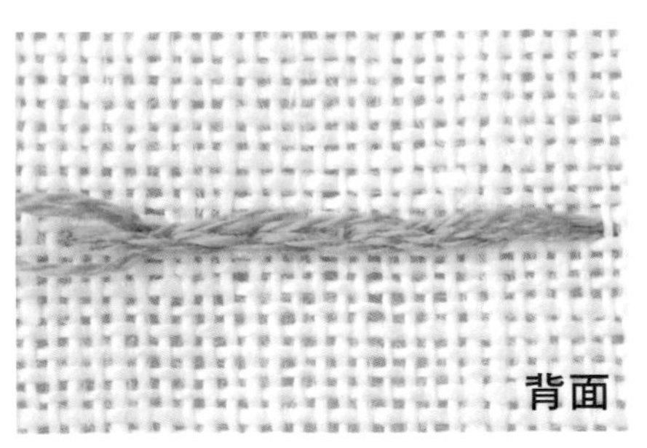

6 從背面看的狀態。在繡出毫無間隙的直線時，背面的線卻是分開來的。

繞線回針繡

Whipped Back Stitch

別稱：扭轉回針繡

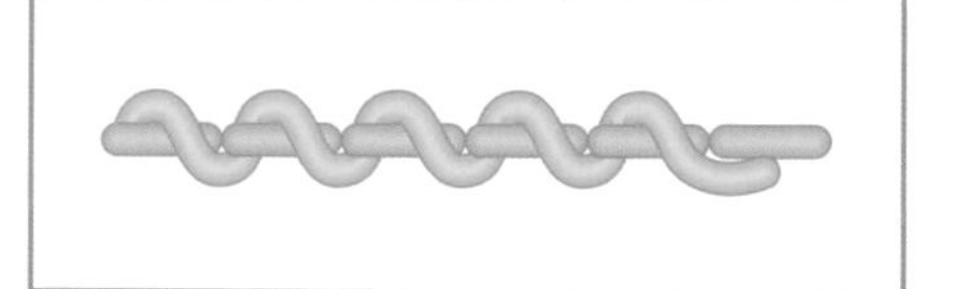

在回針繡上纏繞繡線的刺繡技法。

實際大小的針目（回針繡是3股線，纏繞的線是2股線。）

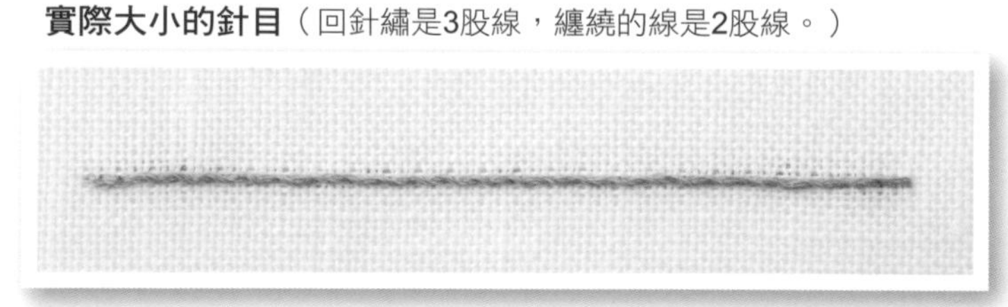

※刺繡方向 ←

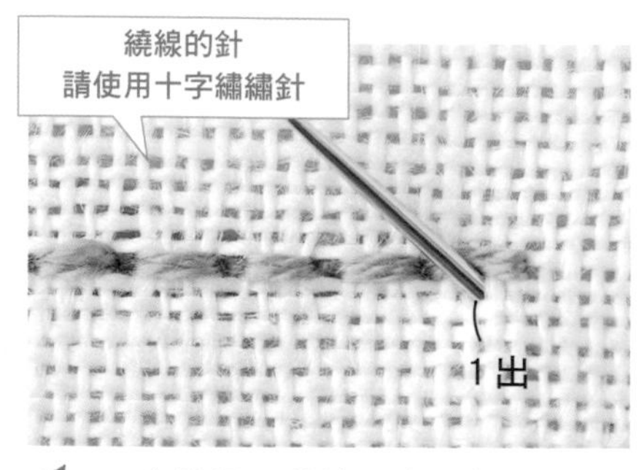

1 先繡好回針繡。在**1**（一開始的刺繡中央正下方）出針。

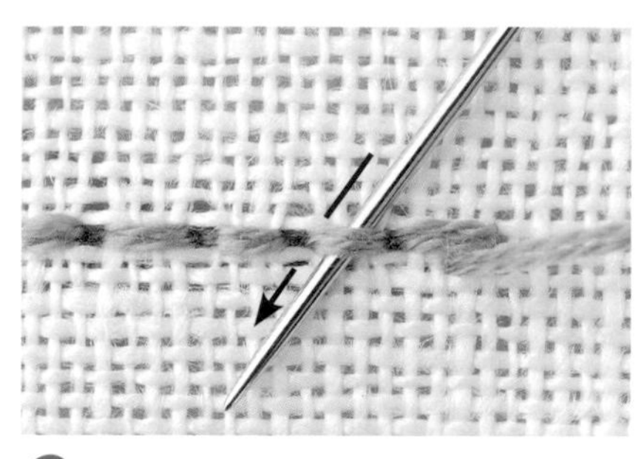

2 從第二個回針繡從上往下穿針繞線。

3 請留意勿挑起布及繡線，逐一繞過回針繡。

穿線回針繡

Laced Back Stitch

別稱：交錯回針繡

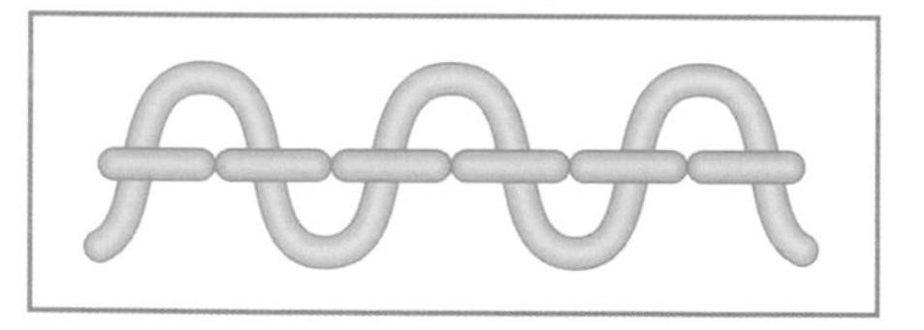

讓繡線穿過回針繡的裝飾性刺繡。

實際大小的針目（回針繡是3股線，穿的線是2股線。）

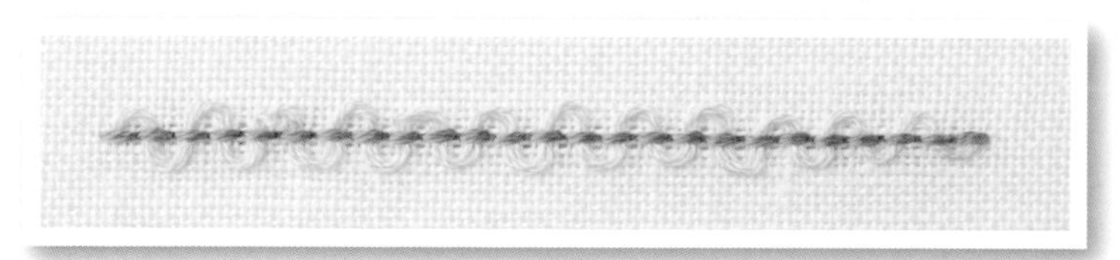

※刺繡方向 ←

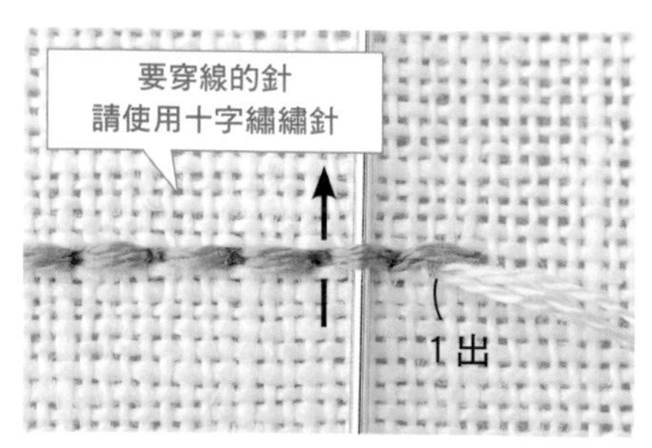

1 先繡出回針繡。在**1**（第一個回針繡的中央正下方）出針，從第二個回針繡由下往上穿針過線。

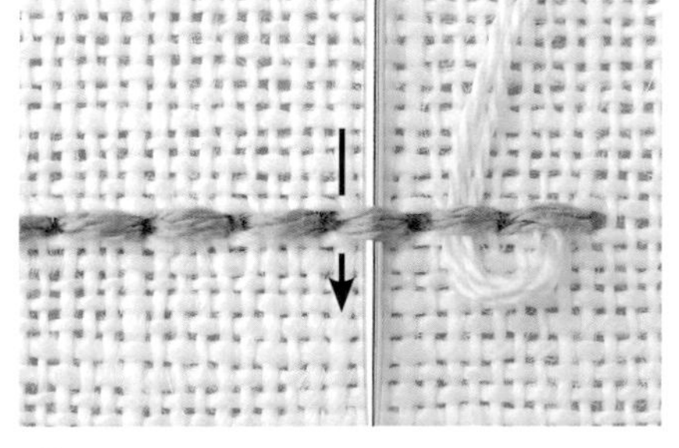

2 慢慢拉線，從第三個回針繡由上往下穿針。

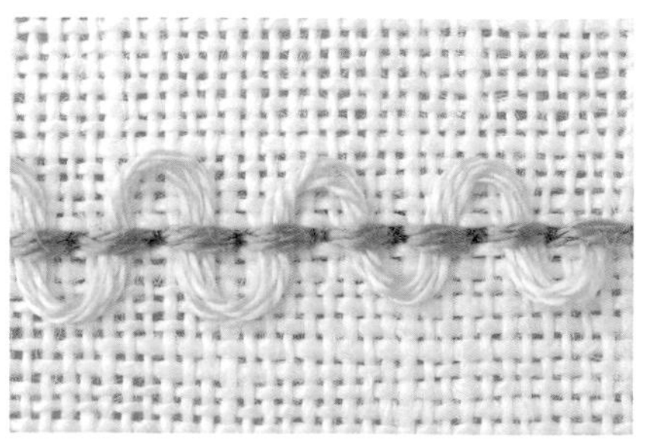

3 請留意勿挑起布及繡線，讓第二條線上下交錯繞線。第二條線以同樣的力道拉線，作出漂亮的弧形。

北京繡

Pekinese Stitch

別稱：中國繡、故宮繡

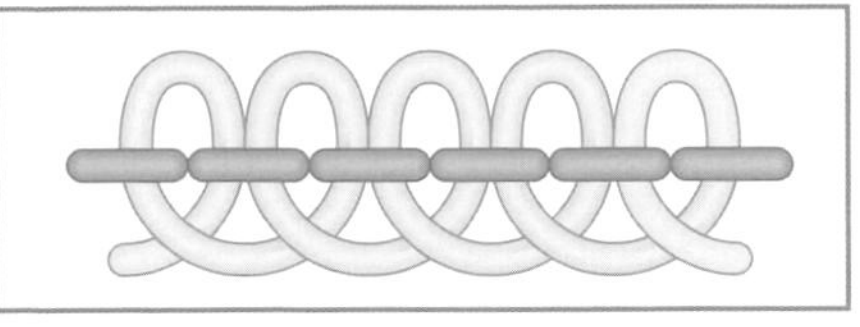

因為是古代中國所用的刺繡，所以名稱有北京繡、中國繡、故宮繡（紫禁城）等。先繡一排回針繡，再以另一條線穿過每個針目兩次。

實際大小的針目（回針繡是3股線，穿的線是2股線。）

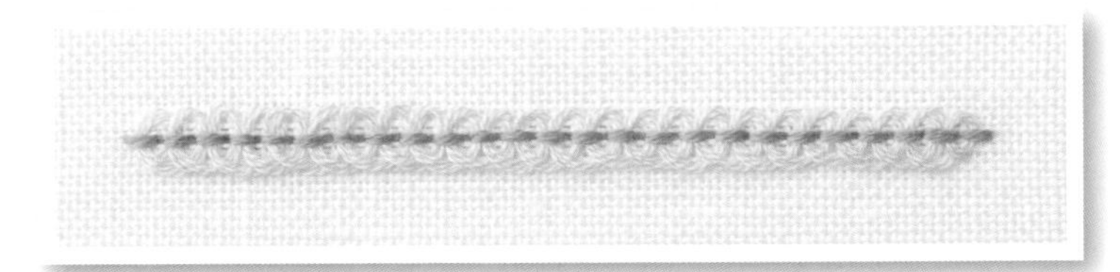

※刺繡方向 ⟶

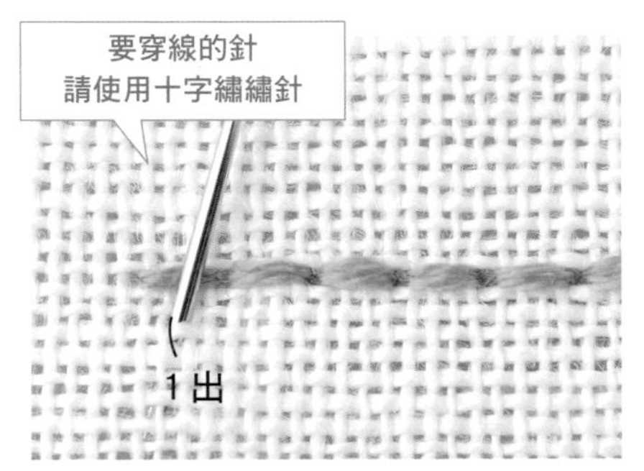

1 先繡出回針繡。再從左往右開始繡。從**1**出針。

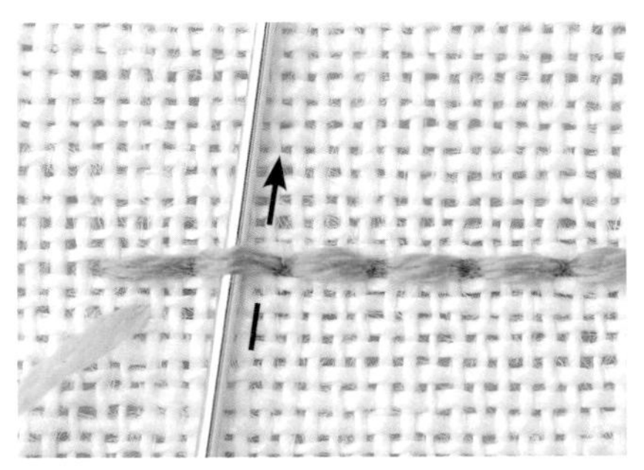

2 從第二個回針繡的下方往上穿針過線。

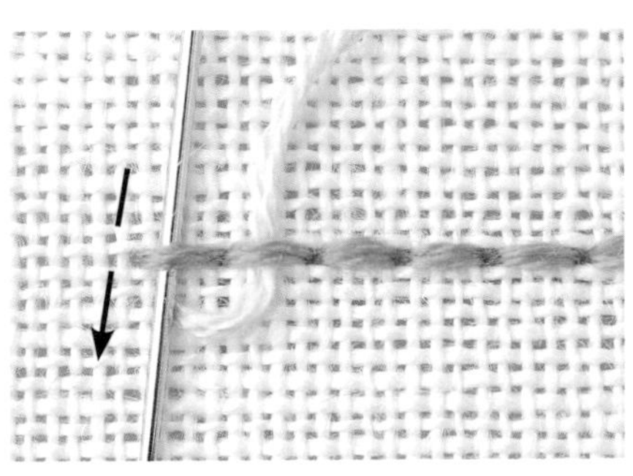

3 輕輕拉線，作出一個弧形。再從第一個回針繡的上方往下穿針過線。

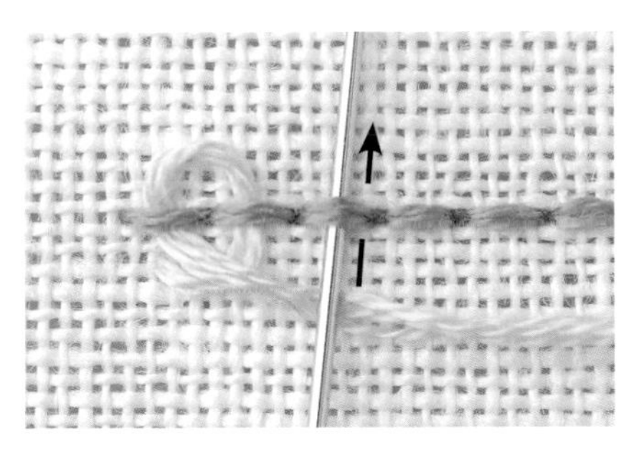

4 在第三個回針繡的下方往上穿針過線。

5 再從第二個回針繡的上方往下穿針過線。

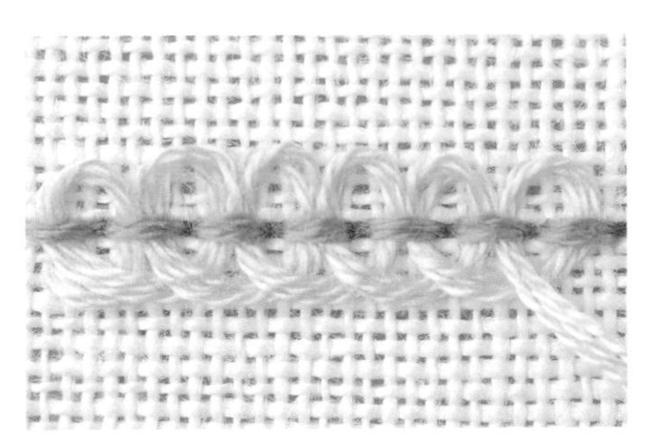

6 注意拉線的力道，逐步增加繞過回針繡的圈圈。

輪廓繡

Outline Stitch

別稱：莖幹繡

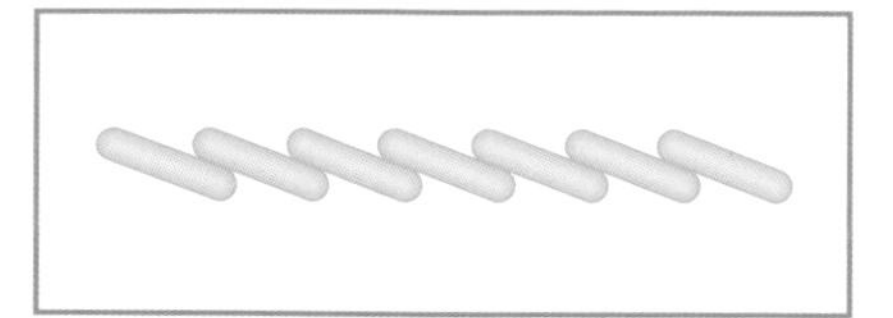

不管細線還是粗線，都能展現出質感的刺繡技法。若縮小針目就能繡出複雜的弧形，因此也很適合用來繡文字。

實際大小的針目

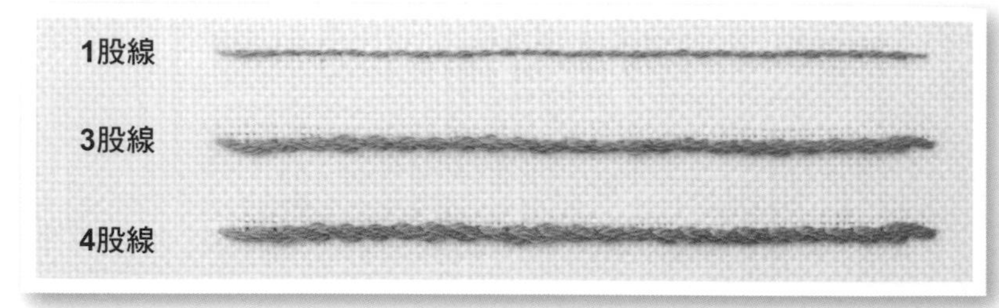

※刺繡方向 →

輪廓繡這個名稱，有時泛指能夠用來繡出輪廓（Outline）的所有刺繡（回針繡、平針繡、鎖鍊繡等），因此這個繡法也被稱為莖幹繡。意味著很適合用來繡植物的莖幹（Crewel）。

可以作出平滑線條的輪廓繡（回針時要在相同針位出針）

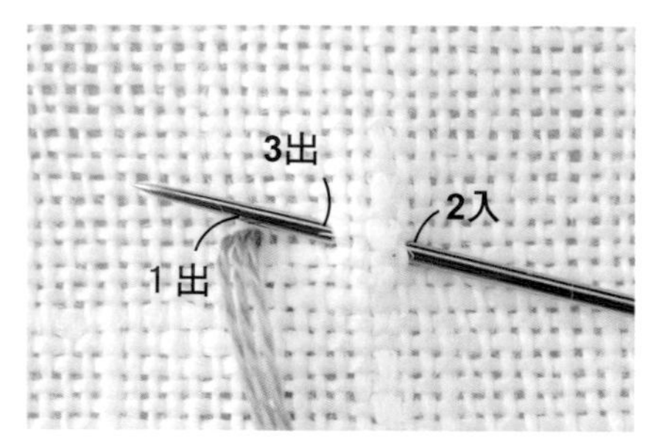

1 從左往右繡。從**1**（左邊）出針後，在**2**入針，回半針後，再從**3**出針。

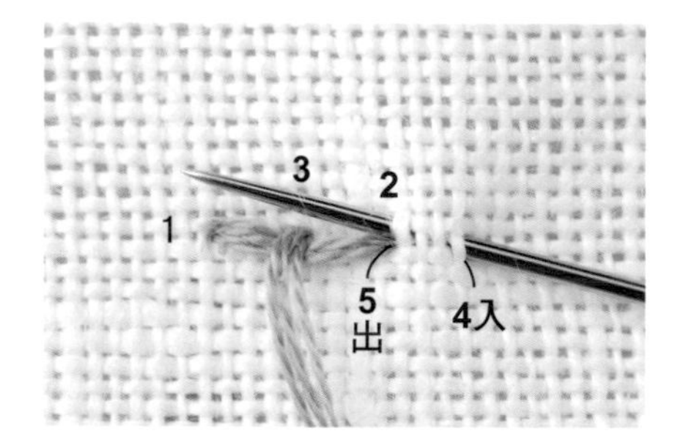

2 在**4**（後半針處）入針，在**5**（與**2**相同針位）出針。線要放在針的下方。

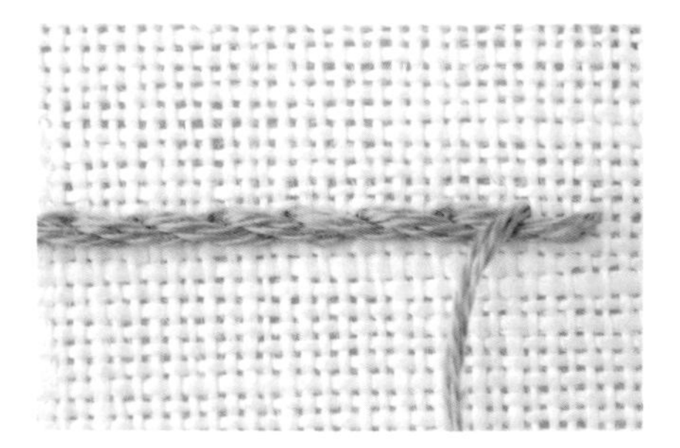

3 每次回半針，就能繡出平滑的線條。

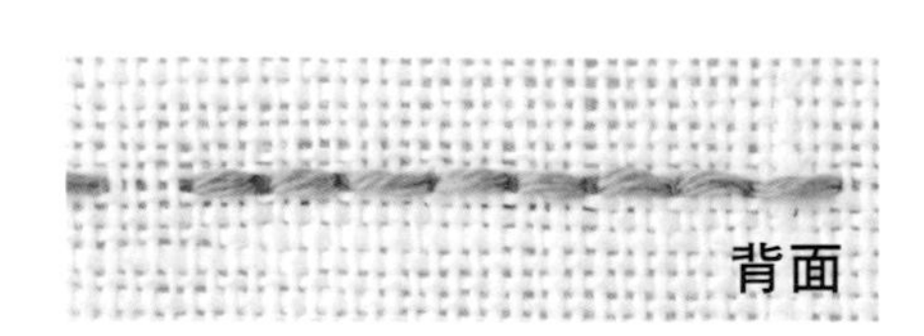

背面的樣子則宛如回針繡般。

作出細線條的輪廓繡

實際大小的針目

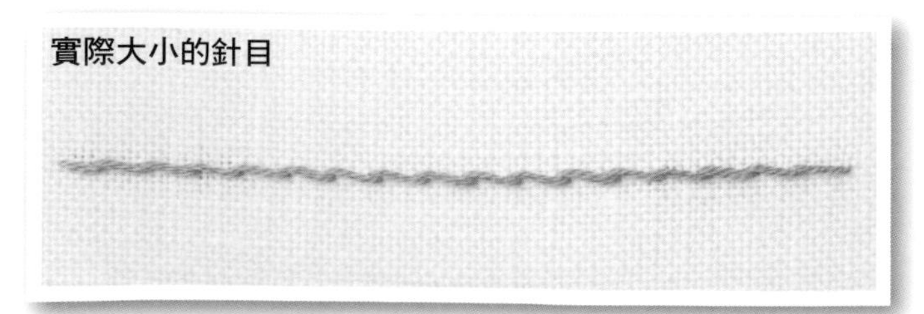

回針的位置改在前方，若減少繡線重疊，可作出細線條。

作出粗線條的輪廓繡

實際大小的針目

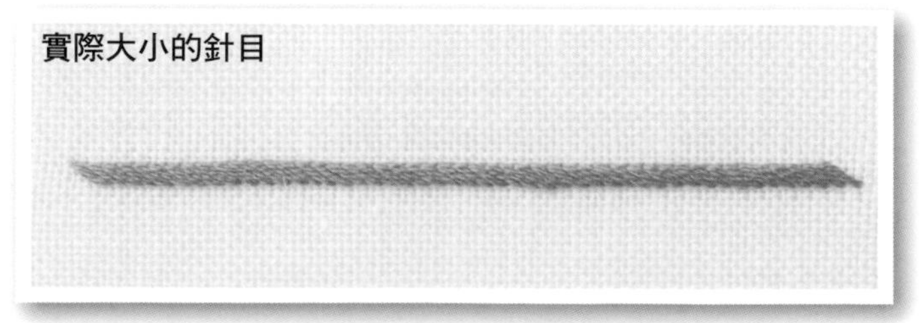

針目改為斜向，若增加繡線重疊就能作出粗線條。

作出圓形的輪廓繡

繡圓形的時候，繡布跟著旋轉繡出弧形，就能作出美麗的圓形。

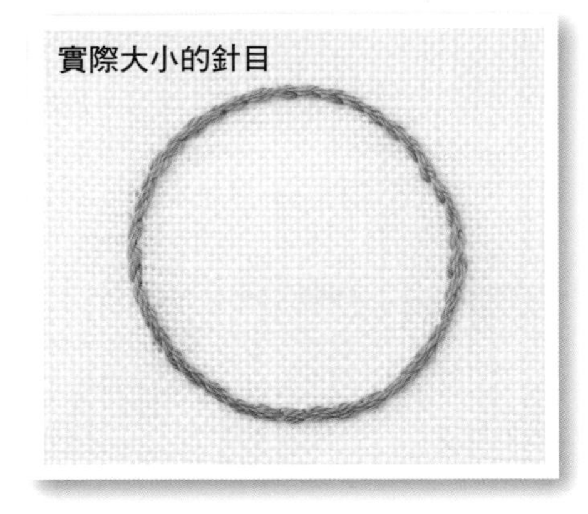

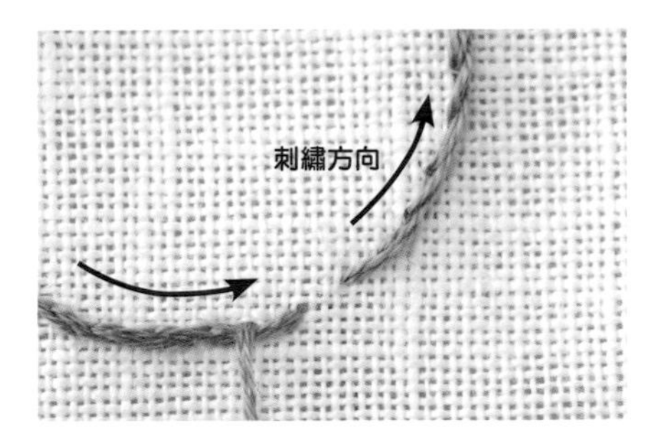

1 從第2、第3針目開始調整針目大小，繡最後一針時，請注意不要太大或過小。

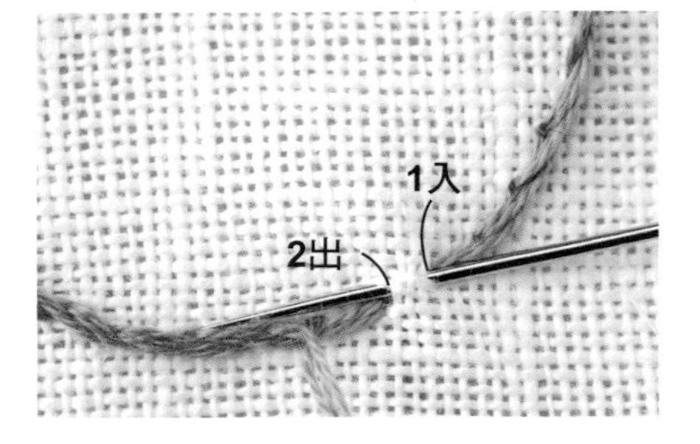

2 在**1**（第一針目的出針針位）入針，在**2**出針。

3 線要從圓形的內側出來。

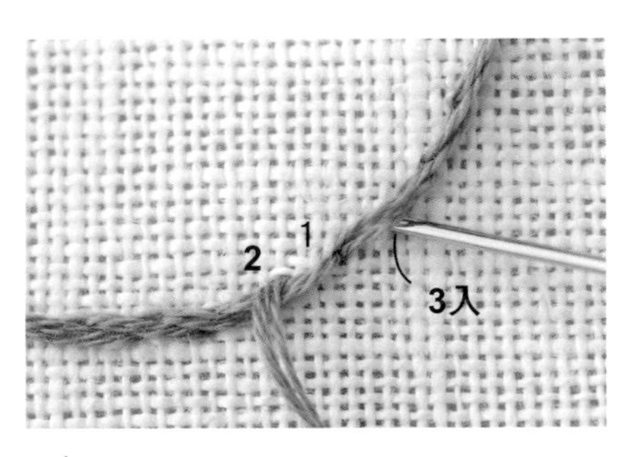

4 線拉到圓形的外側，在**3**（第二針目的出針針位）入針。

5 完成毫無接縫的圓形。

輪廓繡的開始到結束請保持相同粗細

開頭及結尾都重疊半個針目。

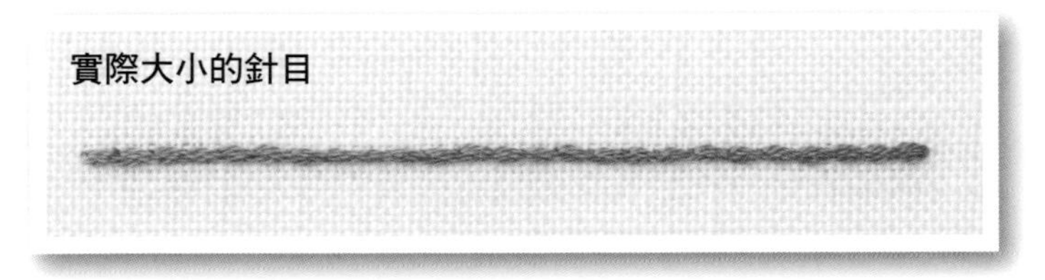

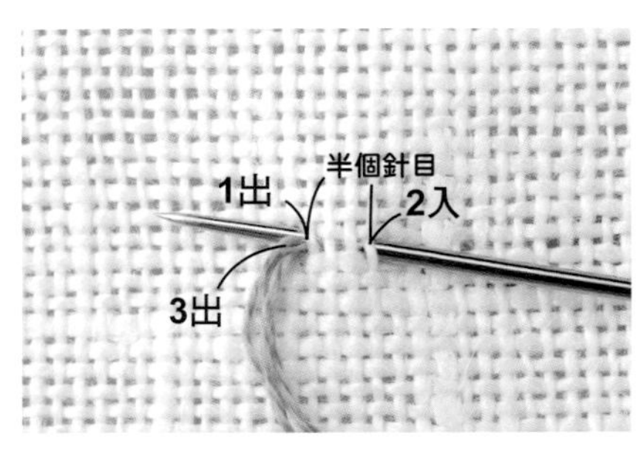

1 在**1**出針，在**2**入針，回到**3**（與**1**相同針位）。也就是刺了半個針目。

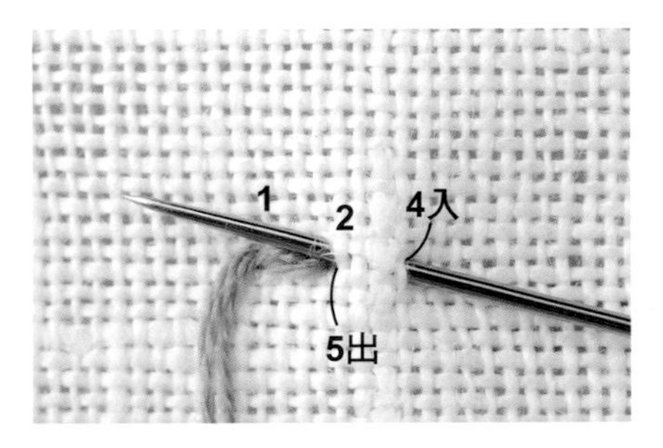

2 在**4**入針，在**5**（與**2**相同針位）出針。開頭的這個針目重疊了半個針目。

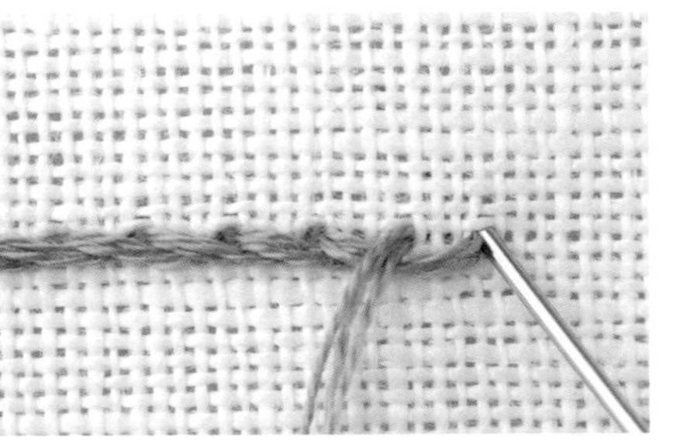

3 刺繡結尾也要重疊半個針目。

作出多邊形的輪廓繡

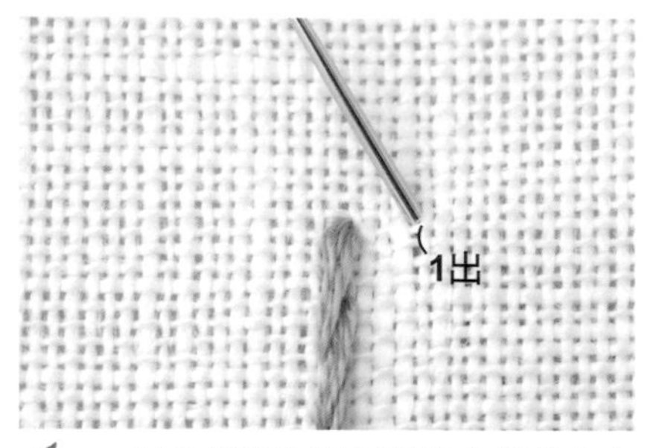

1 以重疊半個針目的輪廓繡繡出多邊形的邊。從**1**（距離邊角半個針目）出針。

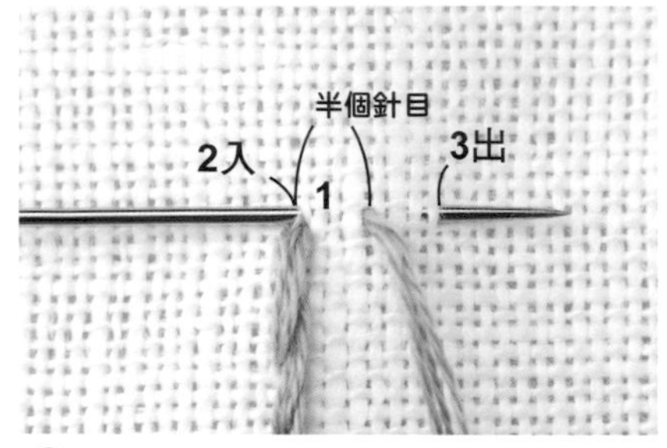

2 在**2**（邊角）入針，從**3**（距離邊角半個針目）出針。

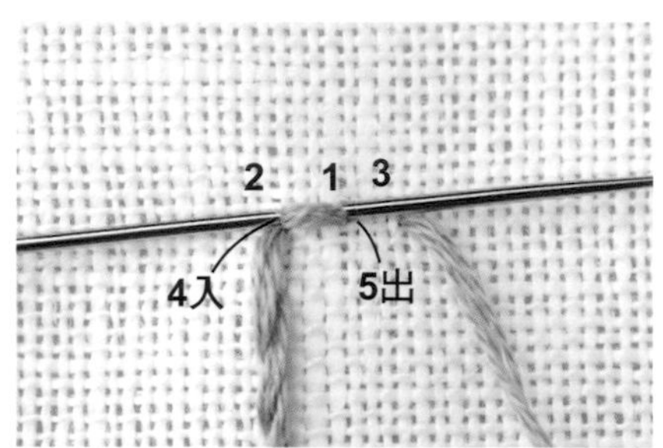

3 在**4**（與**2**是同個邊角）入針，在**5**（與**1**相同針位）出針。邊角會入針兩次。

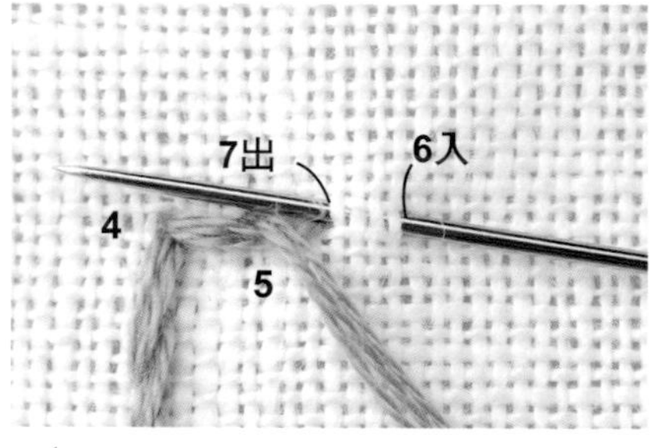

4 在**6**入針，在**7**（與**3**相同針位）出針。

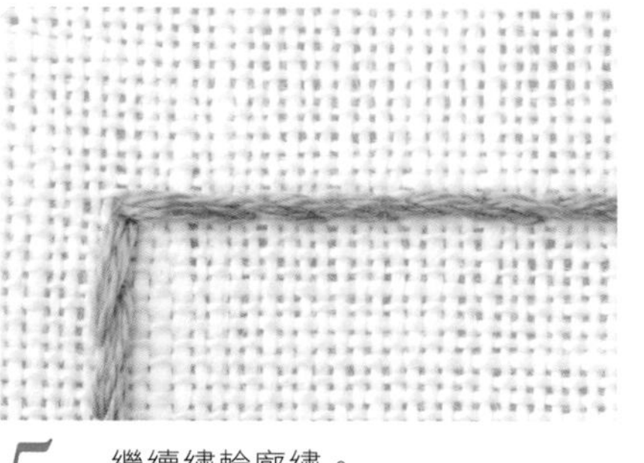

5 繼續繡輪廓繡。

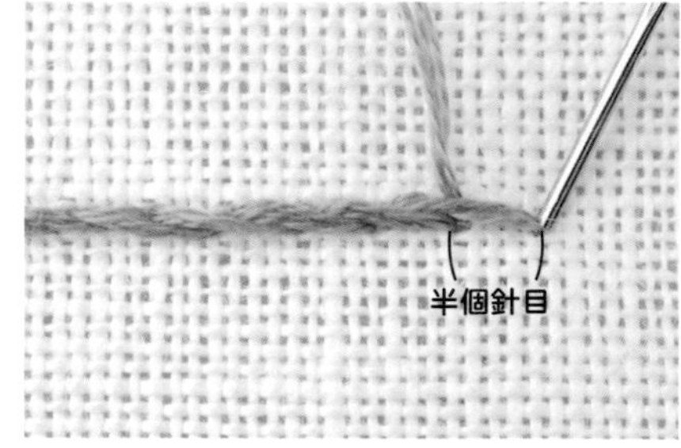

6 以重疊半個針目的輪廓繡收尾，完成邊角。

簡單製作邊角的刺繡方法

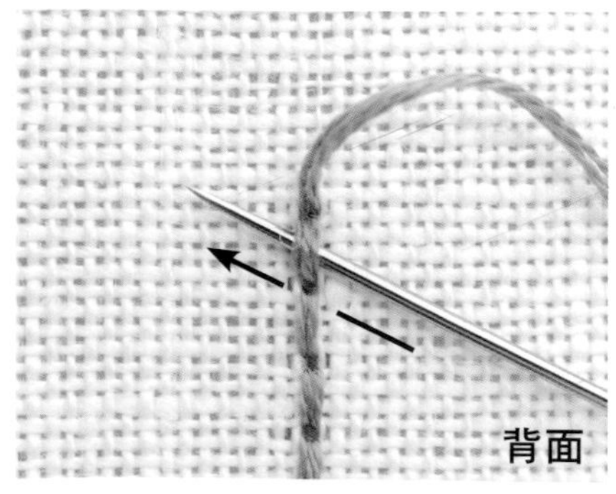

1 以重疊半個針目的輪廓繡繡出多邊形的邊。若直接刺繡，線會脫落，所以請將繡布翻到背面，挑起渡線穿過一針。

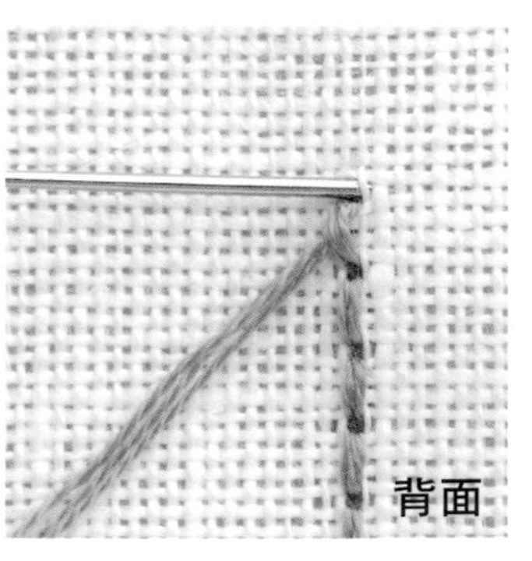

2 在邊角入針。

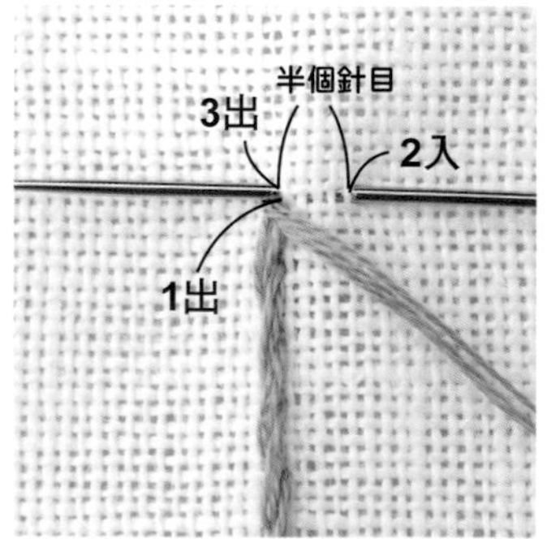

3 將繡布翻至正面，繡出重疊半個針目的輪廓繡。

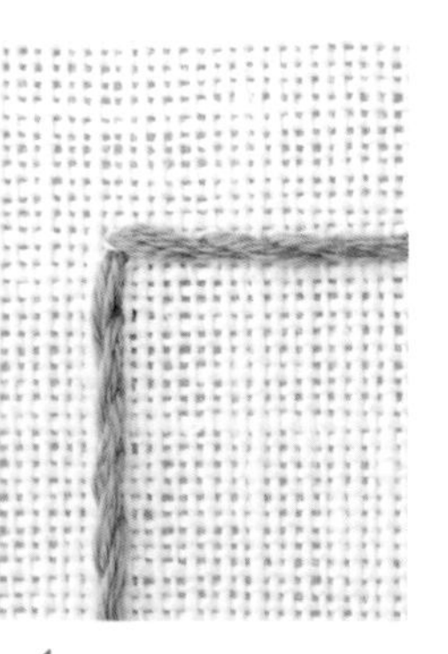

4 完成邊角。

輪廓填滿繡

Outline Filling

別稱：莖幹填滿繡

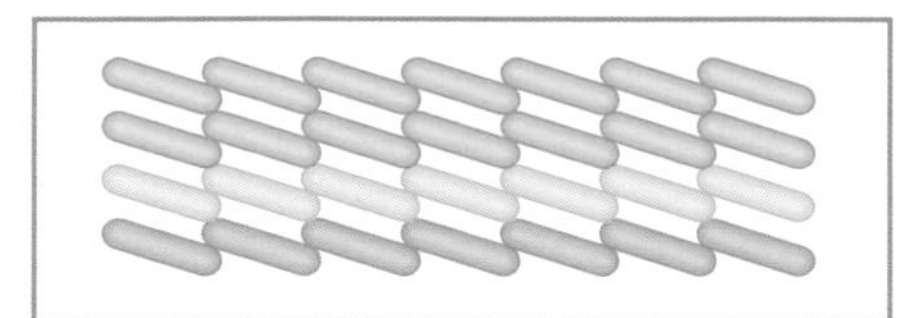

實際大小的針目（3股線）

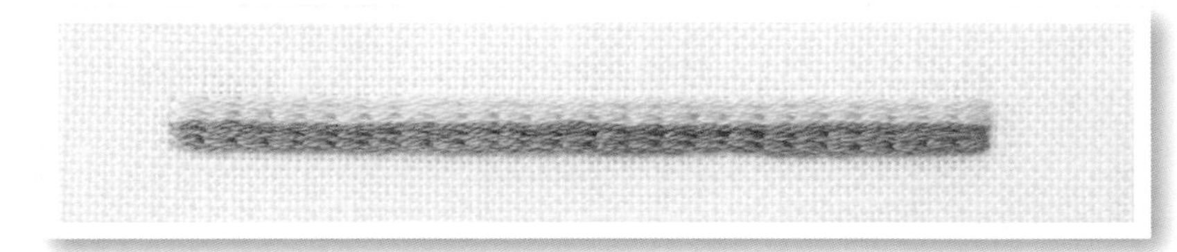

重複多排輪廓繡填滿一個面的刺繡技法。改變繡布的方向後，就能持續繡下去。

※刺繡方向
（偶數行是將繡布上下顛倒拿，
再朝同個方向繡。）

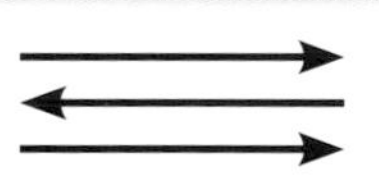

鋸齒繡

Zigzag Stitch

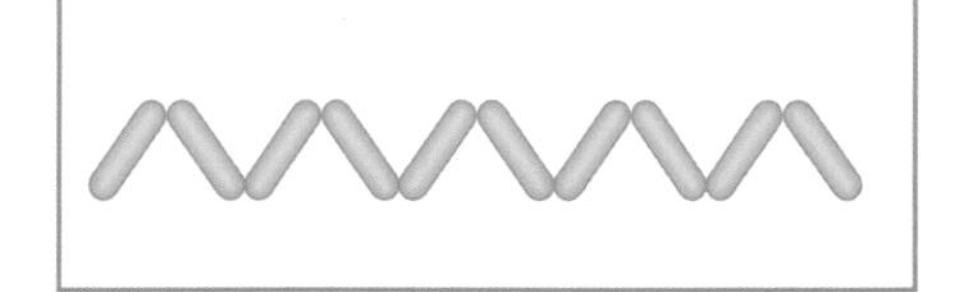

實際大小的針目（3股線）

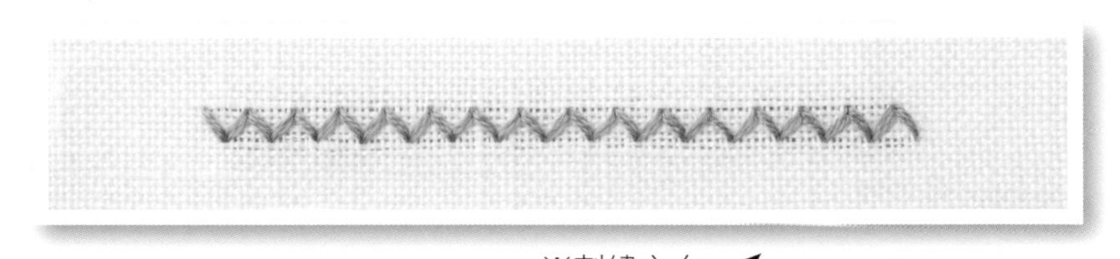

※刺繡方向

回針繡的變形。每次都回一針，就能繡出山的形狀。

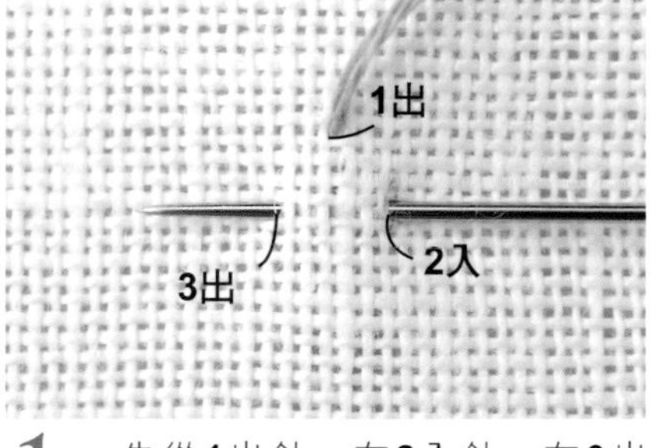

1 先從**1**出針，在**2**入針，在**3**出針。

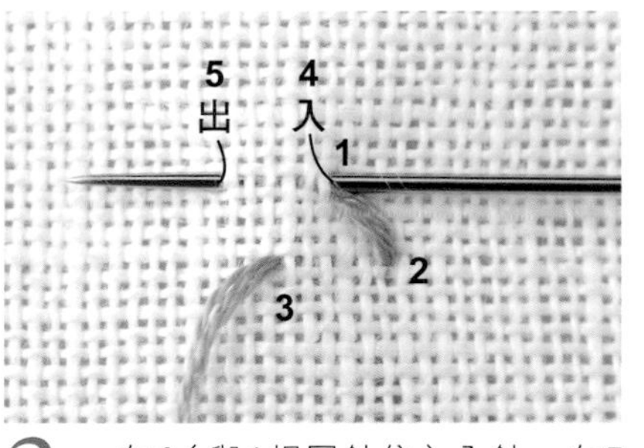

2 在**4**（與**1**相同針位）入針，在**5**出針。

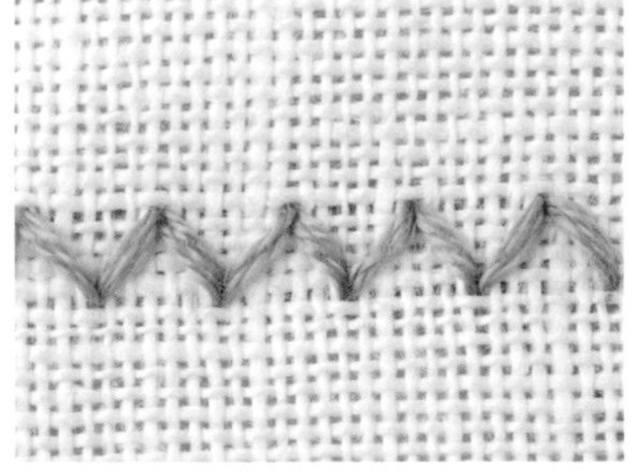

3 按照回針繡的要訣，每次回一針，就能繡出鋸齒繡。

釘線繡

Couching

別稱：修道院繡

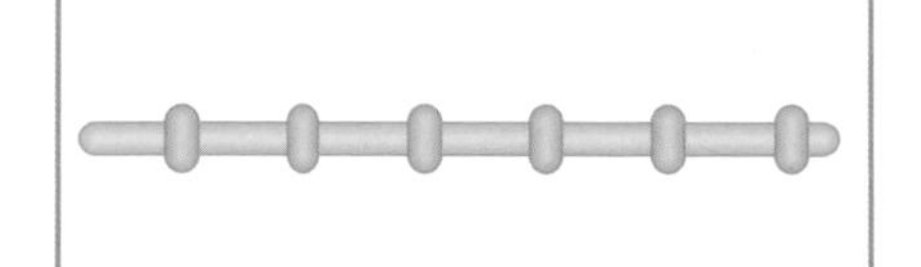

以其他線固定住芯線的刺繡技法。可以用來繡輪廓或填滿一個面。

實際大小的針目

芯線…6股線
固定線…1股線
以同色線固定

芯線…6股線
固定線…2股線
以其他顏色的線固定

※刺繡方向 ←

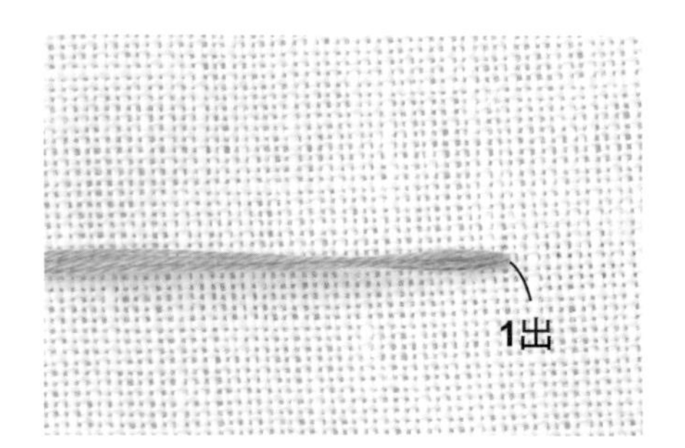

1 讓芯線從**1**出來。

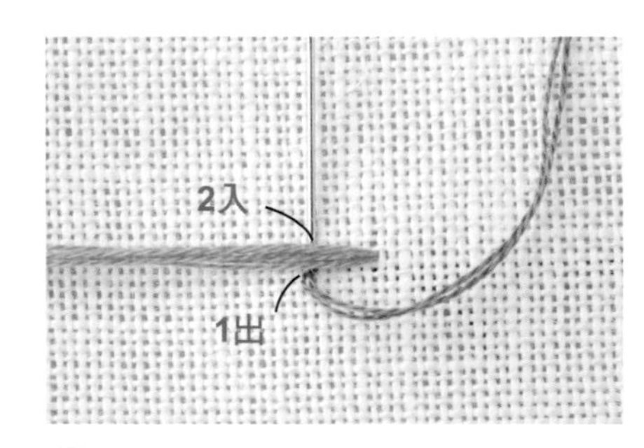

2 固定線要從芯線的正下方（**1**）出針，再從芯線的正上方（**2**）入針。

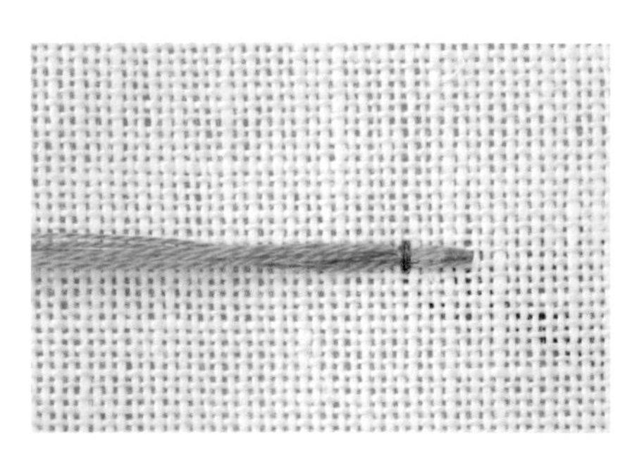

3 固定住的狀態。

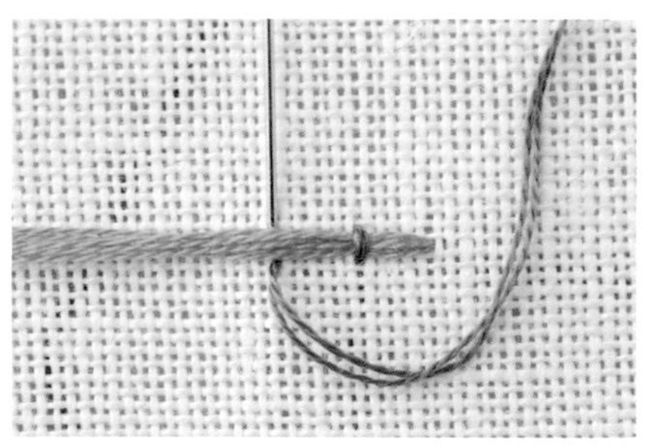

4 每一針的間隔都要相同。

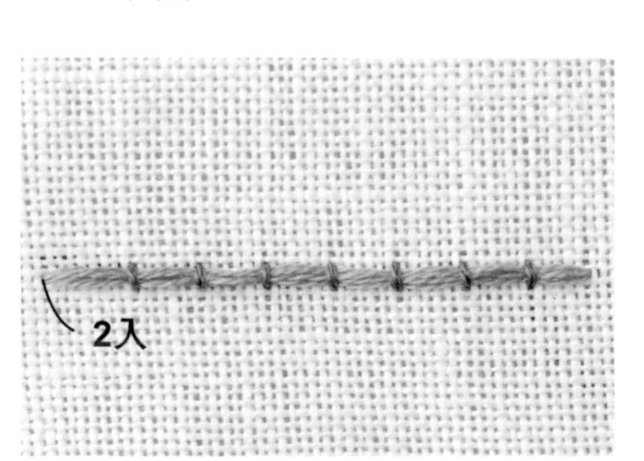

5 靠近末端後，就把芯線收進繡布背面（**2**）。

關於釘線繡這個名字

雖然原文唸作Coaching Stitch，但在日本還是慣稱為Couching Stitch。雖是很古老的刺繡，卻沒人知道名字的由來。釘線繡又有Convent Stitch（修道院繡）這個名稱。順帶一提，釘線繡還有拉丁文Le Point de Boulogne波隆那（義大利古都）刺繡這個名字。

繡弧形的時候

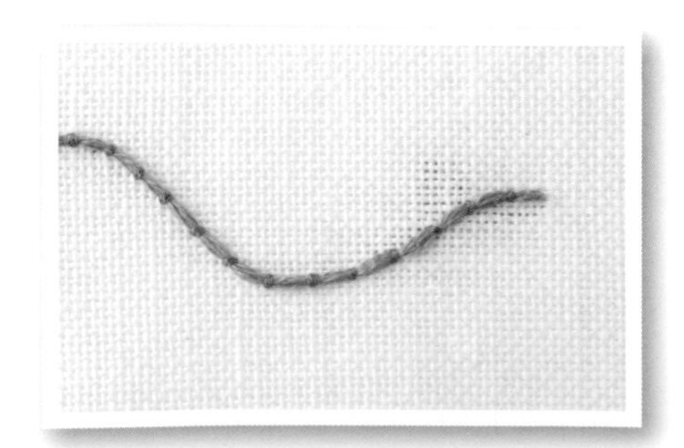

繡旋渦或是弧形的時候，請一邊將芯線放在圖案的線上，一邊固定。

裂線繡

Split Stitch

實際大小的針目

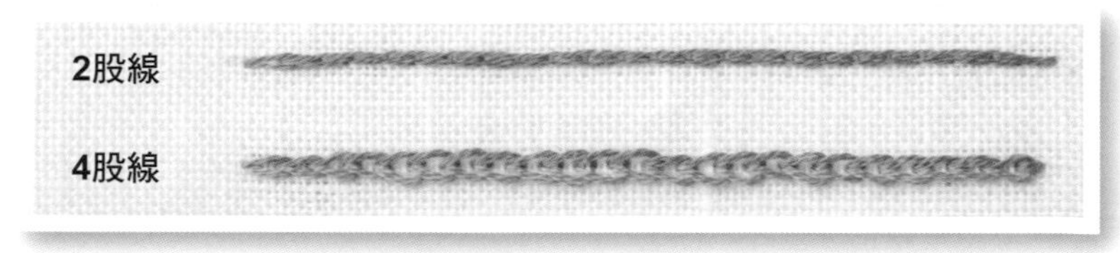

※刺繡方向 ⟶

Split就是切開撕裂的意思，是將線分開來的刺繡技法。分開一條線刺繡時，最好使用沒有緊纏的繡線。裂線繡可以用來繡線條或填補圖案。由於看不見針目，所以在中世紀的刺繡裡都被用來刺繡臉部。

若使用兩種顏色的線，就要分上下進行刺繡，外觀看起來像是雙色鎖鍊。

此時，就要如同輪廓繡，每次都回半個針目進行刺繡。

以兩種顏色的線刺繡的時候

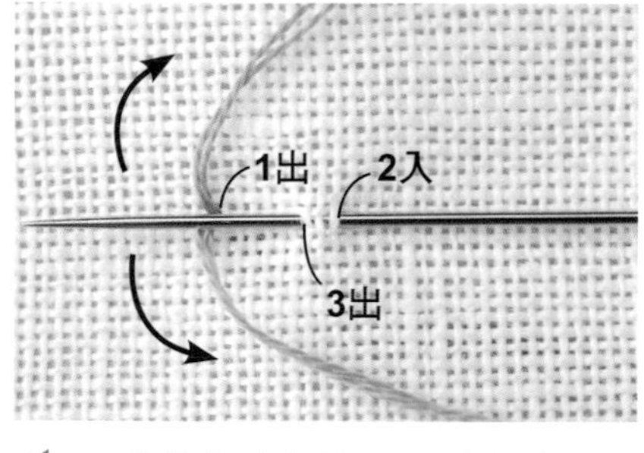

1 將雙色線穿針。從**1**出針後，將線往上下分，在**2**入針，在**3**出針。

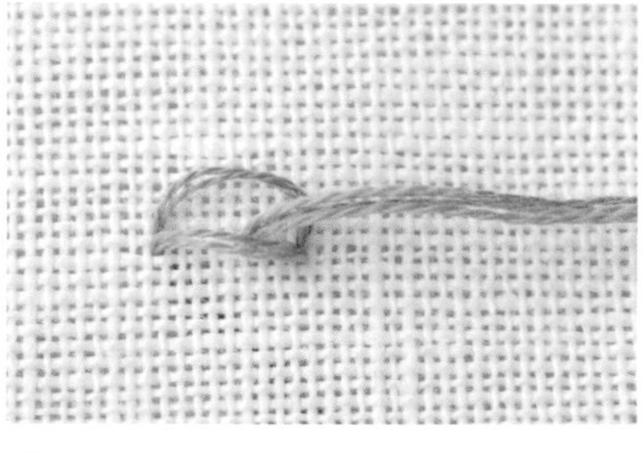

2 拉線。

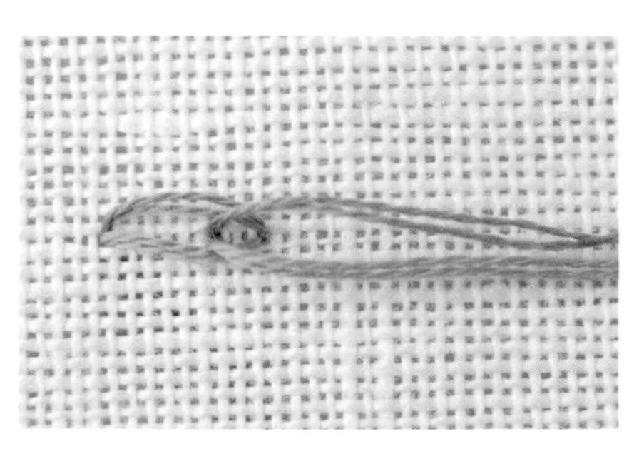

3 再將線往上下分。

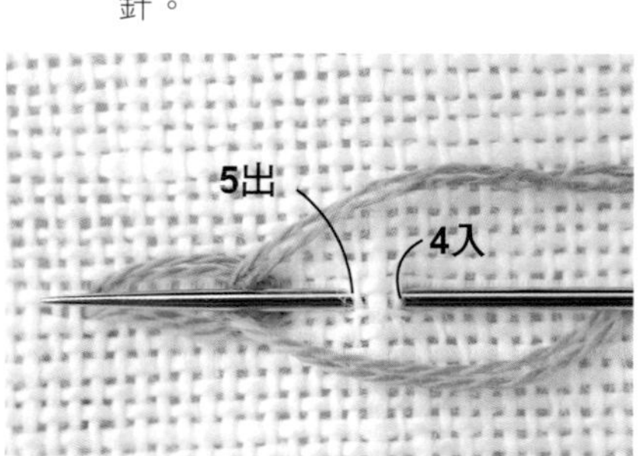

4 從**4**入針，在**5**出針，挑起上下分開的線並穿針。

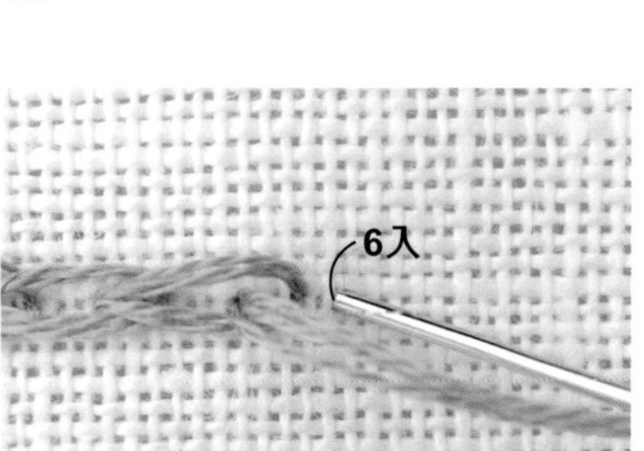

5 繡完後，就以一個小針目入針收尾（**6**）。

6 完成。

分開一條線來繡的時候

從線的正中央出針刺繡。
每一針都要拉線才能繼續繡。

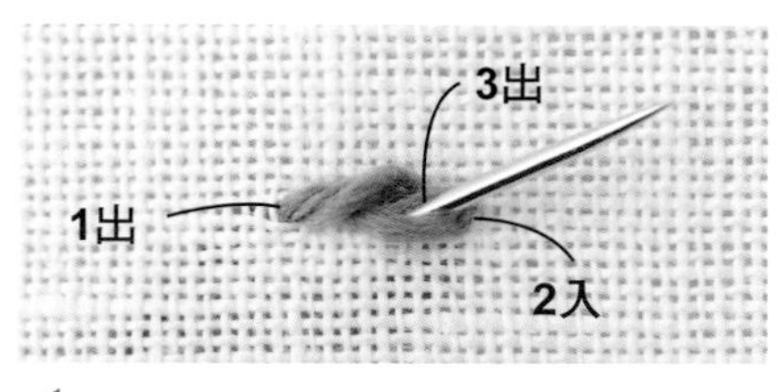

1 在**1**出針，在**2**入針。在**3**出針後，剖開第一個裂線繡的正中央。

2 完成。

鎖鍊繡

Chain Stitch

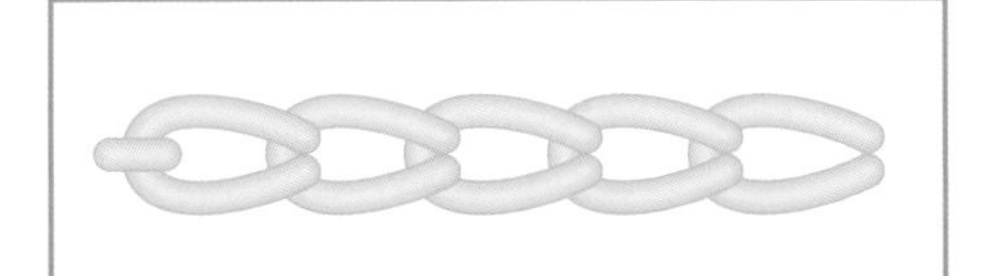

針目像鎖鍊一樣相連的刺繡。可以組成粗又平順的線條。只要讓鎖鍊的大小一致，就能作出漂亮的成品。

實際大小的針目

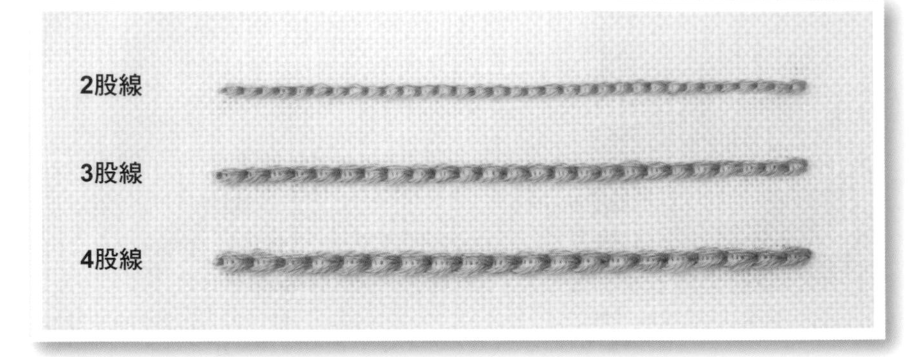

※刺繡方向 ←
（刺繡時使用縱向刺繡會比較容易。）

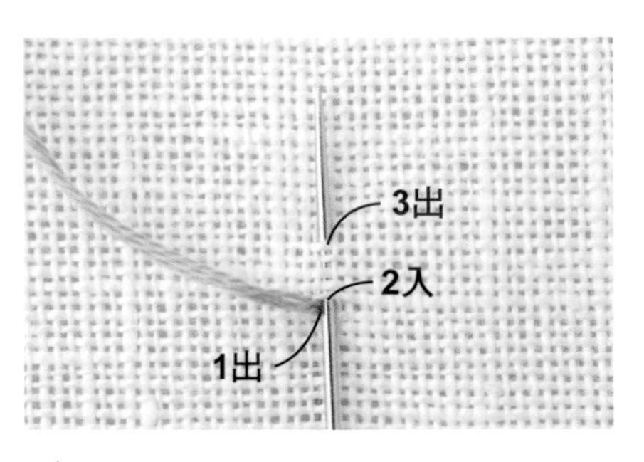

1 從**1**出針，在**2**（與**1**相同針位）入針，再從**3**出針。

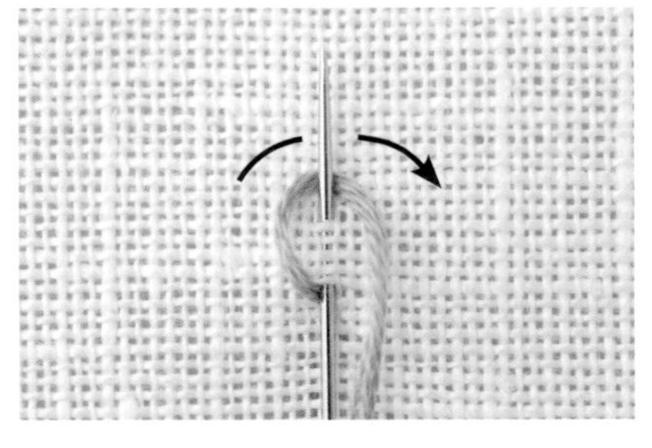

2 將線繞過針。

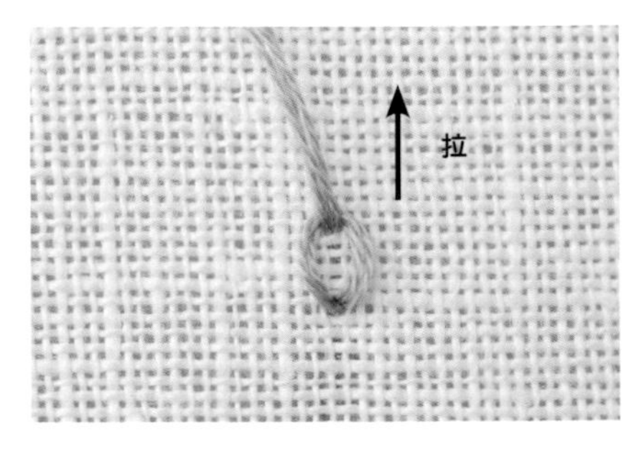

3 拔針，將線朝著刺繡方向拉。

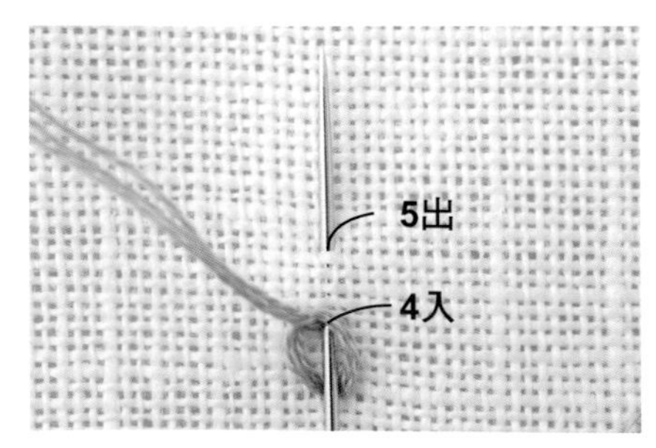

4 在圈圈的內側**4**（與**3**相同針位）入針，在**5**出針。

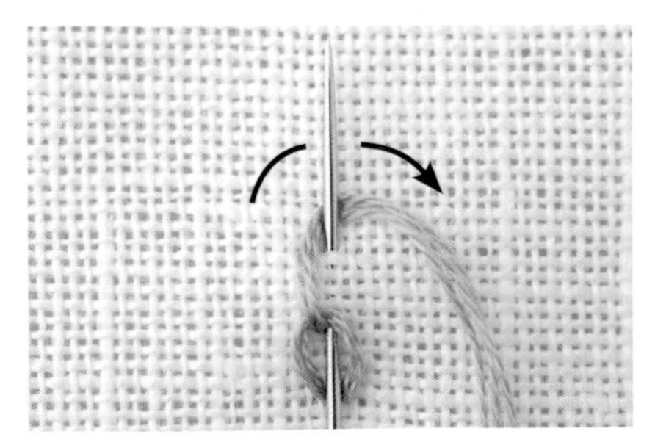

5 將線繞過針。

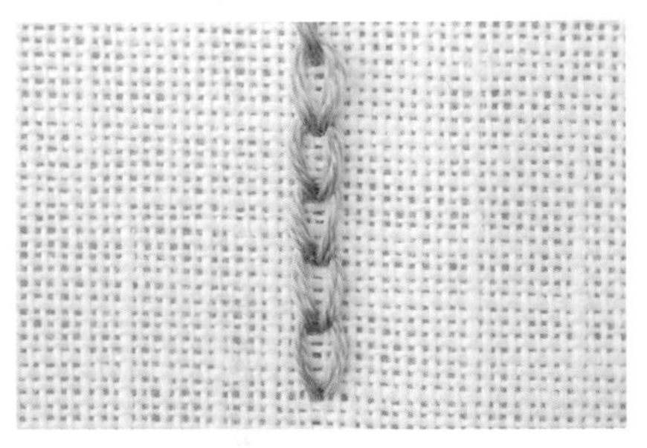

6 拔針。此時不要將線拉得太緊，請使圈圈的大小一致。

結束的方法

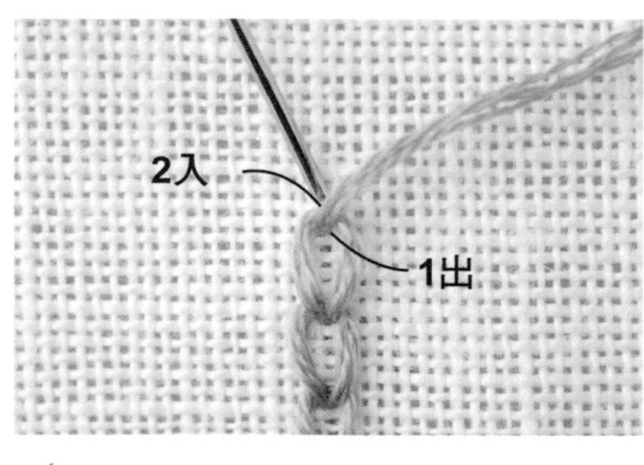

1 在圈圈的前面入針固定住鎖鍊。

2 完成。

接線的方法

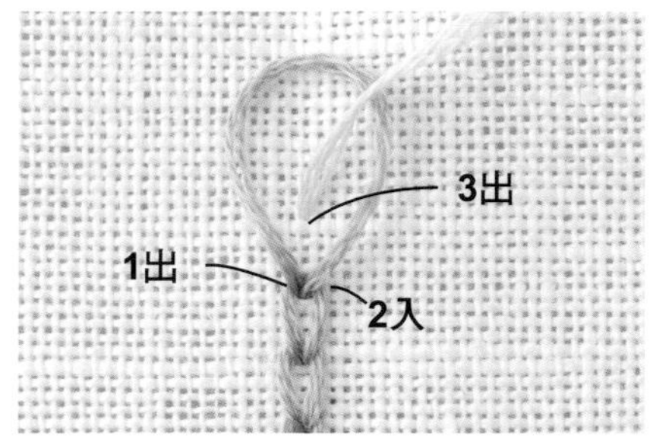

1 在布的表面先把變短的線弄鬆，並在**2**入針，於布的背面出針。然後讓新的線在下一個針目的位置出針。

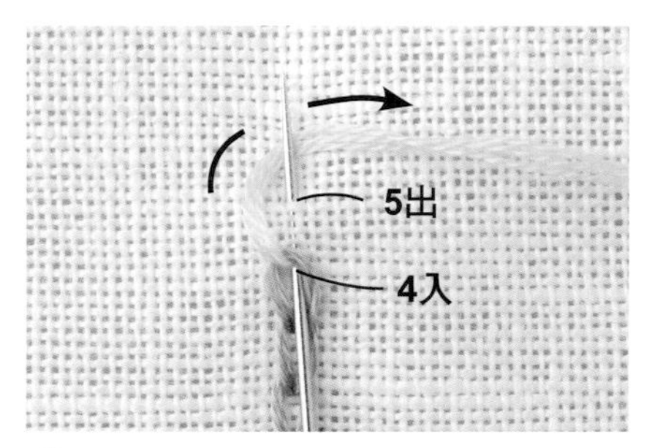

2 從布的背面拉動變短的線，調整圓圈大小後，新的線要在**3**出針。

3 以新的線繼續刺繡。

製作圓圈鎖鍊繡

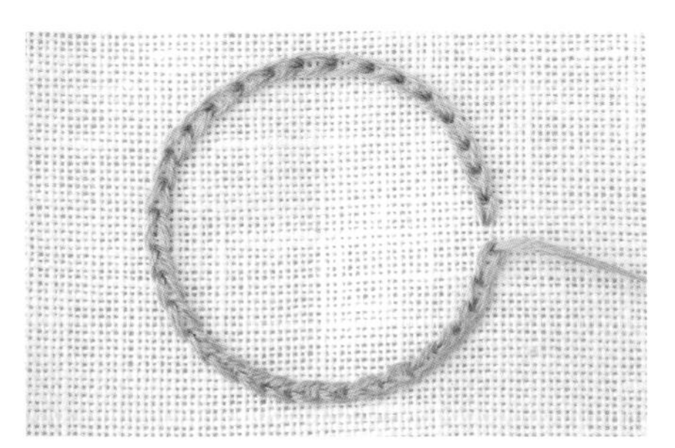

1 快要連成一圈時，調整針目，繡到只剩下一針，即可完成圓圈。

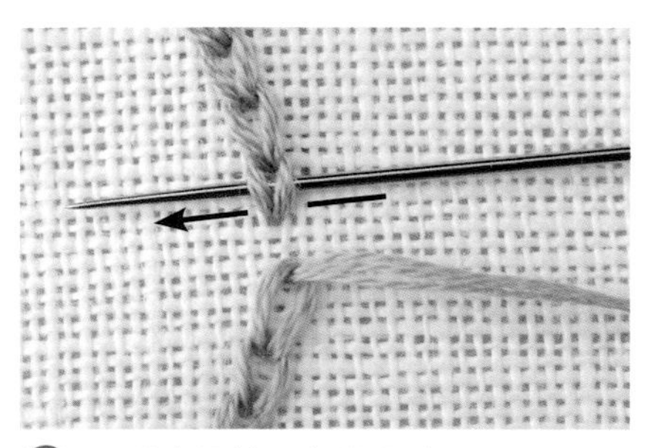

2 針穿過第一個圈圈底下。

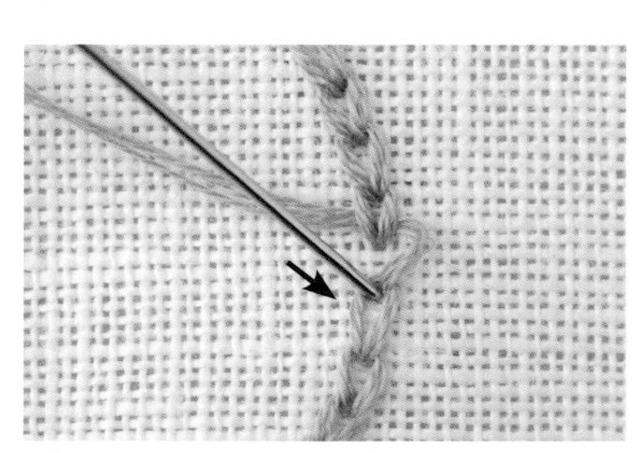

3 朝著線出來的位置入針。

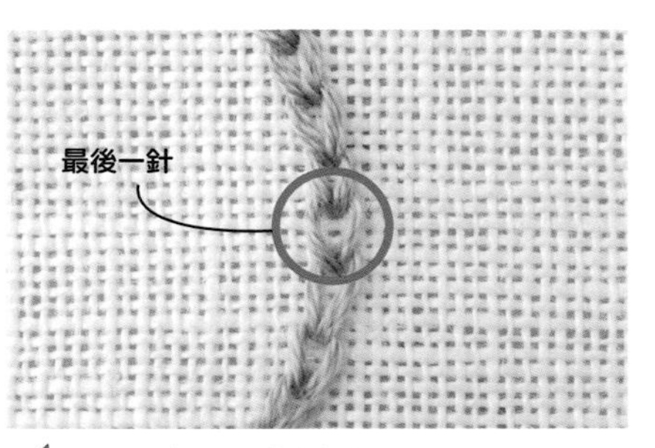

4 完成沒有接縫的圓圈。

繞線鎖鍊繡

Whipped Chain Stitch

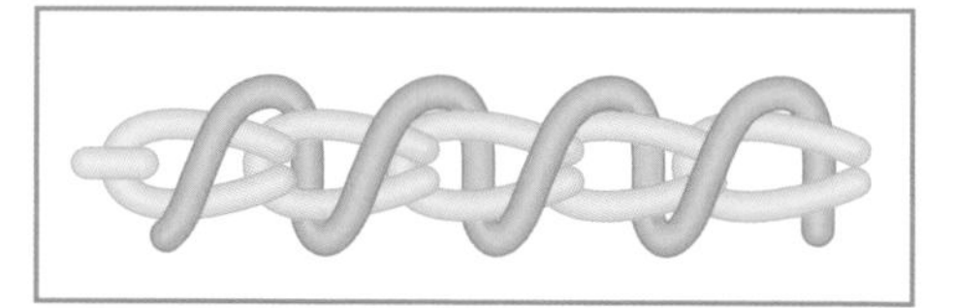

讓線纏繞在鎖鍊繡上。

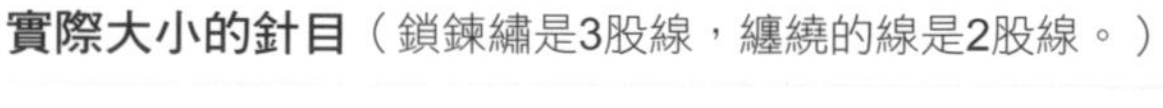

實際大小的針目（鎖鍊繡是3股線，纏繞的線是2股線。）

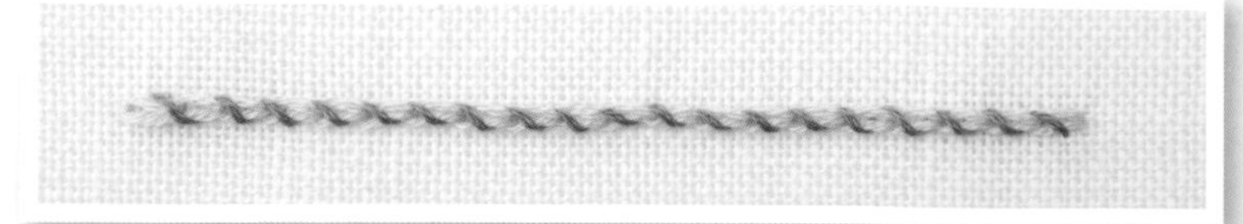

※刺繡方向 ←

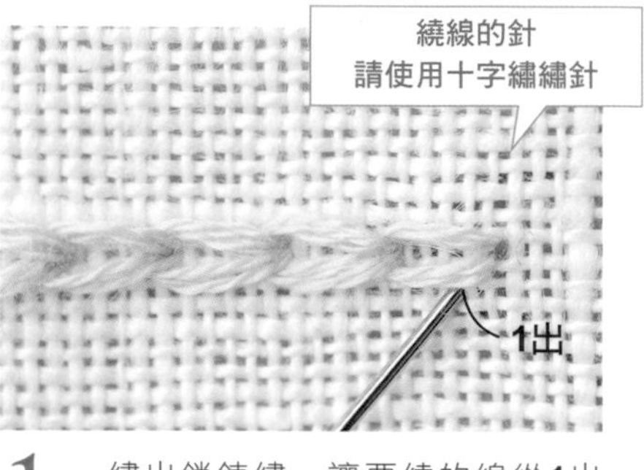

1 繡出鎖鍊繡，讓要繞的線從**1**出針。

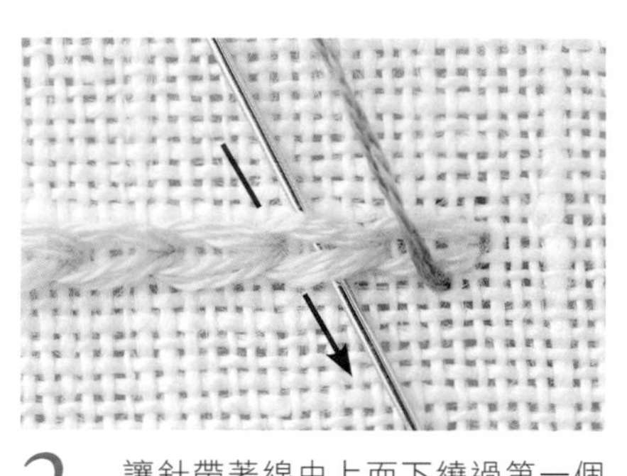

2 讓針帶著線由上而下繞過第一個鎖鍊繡。

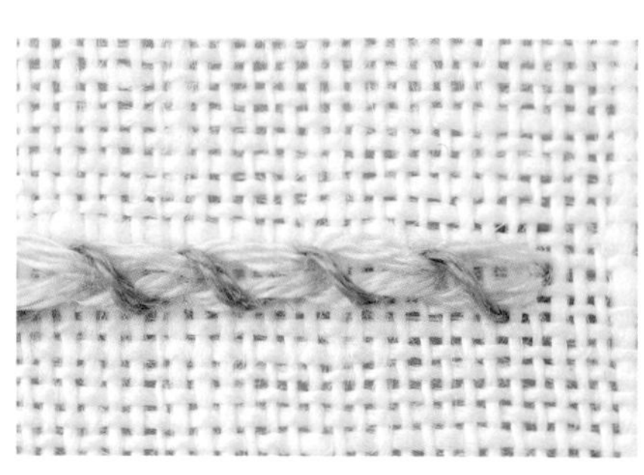

3 依序繞過每一個鎖鍊繡。

穿線鎖鍊繡

Laced Chain Stitch

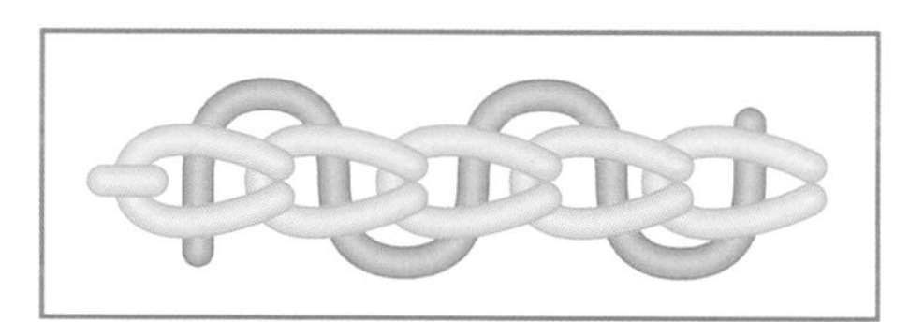

讓繡線穿過鎖鍊繡的裝飾性刺繡。

實際大小的針目（鎖鍊繡是3股線，穿過的線是2股線。）

※刺繡方向 ←

穿線的針
請使用十字繡繡針

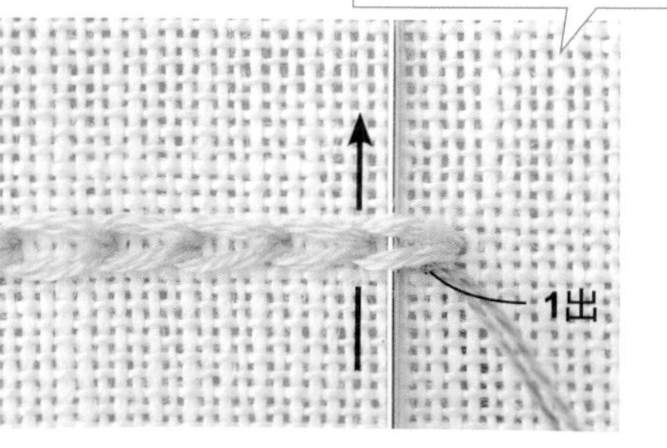

1 先繡出鎖鍊繡。再讓新的線從**1**出針，由下往上穿過第一個鎖鍊繡。

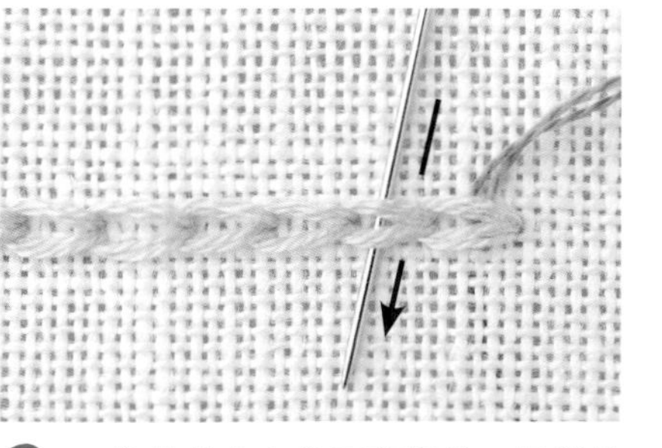

2 接著針由上往下穿過第二個鎖鍊繡。

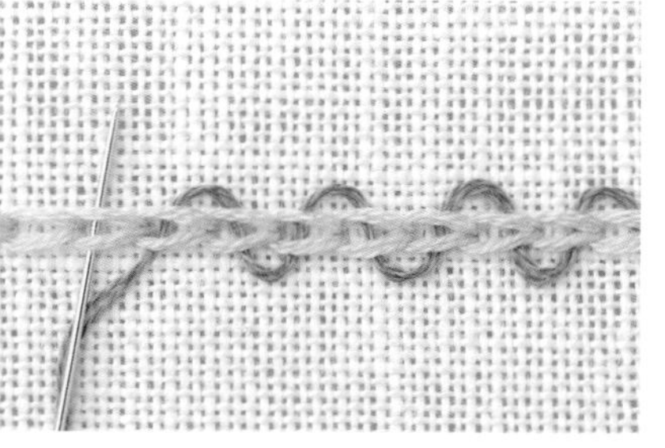

3 讓線上下交錯穿過每一個鎖鍊繡。

開放式鎖鍊繡

Open Chain Stitch

別稱：方形鎖鍊繡

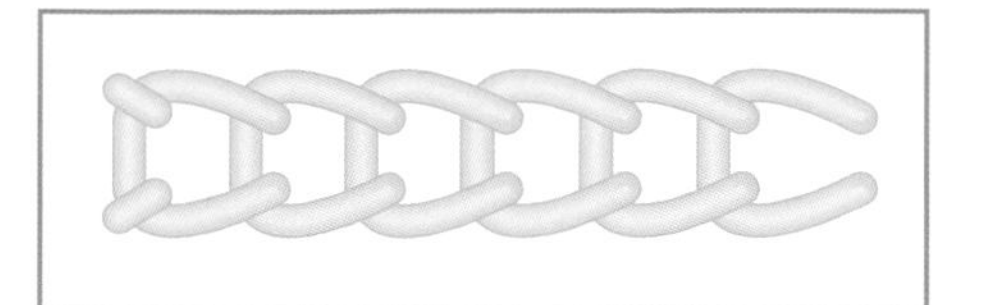

四角形的鎖鍊狀刺繡。

實際大小的針目（3股線）

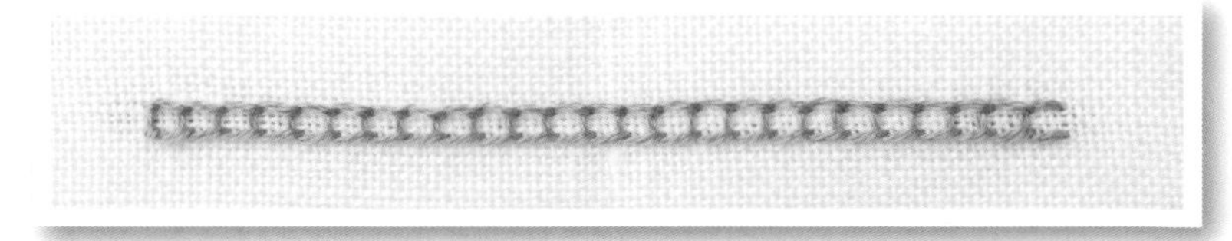

※刺繡方向（刺繡時使用縱向刺繡會比較容易。）←

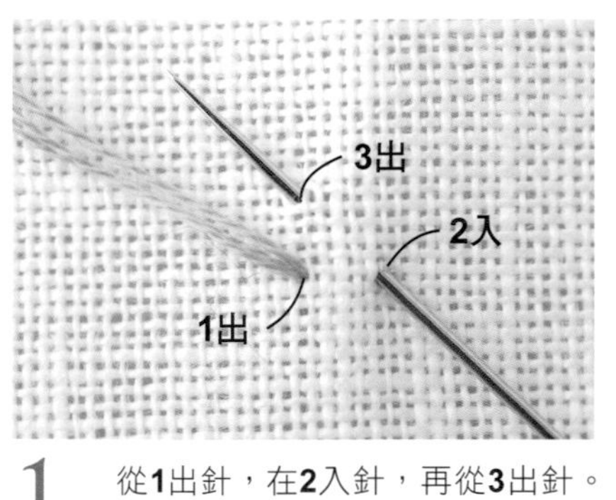

1 從**1**出針，在**2**入針，再從**3**出針。

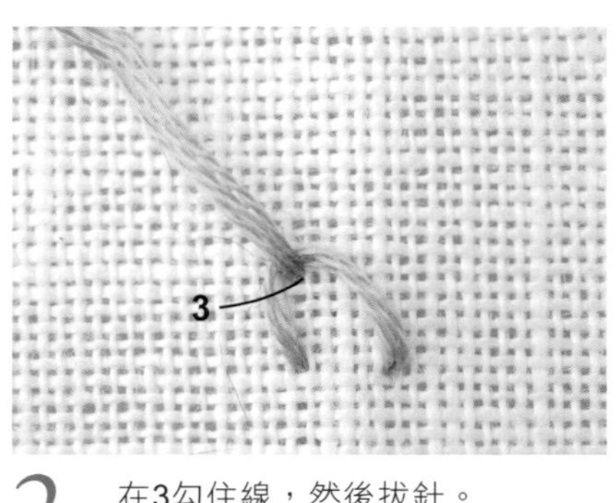

2 在3勾住線，然後拔針。

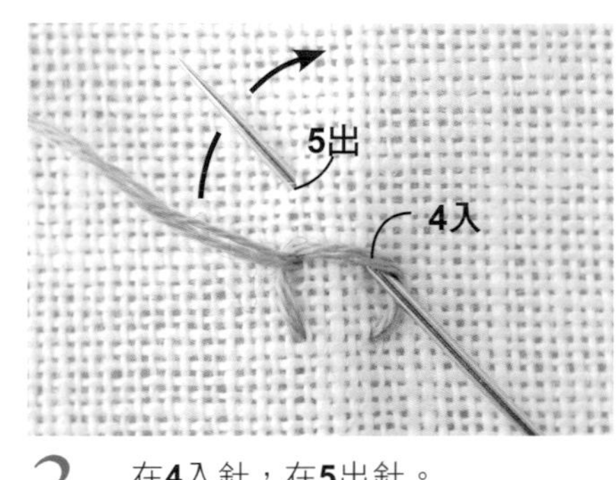

3 在**4**入針，在**5**出針。

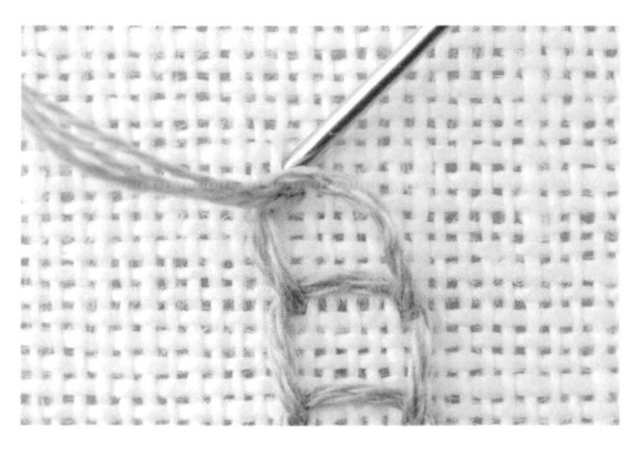

4 結束時，在左邊邊角前面一點的地方入針。

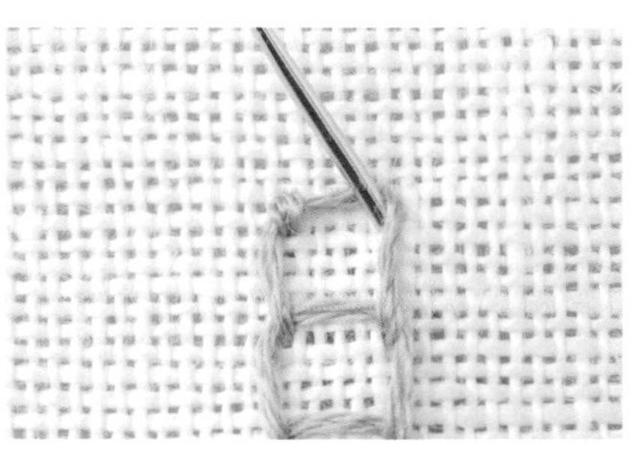

5 在右邊邊角的內側出針。

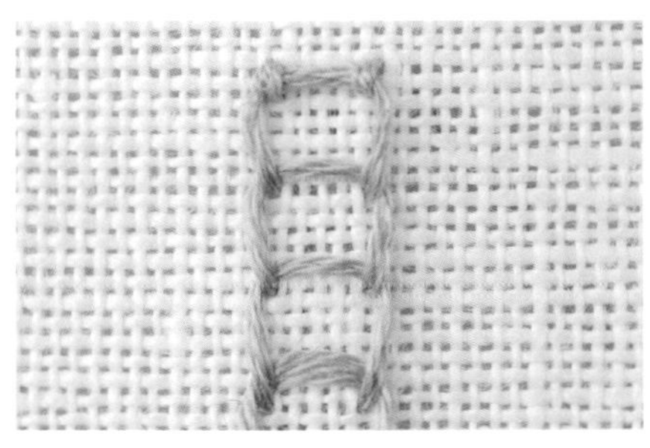

6 最後在右邊邊角前面一點的地方入針即大功告成。

鎖鍊填滿繡

Chain Filling

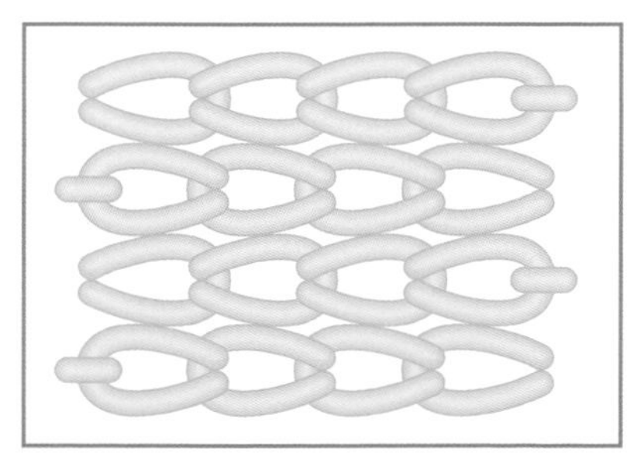

以鎖鍊繡填滿一個面。

實際大小的針目（全部都是3股線）

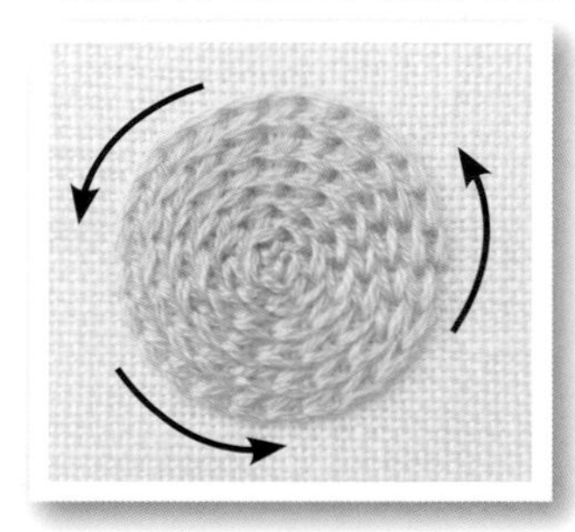

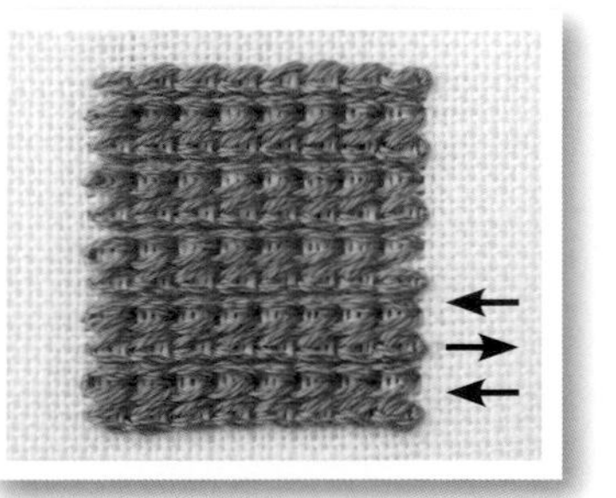

圓形是以鎖鍊繡從外往內繡出一個旋渦，直到填滿整個圓圈。四角形是來回繡出鎖鍊繡而製成。

鋼索繡

Cable Chain Stitch

別稱：堅果結織補繡

這個繡法看起來就像是鋼條製的鍊條。勾住線要拔針時，先按住圈圈再拔針，形狀就會很整齊。

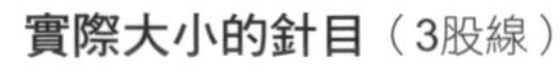

實際大小的針目（3股線）

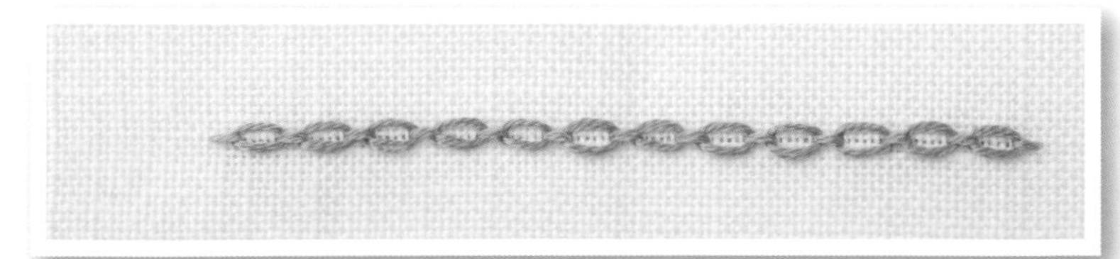

※刺繡方向（刺繡時使用縱向刺繡會比較容易。）

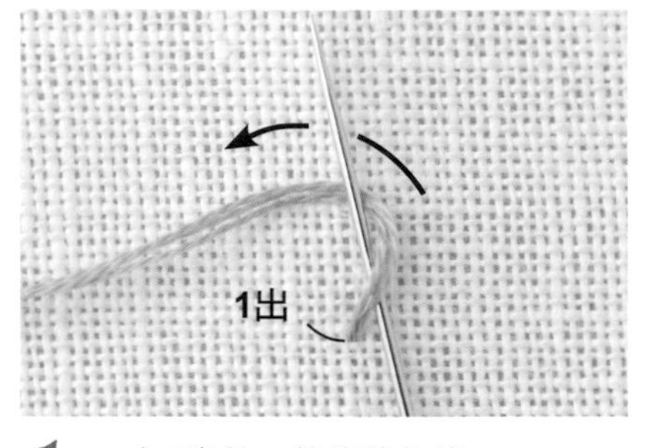

1　在**1**出針，然後繞住線。

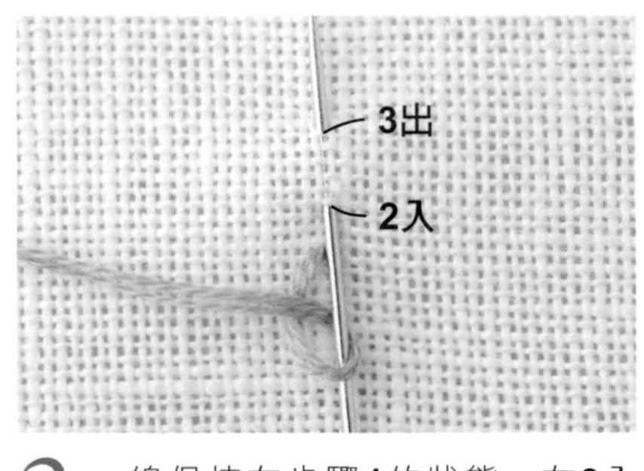

2　線保持在步驟**1**的狀態，在**2**入針，在**3**出針。

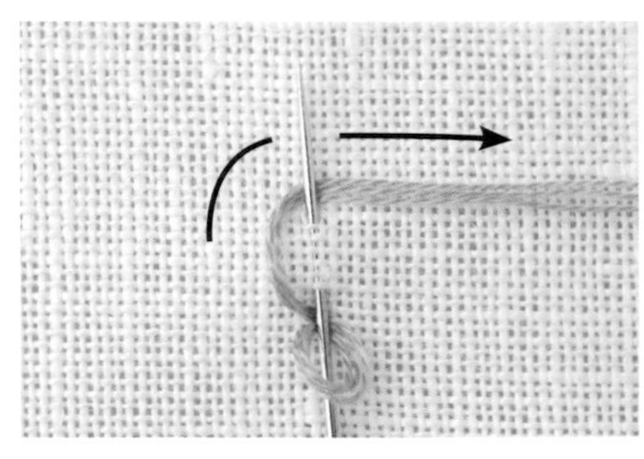

3　將線繞住針。

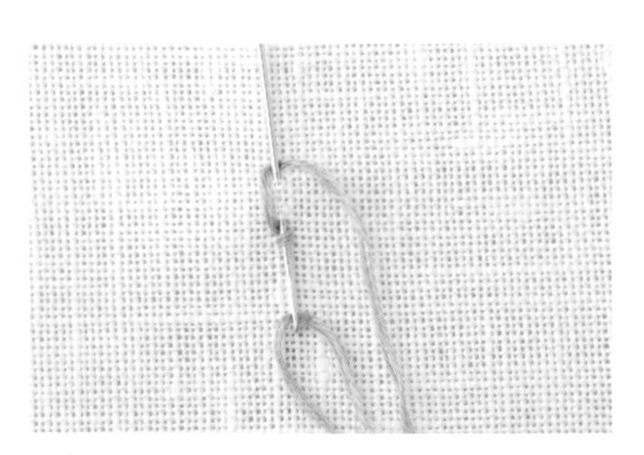

4　朝著刺繡方向拔針拉線。

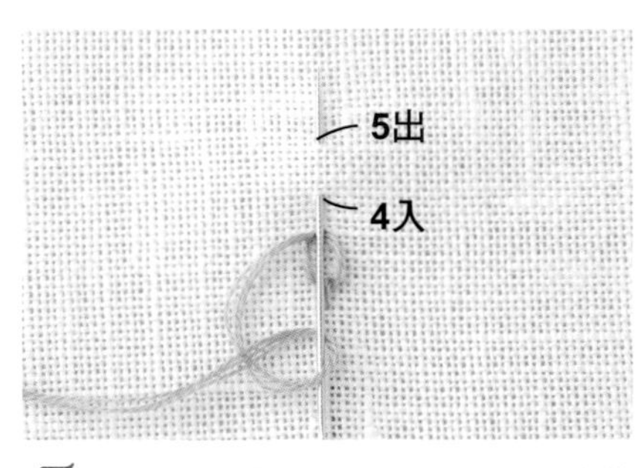

5　跟步驟2一樣保持線繞住針的狀態，在**4**入針，在**5**出針。

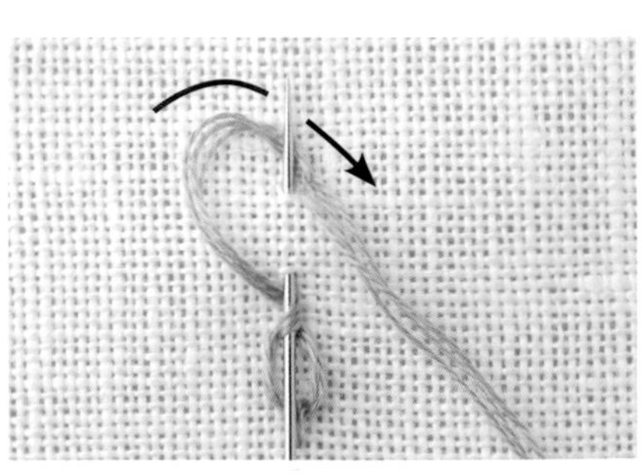

6　將線繞住針。

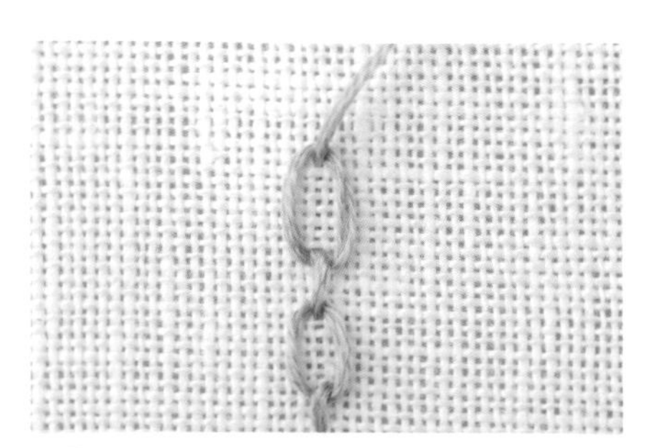

7　朝著刺繡方向拔針。

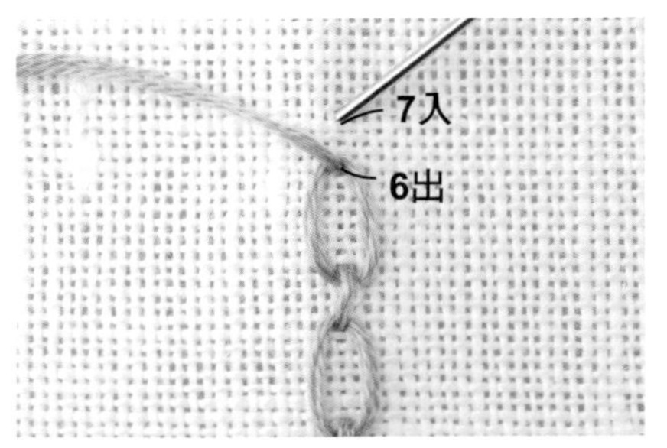

8　結束時，在圈圈的前方入針（從**6**出針，在**7**入針）

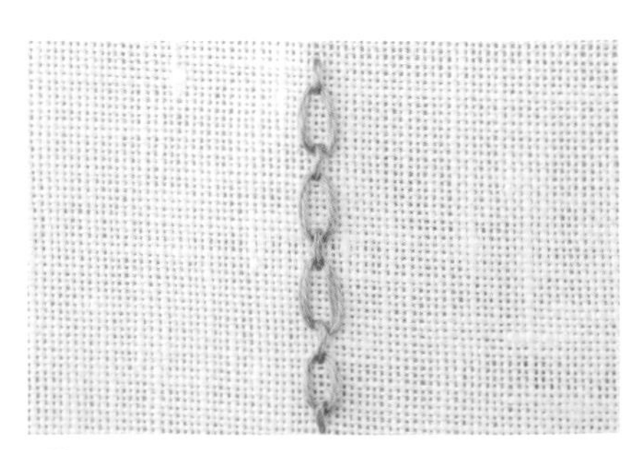

9　完成。

扭轉鎖鍊繡

Twisted Chain Stitch

別稱：鎖鍊織補繡

扭曲形狀的鎖鍊繡。

實際大小的針目（3股線）

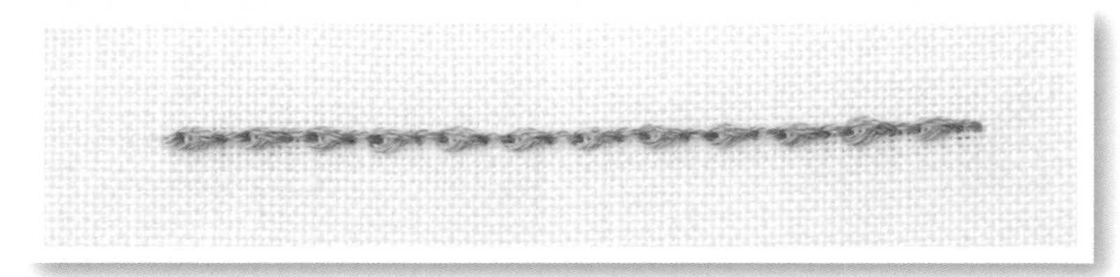

※刺繡方向 ←

（刺繡時使用縱向刺繡會比較容易。）

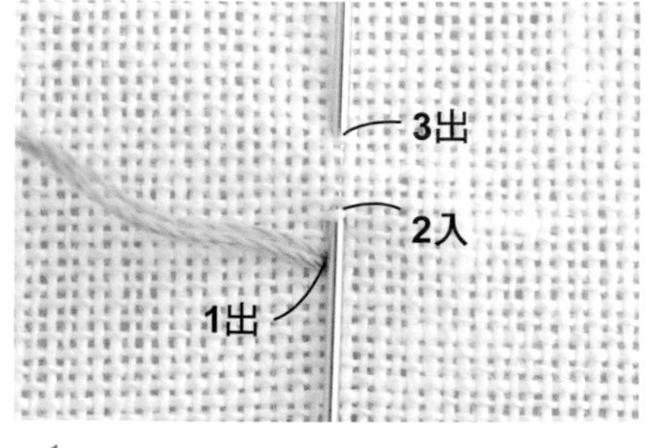

1 在**1**出針，然後在**2**入針，在**3**出針。

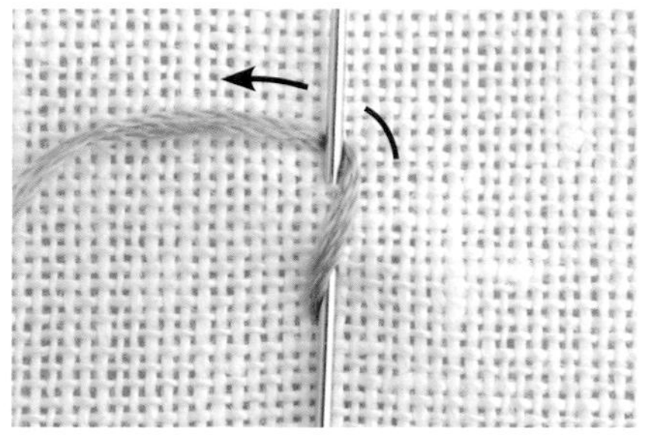

2 將線從右往左繞住針。

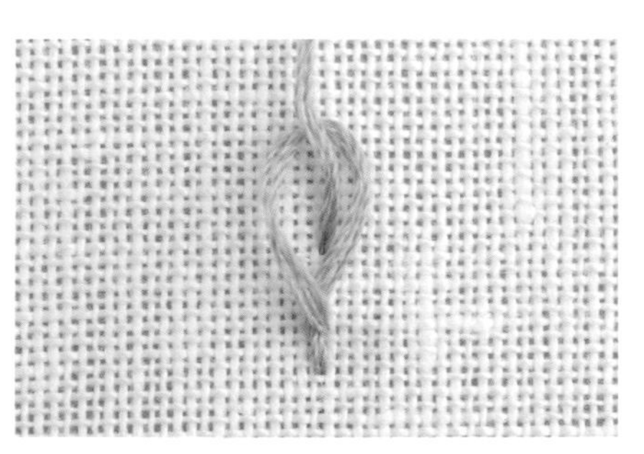

3 往刺繡方向拔針。

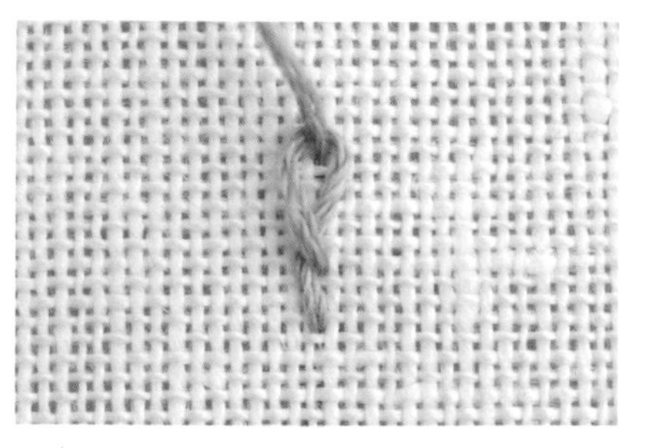

4 拉線之後調整鎖鍊的大小。

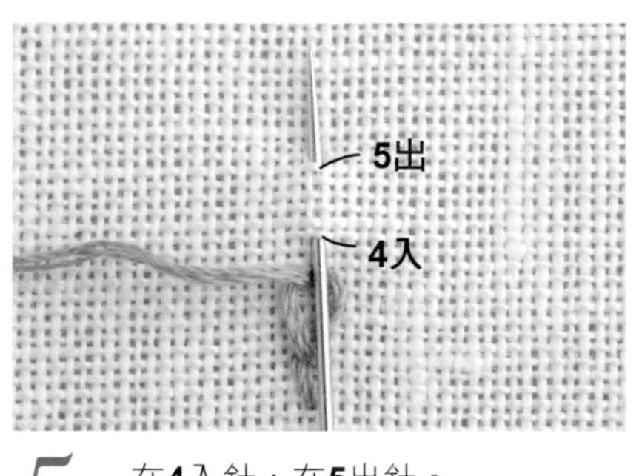

5 在**4**入針，在**5**出針。

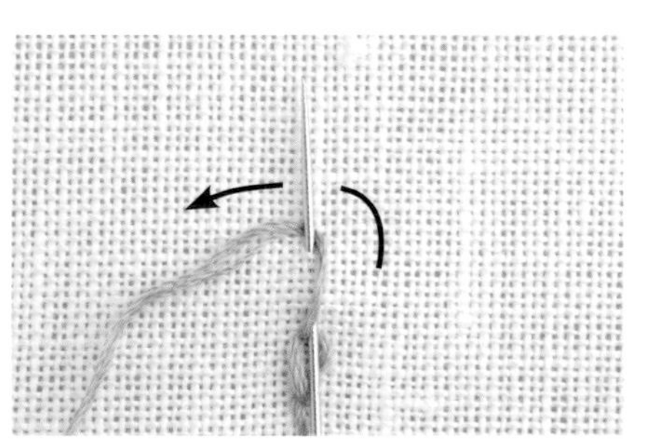

6 將線從右往左繞住針。

7 重複步驟2至步驟4。

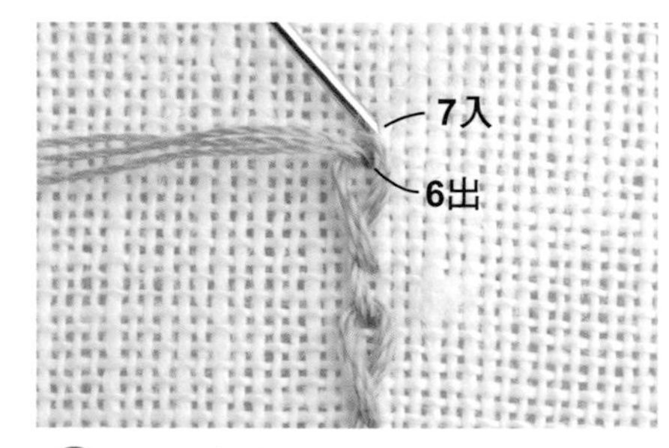

8 持續刺繡。

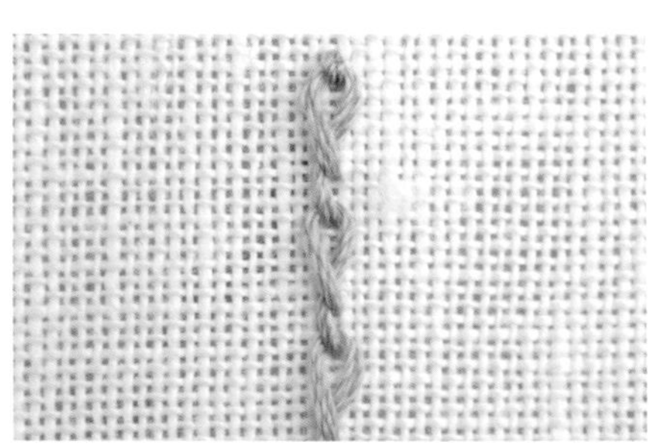

9 要結束時，在圈圈前面一點的地方入針固定（從**6**出針，在**7**入針）。

變色鎖鍊繡

Checkered Chain Stitch

別稱：雙色鎖鍊繡

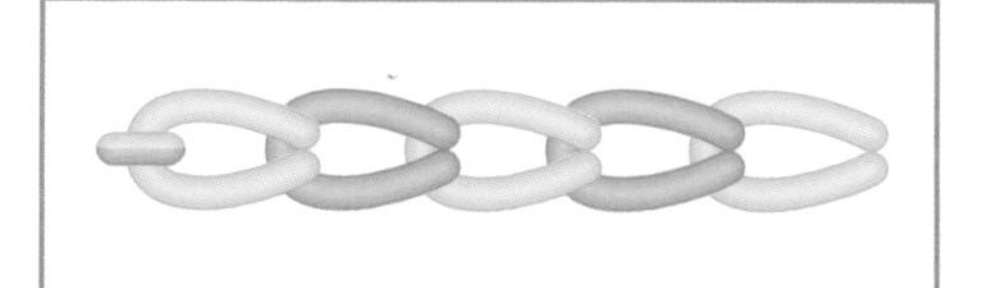

使用兩種顏色的鎖鍊繡。將兩種顏色的線穿針，輪流以不同顏色繡出鎖鍊繡。

實際大小的針目（3股線）

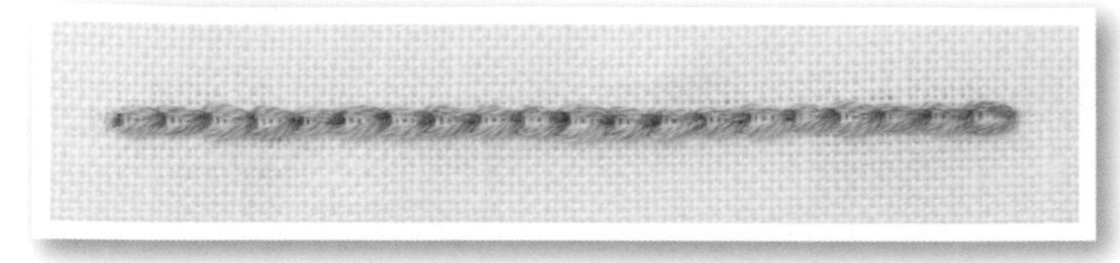

※刺繡方向 ←
（刺繡時使用縱向刺繡會比較容易。）

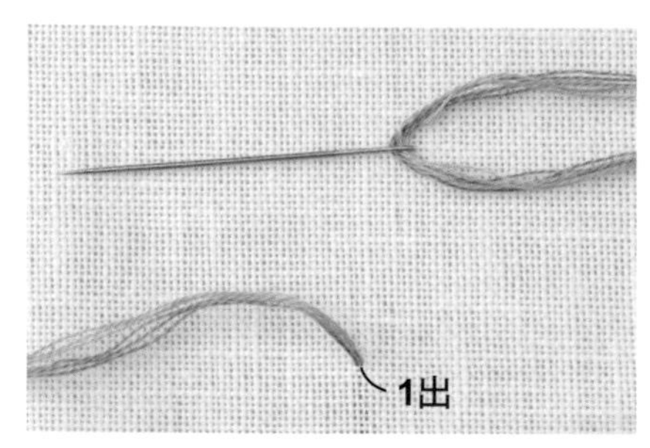

1 將兩種顏色的線穿過針，在**1**出針。

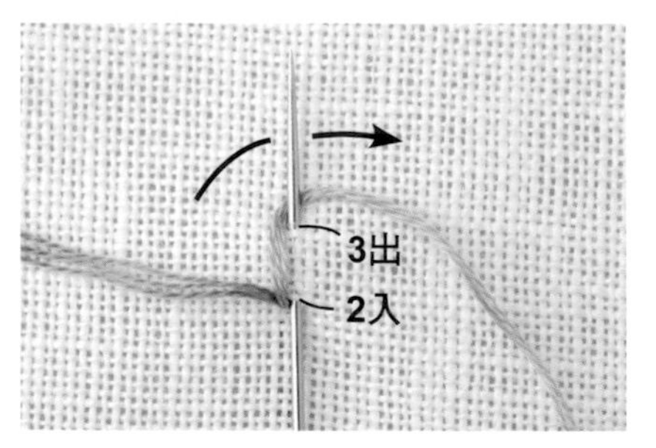

2 輪流改變每一針目的顏色，繡出鎖鍊繡。將藍色的線繞過針，作出鎖鍊繡（從**2**入針，在**3**出針）。

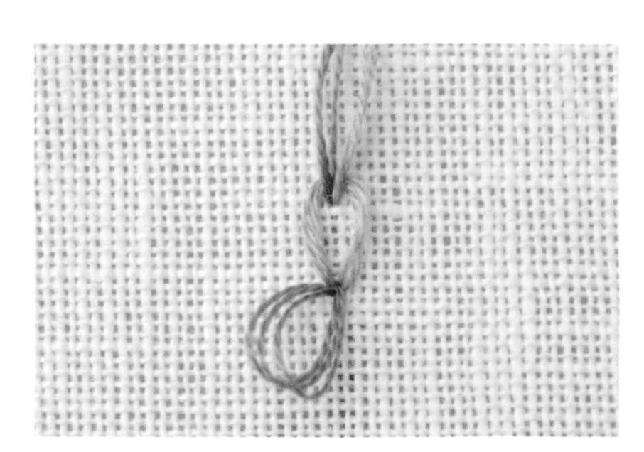

3 朝刺繡方向拔針。

4 拉動咖啡色的線。

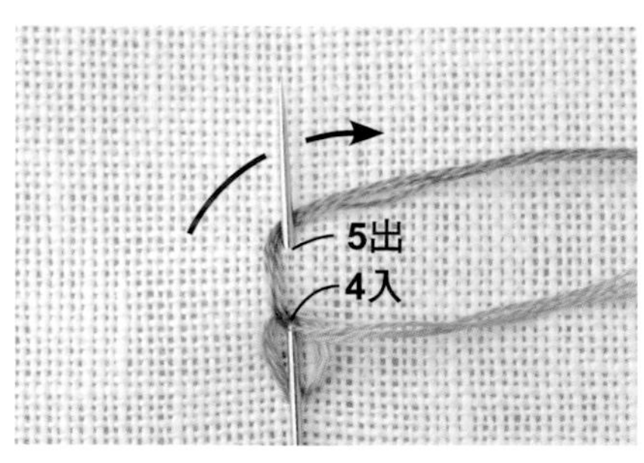

5 將咖啡色的線繞過針，作出鎖鍊繡（從**4**入針，在**5**出針）。

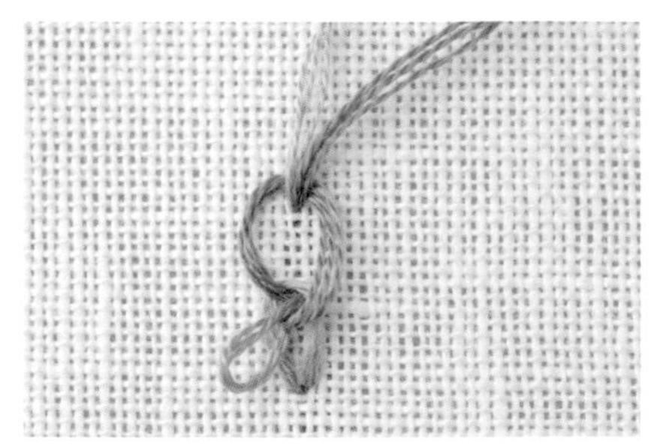

6 朝刺繡方向拔針。

7 拉線。藍色的線也要拉。

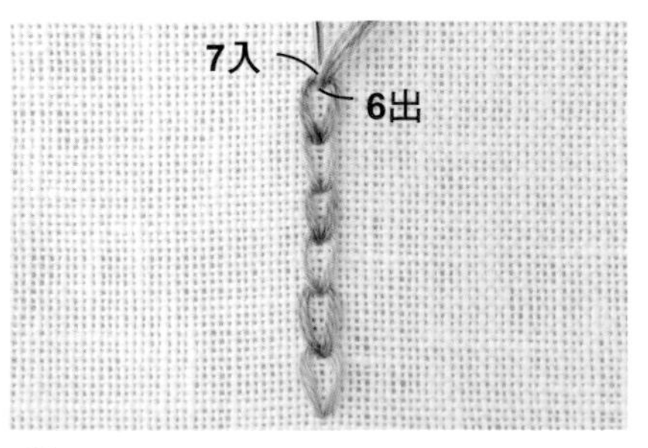

8 輪流交換顏色，繡出鎖鍊繡（從**6**出針，在**7**入針）。

9 要結束的時候，在圈圈前面一點的地方入針。

飛行繡

Fly Stitch

別稱：開放式雛菊繡、Y字繡

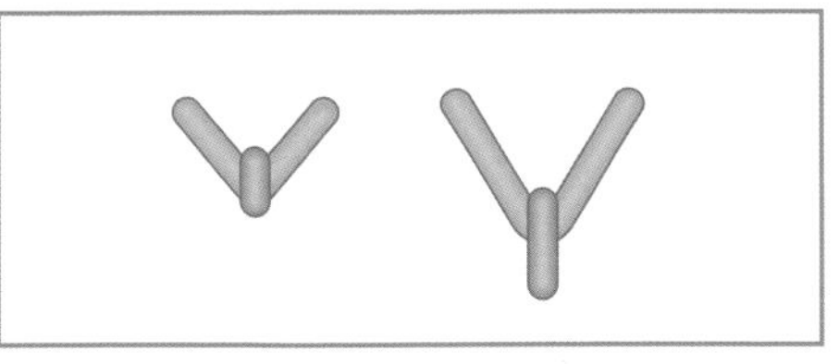

看起來像是蒼蠅在飛的刺繡。可以縱向串連著繡，或並排繡成一個圓形，或是橫向並排皆可，是個應用範圍廣泛的刺繡。

實際大小的針目（3股線）

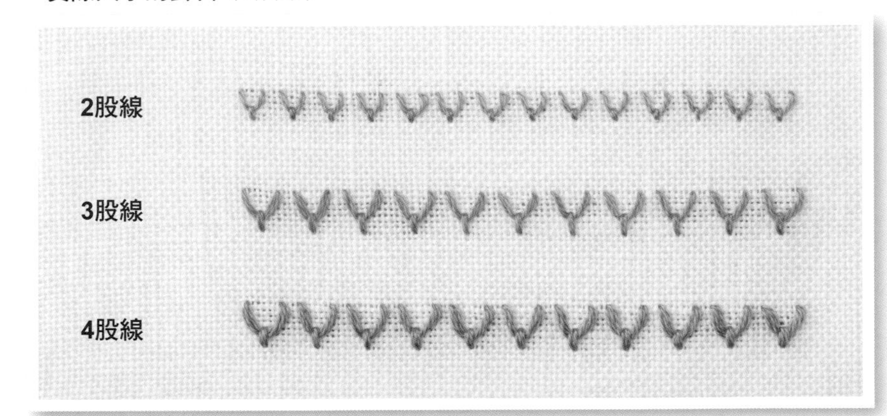

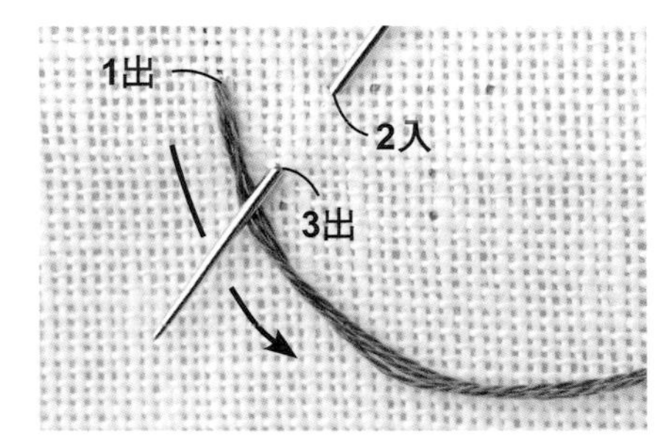

1 在**1**出針後，從**2**入針，在**3**出針。線要繞過針底下，作出一個弧形。

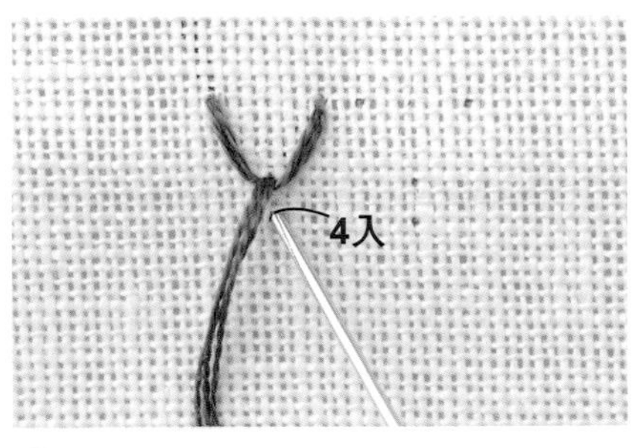

2 將線往下拉作出一個Y字，在**4**入針。

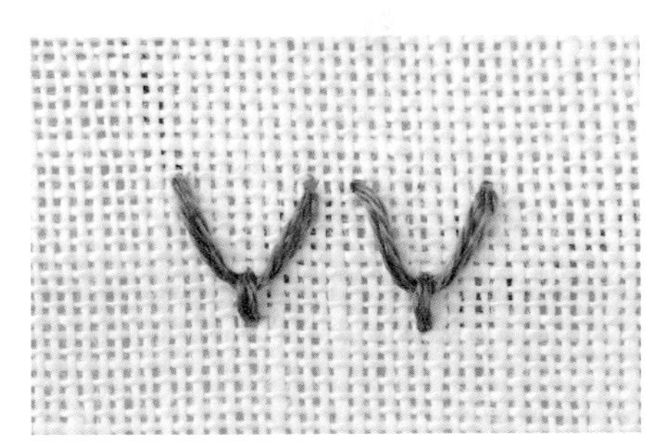

3 拉線。

連綴的飛行繡

實際大小的針目（3股線）

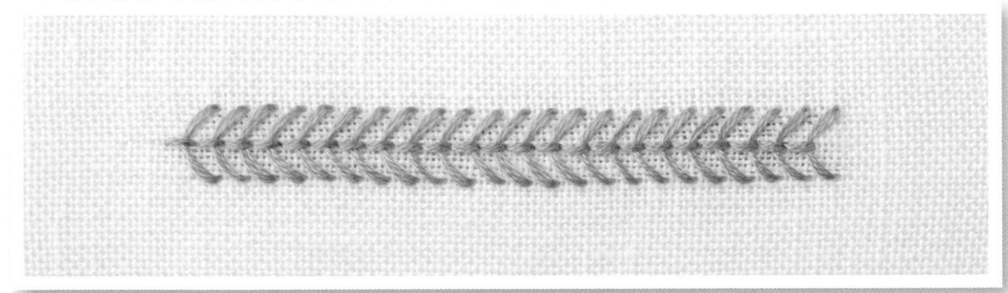

由上往下刺繡。
使**3**與**4**相連在一起。

※刺繡方向 ←
（刺繡時使用縱向刺繡會比較容易。）

釦眼繡

Buttonhole Stitch

別稱：毛毯邊繡（參照P.40），貼花繡

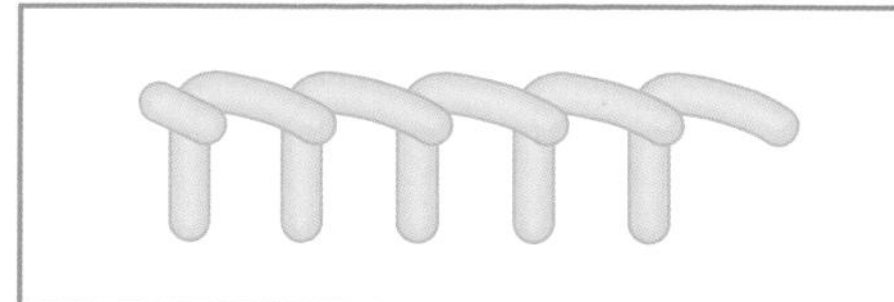

因為會用在固定釦洞上，所以才叫釦眼繡。由於也用在固定毛毯邊緣，所以亦稱作毛毯邊繡。可用來作緣飾，也可以繡出圓形，也常用在貼花(Applique)、Hardanger繡及抽紗繡(Drawn Work)上。

實際大小的針目

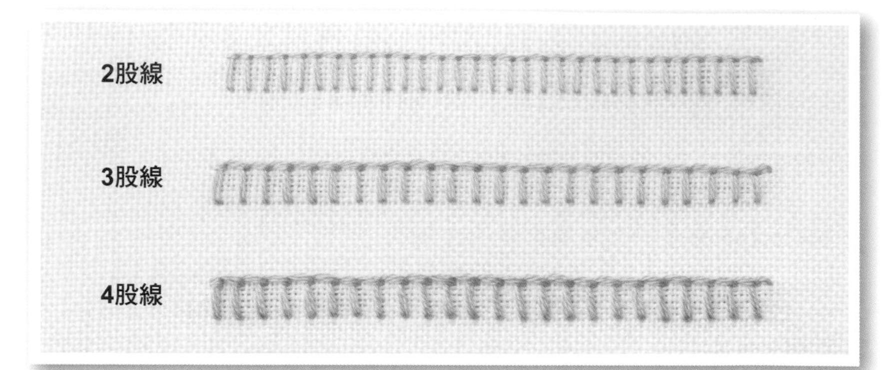

※刺繡方向

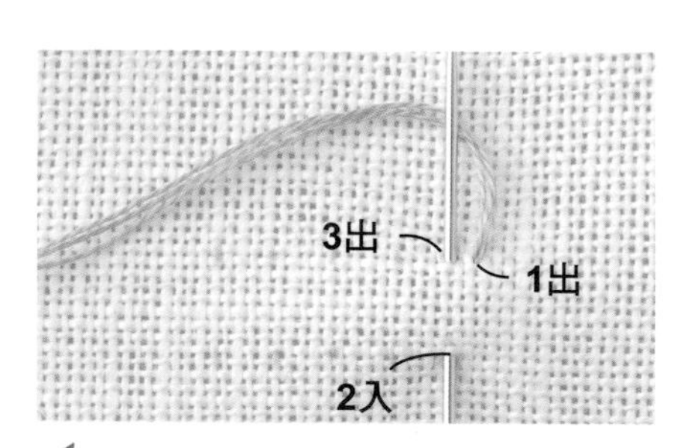

1 從**1**出針。在**2**入針，在**3**出針，將線繞過針。

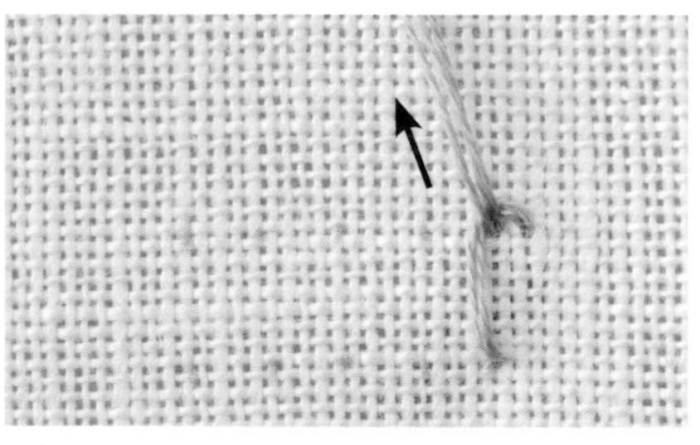

2 提起線往上拉。

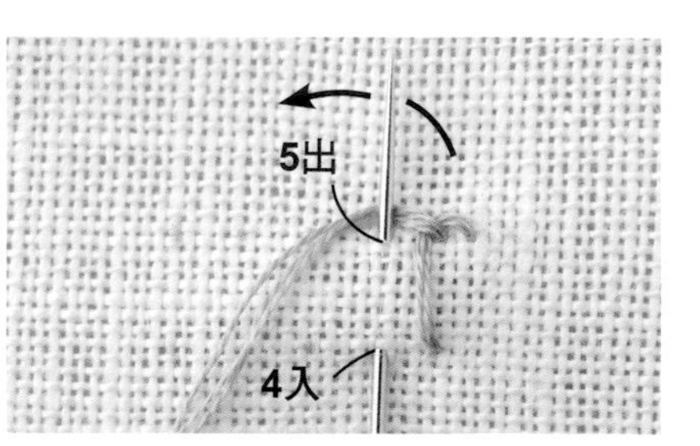

3 從**4**入針，在**5**出針後，將線繞過針。

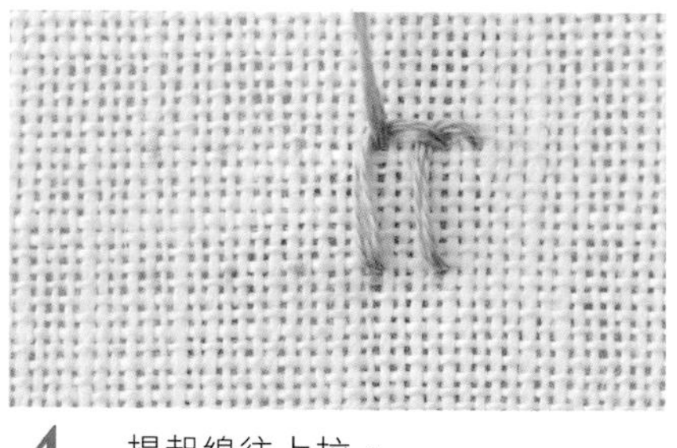

4 提起線往上拉。

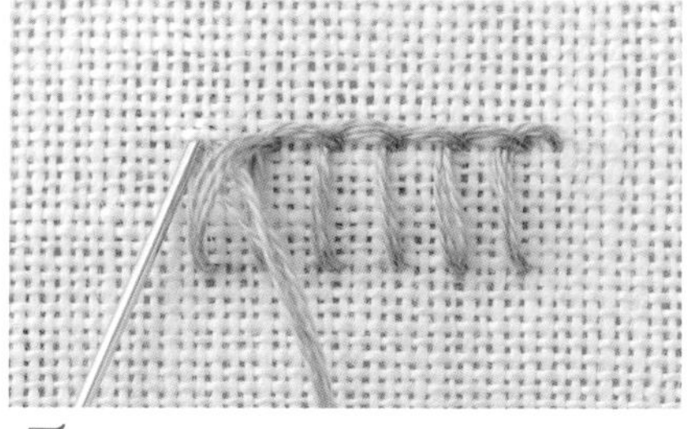

5 要收尾時，在繞過的線旁邊入針，像是作出一個邊角。

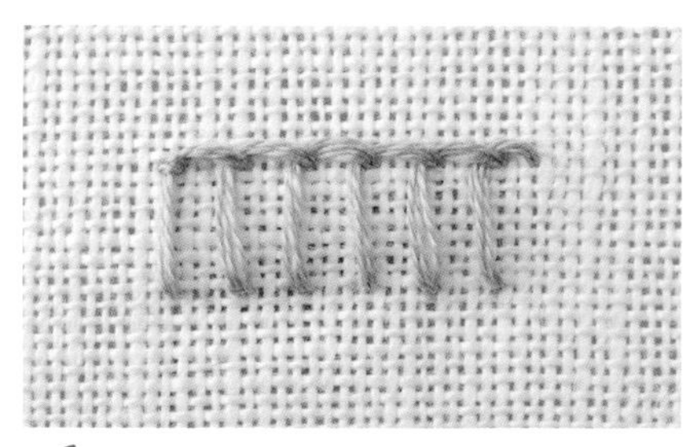

6 刺繡時，請讓每個針目的間隔一樣寬。

接線的方法

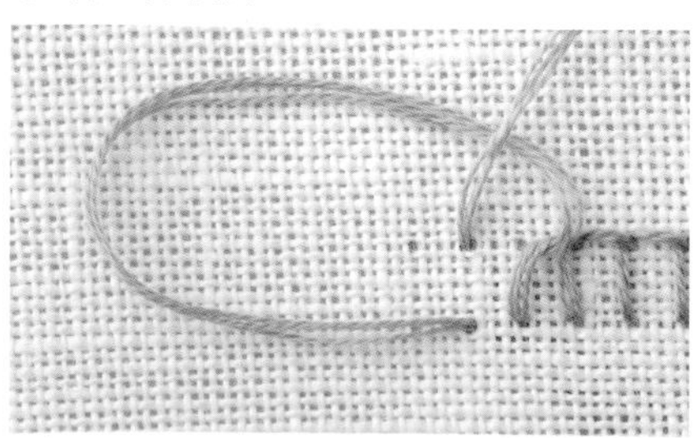

1 在布的表面先將變短的線弄鬆，刺進布的背面。並讓新的線在下一個針目的位置出針。

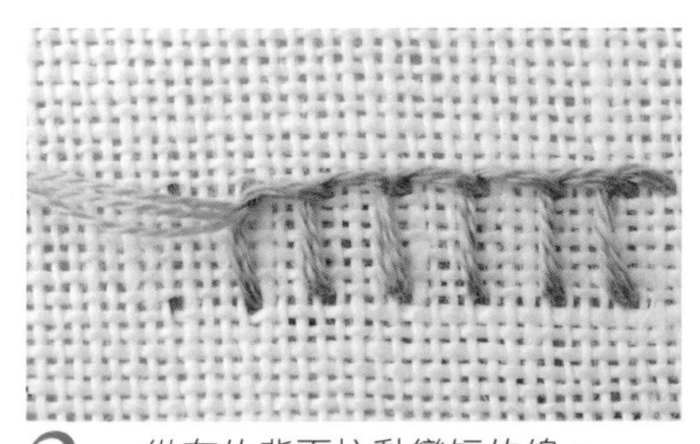

2 從布的背面拉動變短的線。

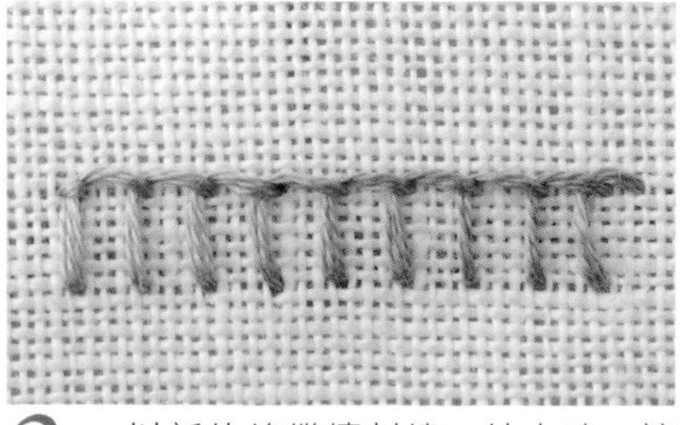

3 以新的線繼續刺繡。結束時，讓線繞住背面的線，收拾所用的兩條線。

實際大小的針目（3股線）

圓形的釦眼繡

刺繡時，請注意針目之間的間隔及方向。
收尾方法與環狀釦眼繡（參照P.39）相同。

實際大小的針目（3股線）

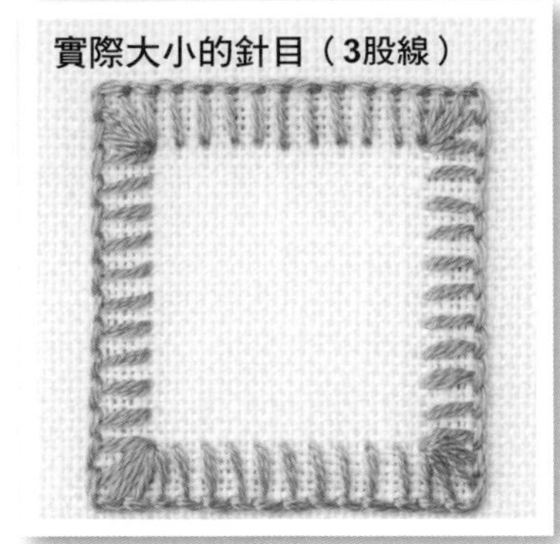

有邊角的釦眼繡

邊角與封閉式釦眼繡（參照P.38）相同，同個針目要繡好幾遍。

實際大小的針目（3股線）

上下顛倒的釦眼繡

由左往右繡。（———▶）
由上往下入針，線從左邊往右繞住針。
線要提起往下拉。

裁縫釦眼繡

Tailor's Buttonhole Stitch

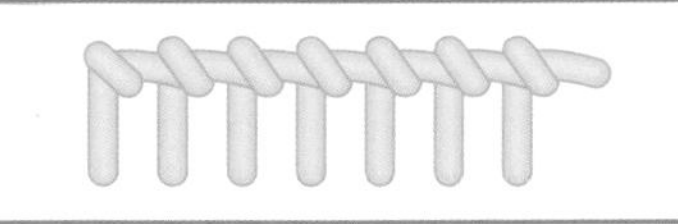

將線繞在釦眼繡的末端，製造出顆粒，可以讓邊角變扎實。也會用在挪威Hardanger繡（參照P.107）的周圍。

實際大小的針目（3股線）

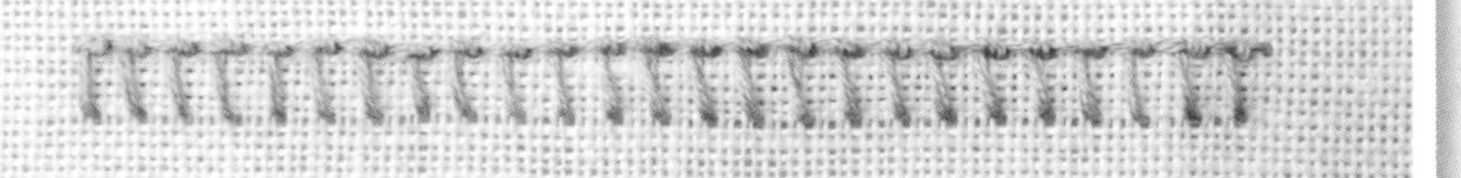

※刺繡方向 ◀———

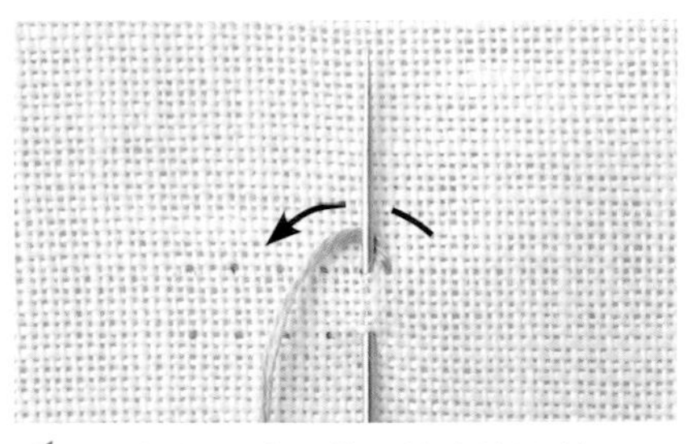

1 與釦眼繡一樣，將線繞過針。

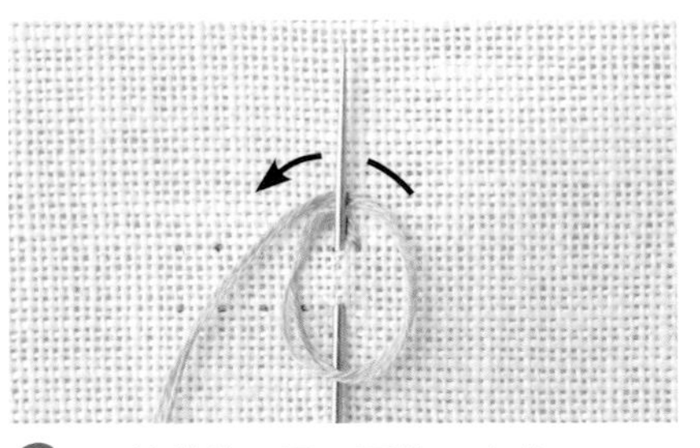

2 讓線繞一圈，再繞一次針。

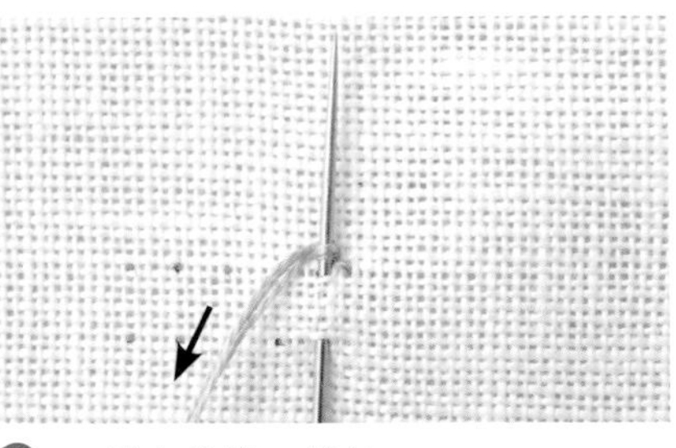

3 用力拉線，拔針。

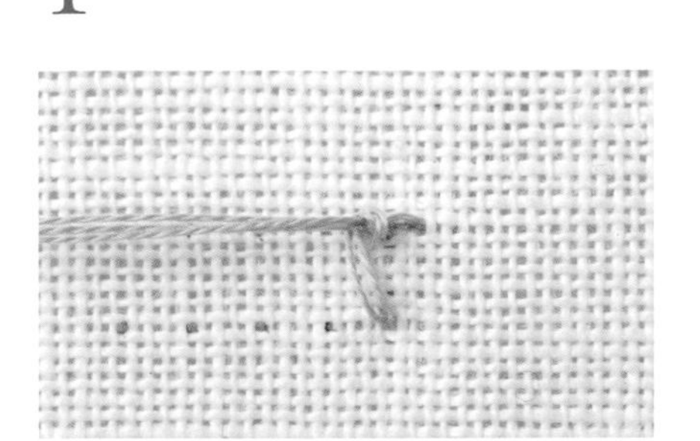

4 末端出現一個顆粒。

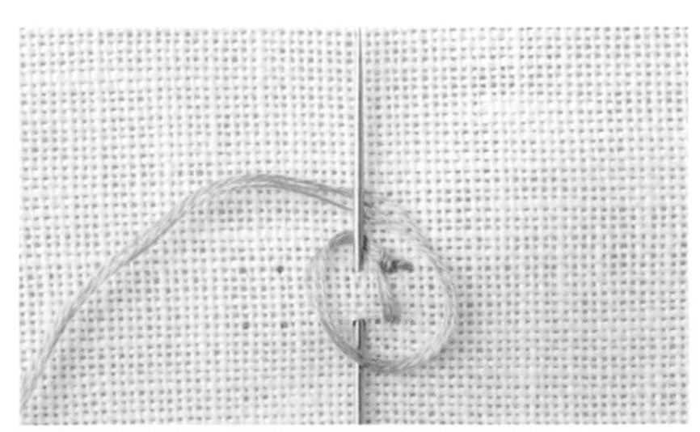

5 與步驟2一樣，將線繞過針兩次。

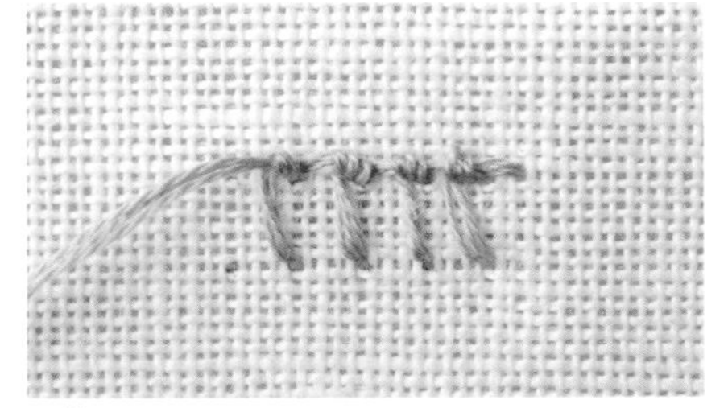

6 請讓針目之間的距離一樣寬，且顆粒保持整齊。

封閉式釦眼繡

Closed Buttonhole Stitch

別稱：封閉式毛毯邊繡

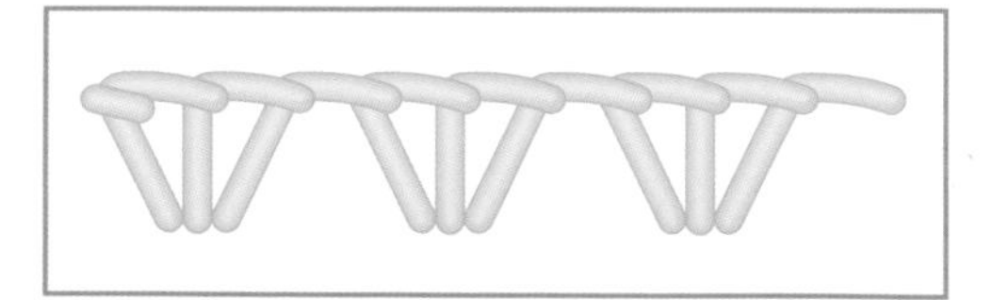

實際大小的針目（3股線）

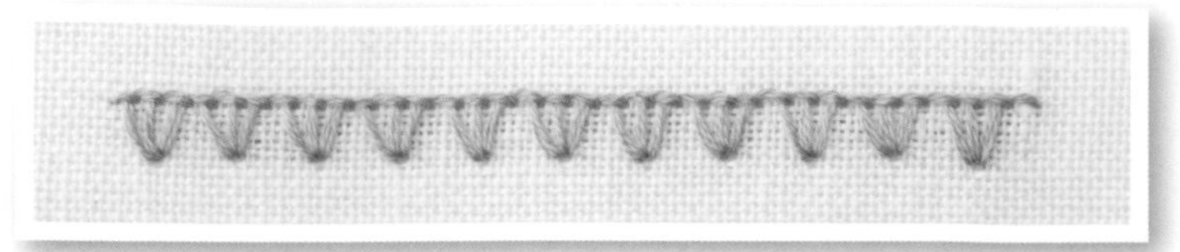

※刺繡方向 ←

在相同針位重複施以釦眼繡，就會形成三角形的緣飾。
有邊角的釦眼繡（P.37右上方）與此繡法相同。

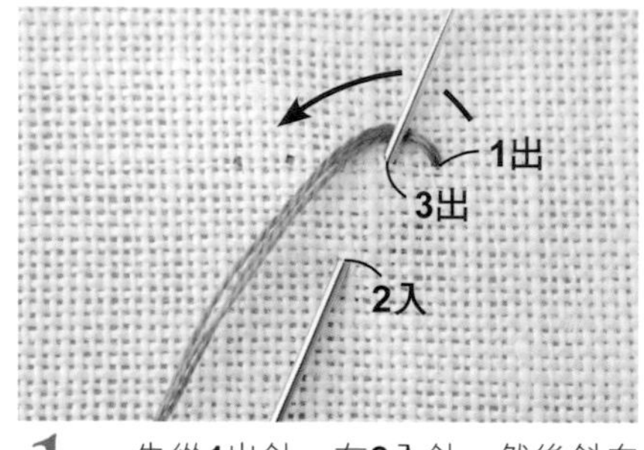

1 先從**1**出針，在**2**入針，然後斜向從**3**出針。再將線繞過針。

2 拉線。

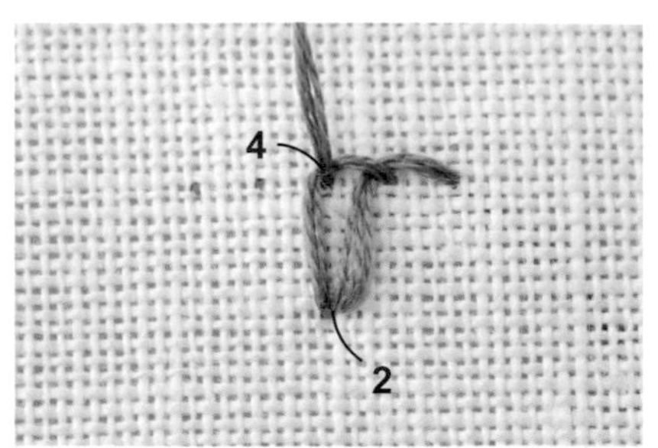

3 第二針的入針處一樣是在**2**，這次直直往上在**4**出針。

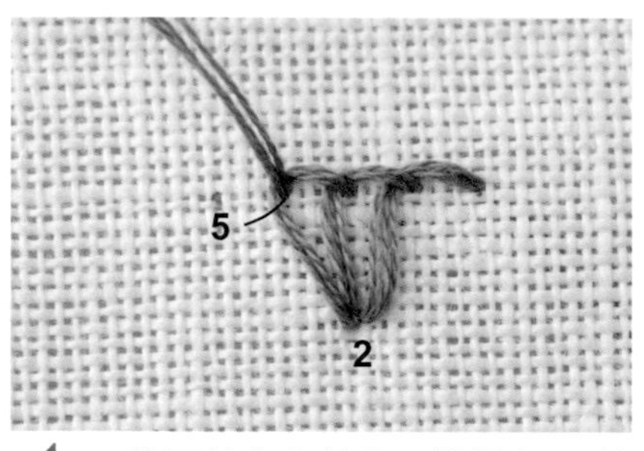

4 第三針的入針處一樣是在**2**，這次斜向從**5**出針。

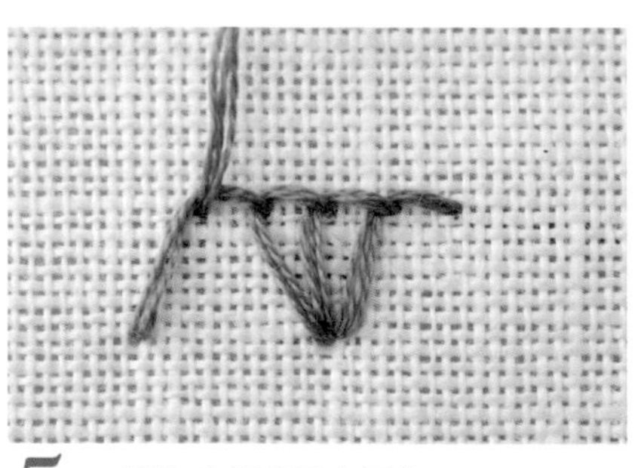

5 重複步驟1至步驟2。

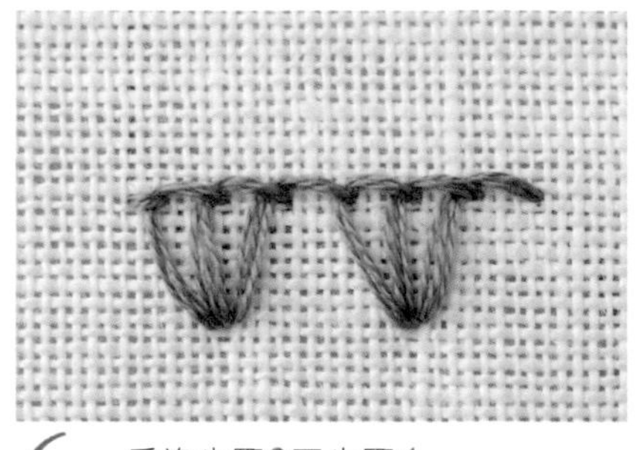

6 重複步驟2至步驟4。

間隔狹窄的釦眼繡

由於釦眼繡一定是沿著圖案的線條延伸，所以只要沿著釦眼繡的邊緣，將布剪下，布也不會綻開。這種刺繡技法也應用在鏤空花繡（Cutwork）上（參照P.123）。

實際大小的針目（3股線）

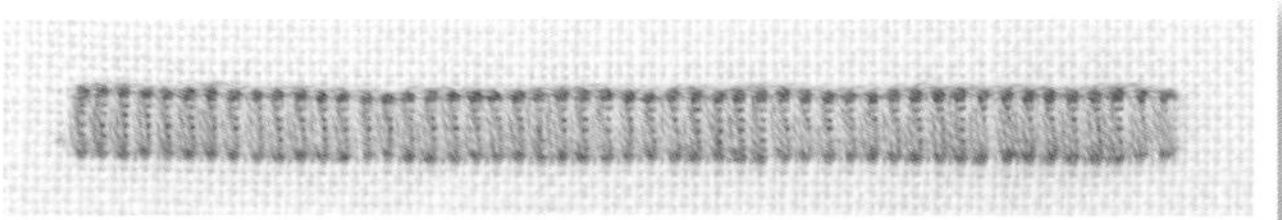

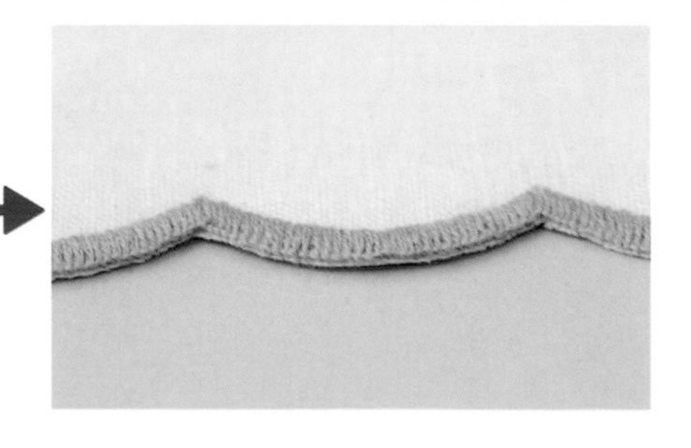

將釦眼繡並排繡得毫無間隙。沿著布的邊緣刺繡，就能直接剪下布上的釦眼繡。

雙重釦眼繡

Double Buttonhole Stitch

先繡一排釦眼繡，再將布上下顛倒拿，在間隙裡繡一排釦眼繡。可形成間隔滿滿的粗條線飾。

實際大小的針目（3股線）

※刺繡方向 ←
（第二排是將布上下顛倒後，朝同個方向繡。）

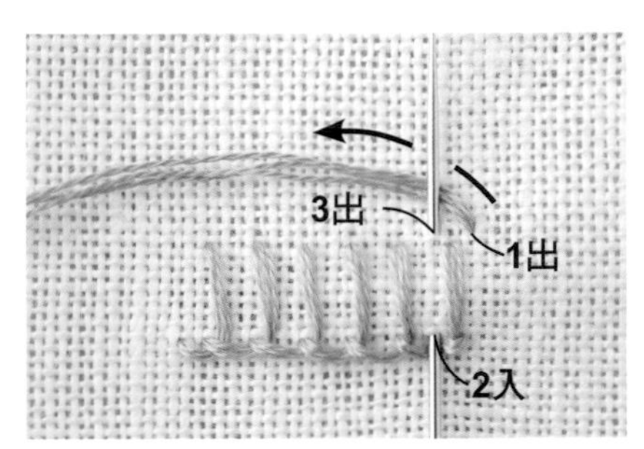

1 先繡出釦眼繡。將繡布上下顛倒，從**1**出針，在**2**入針後，從**3**出針。將線繞過針。

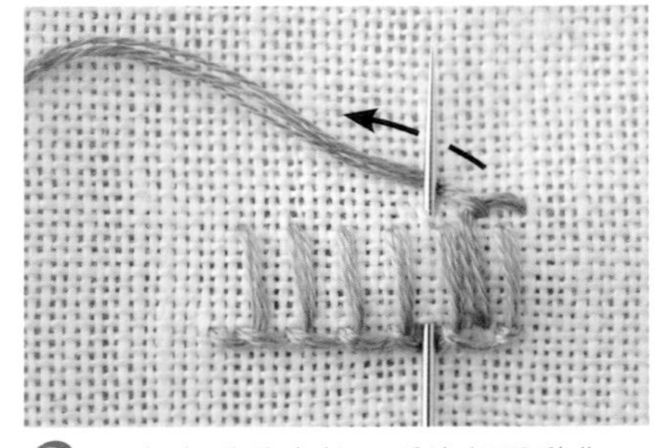

2 提起線往上拉。重複相同動作。

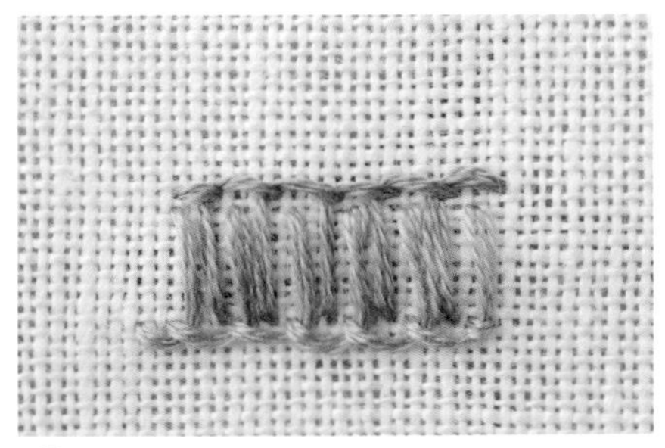

3 以一小段線收尾。

環狀釦眼繡

Buttonhole Wheel

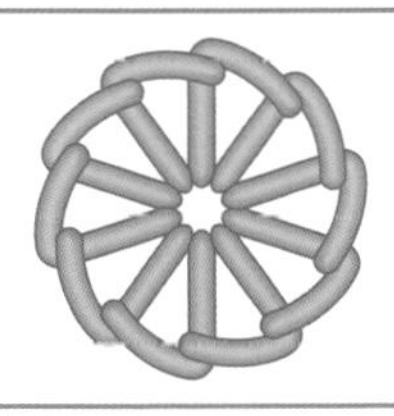

將釦眼繡繡成圓形。
可用來繡花朵。

實際大小的針目（3股線）

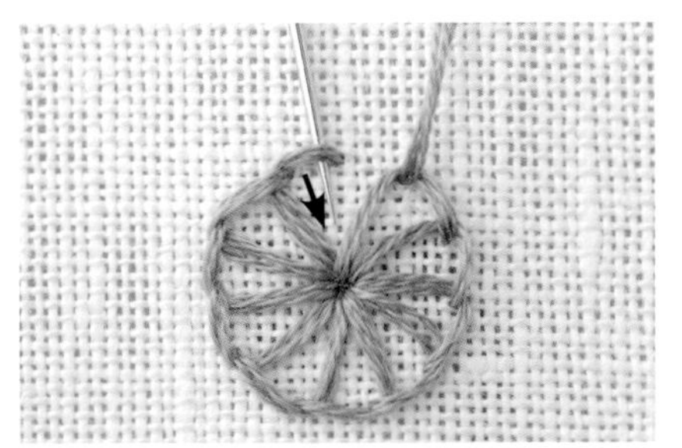

1 圓圈中心須入針多次的釦眼繡。收尾時，請針將從圓圈外側穿過第一個釦眼繡。

2 繡線位在圓圈內側。

3 朝圓心入針。
完成毫無接縫的圓圈。

上下釦眼繡

Up and Down Buttonhole Stitch

分別從上方及下方繡出釦眼繡，每次都要刺繡兩遍。若將相連的繡線弄鬆，看起來就像荷葉邊。

實際大小的針目（3股線）

※刺繡方向 ⟶

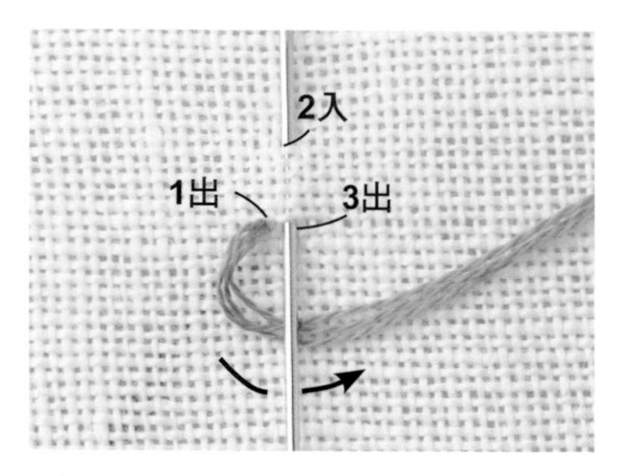

1 從**1**出針後，由上往下在**2**入針、在**3**出針，然後將線繞過針。

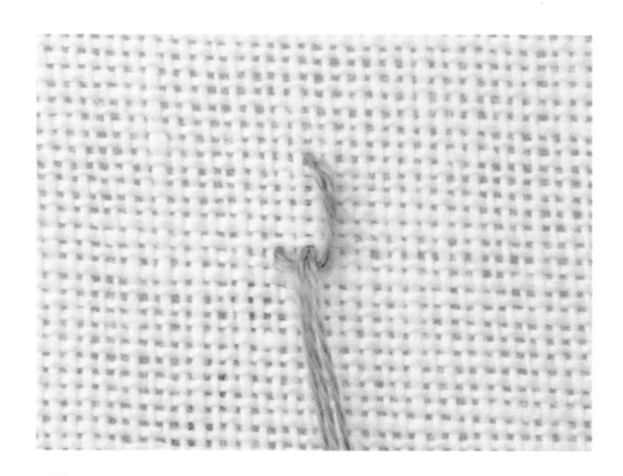

2 輕輕拉線。完成一個向下的釦眼繡。

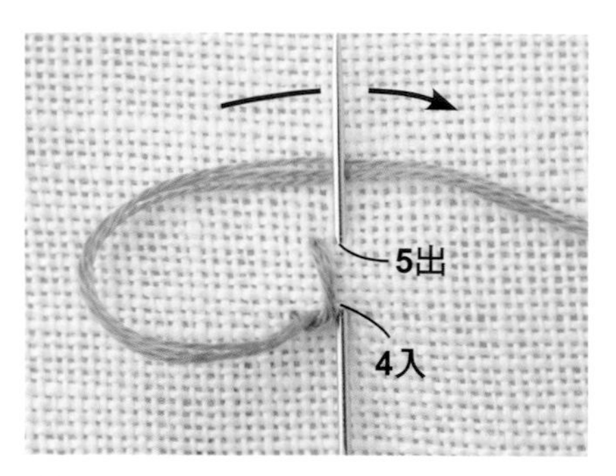

3 緊鄰在**3**旁邊。在**4**入針，由下往上，在**5**出針，然後將線繞過針。

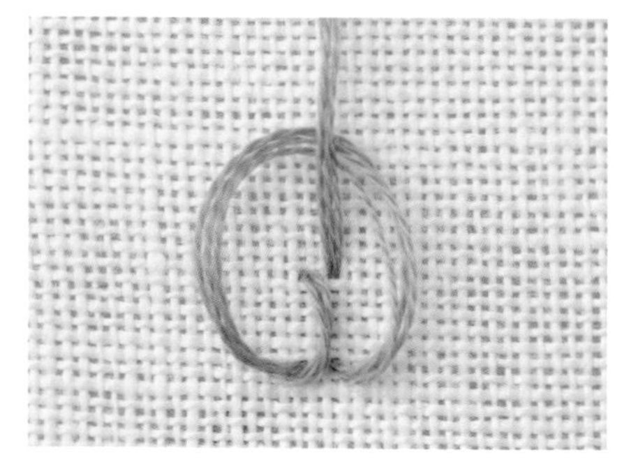

4 將線往上拉。

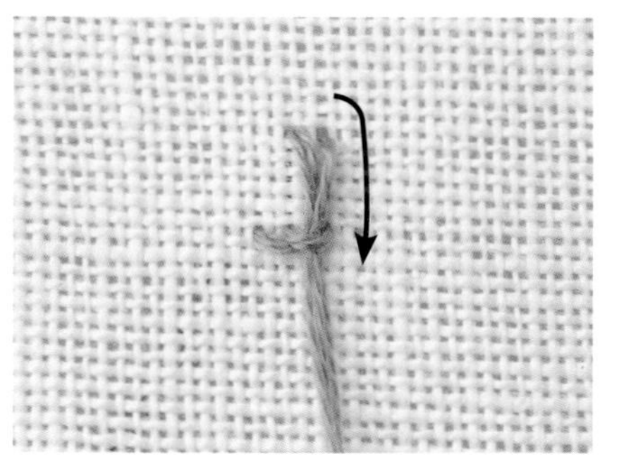

5 將步驟**4**往上拉的線，慢慢往下拉。

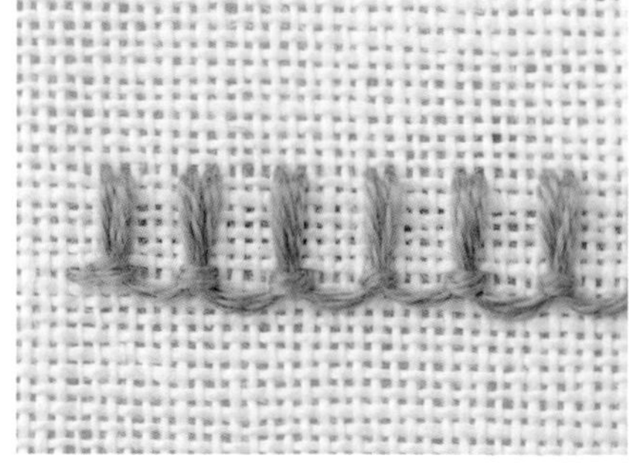

6 不要用力拉線，讓線保持在鬆緩的狀態下，重複步驟**1**至步驟**5**。

釦眼繡及毛毯邊繡

原本為了要與用在釦洞的釦眼繡區隔，所以有間隔的釦眼繡，又叫作開放式釦眼繡。

但也有人將有間隔的釦眼繡稱為毛毯邊繡，間隔很小的才叫釦眼繡。

由於用途相當多樣化，所以有各式各樣的稱呼及區別方式。

羽毛繡

Feather Stitch

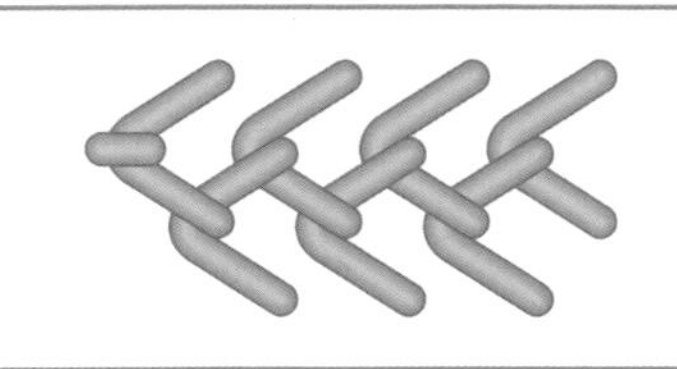

形狀如同羽毛的刺繡。會在貼花（Applique）及瘋狂貼布（Crazy Quilt）中用來修飾接縫。在英文雖然是使用Feather（羽毛）這樣優雅的名字，但在法文卻是說Le Point D'Epine（魚骨繡）。法文中的羽毛繡（Le Point de Plume）指的是飛行繡喔！

實際大小的針目

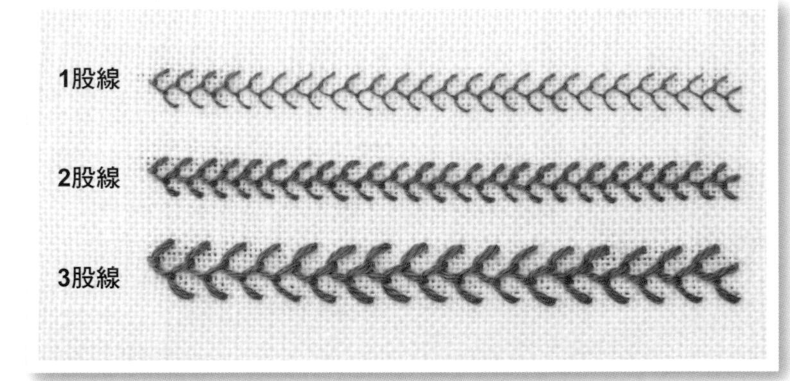

※刺繡方向 ←
（刺繡時使用縱向刺繡會比較容易。）

※事先畫好四條平行線會比較容易。

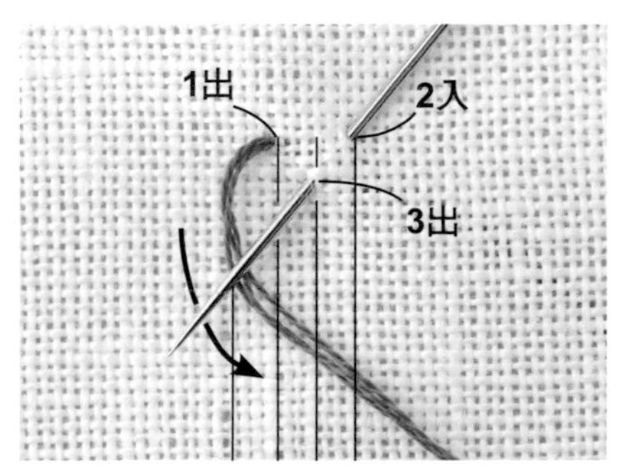

1 從**1**出針後，在**2**入針，在**3**出針。將線從左往右繞過針。

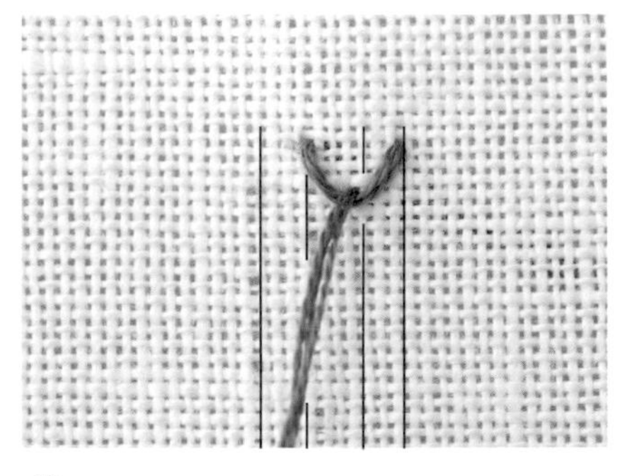

2 拉線，完成第一個羽毛繡。

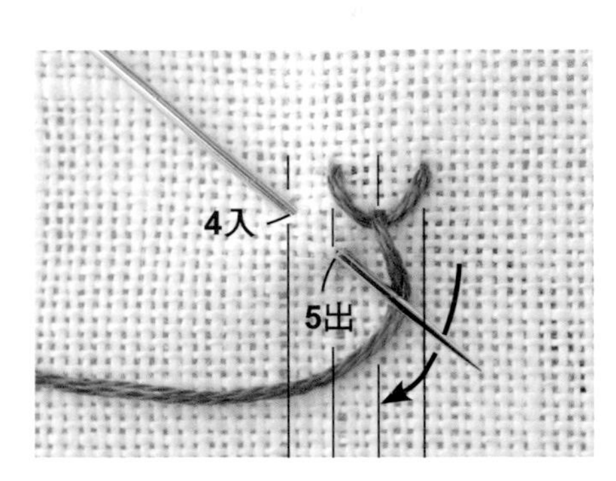

3 在**4**入針後，在**5**出針，將線從右往左繞過針。

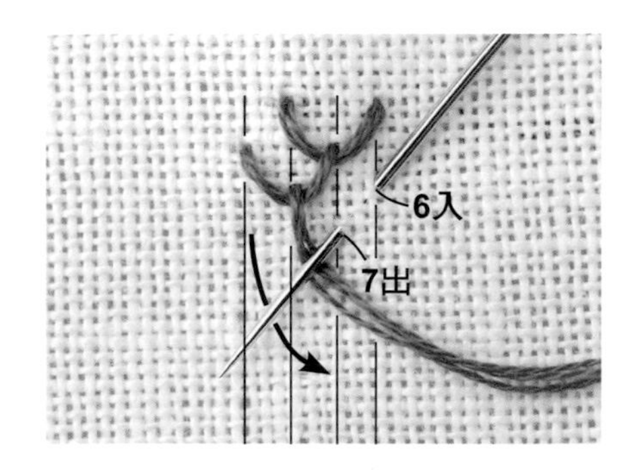

4 在**6**入針後，在**7**出針，將線從左往右繞過針。

5 重複步驟1至步驟3，結尾繡一小針固定。

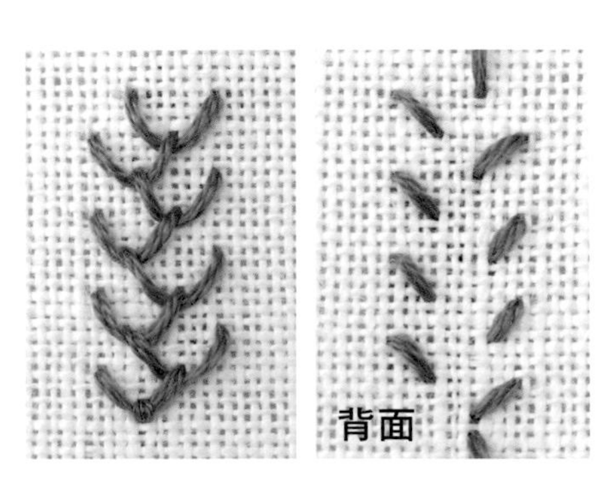

6 完成。

雙重羽毛繡

Double Feather Stitch

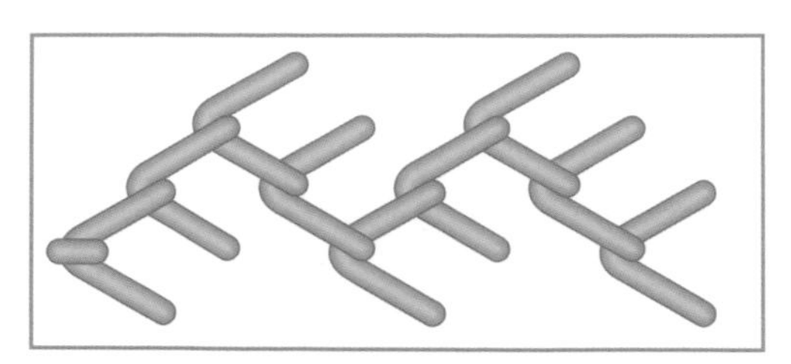

每次都在單邊繡兩次羽毛繡。

實際大小的針目（3股線）

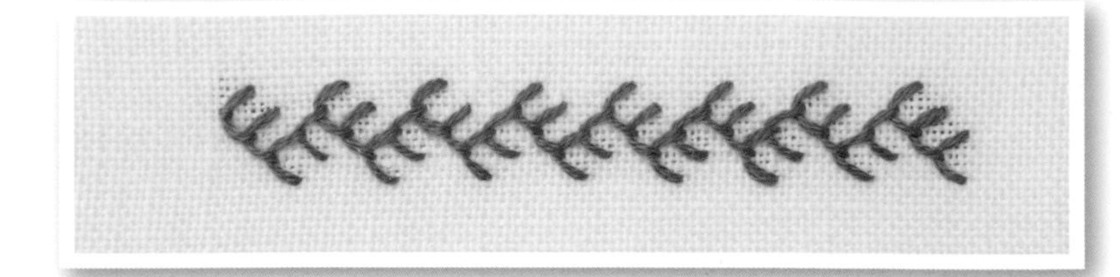

※刺繡方向 ←
（刺繡時使用縱向刺繡會比較容易。）

※事先畫好五條平行線會比較容易。

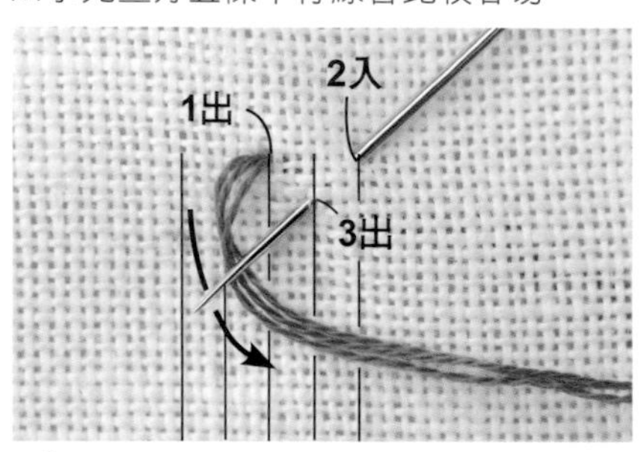

1 從**1**出針後，在**2**入針，在**3**出針。將線從左往右繞過針。

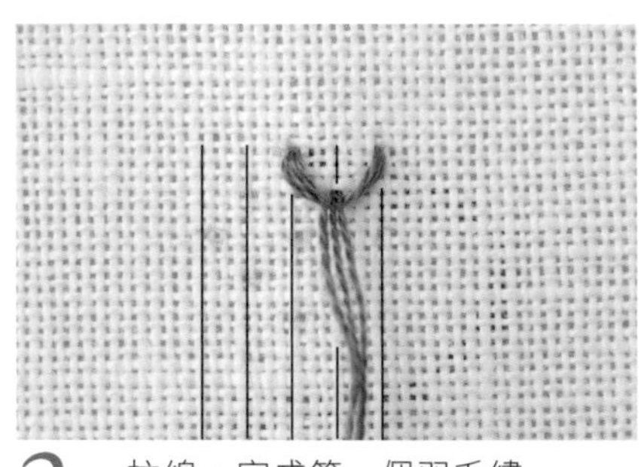

2 拉線，完成第一個羽毛繡。

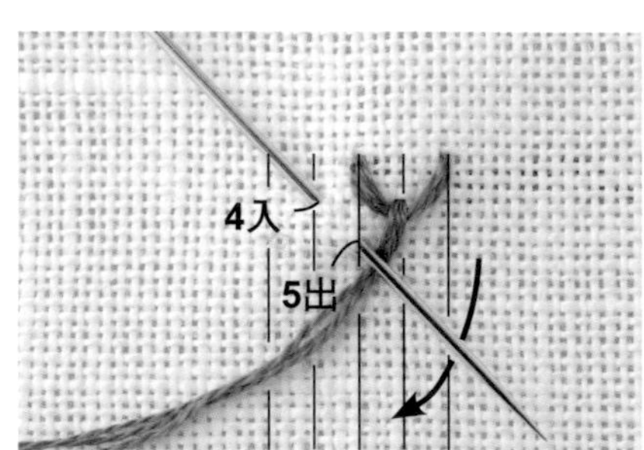

3 在**4**入針後，從**5**出針，將線從右往左繞過針。

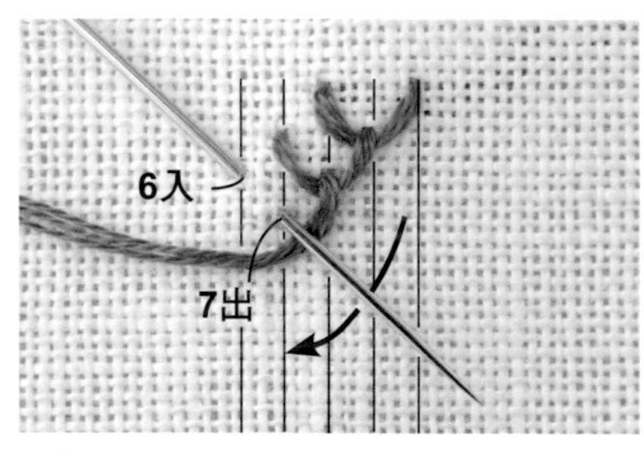

4 在**6**入針後，從**7**出針，將線從右往左繞過針。

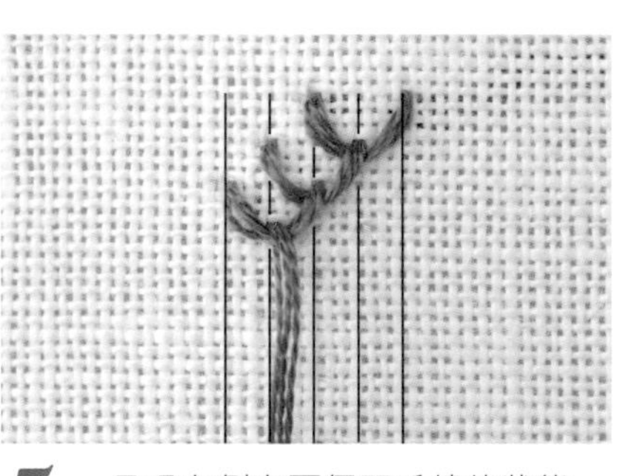

5 呈現左側有兩個羽毛繡的狀態。

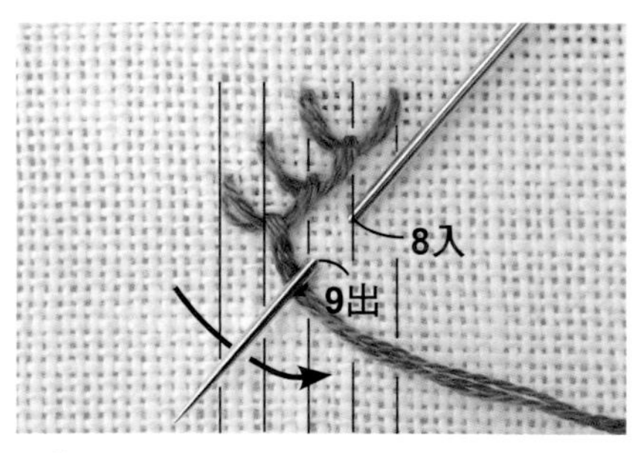

6 在**8**入針後，從**9**出針，將線從左往右繞過針。

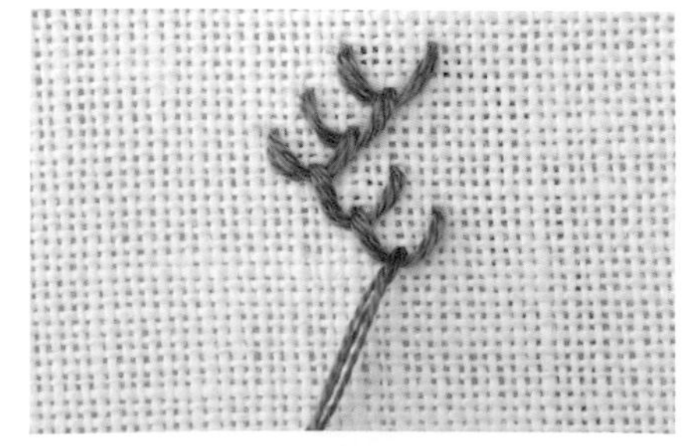

7 連續在右側繡兩個羽毛繡。

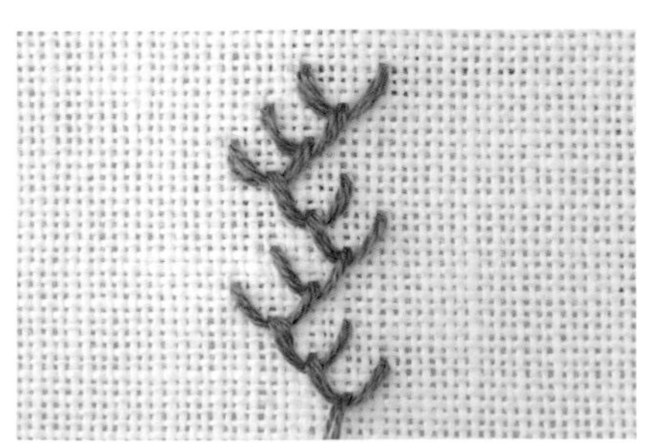

8 左右兩邊都各繡兩次羽毛繡。

9 結束時以一個小針目收尾。

封閉式羽毛繡

Closed Feather Stitch

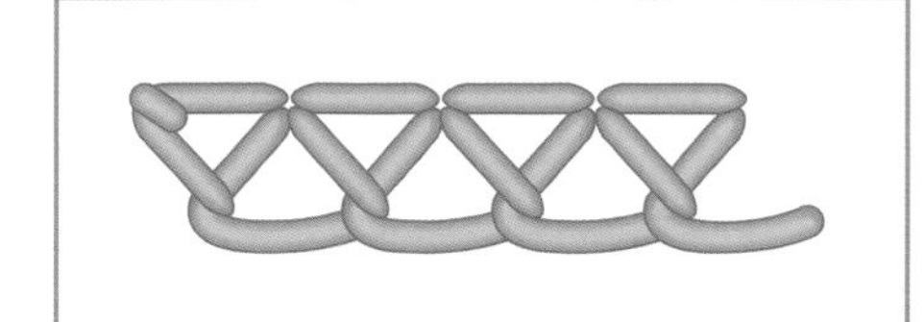

將羽毛繡的兩端繡得很接近。

實際大小的針目（3股線）

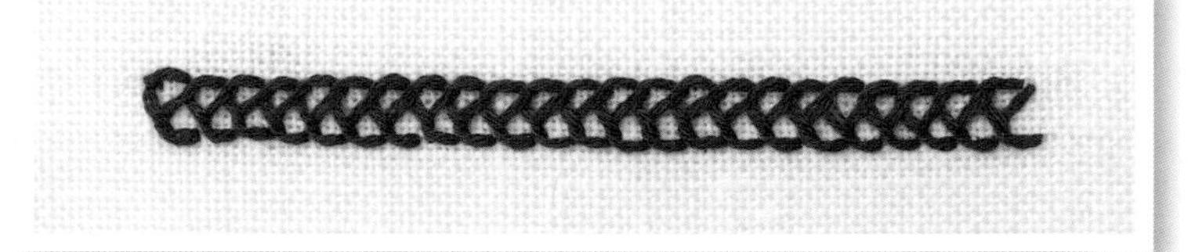

※刺繡方向 ←
（刺繡時使用縱向刺繡會比較容易。）

※事先畫好兩條平行線會比較容易。

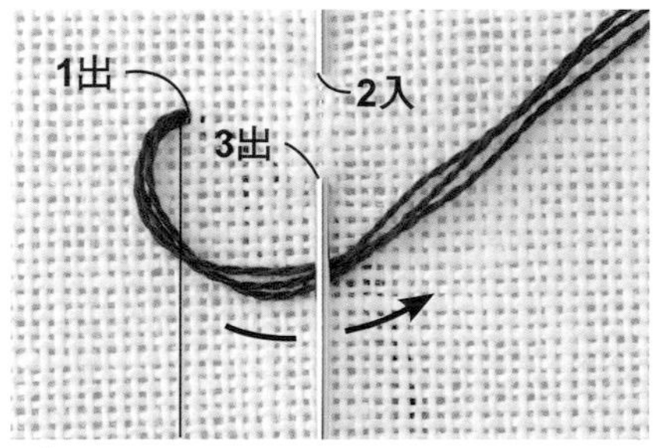

1 從**1**出針後，在**2**入針，在**3**出針。將線從左往右繞過針。

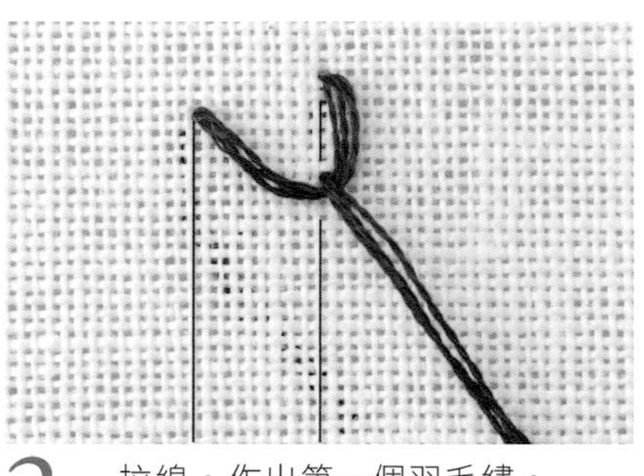

2 拉線，作出第一個羽毛繡。

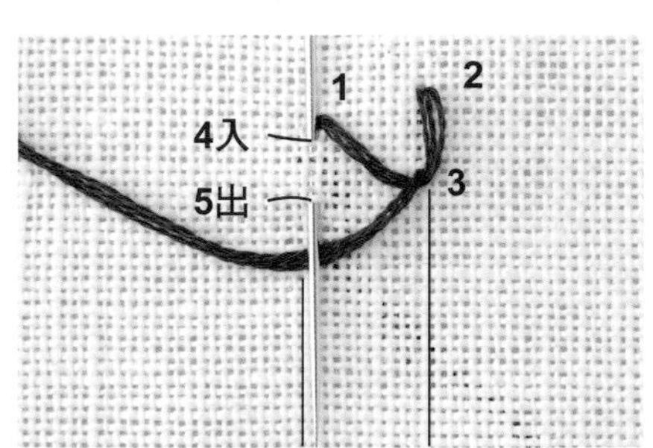

3 在**4**（**1**的旁邊）入針後，在**5**出針，將線從右往左繞過針。

4 拉線，作出第二個羽毛繡。

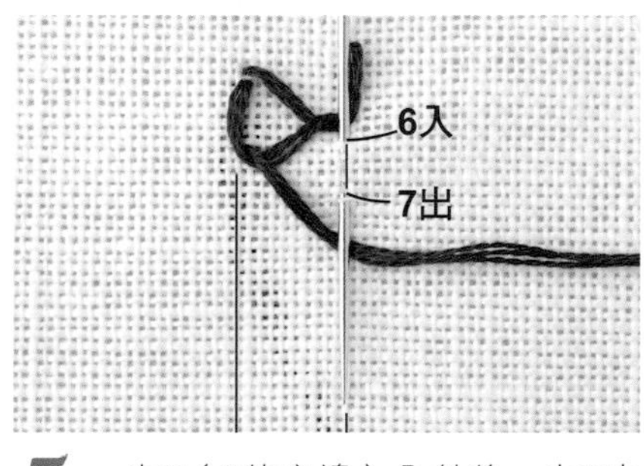

5 在**6**（**3**的旁邊）入針後，在**7**出針，將線從左往右繞過針。

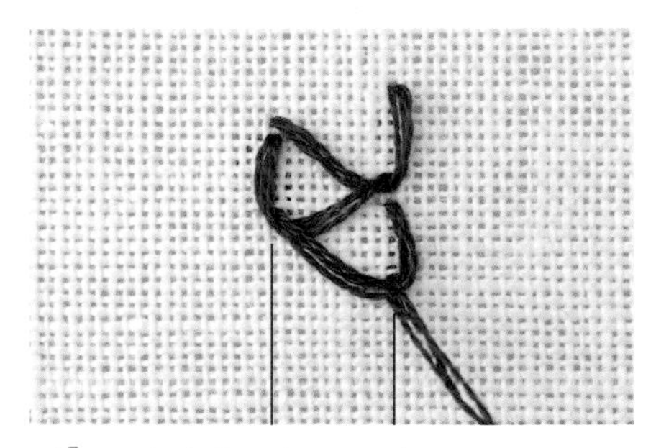

6 作出第三個羽毛繡。

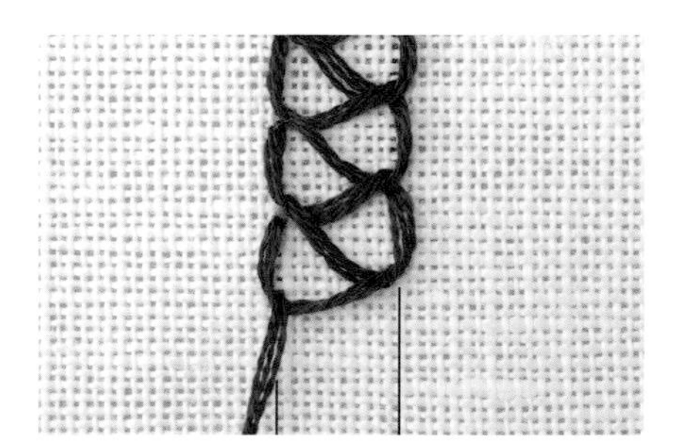

7 重複步驟4至步驟6。

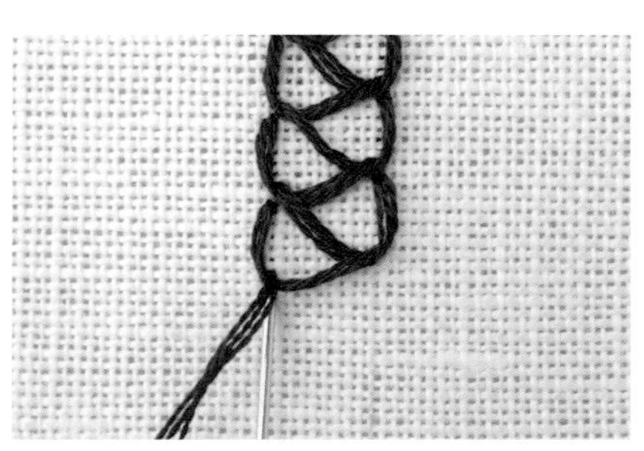

8 結束時以一個小針目收尾。

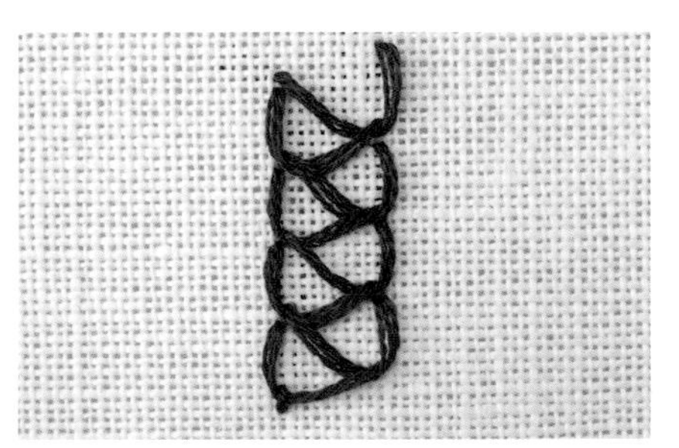

9 完成。

單邊羽毛繡

Single Feather Stitch

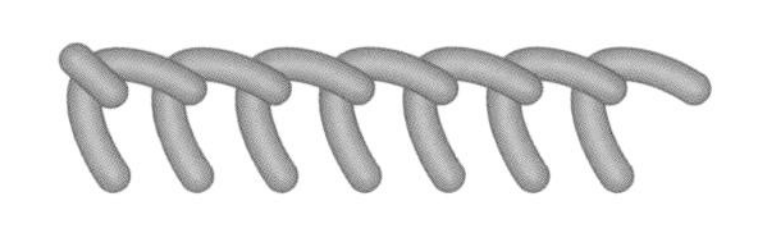

只在單邊繡出羽毛繡。

※事先畫好兩條平行線會比較容易。

實際大小的針目（3股線）

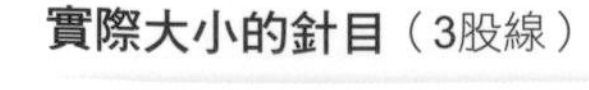

※刺繡方向 ←
（刺繡時使用縱向刺繡會比較容易。）

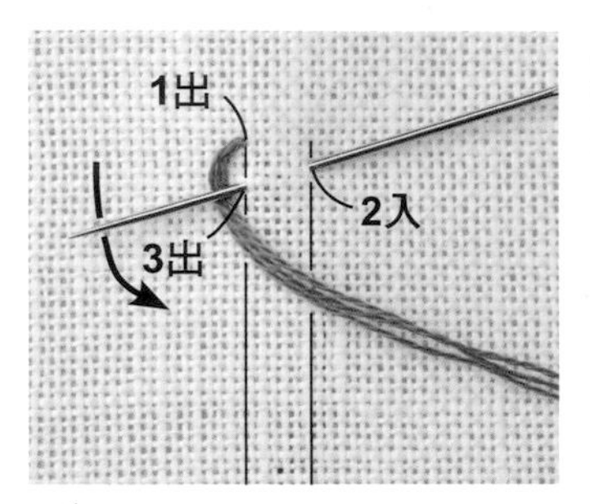

1 在**1**出針後，從**2**入針，在**3**出針。將線從左往右繞過針。

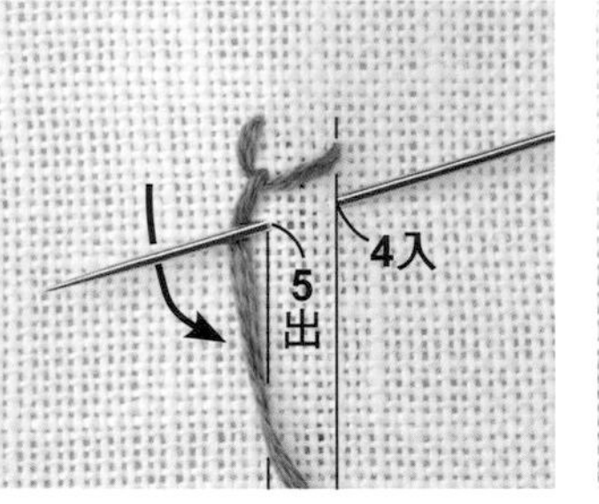

2 在**4**入針後，從**5**出針，將線從右往左繞過針。

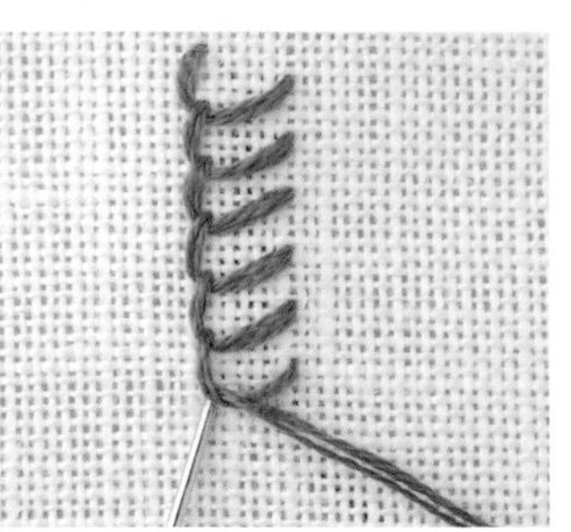

3 只在單邊繡出羽毛繡。結束時以一個小針目收尾。

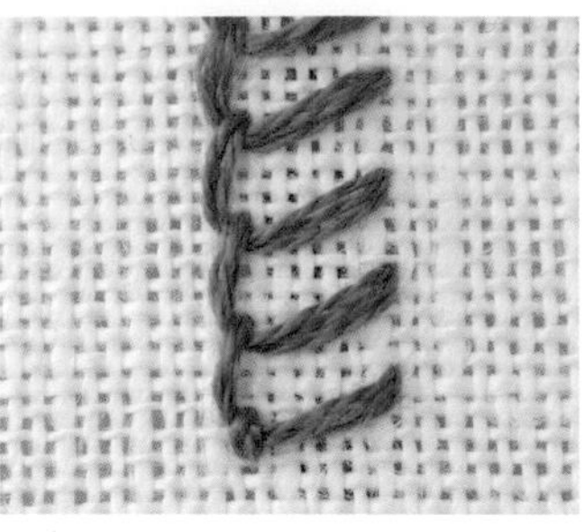

4 完成。

克里特繡

Cretan Stitch

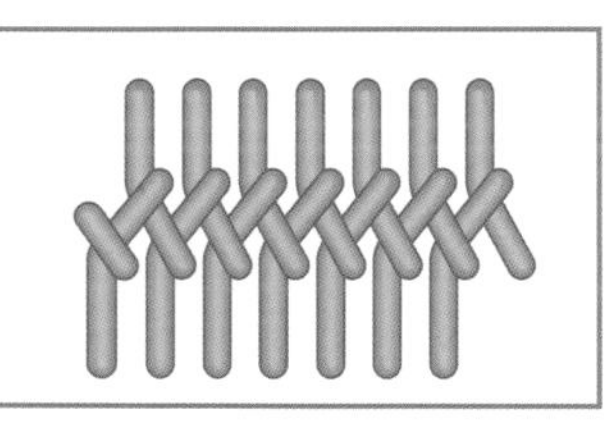

在克里特島的古文明中被發現的紋路刺繡。可以作出像是編織花紋的緣飾條。

實際大小的針目（3股線）

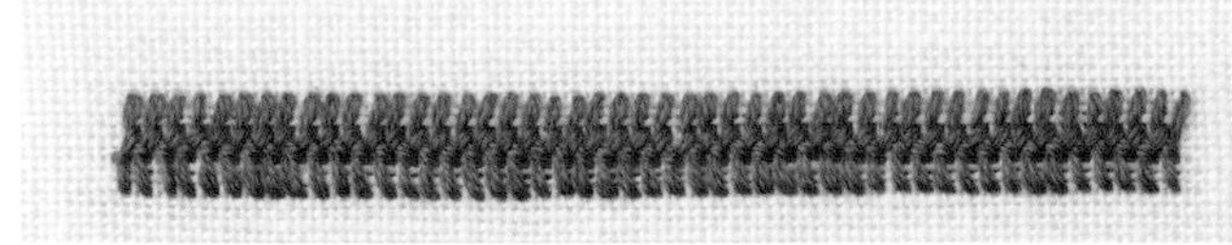

※刺繡方向 ←
（刺繡時使用縱向刺繡會比較容易。）

※事先畫好四條平行線會比較容易。

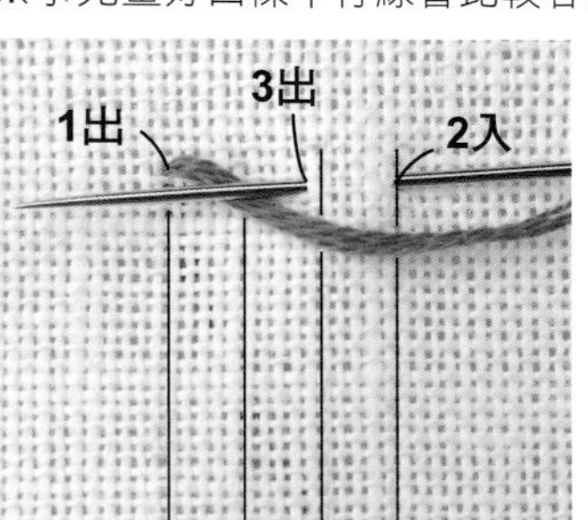

1 在**1**出針。將線放在針的下方後，從**2**入針，在**3**出針。

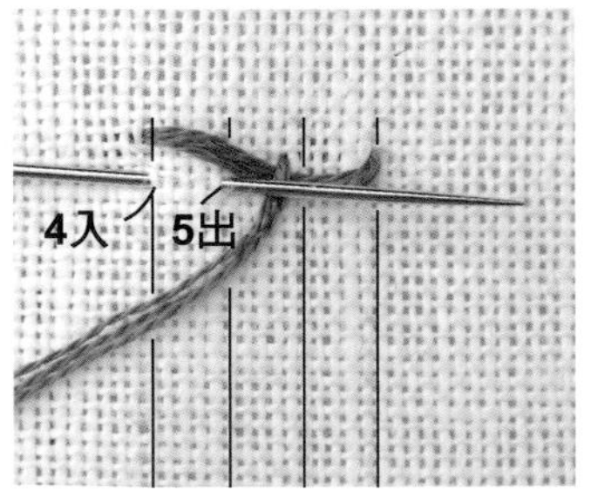

2 繼續將線放在針的下方，從**4**入針，在**5**出針。

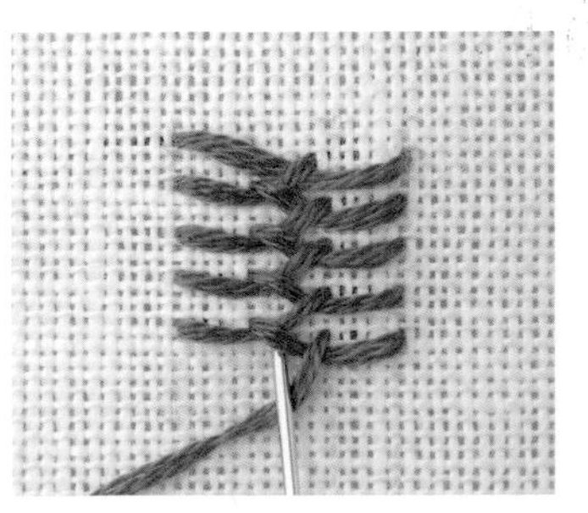

3 重複步驟1至步驟2。結束時朝中央附近入針。

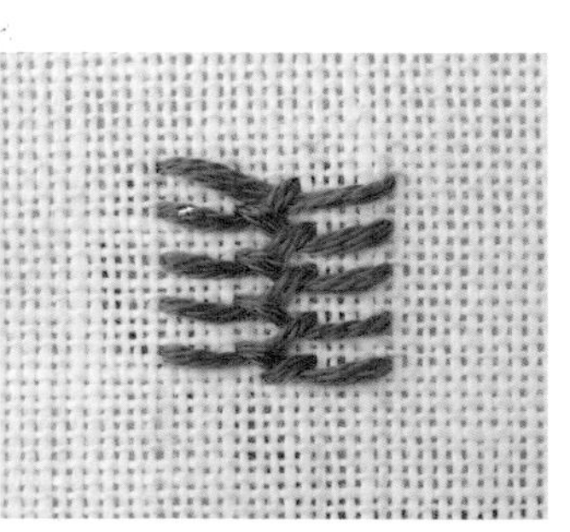

4 完成。

開放式克里特繡

Open Cretan Stitch

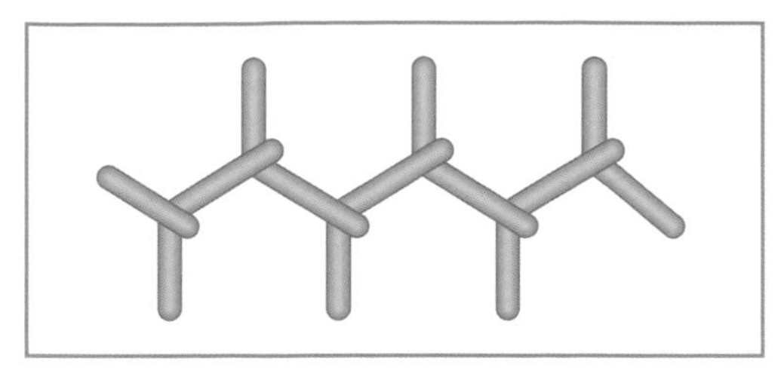

朝著克利特繡旁邊入針繼續刺繡。可作出較寬的緣飾條。

實際大小的針目（3股線）

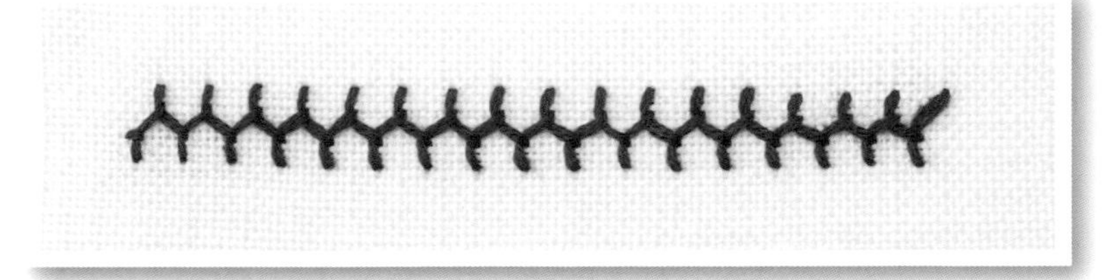

※刺繡方向 ←
（刺繡時使用縱向刺繡會比較容易。）

※事先畫好四條平行線會比較容易。

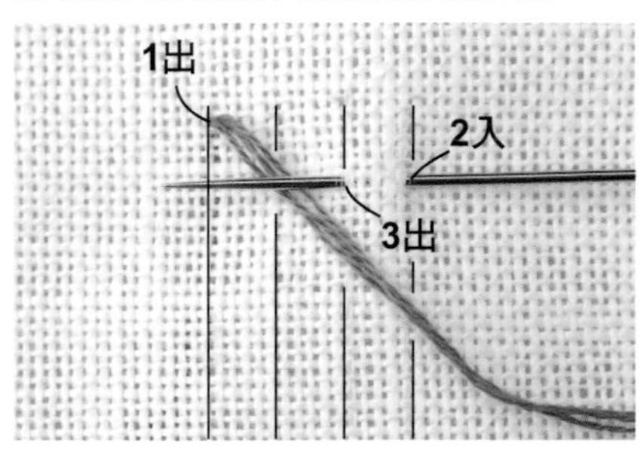

1 在**1**出針。將線放在針的下方後，從**2**入針，在**3**出針。

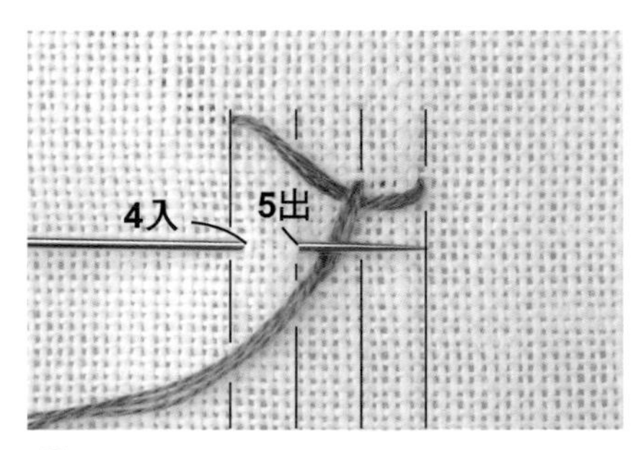

2 繼續將線放在針的下方，從**4**入針，在**5**出針。

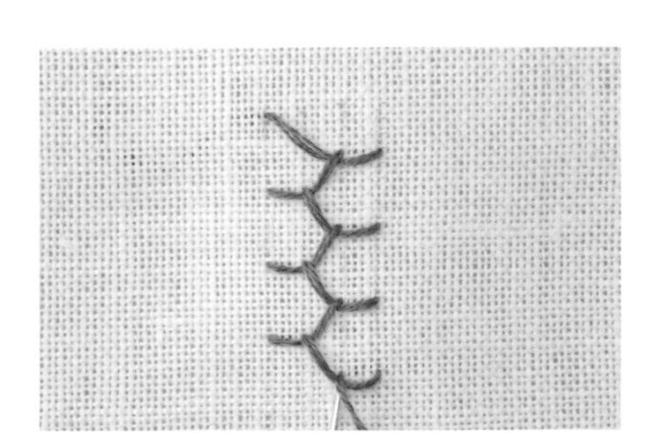

3 重複步驟1至步驟2。結束時在中央附近入針。

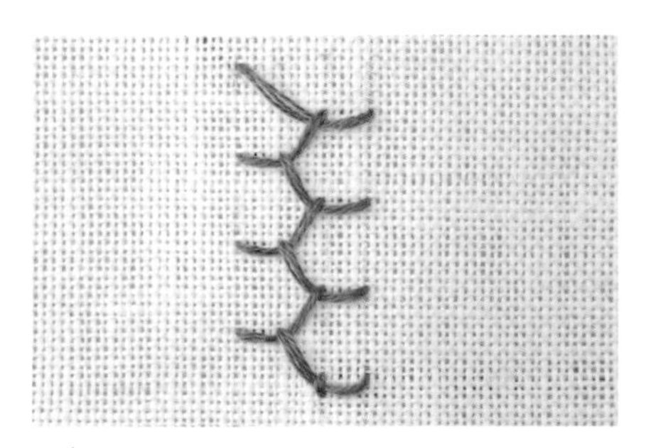

4 完成。

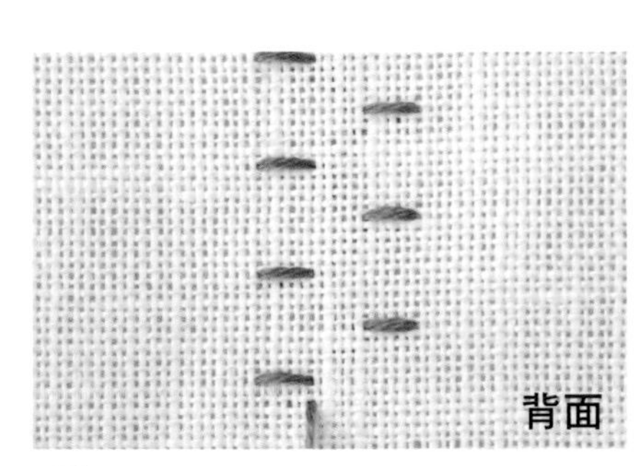

5 布的背面狀態。

以克里特繡製作的樹葉。

※刺繡方向 ↓

人字繡

Herringbone Stitch

別稱：俄羅斯十字繡

讓兩條平行的線上下交疊朝旁邊前進。
原文的意思就是人字形圖案，不過原本是魚脊骨的意思。

實際大小的針目　※刺繡方向 →

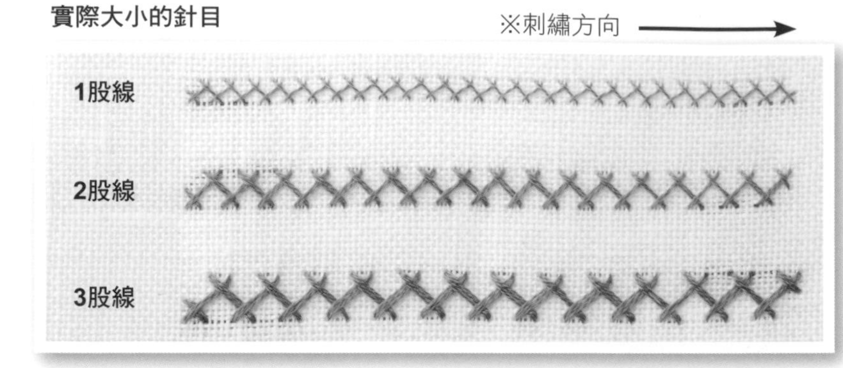

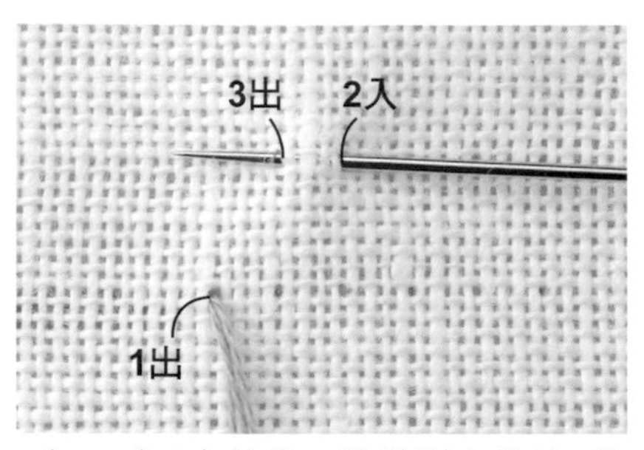

1 在**1**出針後，移動到上排的**2**入針，在**3**出針。

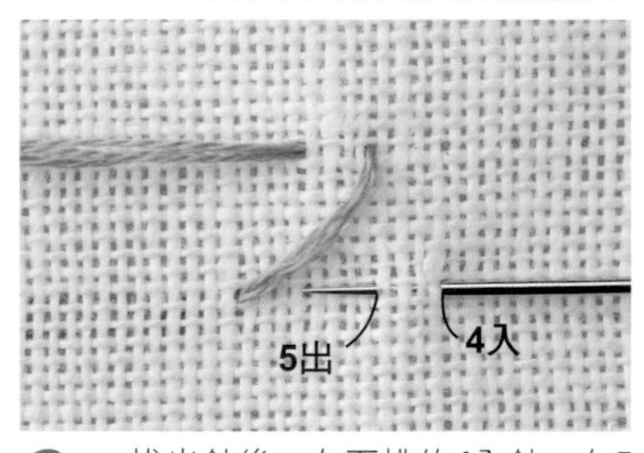

2 拔出針後，在下排的**4**入針，在**5**出針。

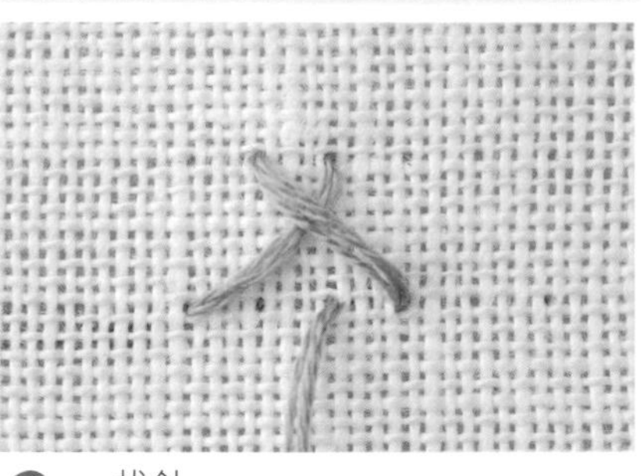

3 拔針。

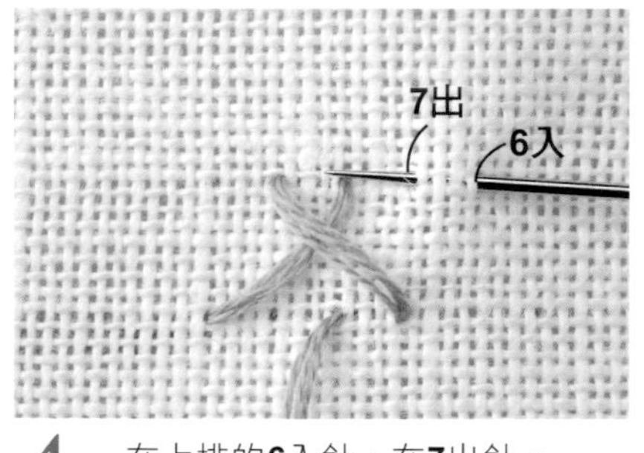

4 在上排的**6**入針，在**7**出針。

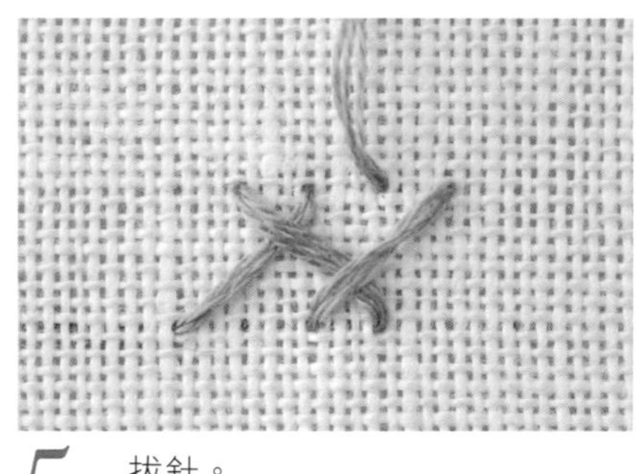

5 拔針。

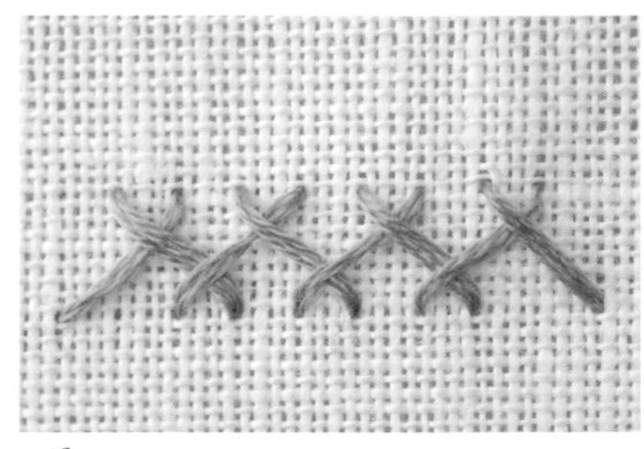

6 輪流上下出入針，縫出人字繡。

陰影刺繡

Shadow Work

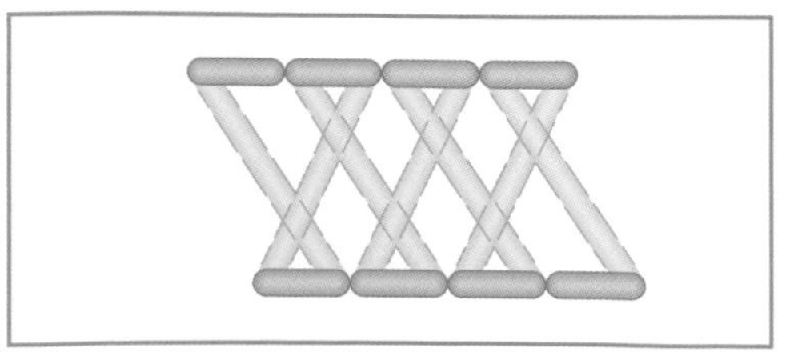

在薄布上施以封閉式人字繡，使其看得見背面繡線的一種技法。

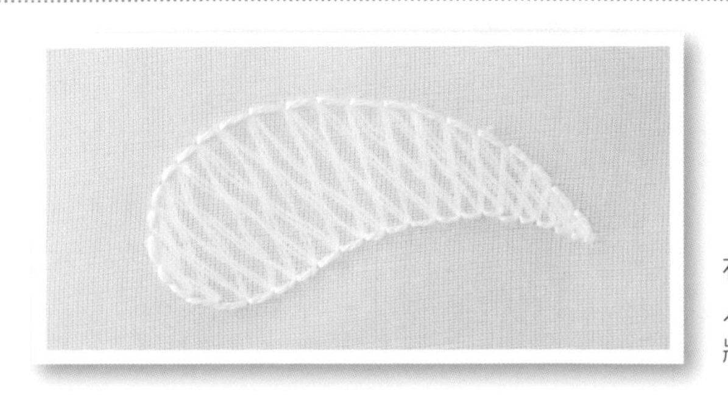

在玻璃紗的背面施以人字繡，從表面看的狀態如圖。

封閉式人字繡

Closed Herringbone Stitch

不留間隔，密集地刺出人字繡。

實際大小的針目（3股線）

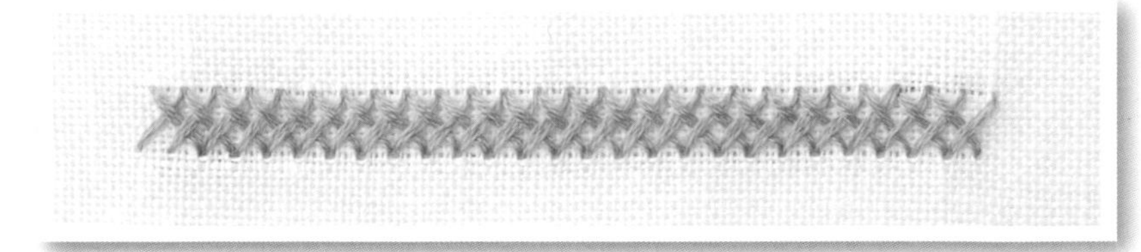

※刺繡方向

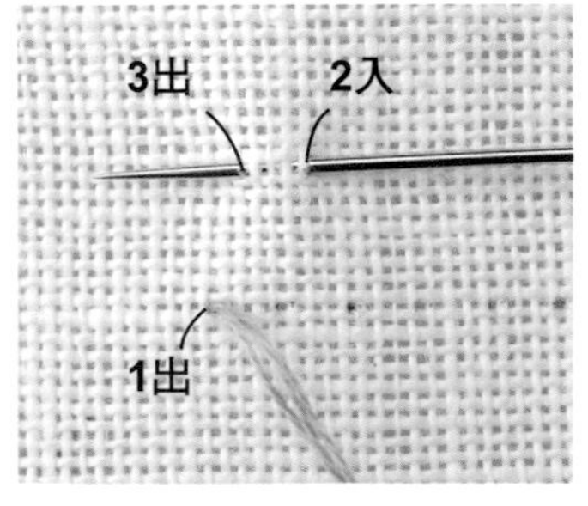

1 開始繡人字繡。在**1**出針。接著在上排的**2**入針，在**3**出針。

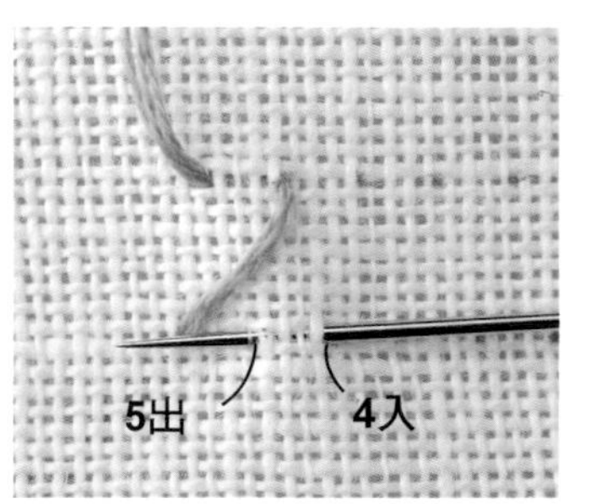

2 拔針，在下排的**4**入針，在**5**出針。

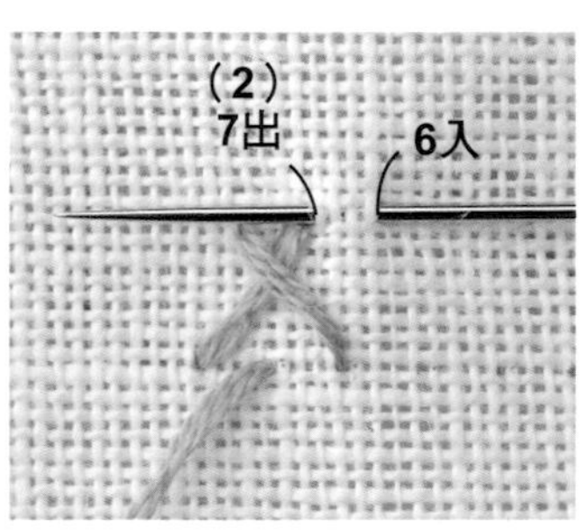

3 在上排的**6**入針，在**7**出針（**2**與**7**其實是相同針位）。

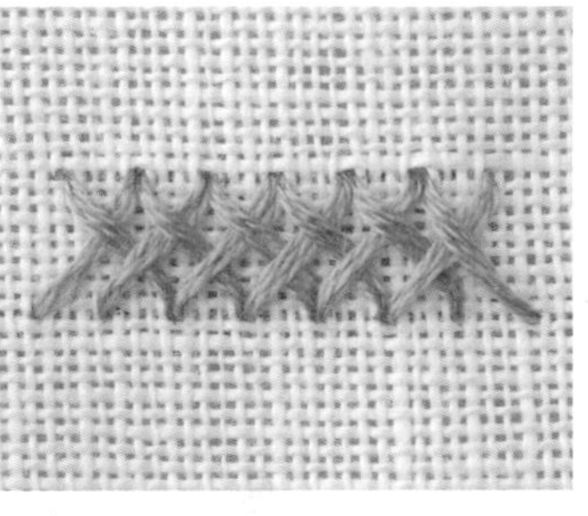

4 不留間隙密集地繡出人字繡。

穿線人字繡

Laced Herringbone Stitch

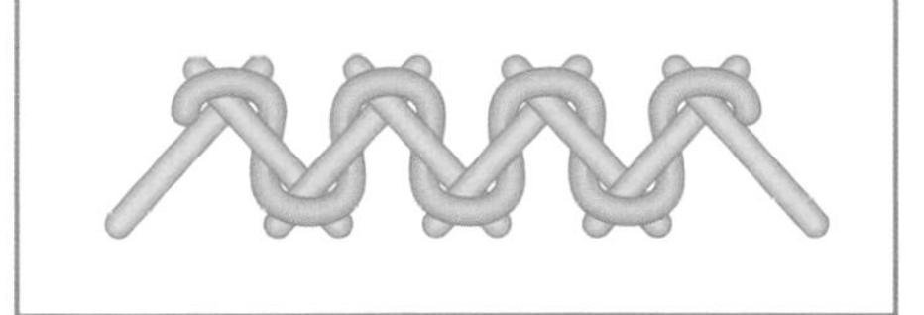

將線繞過人字繡的交叉部位。

實際大小的針目（人字繡是3股線，穿的線是2股線）

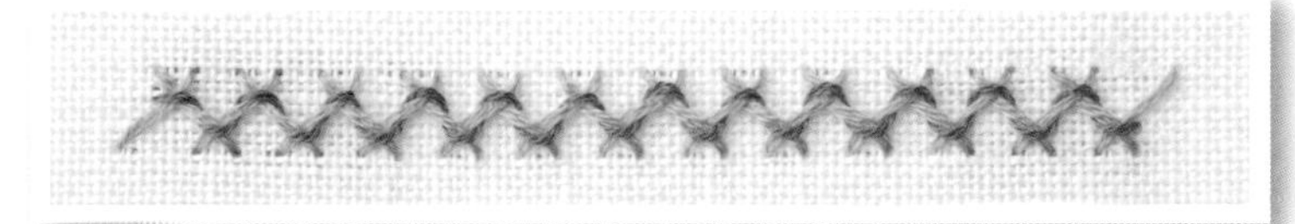

※刺繡方向

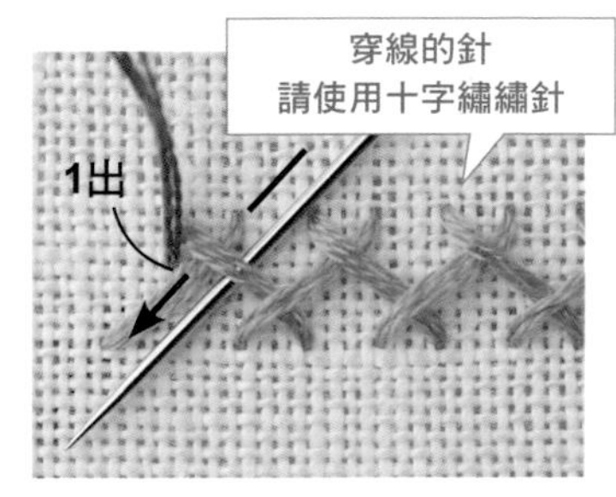

1 先繡好人字繡。讓第二條線從**1**出來，然後從上往下繞過人字繡的交叉部位。

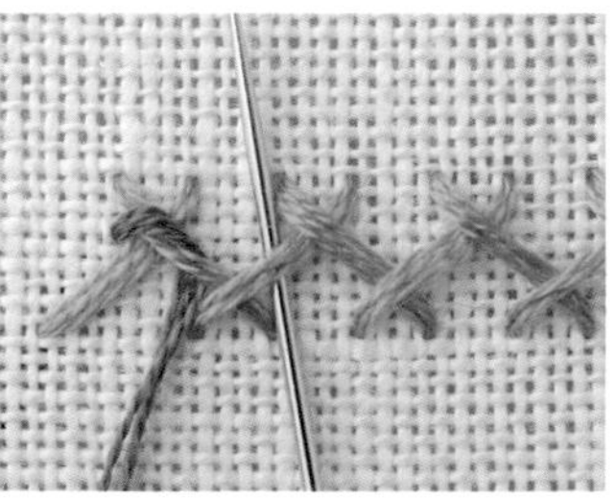

2 接著由下往上繞過第二個交叉部位。

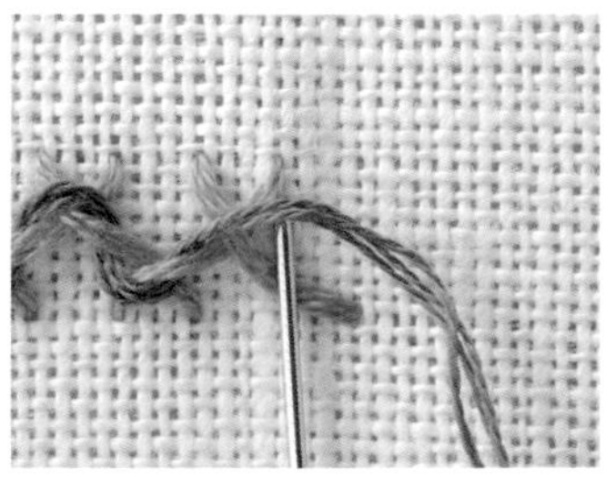

3 結束時在交叉部位的右邊入針。

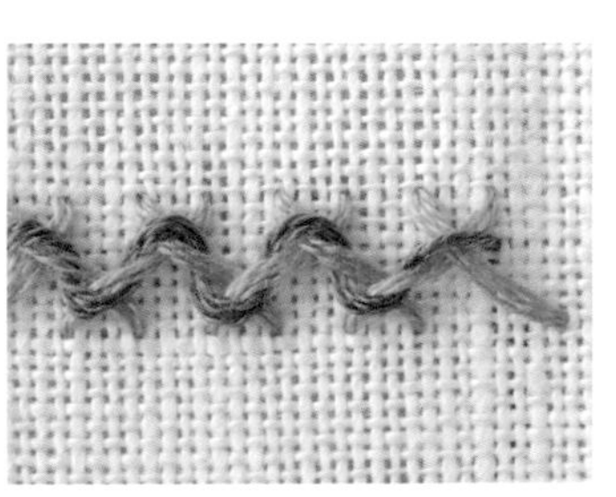

4 完成。

雙重人字繡

Double Herringbone Stitch

交疊繡出兩排人字繡。第二次繡的人字繡都會穿過前一個人字繡底下，所以可作出格子紋路。

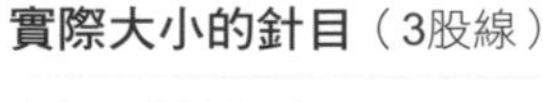

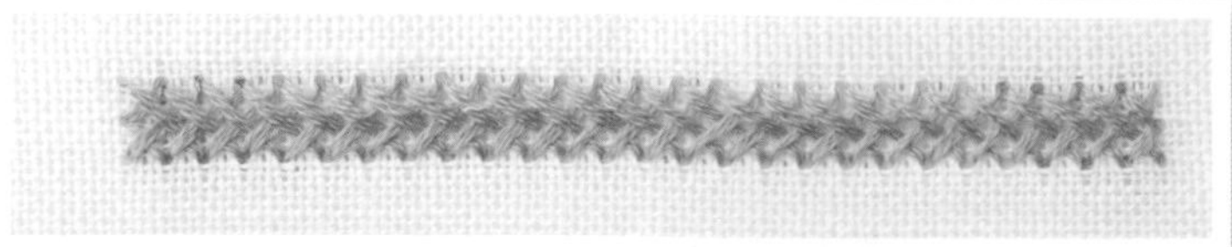

※刺繡方向 ⟶

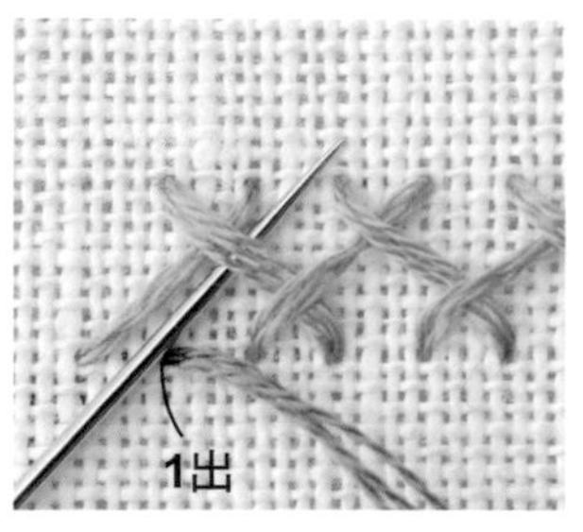

1 開始繡人字繡。以別的線在**1**出針後，穿過原先的人字繡。

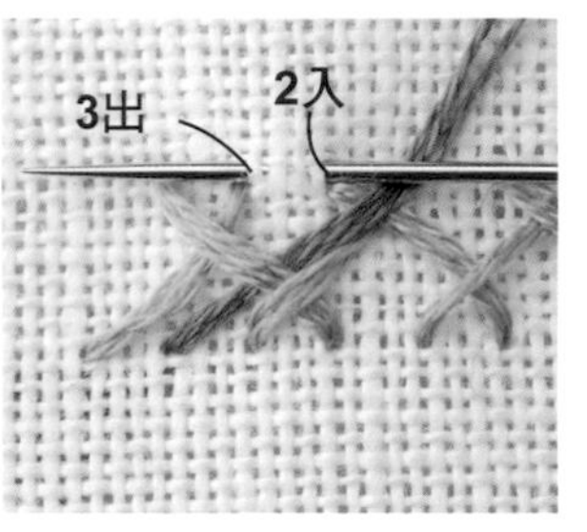

2 在上排的**2**入針，在**3**出針。

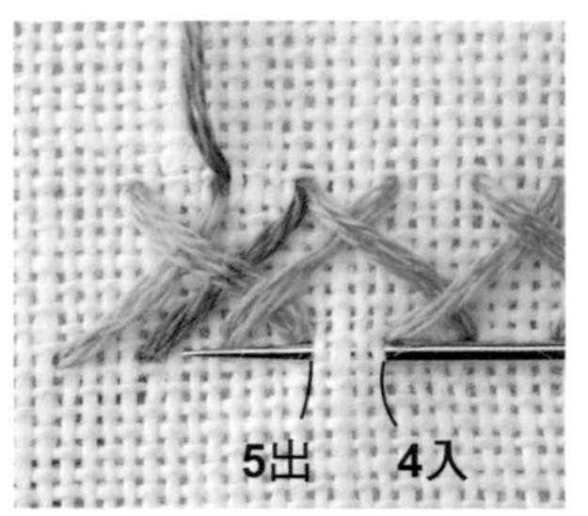

3 在下排的**4**入針，在**5**出針。

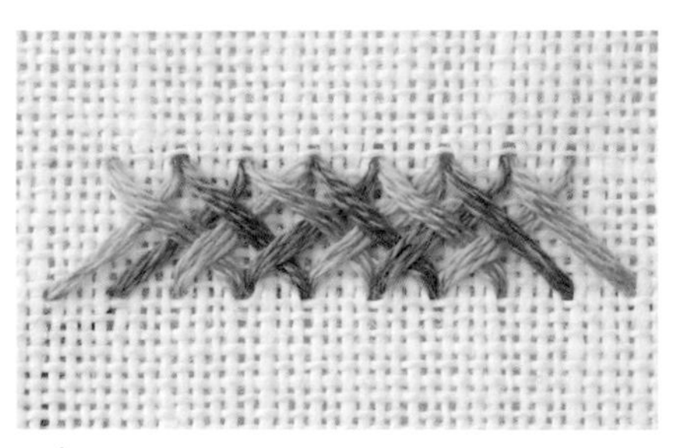

4 穿過前一個人字繡，同時在間隔中再繡出第二個人字繡。

人字階梯繡

Herringbone Ladder Stitch

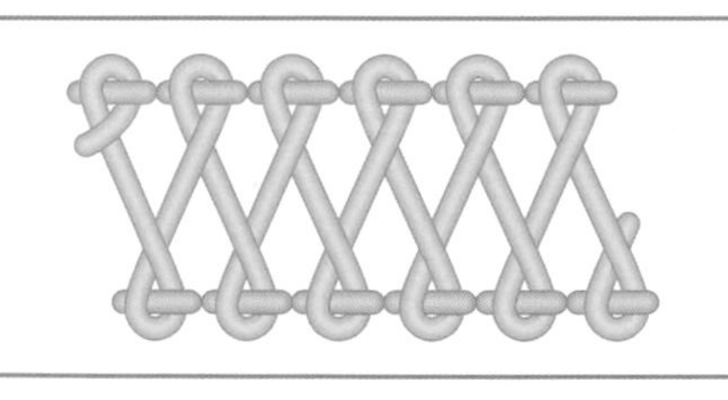

先繡出兩排錯開半個針目的回針繡，再以別的線繞過回針繡，同時作出人字繡。

實際大小的針目（3股線）

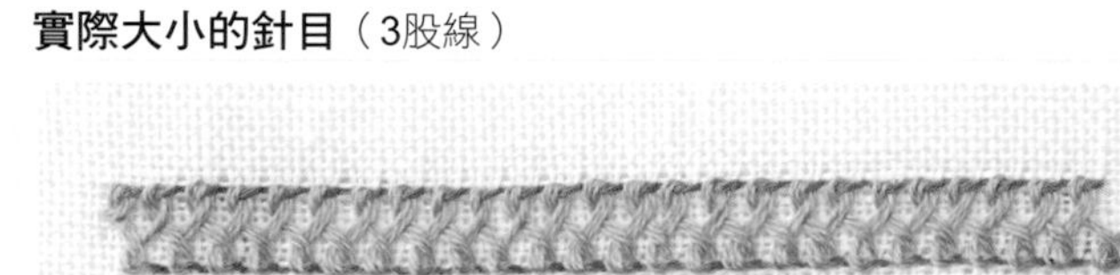

※刺繡方向 ⟶

穿繞回針繡時，
請使用十字繡繡針。

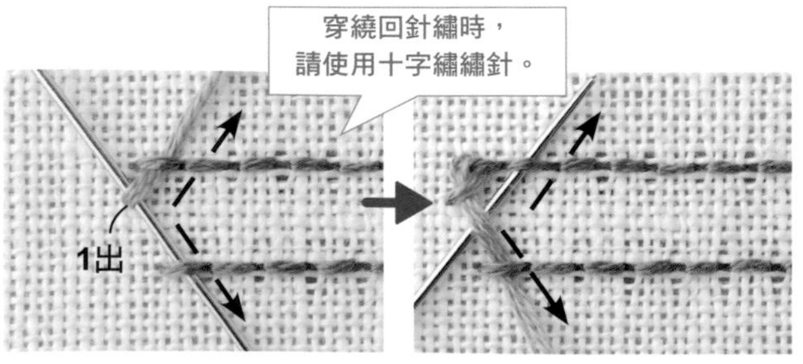

1 以新的線在**1**出針，從下往上穿過上方的回針繡。再穿過新線的底下，由上往下穿過下方的回針繡，回來時一樣穿過新線的下方，接著再穿過上方的下一個回針繡。

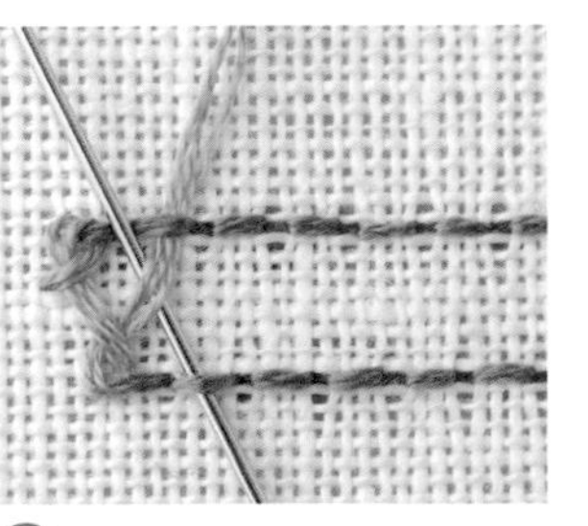

2 每次穿過回針繡後，都要再次穿過新線的下方。

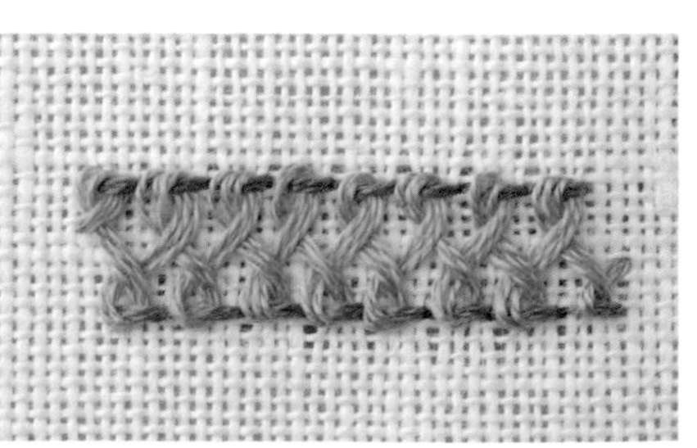

3 完成。

髮辮繡

Braid Stitch

要填滿面或是繡出粗線條的時候使用。
是個像髮辮一樣有厚度的刺繡。

實際大小的針目（3股線）

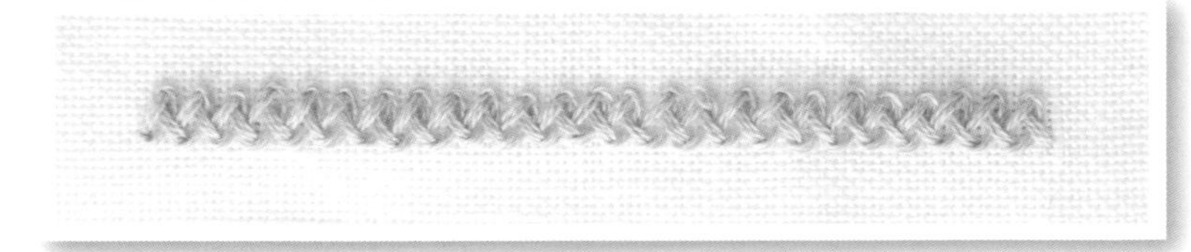

※刺繡方向 ⟶
（刺繡時使用縱向刺繡會比較容易。）

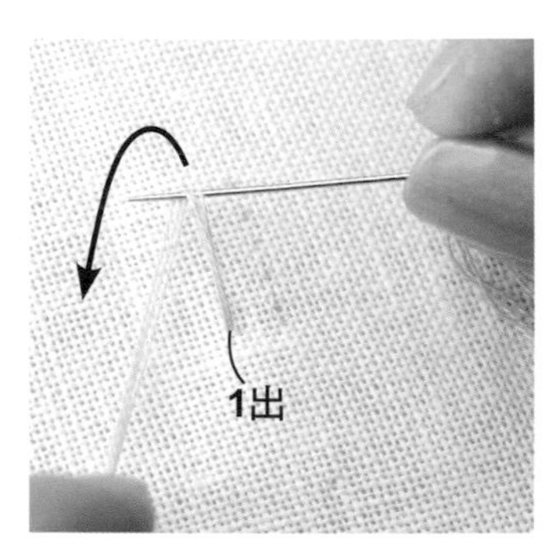

1 在**1**出針，將線繞過針。

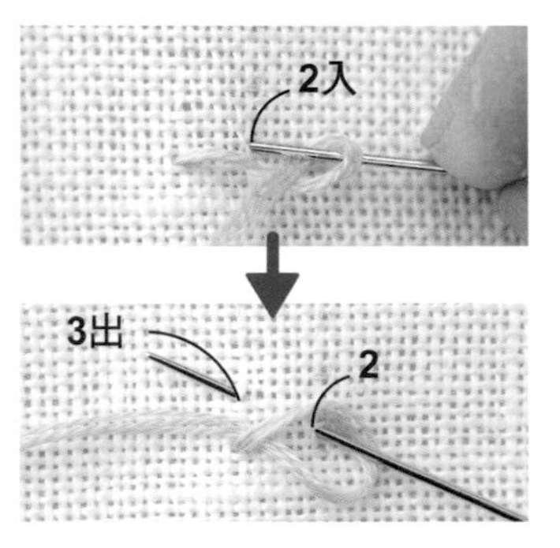

2 線繼續繞在針上，從**2**入針，在**3**出針。

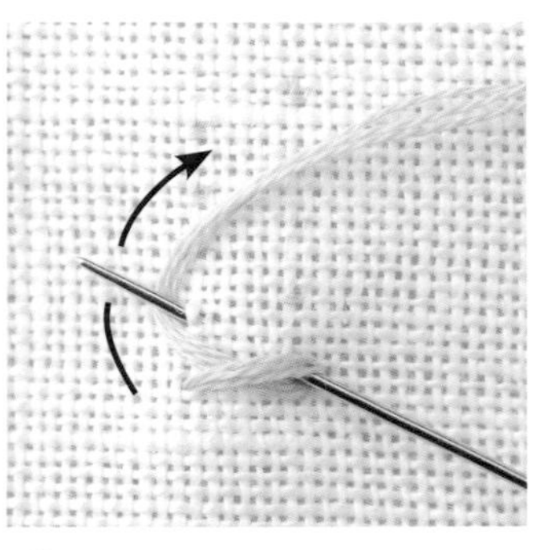

3 在**3**出針後，將線繞過針，然後拔針。

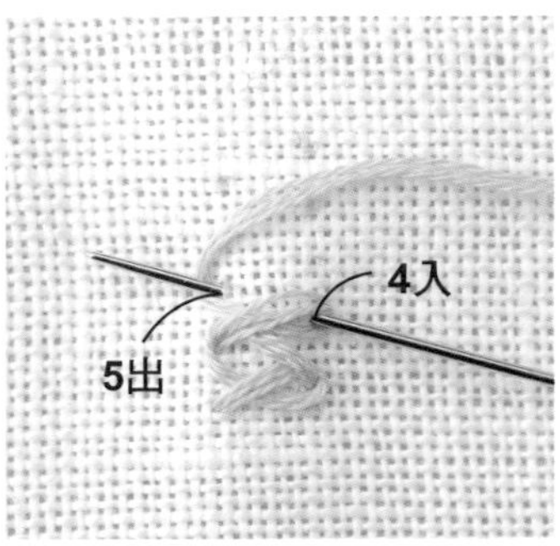

4 將線繞過針後，從**4**入針，在**5**出針。重複步驟**1**至步驟**3**。

玫瑰結鎖鍊繡

Rosette Chain Stitch

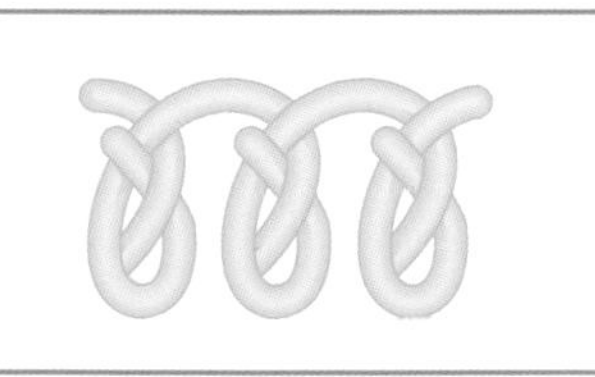

像是繡出橫向的扭轉鎖鍊繡。

實際大小的針目（3股線）

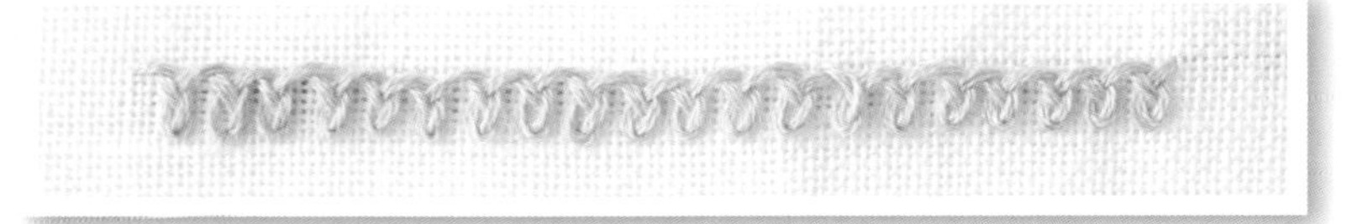

※刺繡方向 ⟶

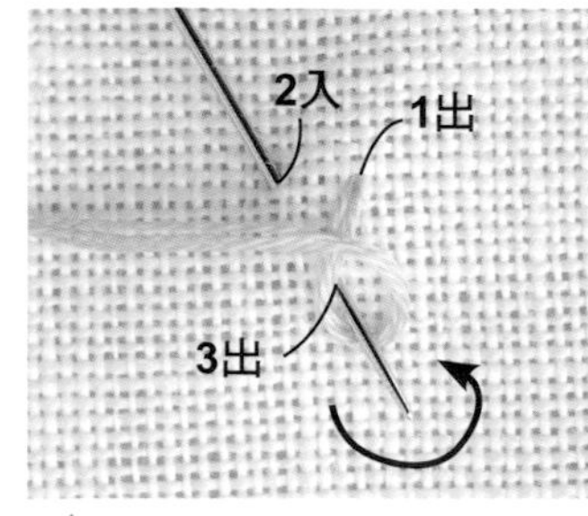

1 從**1**出針後，在**2**入針。在**3**出針時，請將線繞過針。

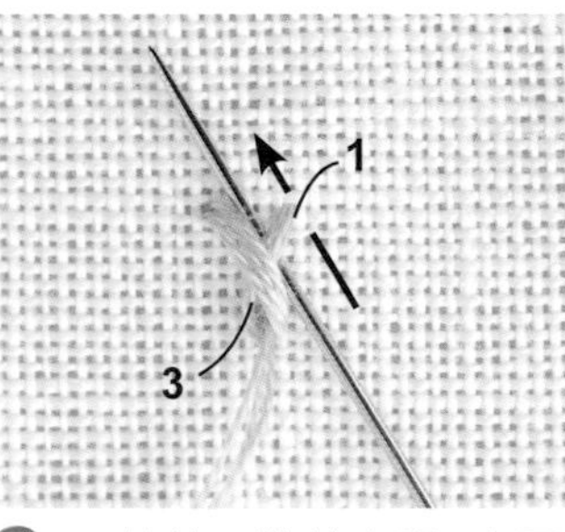

2 拉線。讓針穿過**1**底下的線。

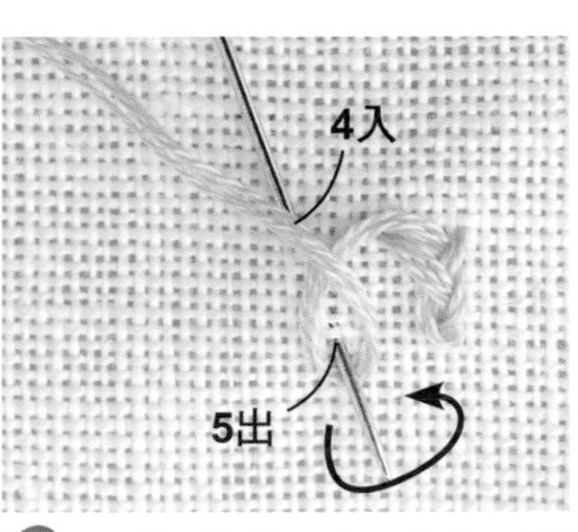

3 從**4**入針，在**5**出針，將線繞過針。

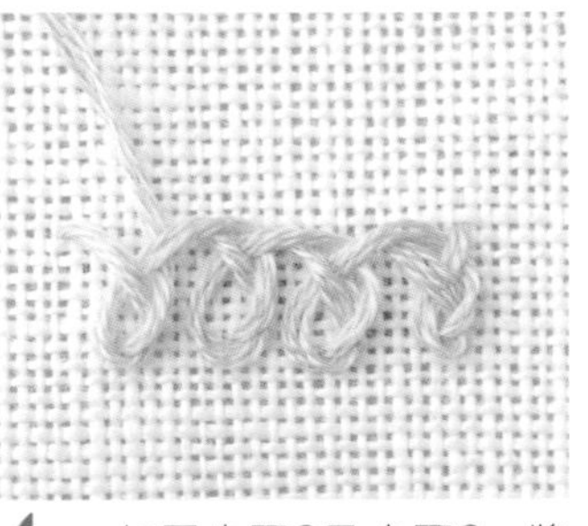

4 如同步驟2及步驟3，將線繞過針並穿線。

魚骨繡

Fishbone Stitch

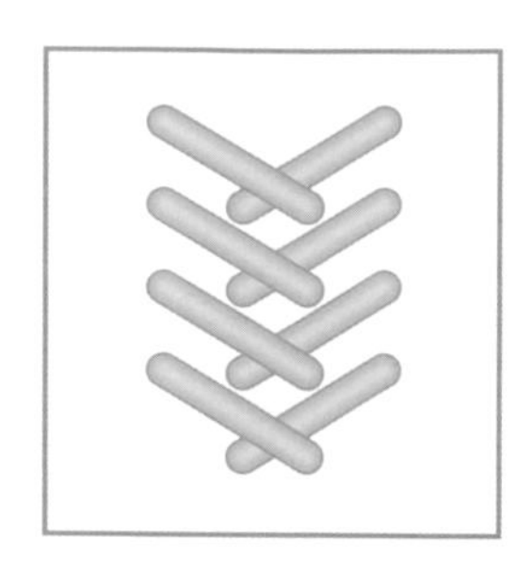

完成品看起來像是魚骨頭。可用來作緣飾或繡出葉片。

實際大小的針目（3股線）

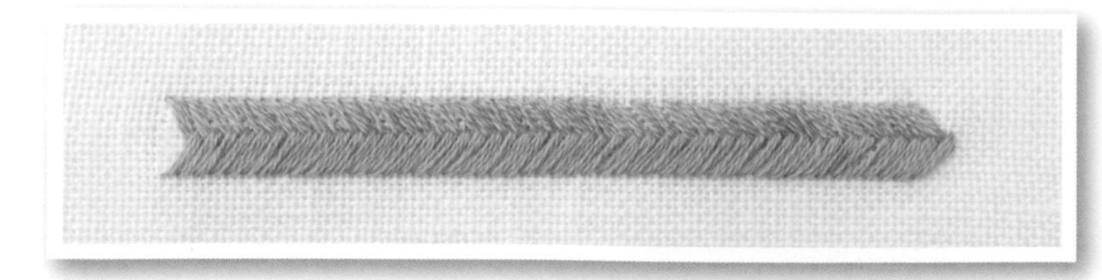

※刺繡方向（刺繡時使用縱向刺繡會比較容易。）→

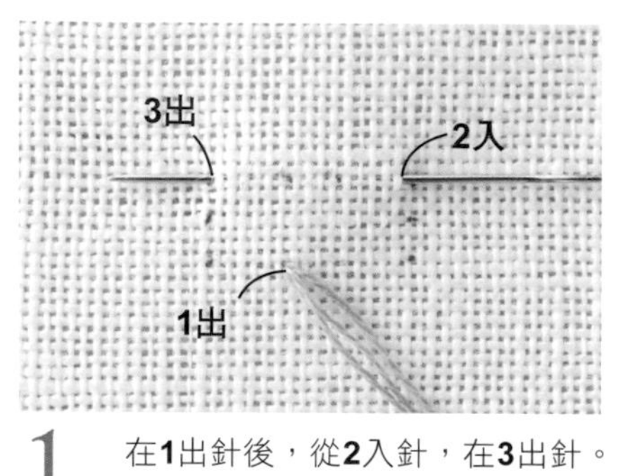

1　在**1**出針後，從**2**入針，在**3**出針。

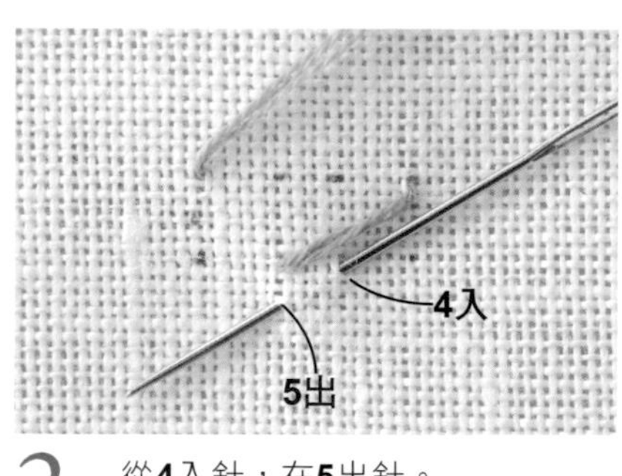

2　從**4**入針，在**5**出針。

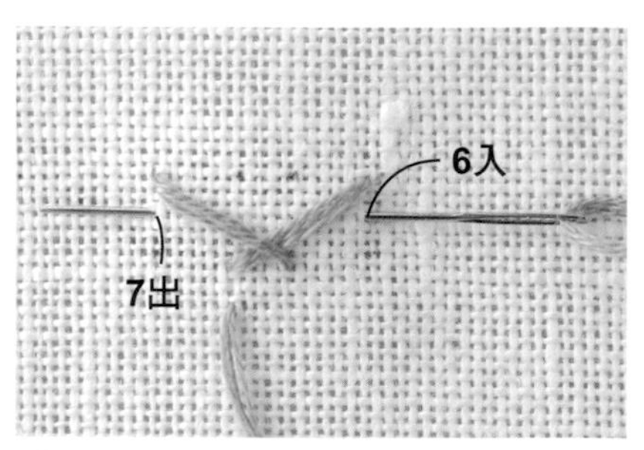

3　作出一個大十字形。從**6**入針，在**7**出針。

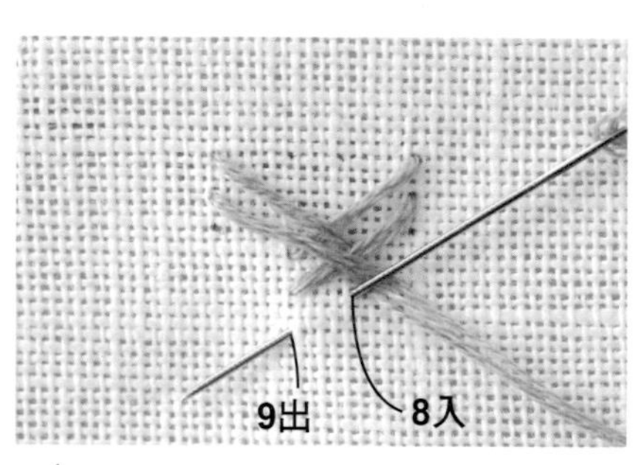

4　拉線，從**8**入針，在**9**出針。

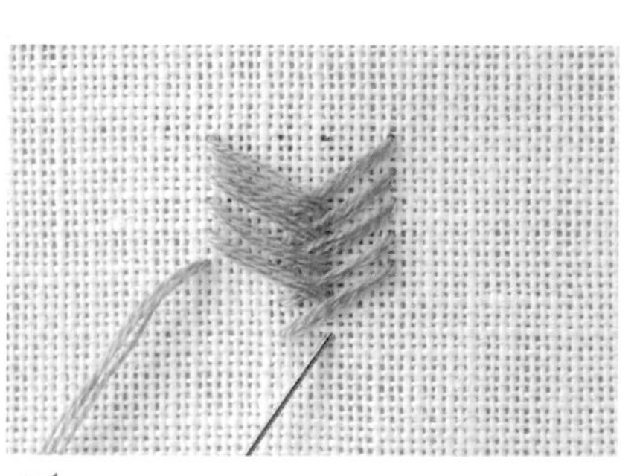

5　依照同樣的方法刺繡。

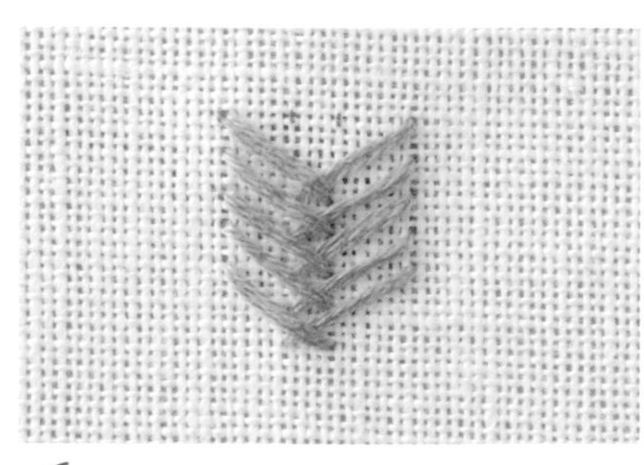

6　完成。

以魚骨繡製成的葉片

毫無縫隙的葉片

有間隔的葉片

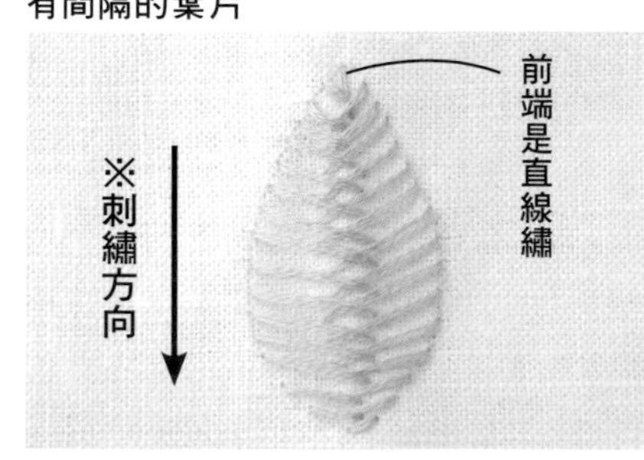

魚骨繡經常被用來繡葉片。縮小間隙就能形成飽滿的葉面，拉開間隙就成了葉脈分明的葉片。葉片前端是以直線繡繡出葉尖。

浮雕魚骨繡

Raised Fishbone Stitch

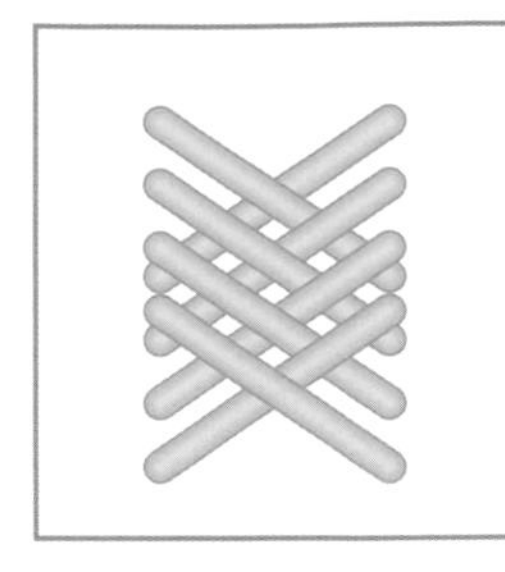

這也是看起來像魚骨頭的刺繡。魚骨繡的下方其實還有一層線作基底，使得成品看起來飽滿鼓起。

實際大小的針目（3股線）

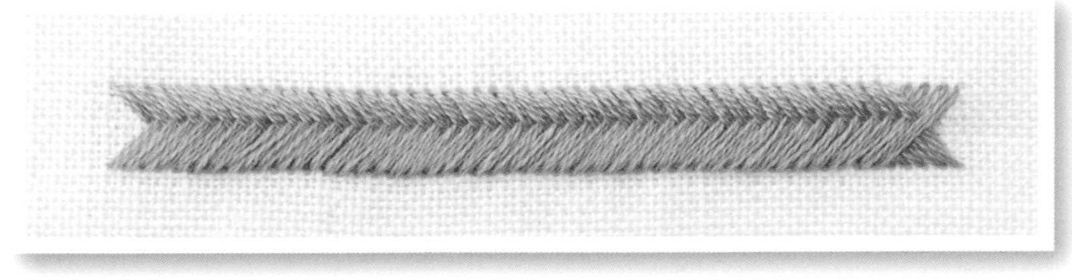

※刺繡方向（刺繡時使用縱向刺繡會比較容易。）→

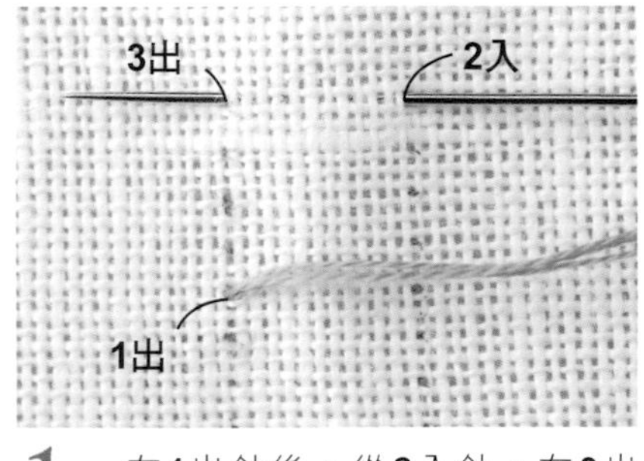

1 在**1**出針後，從**2**入針，在**3**出針。

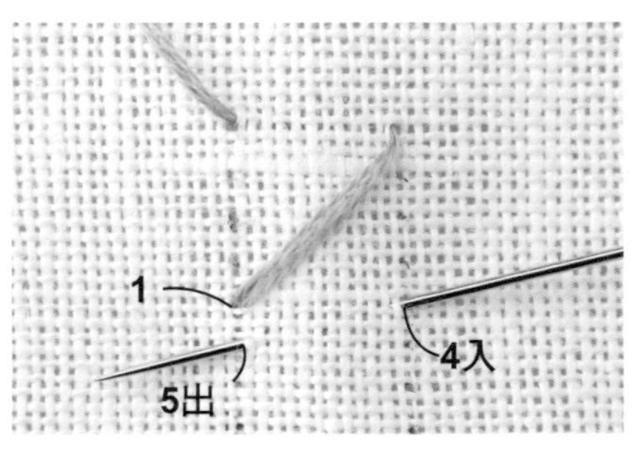

2 從**4**入針，在**5**出針（**1**及**4**的位置要平行）。

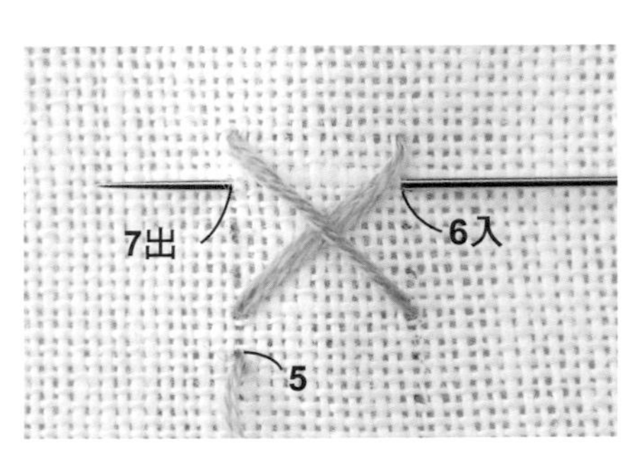

3 作出一個大十字形。從**6**入針，在**7**出針。

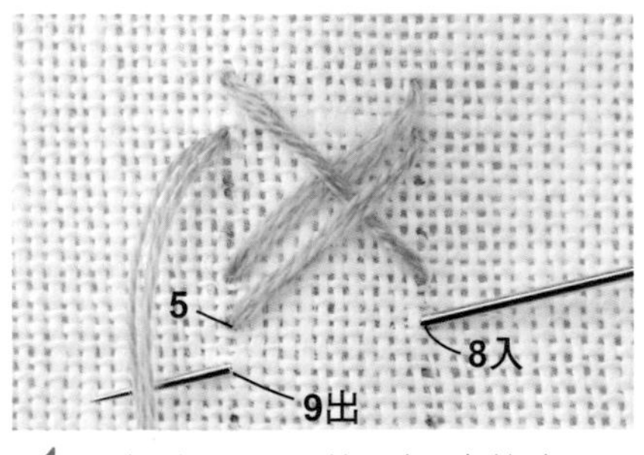

4 拉線，從**8**入針，在**9**出針（**5**及**8**的位置要平行）。

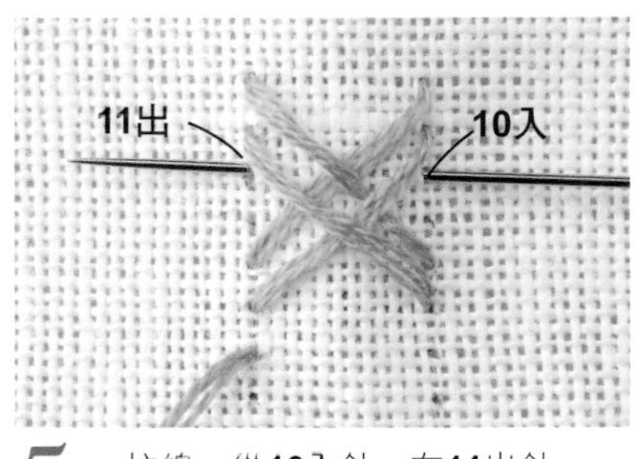

5 拉線，從**10**入針，在**11**出針。

6 完成。

葉形繡

Leaf Stitch

用以繡葉子的刺繡。是從葉子根部往葉尖一路刺繡。

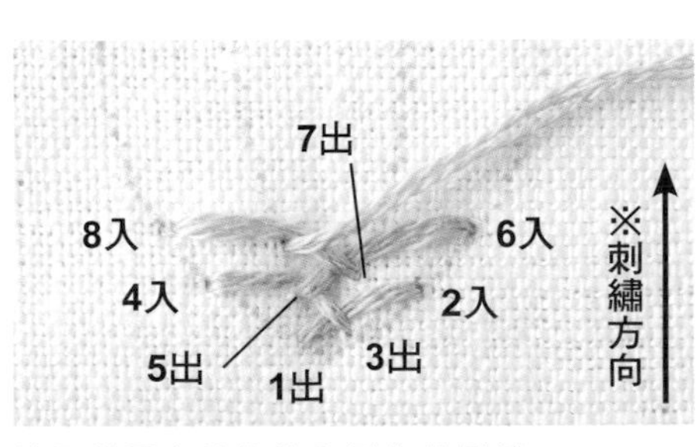

線要從圖案線條的內側往外側繡。

完成。

山形繡

Chevron stitch

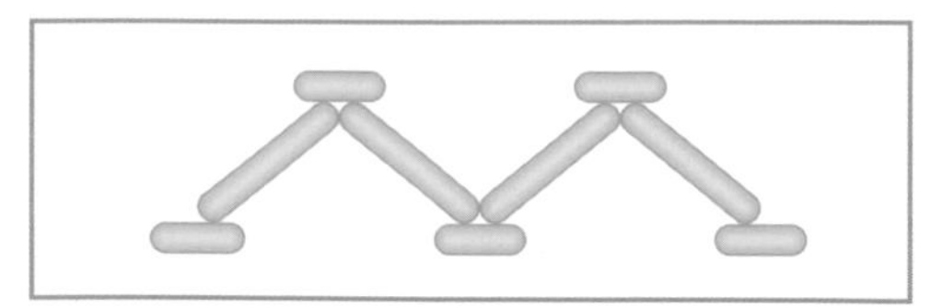

橫向的連續山形線條刺繡。

實際大小的針目（3股線）

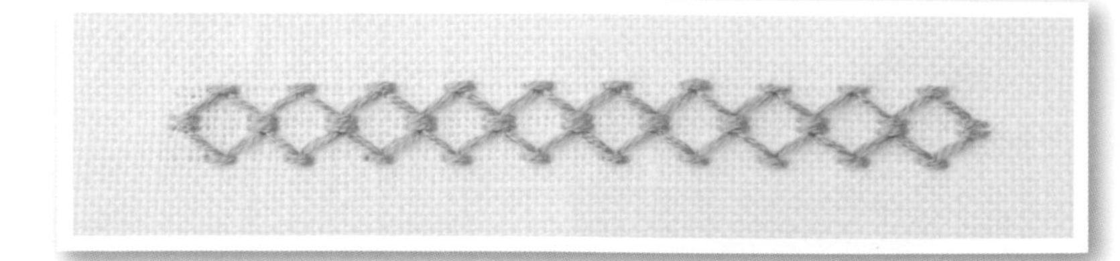

※刺繡方向 →

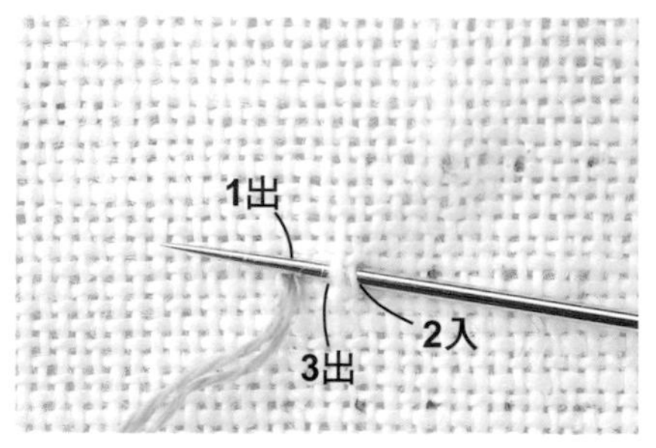

1 從**1**出針後，在**2**入針，在**3**出針。

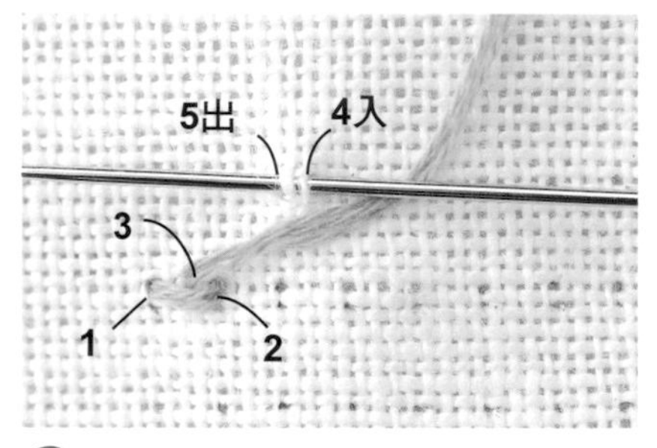

2 拔針。在上方的**4**入針，在**5**出針。

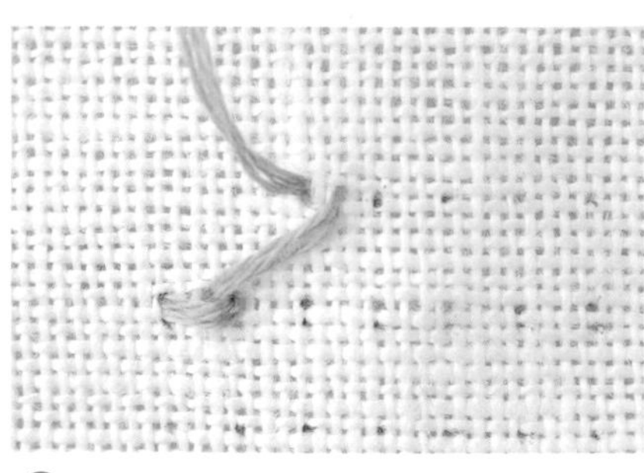

3 拔針。

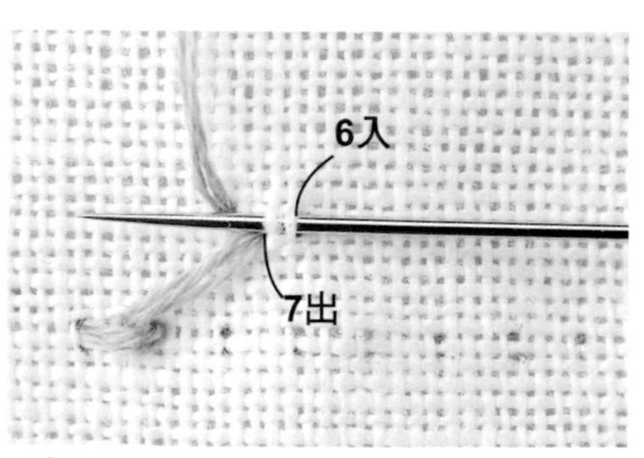

4 在**6**入針，在**7**出針（**4**與**7**是相同針位）。

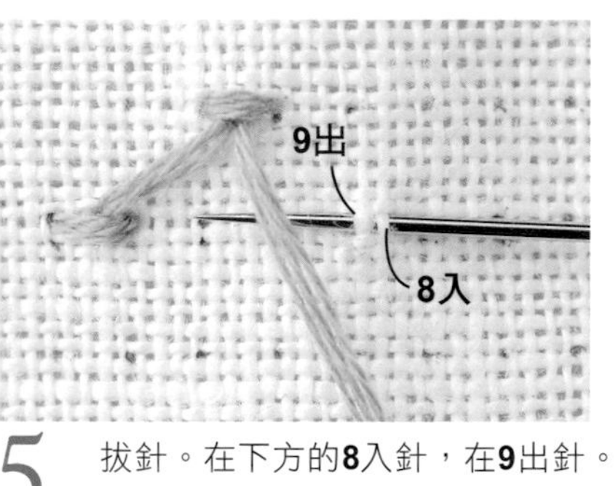

5 拔針。在下方的**8**入針，在**9**出針。

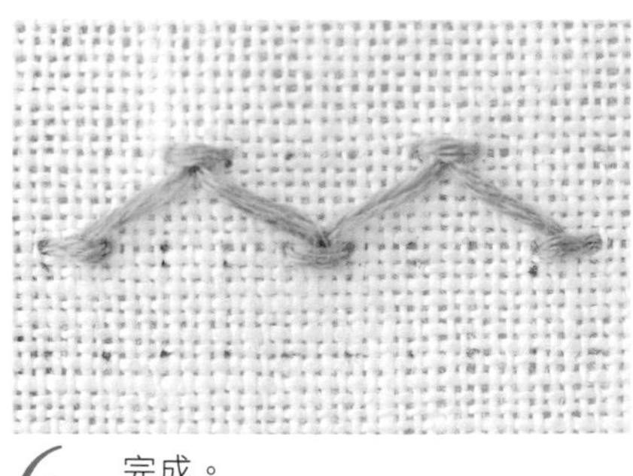

6 完成。

若兩邊都繡山形繡

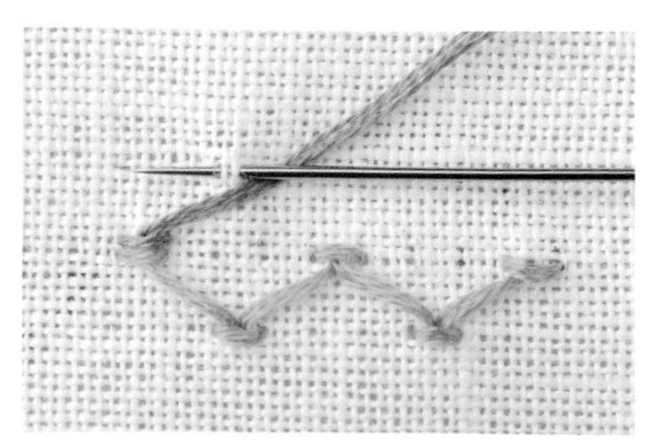

1 對於中央的回針繡刺繡。

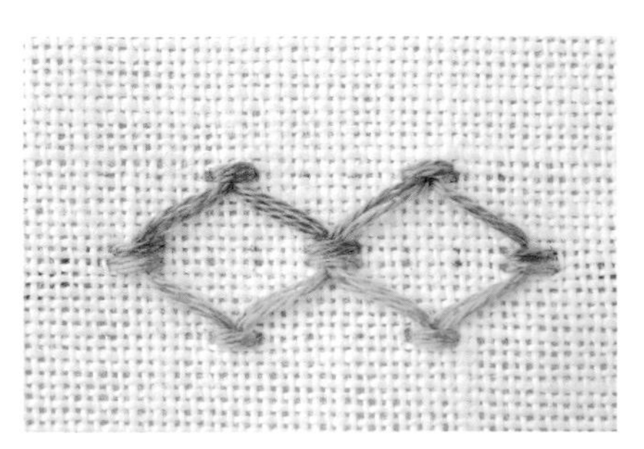

2 完成。

關於山形繡這個名字

Chevron指的是徽章上使用的山形圖案。軍服及制服上也有表示階級的山形，同樣也是Chevron。

范戴克繡

Vandyke Stitch

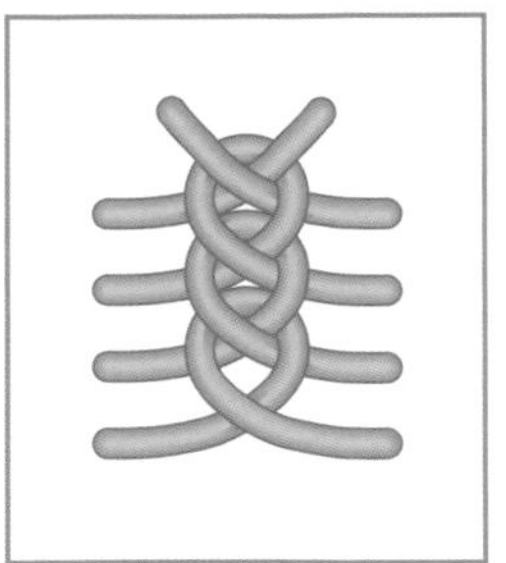

也唸作邦戴克繡。是個花紋交織如同毛線勾織的刺繡。若讓線穿過前一個刺繡，可直接在該刺繡底下的布開始刺繡。

實際大小的針目（3股線）

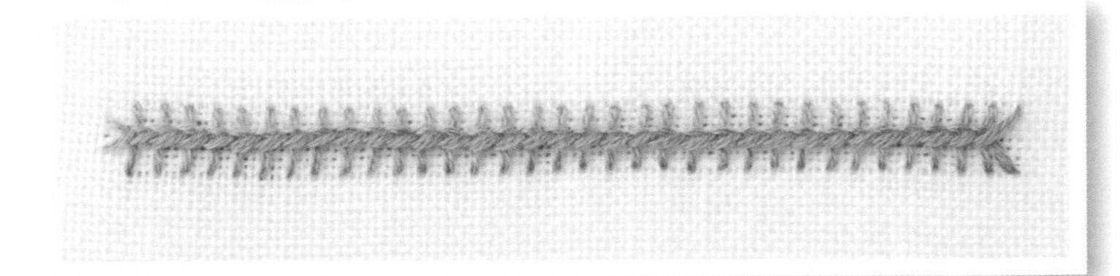

※刺繡方向（刺繡時使用縱向刺繡會比較容易。）→

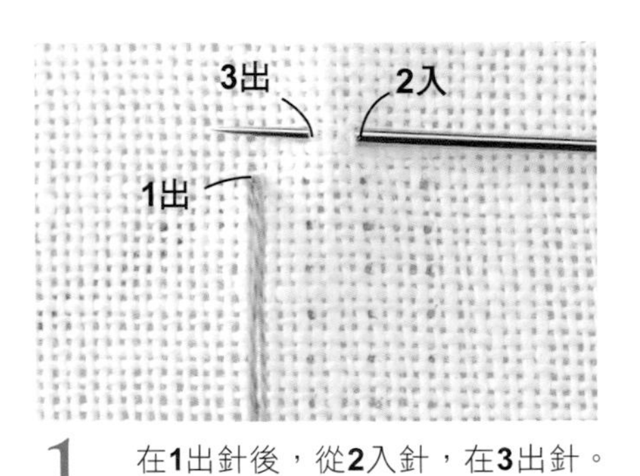

1 在**1**出針後，從**2**入針，在**3**出針。

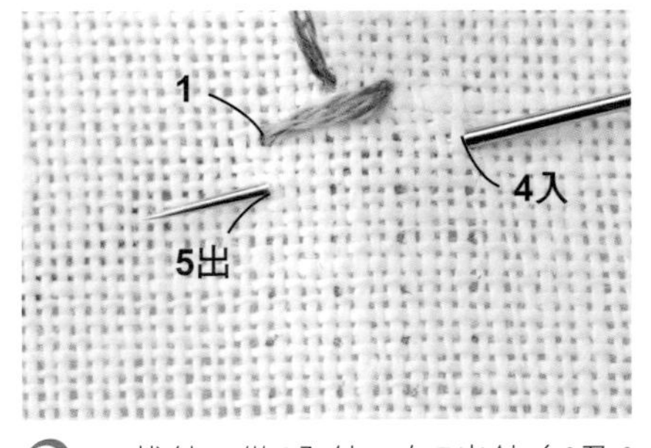

2 拔針，從**4**入針，在**5**出針（**1**及**4**的位置請平行）。

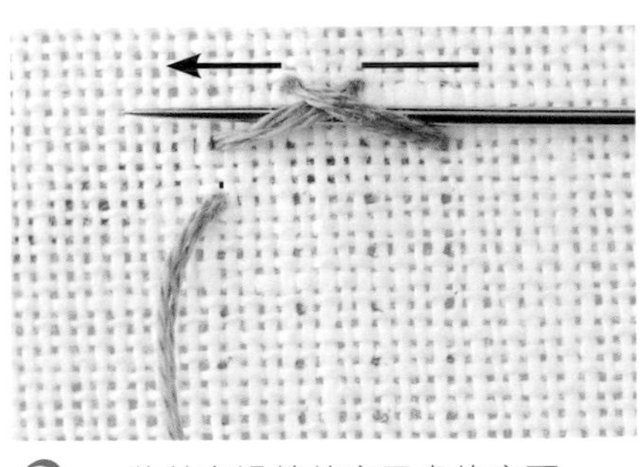

3 將針穿過繡線交叉處的底下。

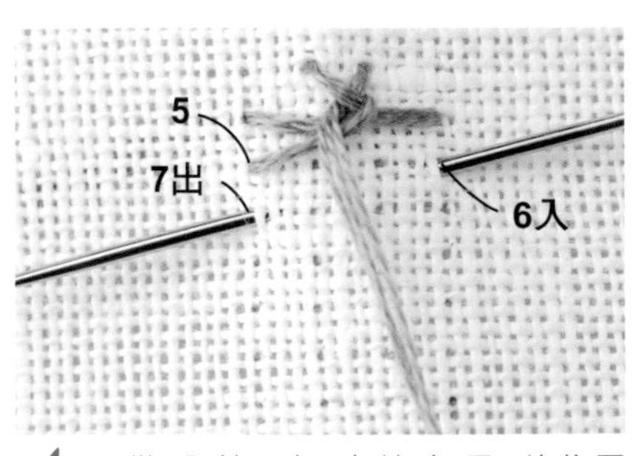

4 從**6**入針，在**7**出針（**5**及**6**的位置請平行）。

5 將針穿過繡線交叉處的底下。

6 完成。

刺進布裡的情況

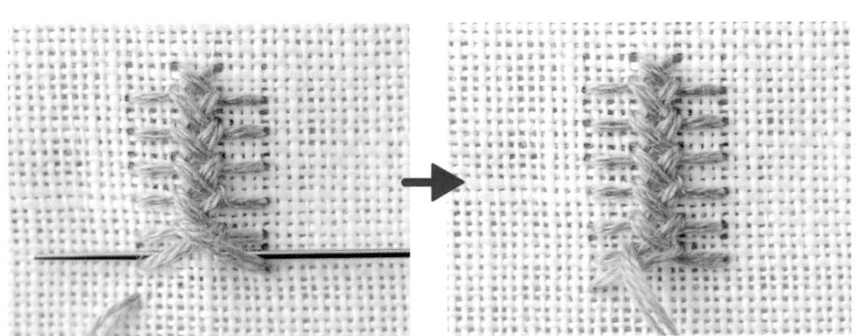

在上述的步驟3及步驟5時，不只穿針，並刺進布裡。

完成。

關於范戴克繡這個名字

名字來自於荷蘭的肖像畫畫家范戴克。
在褶飾刺繡中，有名為范戴克的刺繡技法，明顯的是出自於范戴克所繪的肖像畫中的人物衣著上的衣領褶飾，但也很難從用來作填滿繡的范戴克繡聯想到褶飾吧！

填滿繡

～填滿整個面的刺繡～

直線繡

Straight Stitch

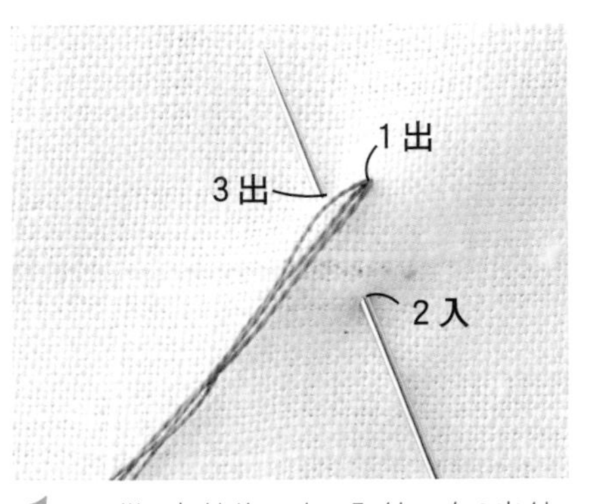

線筆直越過布面（直線）的簡單刺繡。長度可以自己拿捏，還可以朝各種方向刺繡。

實際大小的針目

1股線

2股線

3股線

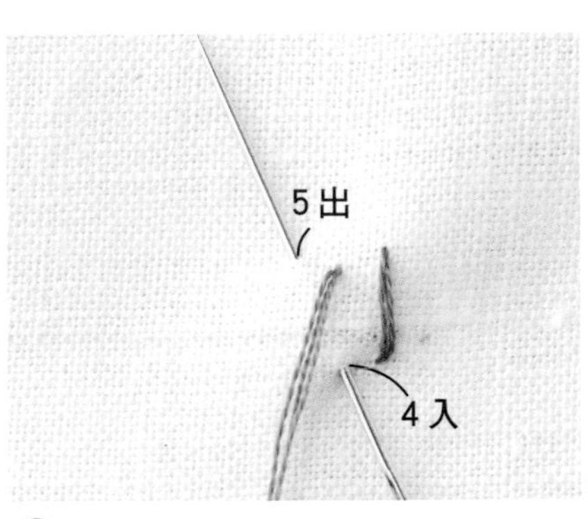

1 從**1**出針後，在**2**入針，在**3**出針。

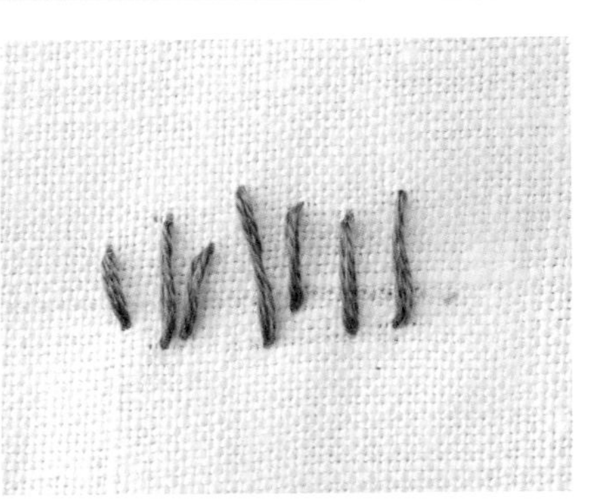

2 在**4**入針後，從**5**出針。

3 完成從上往下刺出的直線繡。

種子繡

Seed Stitch

實際大小的針目（3股線）

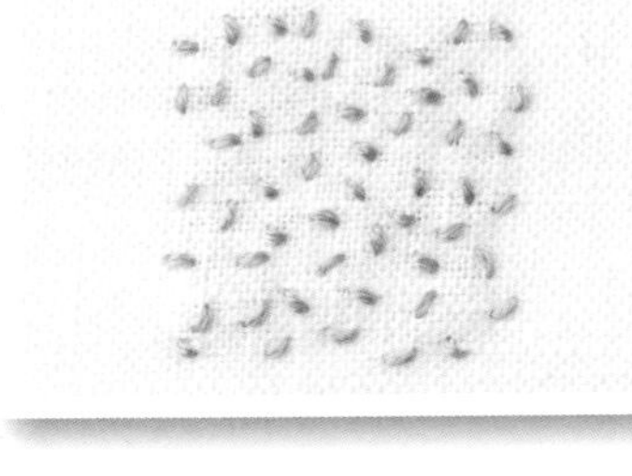

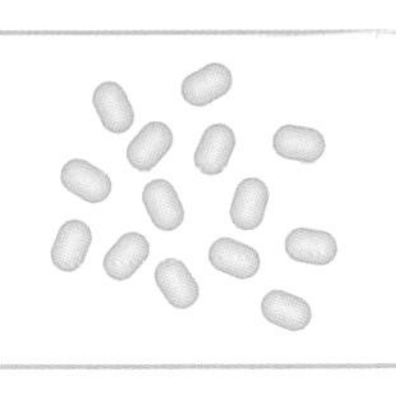

像是種子的小小刺繡。如同回針繡般，每次回一針同時前進。可以朝各種方向刺繡，還可以用小小的點填滿面。

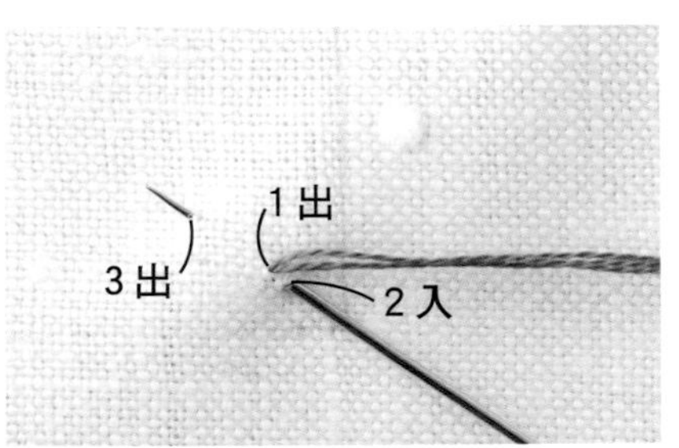

1 在**1**出針，在往回一點的**2**入針，在下一個想要作出種子繡的位置出針。

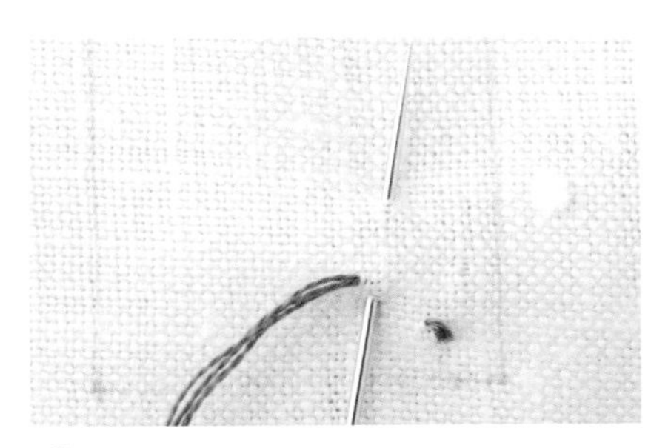

2 以小小的針目一邊回針一邊刺繡。

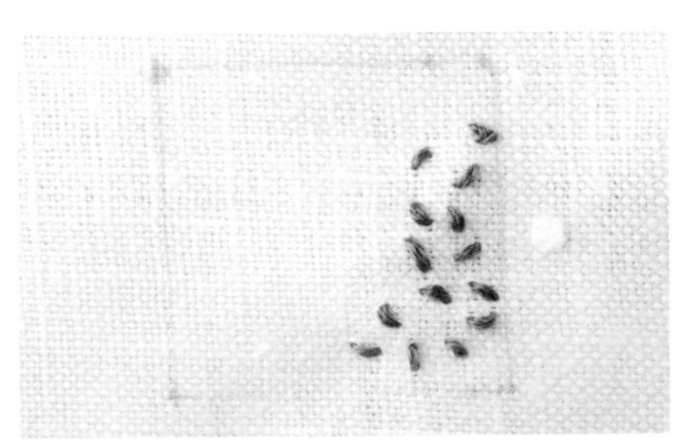

3 朝各種方位刺繡，填滿整個面。

緞面繡

Satin Stitch

線從圖案的邊緣橫跨到另一邊，只要繡線整齊排列，就能作出像是緞面布般，具有光澤質感的面。

實際大小的針目

從中央開始繡的情況

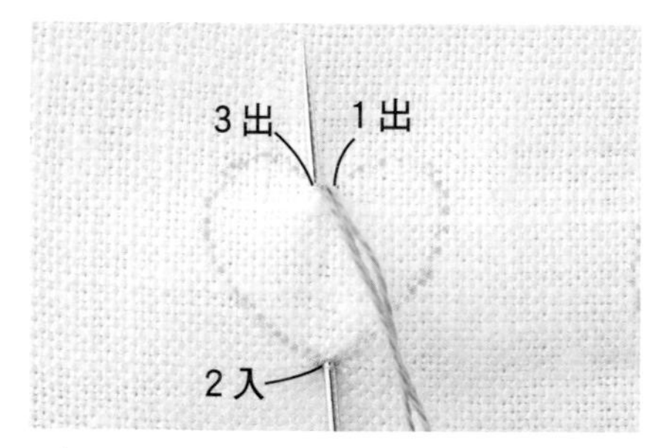

1 線跨越了圖案的中央（從**1**出針，在**2**入針）。
然後在**3**（**1**的旁邊）出針。

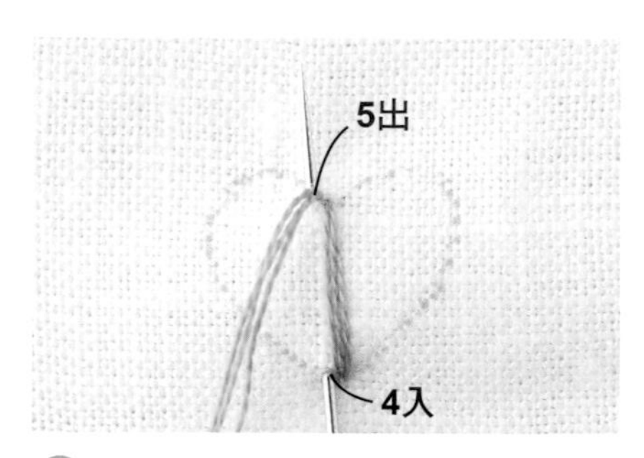

2 輕輕拉線，讓第二條線整齊地與步驟**1**作出的線並排（從**4**入針在**5**出針）。

3 完成圖案的左半邊。

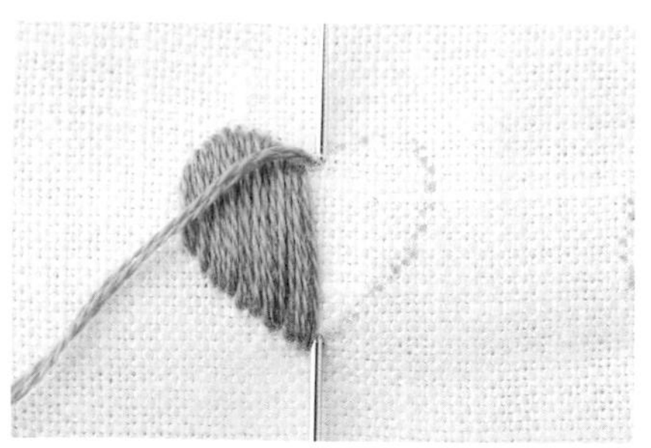

4 回到中央，在步驟**1**的線條右邊出針。

5 繡出圖案的右半邊。

6 完成。

浮凸緞面繡

Padded Satin Stitch

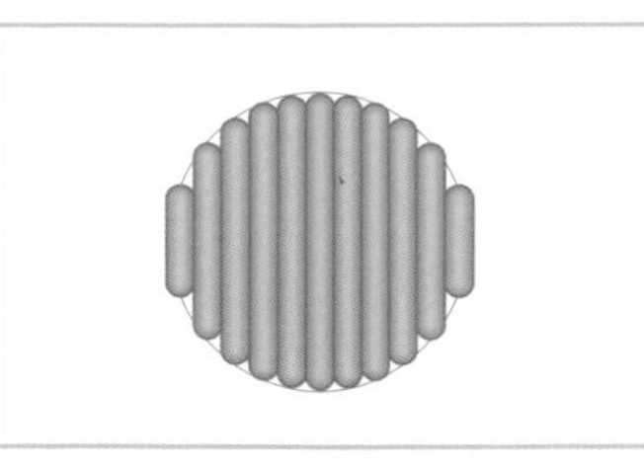

在製作緞面繡之前，先在圖案裡頭施以直線繡、平針繡、鎖鍊繡等刺繡。如此一來就能作出膨脹有厚度的緞面繡。

實際大小的針目（3股線）

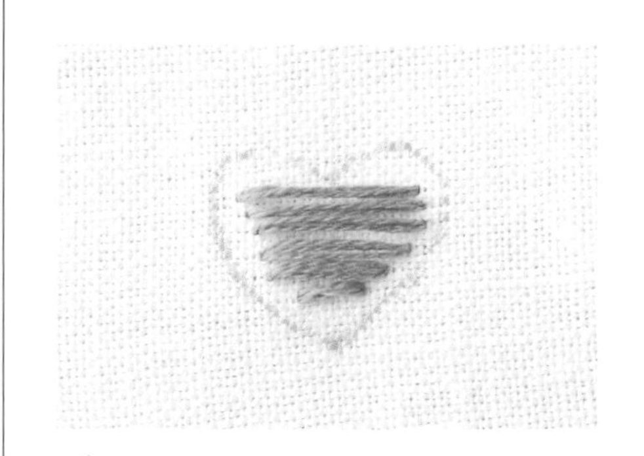

1 在圖案線的內側先以直線繡繡出底線（基底）。

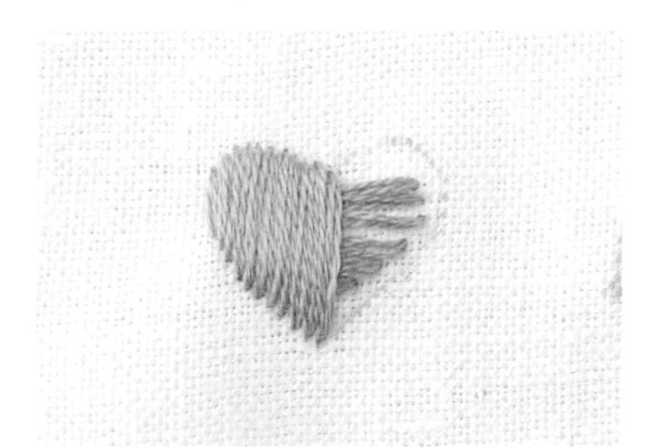

2 繡上緞面繡。

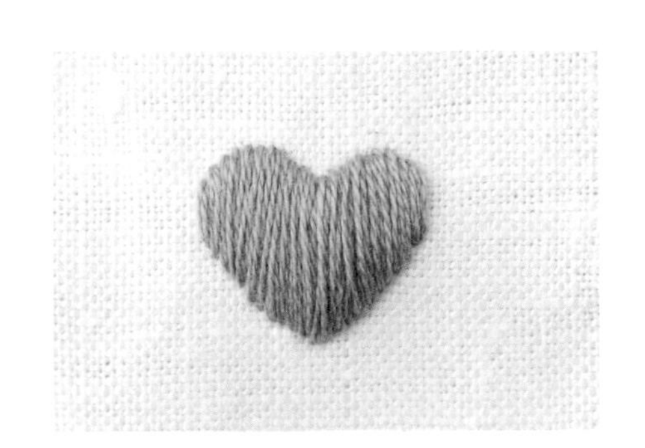

3 將一開始的基底整個蓋過。

緞面繡的刺繡方位順序 ※不管從哪個方向開始繡都可以。

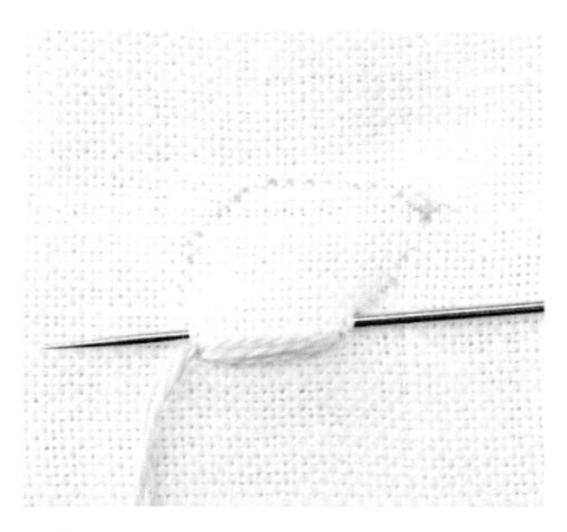

1 從圖案的直線部分開始刺繡。

2 由下往上繡出成品。

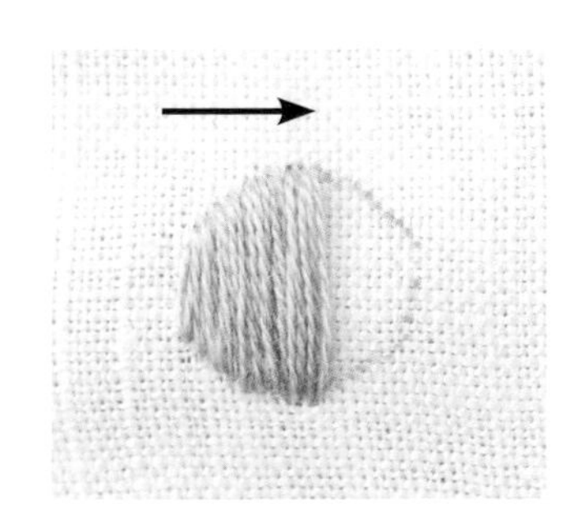

1 從圖案的左側往右開始刺繡。

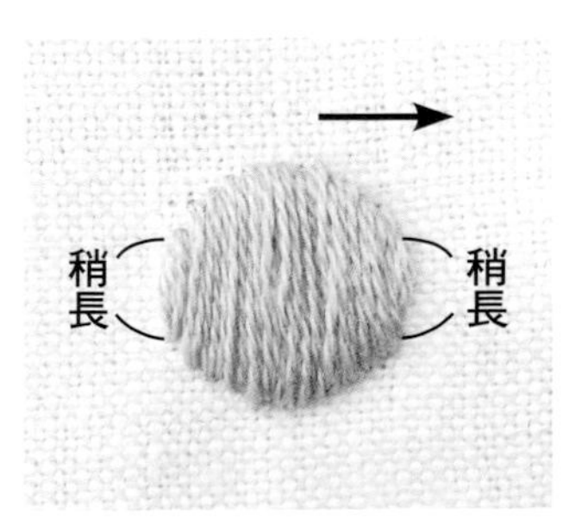

2 繡圓形的時候，開頭第一針與最後一針的長度繡得稍長一點，就能作出漂亮的圓形。

長短針繡

Long and Short Stitch

可以填滿的面的面積比緞面繡還要大。輪流使用長針目及短針目，並將間隙一一填滿，就能作出自然的漸層。

實際大小的針目

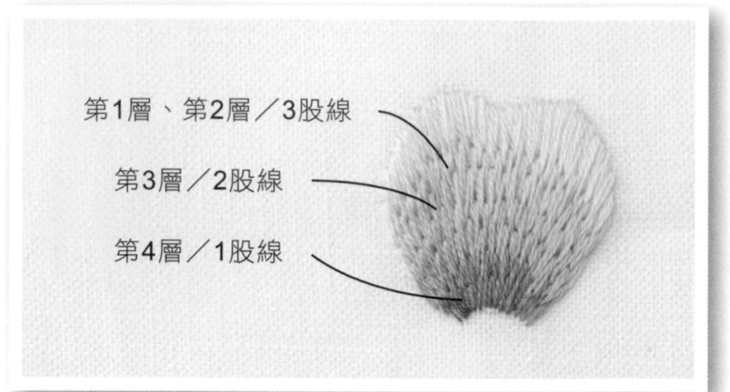

4層漸層的繡法

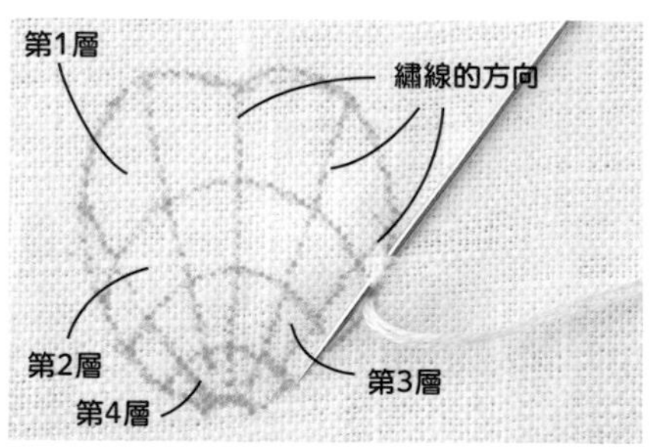

1 先在圖案裡頭畫好第1至第4層的繡線方向，繡起來才得心應手。

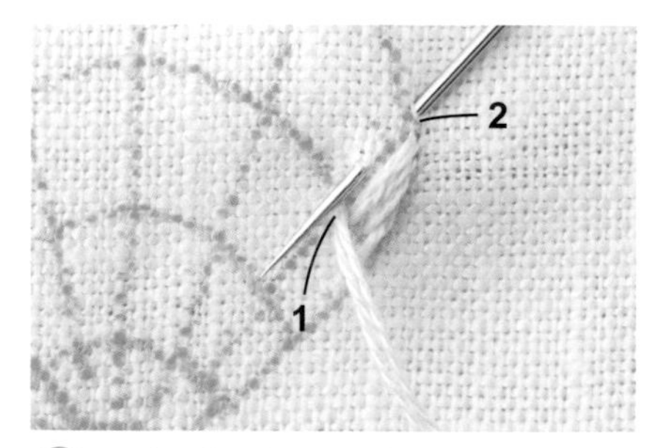

2 在**1**（圖案的內側）出針，在**2**（圖案的外側）入針。

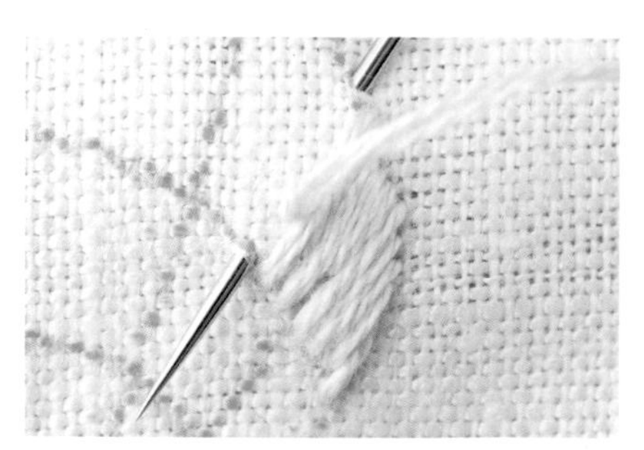

3 輪流繡出長針目及短針目（以長針目的2/3長度最佳）。

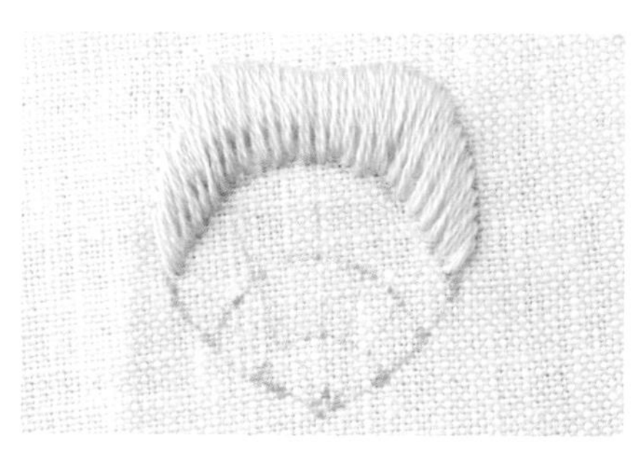

4 第1層刺繡完成。

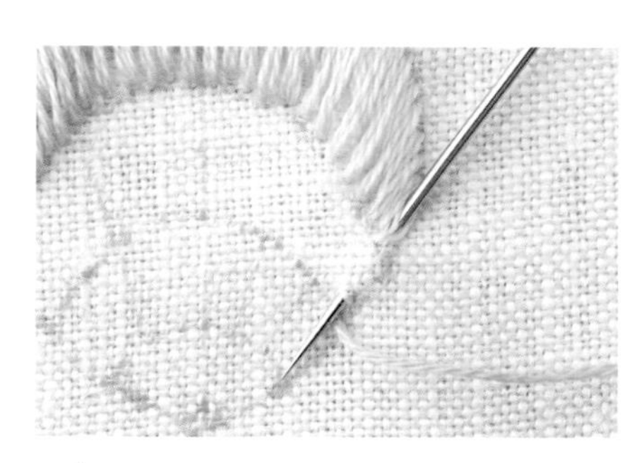

5 開始繡第2層。

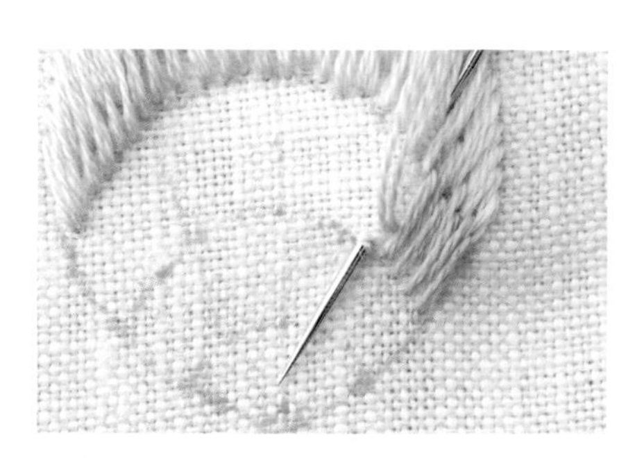

6 第2層開始就以相同長度的針目來繡，且要故意讓相鄰針目的出針及入針位置不整齊。

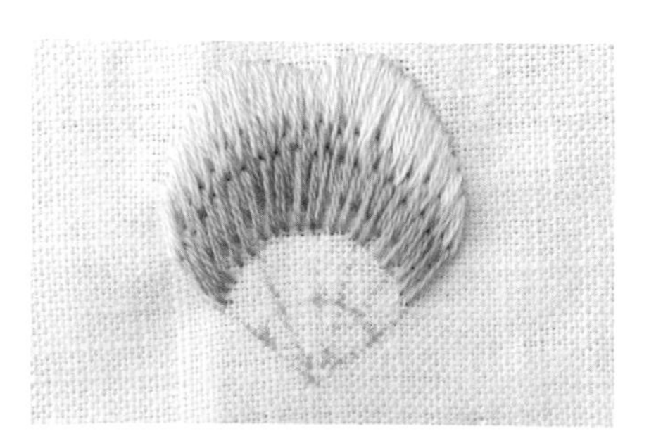

7 第2層刺繡完成。

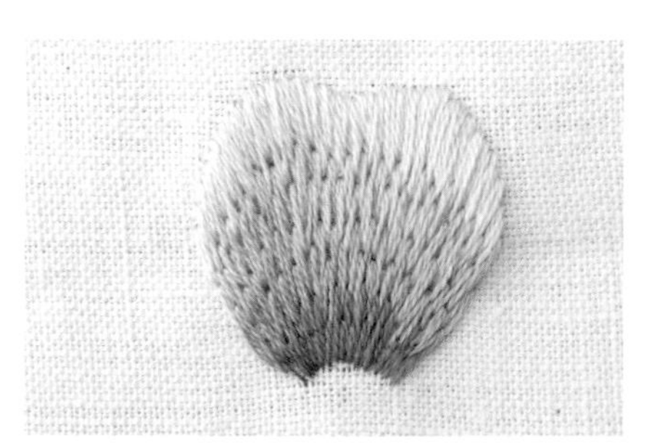

8 第3層開始把繡線改成2股線，其他要訣也跟第2層一樣。第4層也一樣，只是改成1股線。

在輪廓線條處添加基底再刺繡時

在外圍輪廓處以輪廓繡、裂線繡等作基底，接著再以長短針繡將輪廓處的基底蓋過，如此一來，圖案的輪廓線條就會很鮮明。

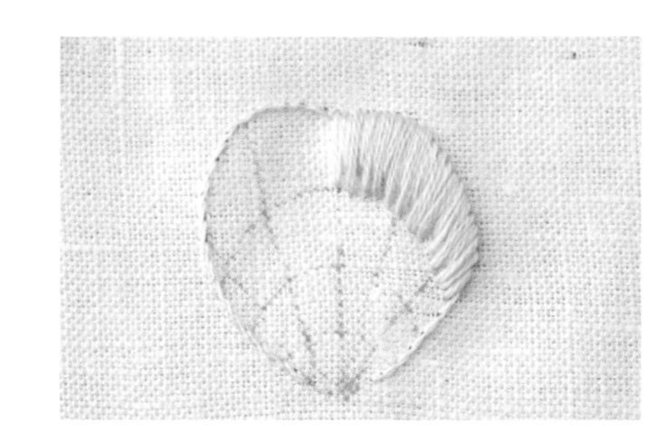

第2層的刺繡方法 長短針繡的第2層有各式各樣的繡法。

繡線交疊刺繡

在第1層繡線上頭入針（剖開繡線），在重複的情況下繡第2層。
如此漸層會變得很自然，還能繡出複雜的形狀。

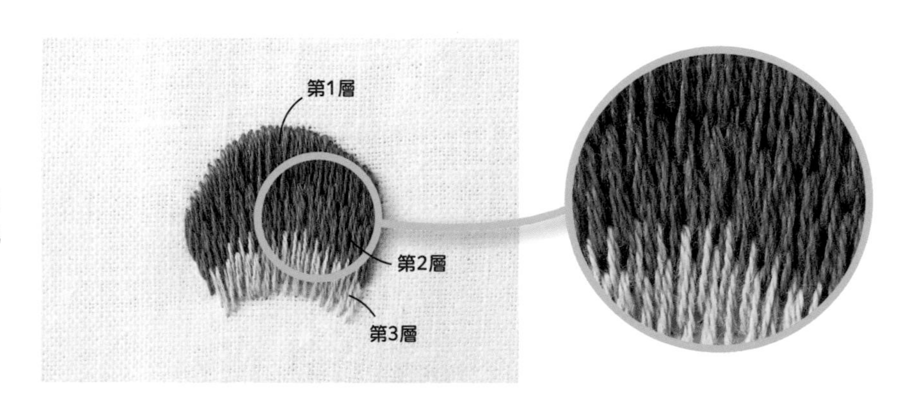

繡在兩條繡線之間

將第2層的繡線繡在第1層的繡線之間。
也就是避開第1層的線來繡第2層。
線比較不會起皺。

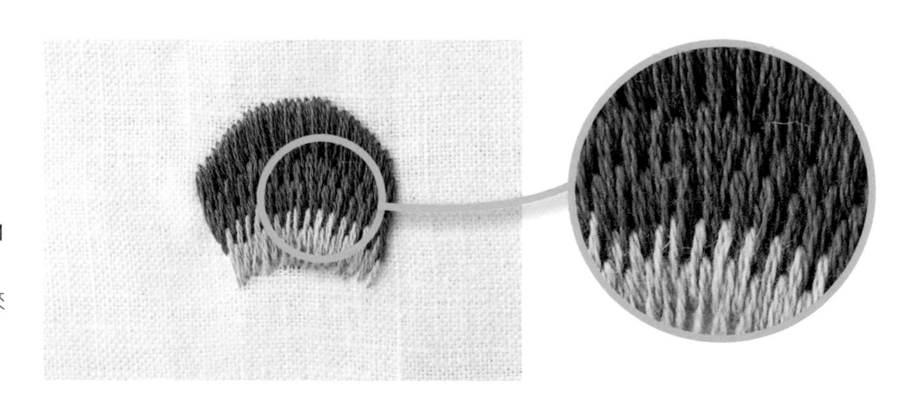

繡線對繡線

第2層的繡線要抵著第1層的繡線。
漸層之間的界線會很清楚。

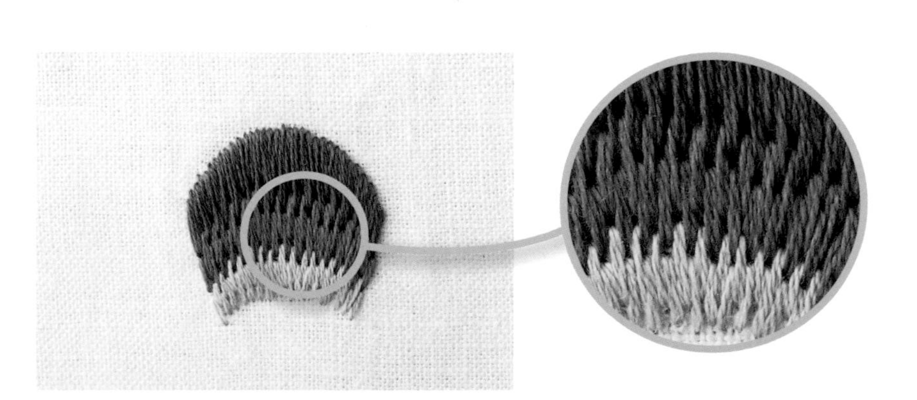

雛菊繡

Lazy Daisy Stitch

別稱：單環繡、分離鎖鍊繡

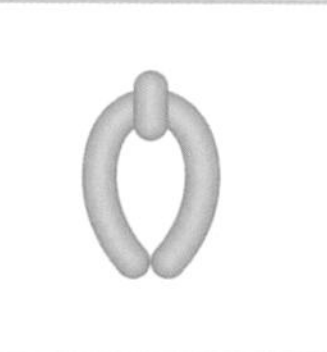

一次繡一個鎖鍊繡，而且要分開。雖然原文是Lazy Daisy，但日文已經習慣發Lazei Deiji的音。若以圓形並排就成了雛菊的形狀。

實際大小的針目

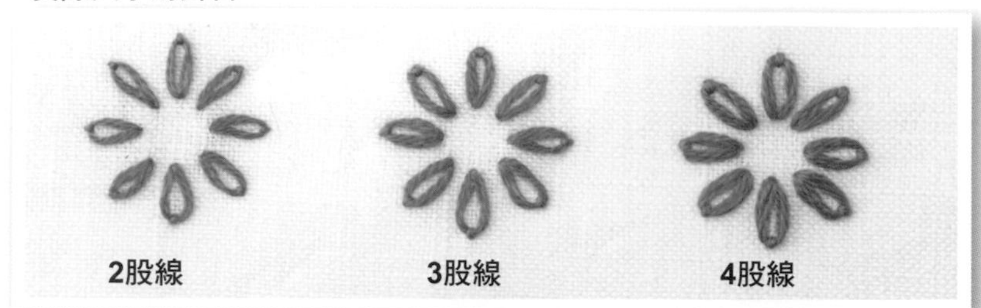

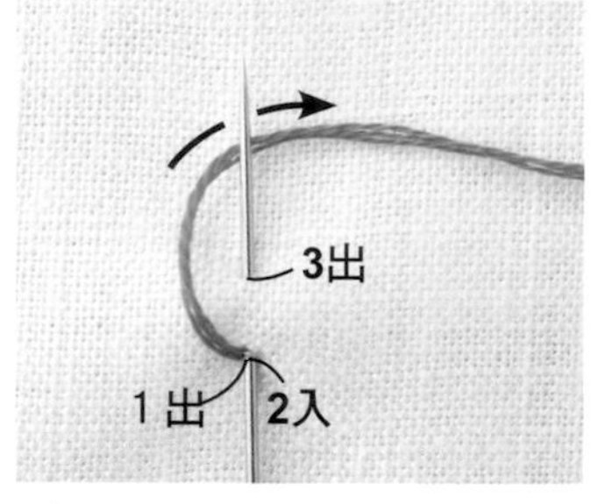

1 從**1**出針後，在**2**（與**1**相同針位）入針，穿過布在**3**出針，將線繞過針。

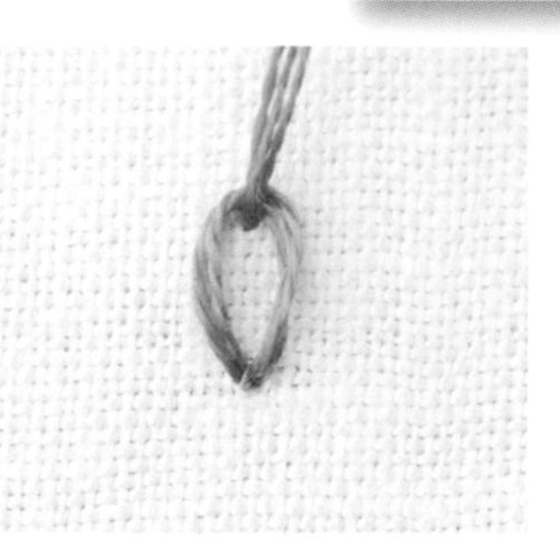

2 朝刺繡方向拉線，決定圈圈的大小。

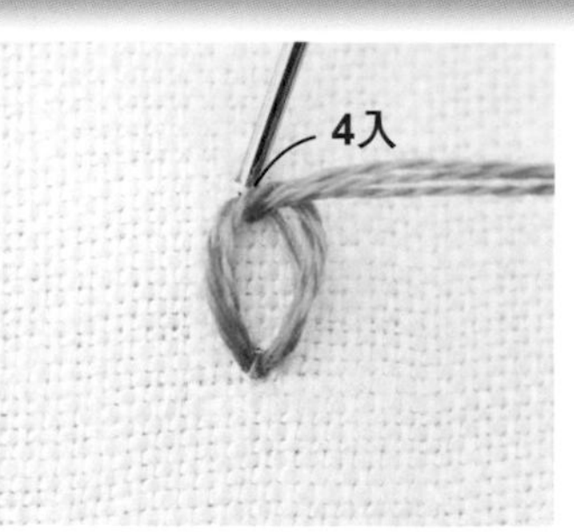

3 在圈圈的外側旁邊入針（**4**）。

4 完成。

雙重雛菊繡

Double Lazy Daisy Stitch

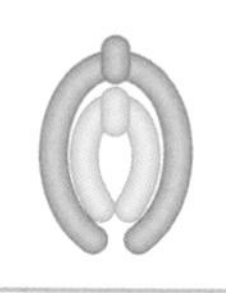

在大的雛菊繡裡頭繡一個小的雛菊繡。

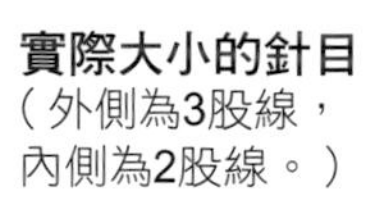

實際大小的針目
（外側為3股線，內側為2股線。）

1 繡好雛菊繡後，在雛菊繡的圈圈裡頭出針。

2 在圈圈裡頭入針出針，將線繞過針。

3 拉針，作出小的雛菊繡圈圈。

4 在小圈圈旁邊入針，完成一個小雛菊繡。

鬱金香繡

Tulip Stitch

別稱：飛行雛菊繡

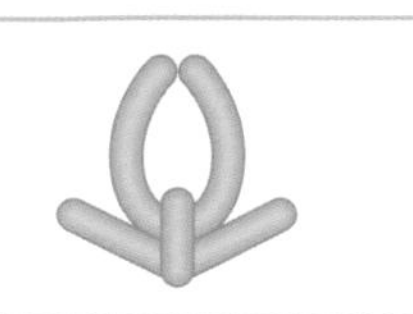

將線穿過雛菊繡後，作出鬱金香形狀的刺繡。

實際大小的針目（3股線）

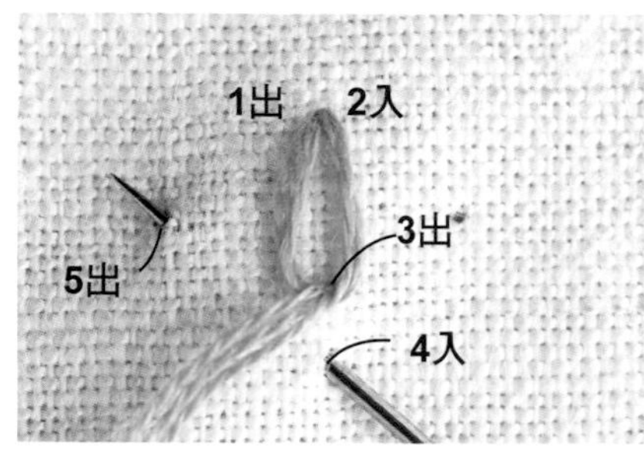

1 從**1**出針後，在**2**入針，繡出一個上下顛倒的雛菊繡。然後在**3**出針，在**4**入針後，在**5**出針。

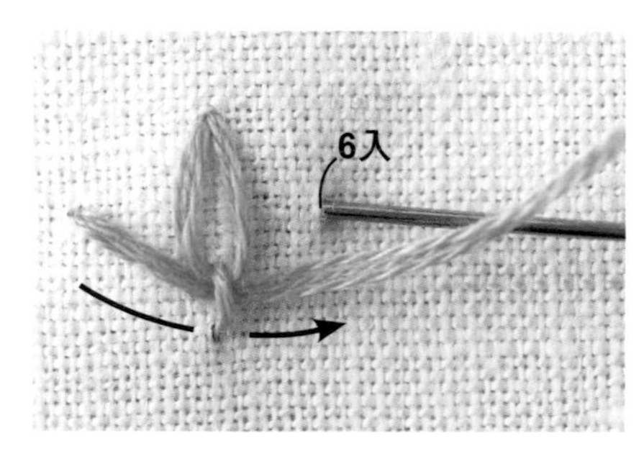

2 針穿過**3**及**4**所形成的小圈中，在**6**入針。

3 完成。

環形繡

Ring Stitch

別稱：圓環繡

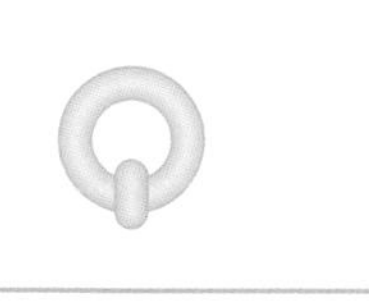

讓繡線鬆緩成一個圓形後再固定的刺繡，圓圈本身會翹在布上。

實際大小的針目（3股線）

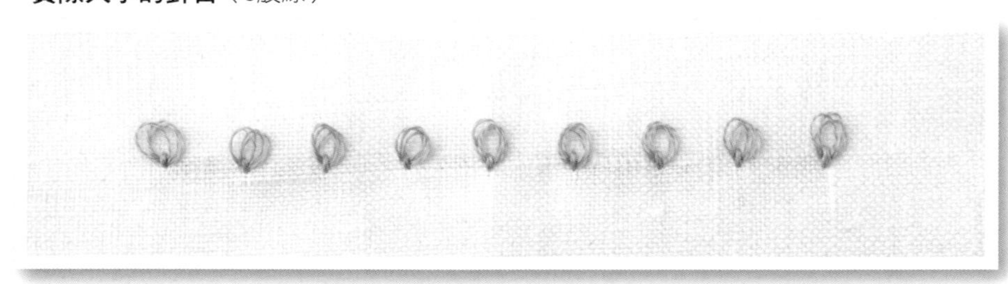

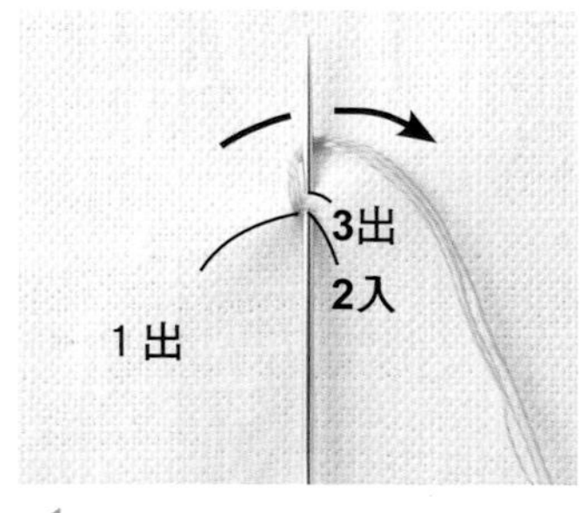

1 從**1**出針後，在**2**入針，在**3**出針（**2**就在**1**的旁邊）。將線繞過針。

2 拔針。

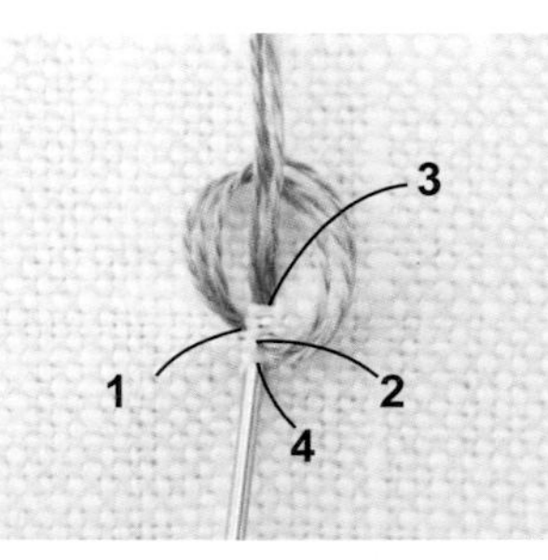

3 拉線後作出圓圈，在**4**（**3**的正下方）入針。

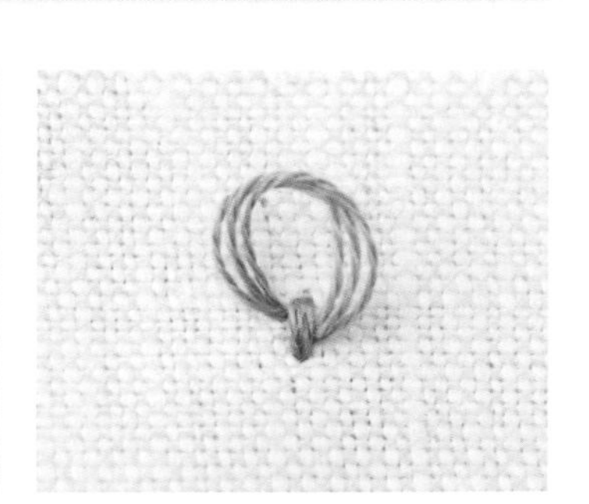

4 輕輕固定住。

法國結粒繡

French Knot

以針作出一個小小的結的刺繡。會根據繡線數量、粗細、線繞針的次數改變打結處的大小。雖然叫法國結粒繡，但在法文就只是叫Le Point de Noeud（打結繡）。

實際大小的針目

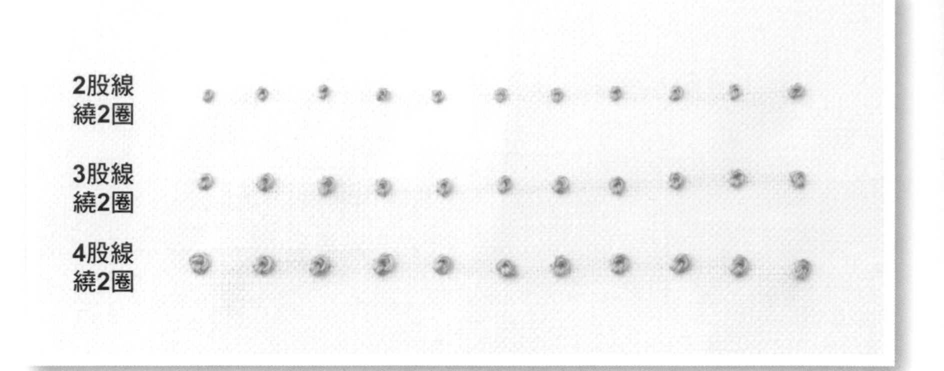

法國結粒繡繞2圈

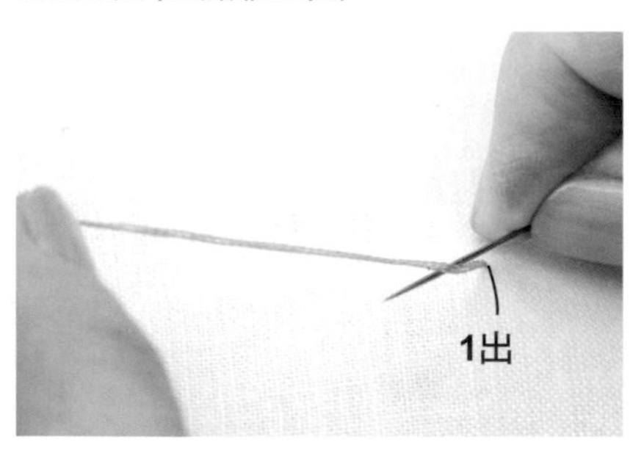

1 在**1**出針，以左手拿線。

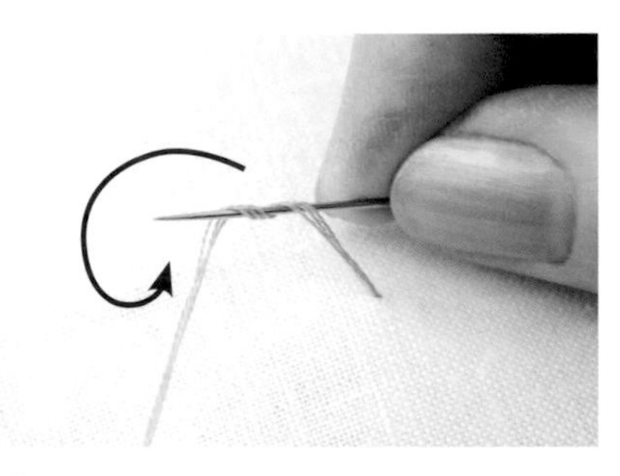

2 將左手拿的線在針上繞2圈。

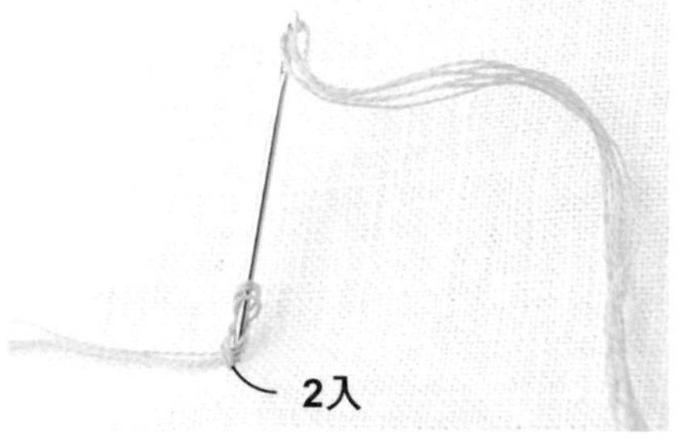

3 在**2**（**1**的正上方）入針後固定住。

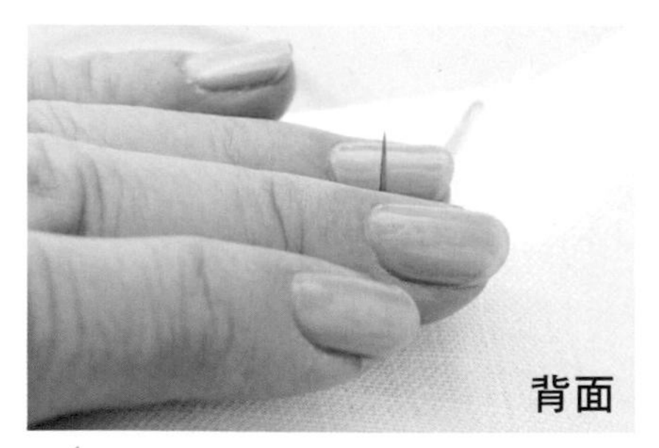

4 布的背面狀態。以手指夾住突出背面的針。

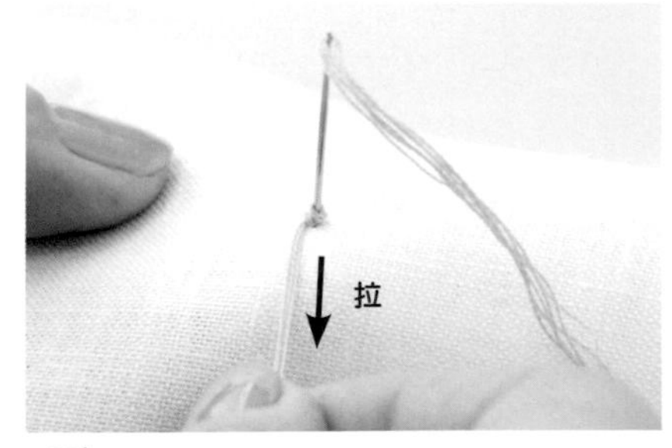

5 從布的表面把鬆緩的線往旁邊拉，調整形狀。

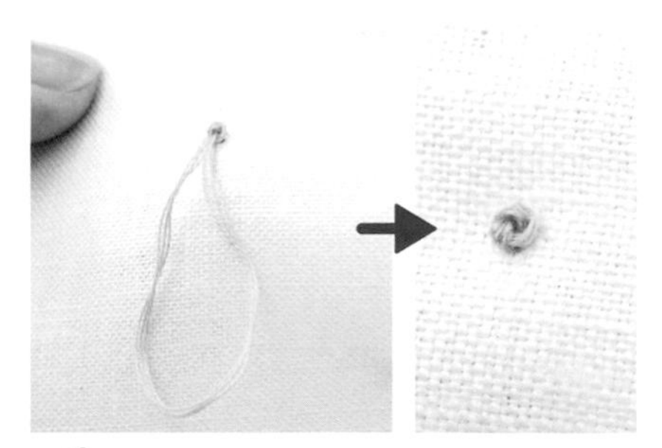

6 把以手指在布背後固定的針拔開，收緊線後即大功告成。

輕輕繞2圈的法國結粒繡

實際大小的針目

3股線
繞2圈

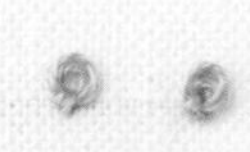

法國結粒繡　繞1圈

實際大小的針目

3股線
繞1圈

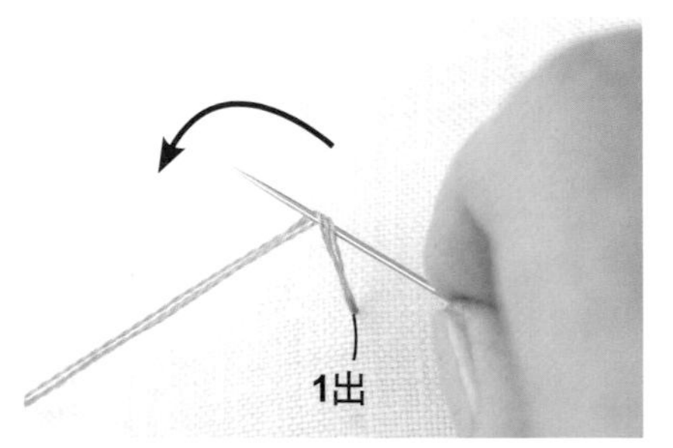

1 在1出針，以左手拿線。讓線繞針1圈。

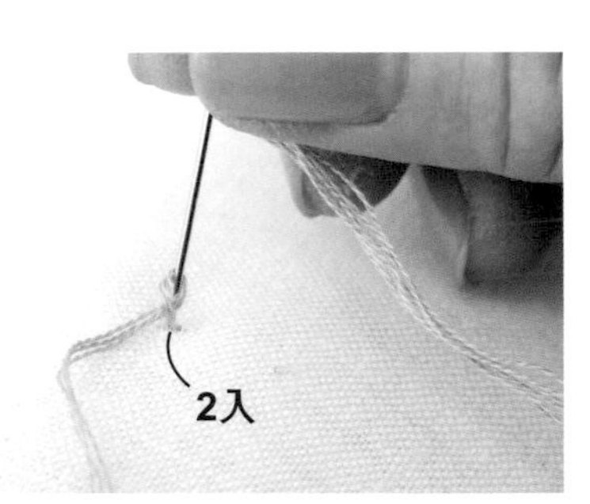

2 在2入針（2就在1的正上方）。

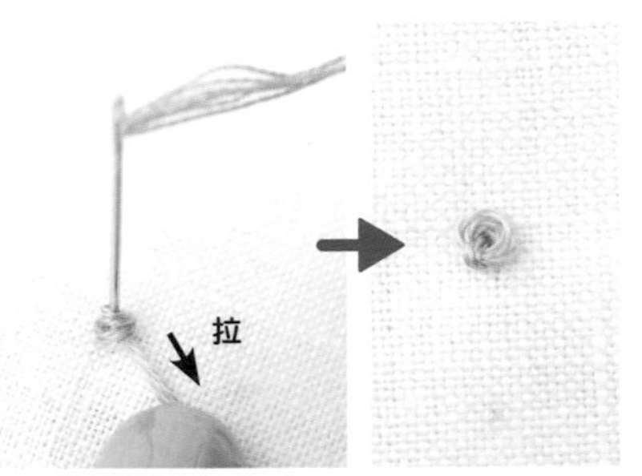

3 拉動鬆緩的線調整形狀，在布的背面拔針後即大功告成。

長腳法國結粒繡

French Knot with Tail

跟法國結粒繡的要訣相同，只是要在距離出針的位置稍遠的地方入針，然後拉線。

實際大小的針目（3股線）

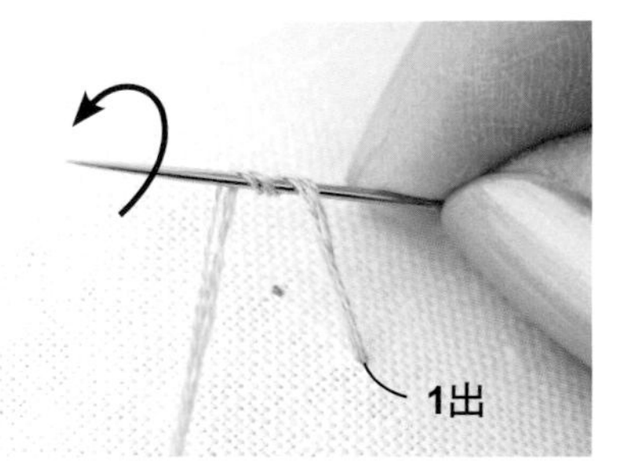

1 在1出針，將線繞針2圈。

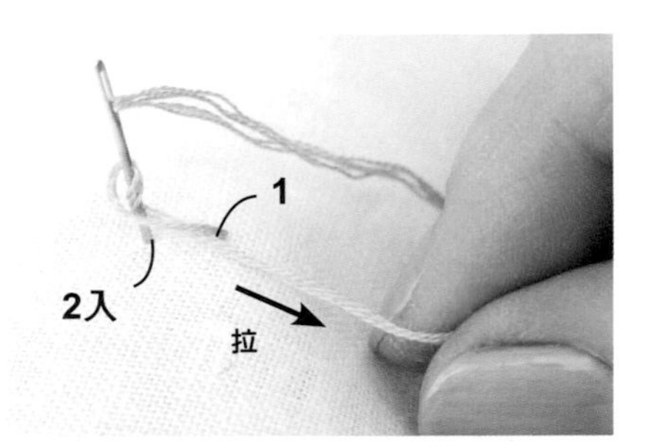

2 在稍遠處入針後，先將針固定，再拉動鬆緩的線調整形狀。

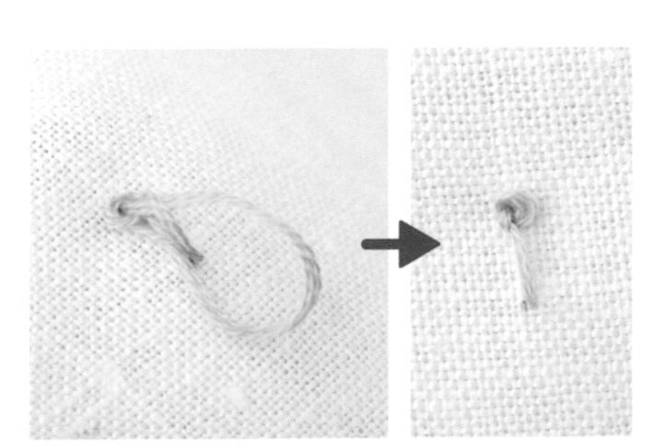

3 在布的背面拉針後即大功告成。

德國結粒繡

German Knot

四角形　三角形

可以作出比法國結粒繡還要大的結。會根據入針位置而作出四角形結或三角形結。

實際大小的針目

四角形的德國結粒繡

※事先標註四個角的點會比較方便。

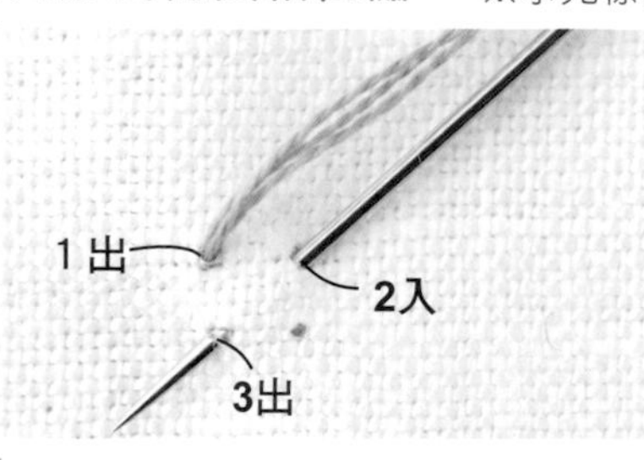

1 從**1**出針後，在**2**入針，在**3**出針。

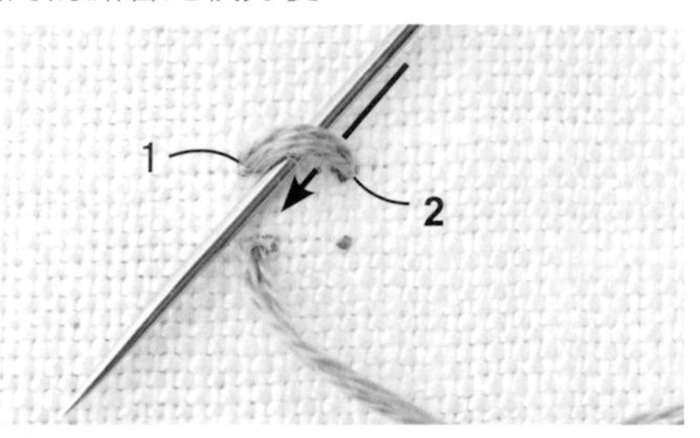

2 線往下方擺，接著將針從上方往下穿過在步驟**1**製造的線條。

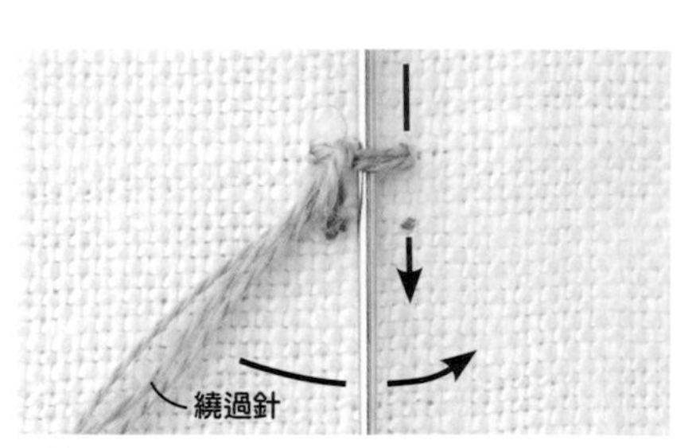

3 線往下方擺，再度將針穿過步驟**1**所製造的線條。將線從左往右繞過針。

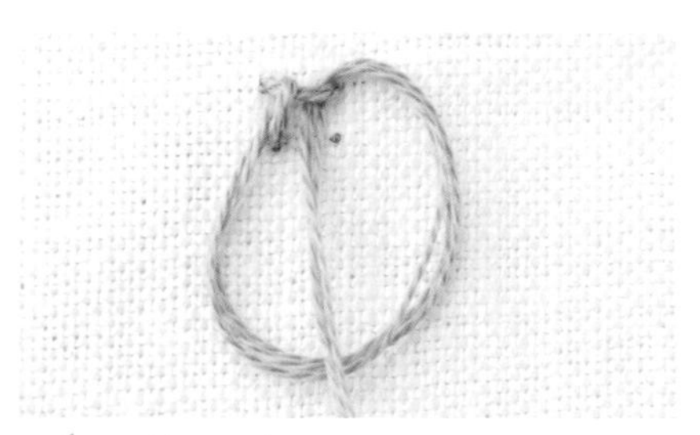

4 拔針，拉線。

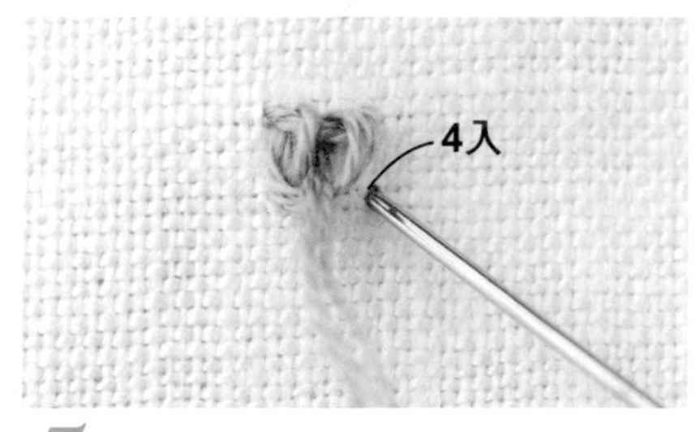

5 在**4**入針。

6 完成。

實際大小的針目（3股線）

三角形的德國結粒繡

※事先標註三個角的點會比較方便。

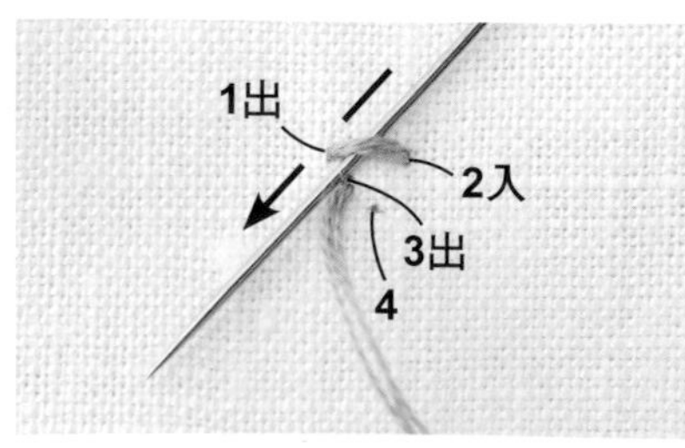

1 從**1**出針後，在**2**入針，在**3**（**3**位在**1**及**4**的中間）出針。讓針穿過製造出的線條。

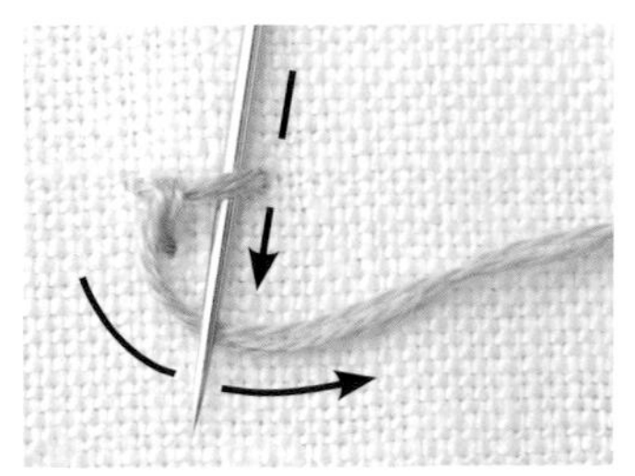

2 將線繞過針，針再度穿過步驟1製造出的線條。

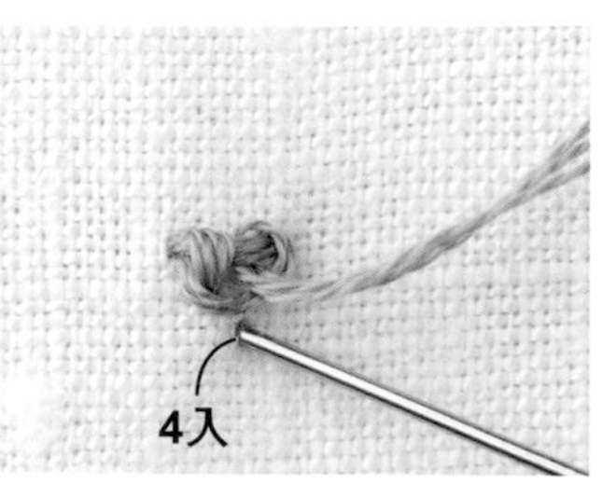

3 在**4**入針。

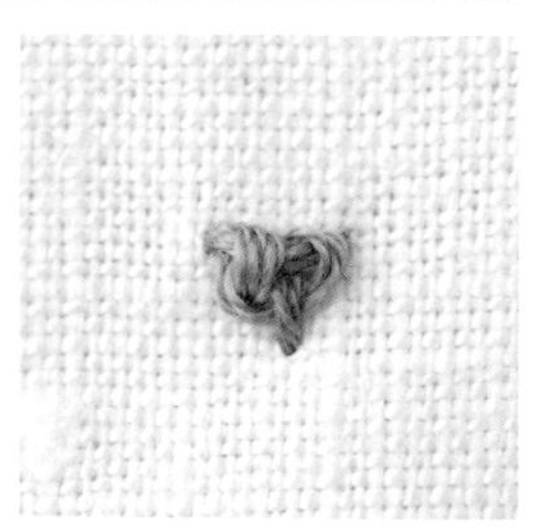

4 完成。

纜繩繡

Cable Stitch

別稱：帕萊司特里納繡

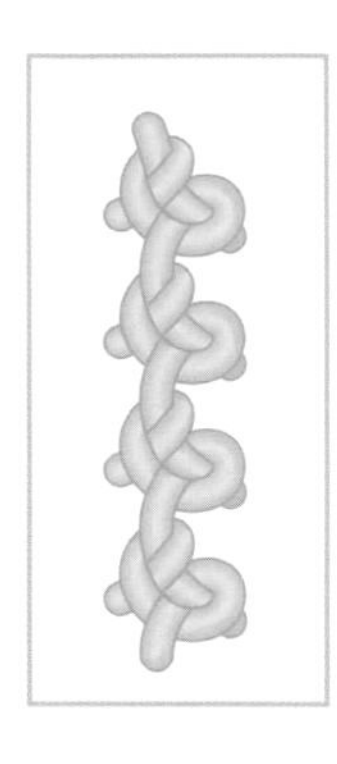

連續繡出德國結粒繡後形成的刺繡。能夠構成有厚度的立體線條。

實際大小的針目（3股線）

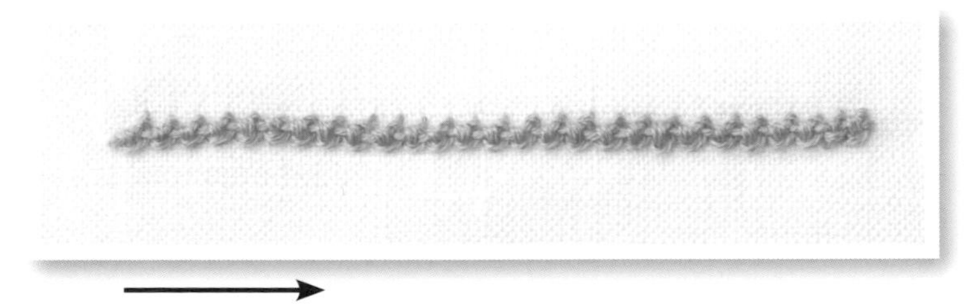

※進行方向（刺繡時使用縱向刺繡會比較容易。）

※事先畫好兩條平行線會比較容易。

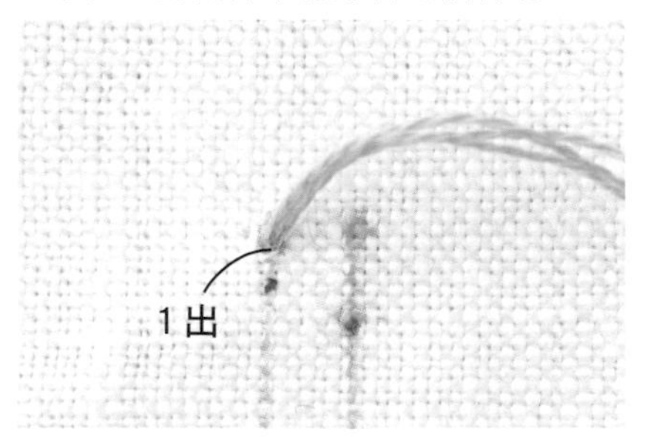

1 在**1**出針。

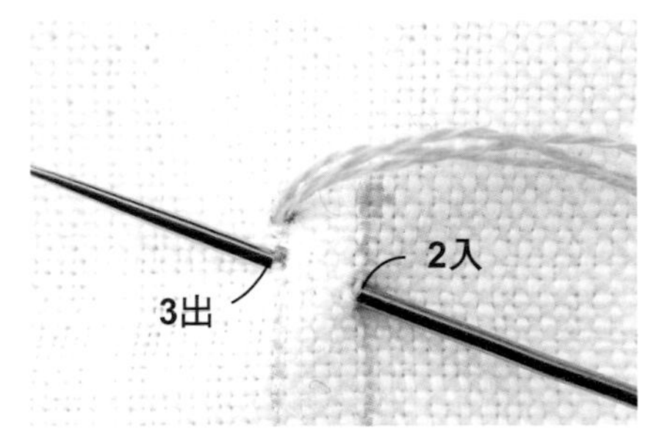

2 在**2**入針，在**3**出針。

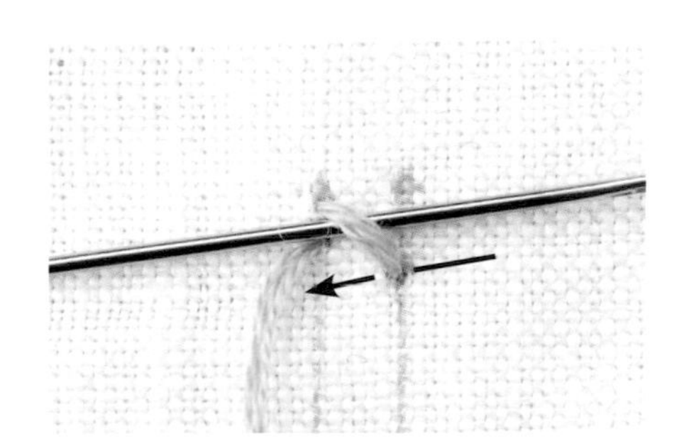

3 讓針穿過作好的線條。

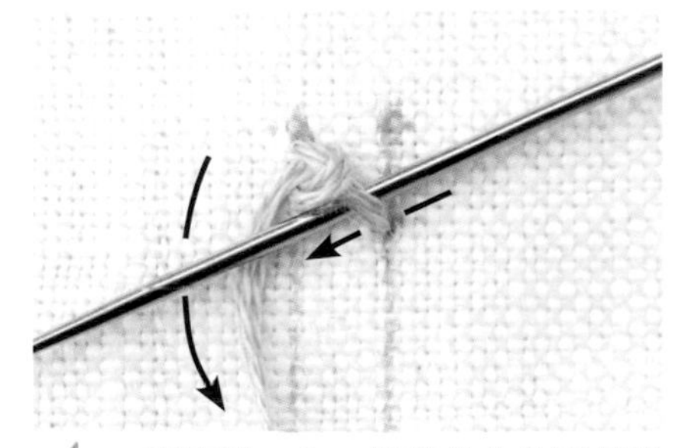

4 再穿過一次。將線從上往下繞過針。

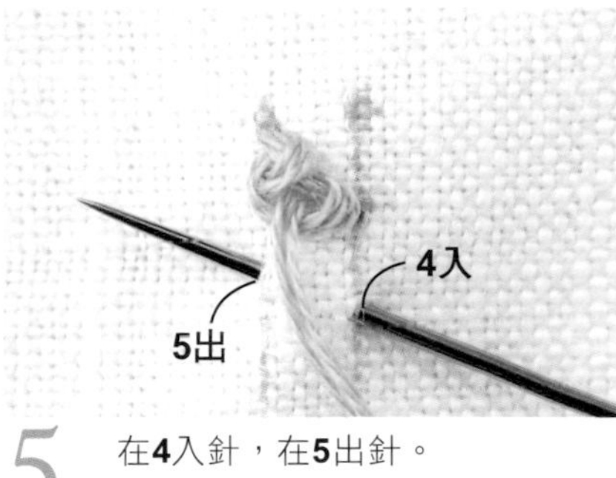

5 在**4**入針，在**5**出針。

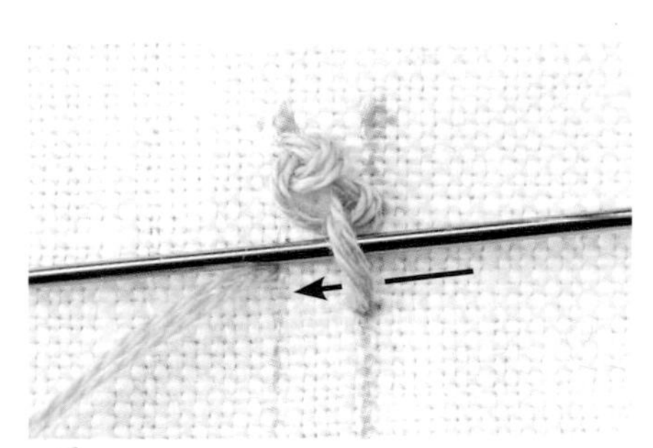

6 讓針穿過新作好的線條。

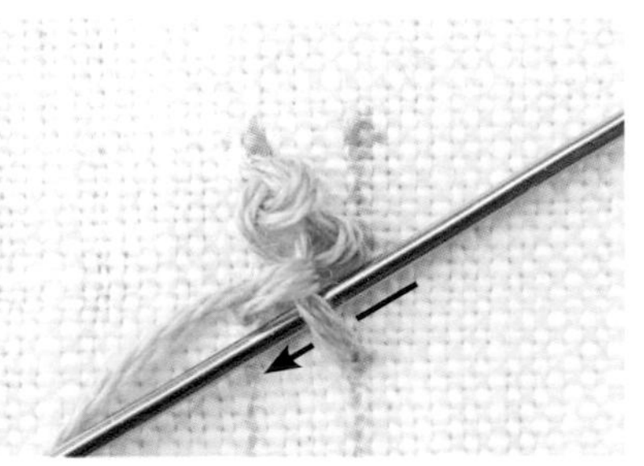

7 再穿過一次。

8 重複步驟5至步驟7。

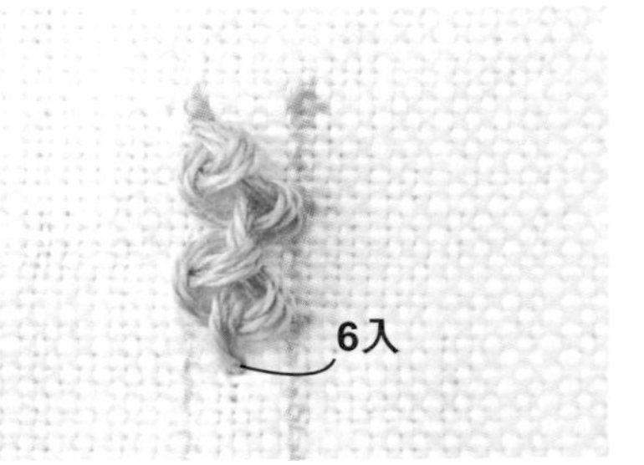

9 繡完之後在**6**入針固定纜繩繡。

丹麥結粒繡

Danish Knot

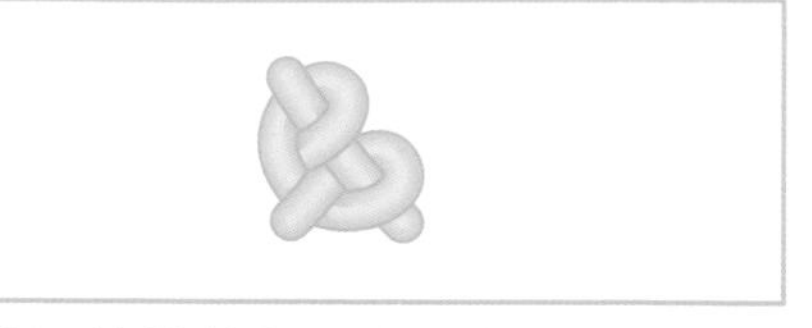

以德國結粒繡作出的三角形，但卻取名為丹麥結粒繡。

實際大小的針目（3股線）

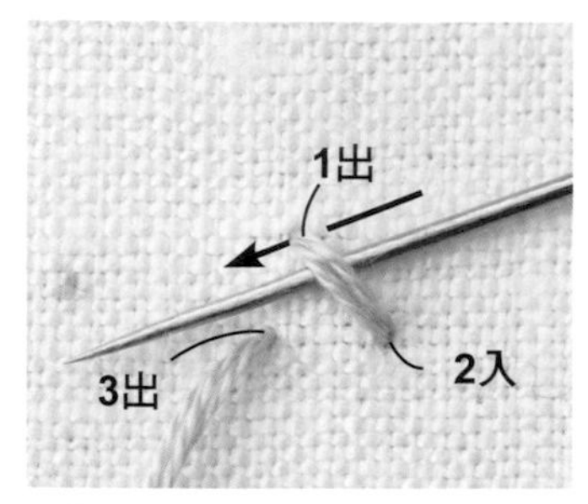

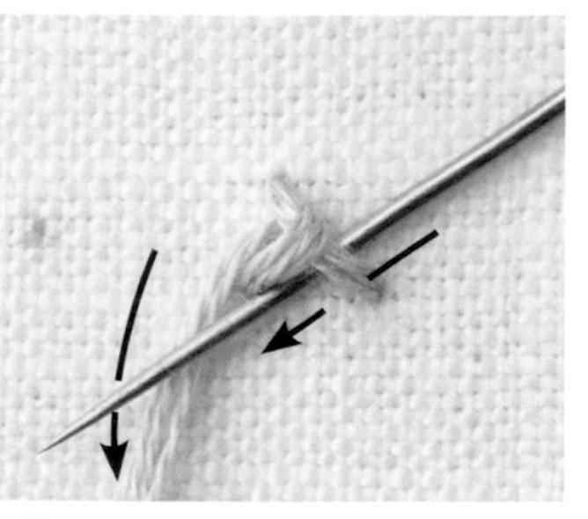

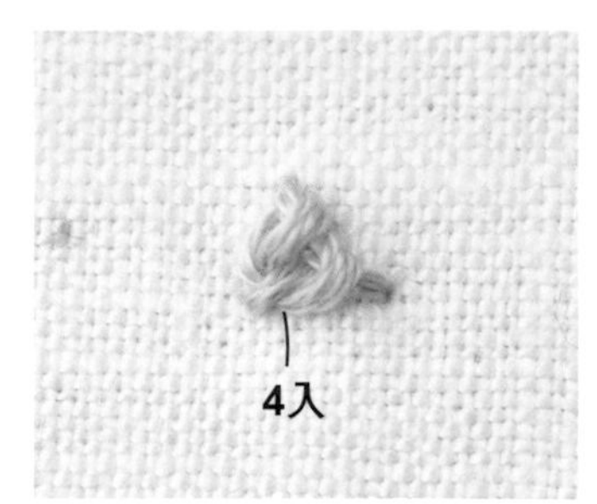

1 從**1**出針後，在**2**入針，在**3**出針。讓針穿過作出的線條。

2 再次讓針穿過步驟**1**作出的線條。將線由上往下繞過針。

3 拉線。

4 在**4**入針（**4**及**3**是相同針位），完成。

8字結粒繡

Colonial Knot

可以作出比法國結粒繡還要大的顆粒。

實際大小的針目（3股線）

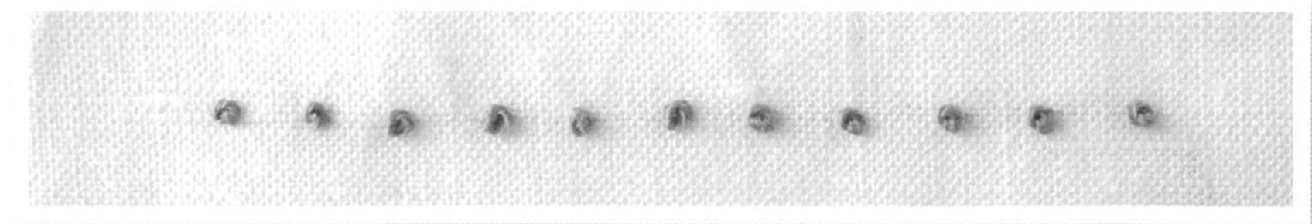

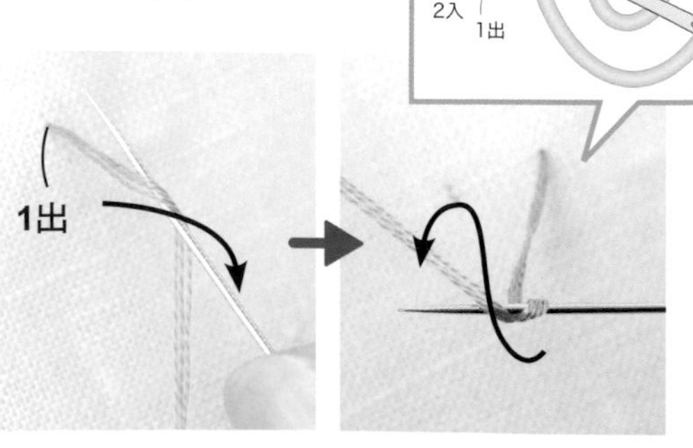

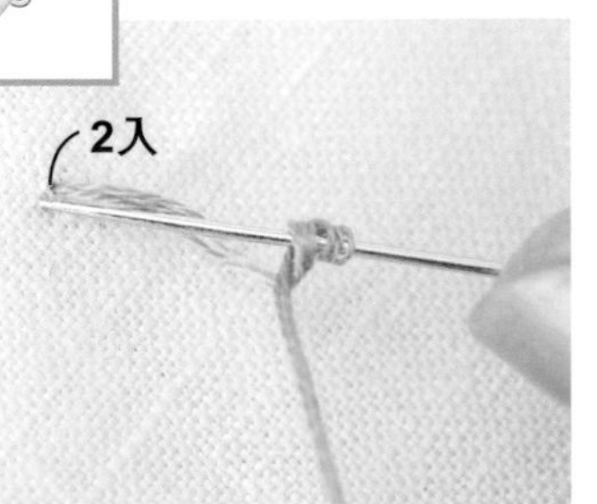

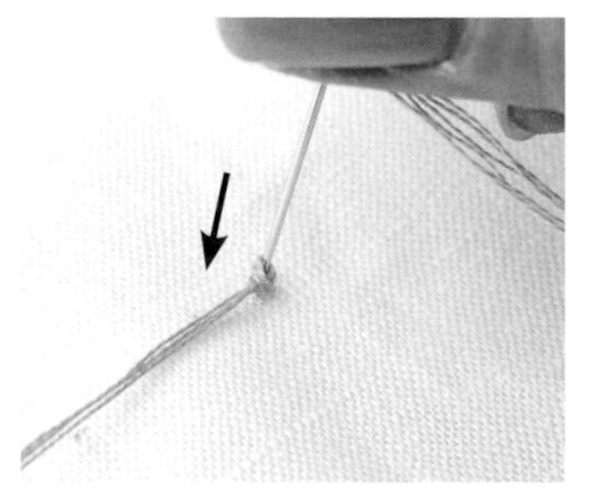

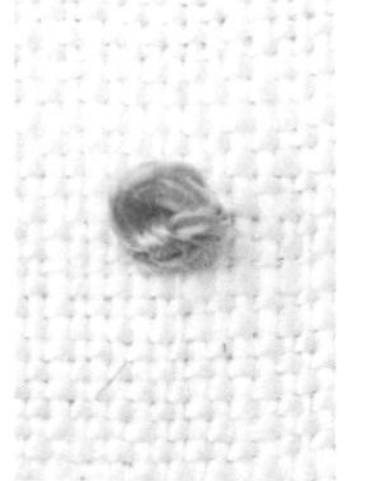

1 在**1**出針。將繡線以8字形繞住針。

2 在**2**入針（**2**就在**1**的旁邊），暫時固定。

3 拉緊線後，才將針往下拉收針。

4 完成。

平面結粒繡

Plain Knot

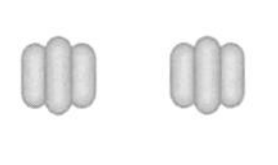

這個繡不是結（結粒），就只是重複繡出小小的直線繡，作出單純的小點點。用來繡小花朵或花蕊的時候很方便。

實際大小的針目（3股線）

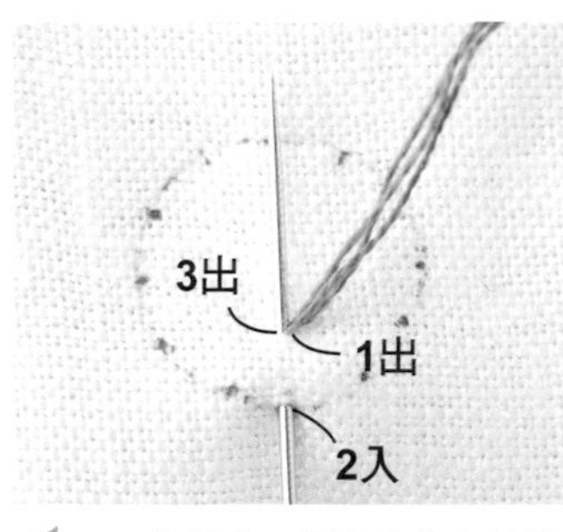

1 先繡出一個小小的直線繡（**1**及**3**是相同針位）。

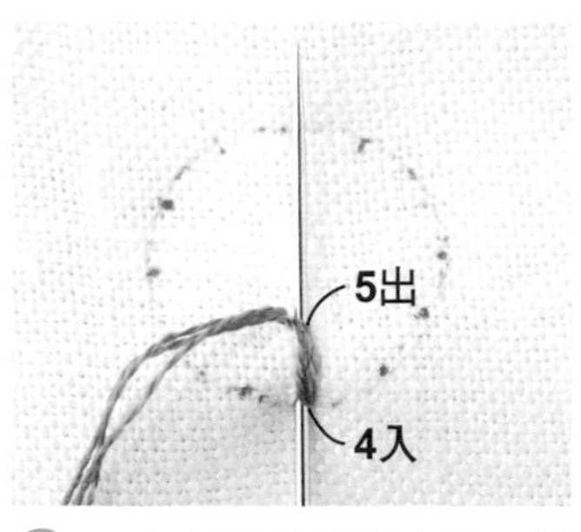

2 在相同針位再度繡一個直線繡（在**4**入針，在**5**出針）。

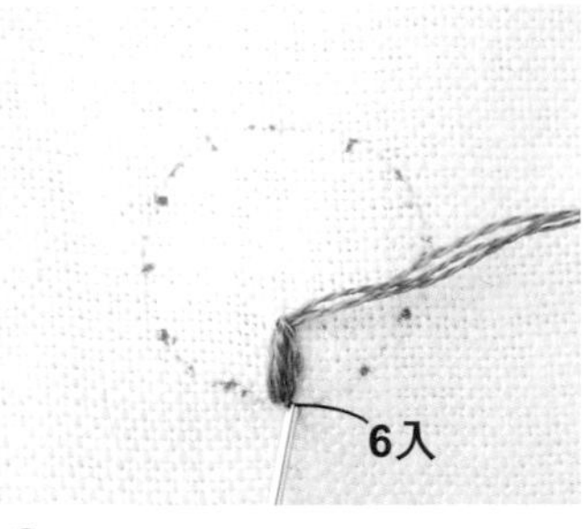

3 第三次也在同個針位繡出直線繡。

4 在圓圈上逐一繡出平面結粒繡。

十字結繡

Four-legged Knot

別稱：結繡

在正中央作出一個結的刺繡。可以作X字形也可以作十字形。

實際大小的針目（3股線）

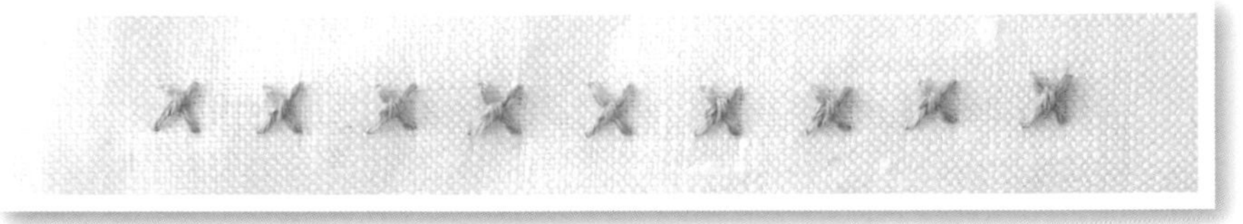

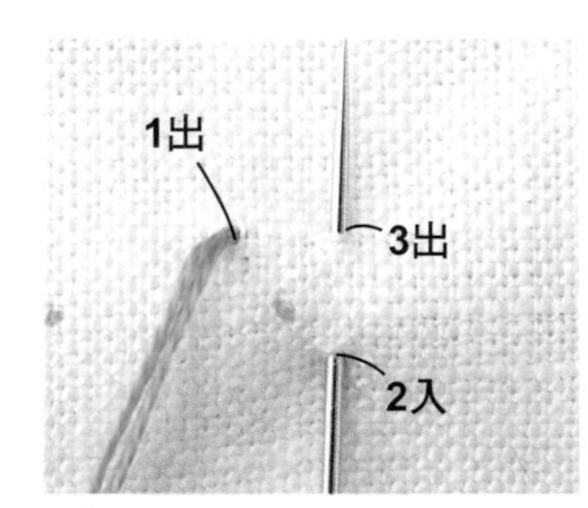

1 從**1**出針後，在**2**入針，在**3**出針。

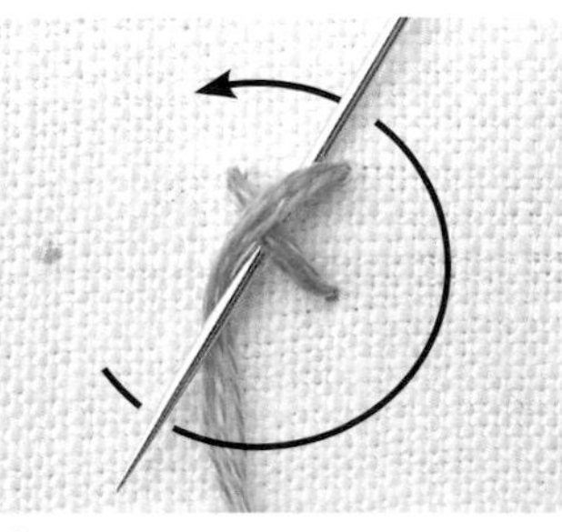

2 在**3**拔線。將針穿過製造出的線條，並將繡線從上往下繞過針。

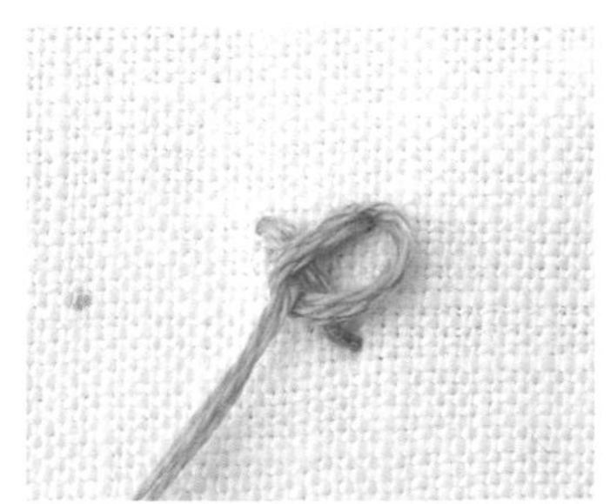

3 拉線作出打結。

4 在**4**入針後即大功告成。

捲線繡

Bullion Stitch

別稱：連捲繡、毛蟲繡

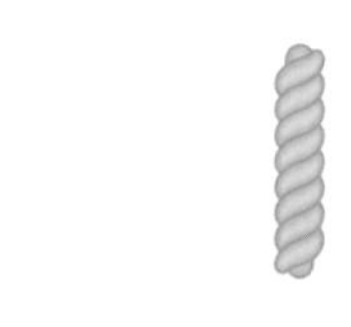

Bullion的意思是金塊，雖然不清楚為何會成為這種刺繡的名字，但據說是因為軍服上會縫著金色線圈狀的東西，跟捲線繡很像，才會取這個名字。由於也很像蛾類的幼蟲，所以也叫毛蟲繡。

實際大小的針目

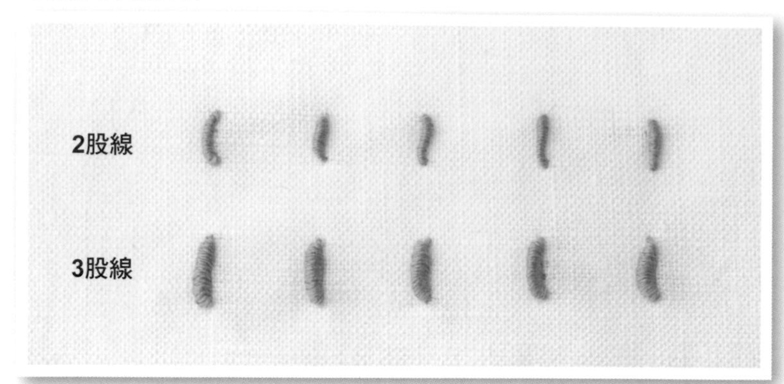

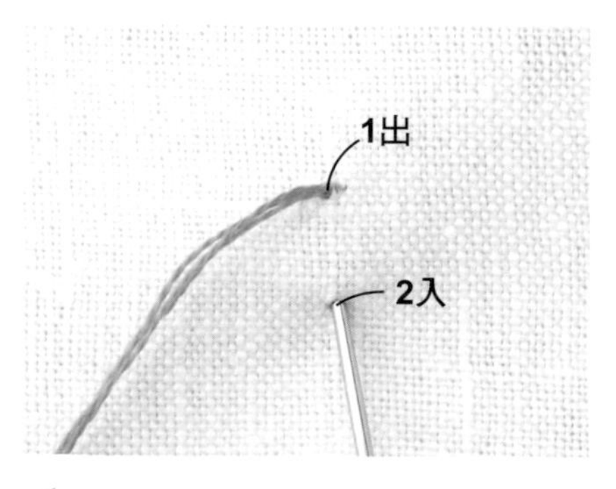

1 在**1**出針，在**2**入針。

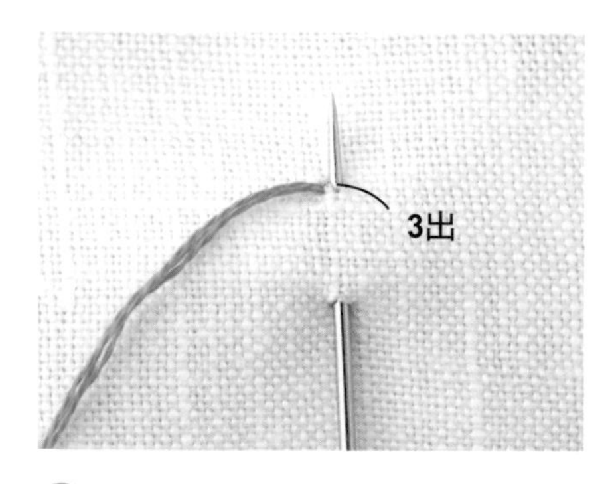

2 在**1**的旁邊出針。

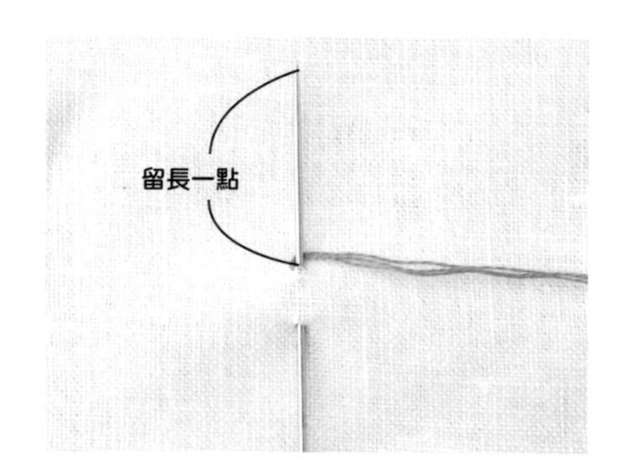

3 從**3**探頭的針留長一點。

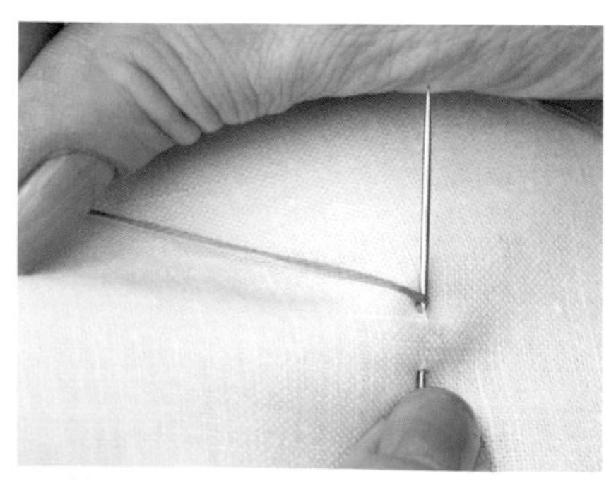

4 以拇指按住針的根部，讓針頭稍微翹起。另一手抓住繡線。

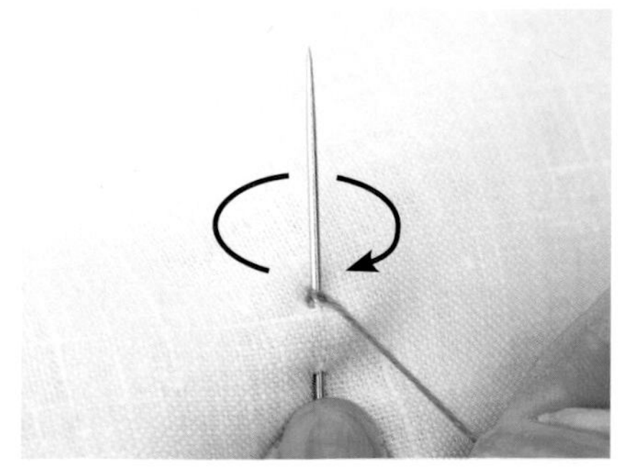

5 讓線順時針繞過針。將捲在針上的線緊靠在布上。

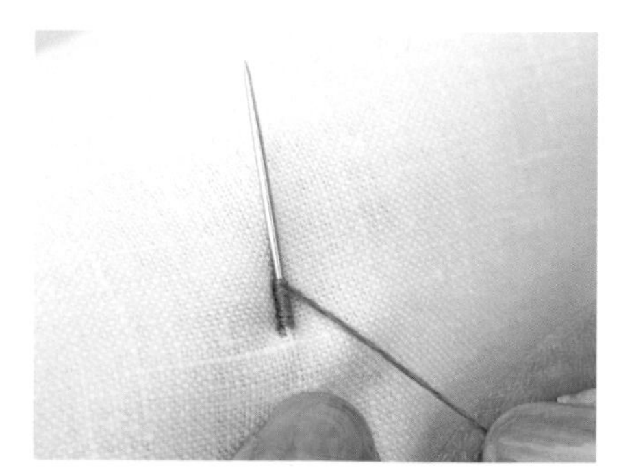

6 為了讓線平整地繞在針上，每一圈彼此之間都不要有間隔。

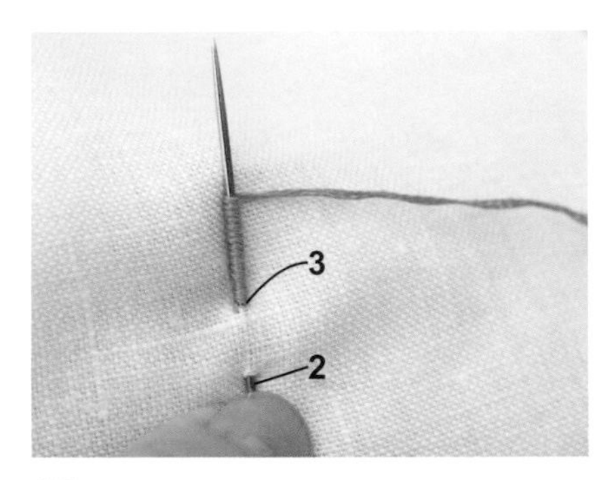

7 繞在針上的長度，大約要比**2**至3的長度多一倍。

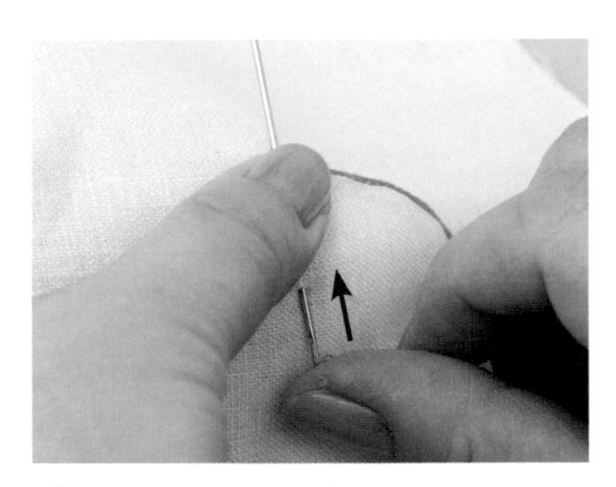

8 以左手拇指按住捲了線的部位，以右手拇指推針。

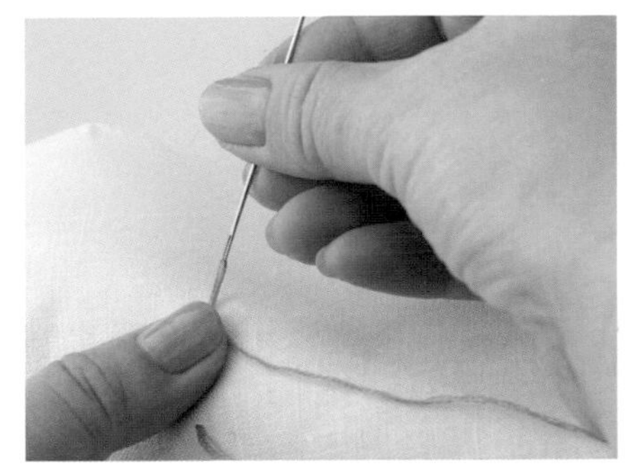

9 左手拇指繼續按住捲線的部位，並拔針。

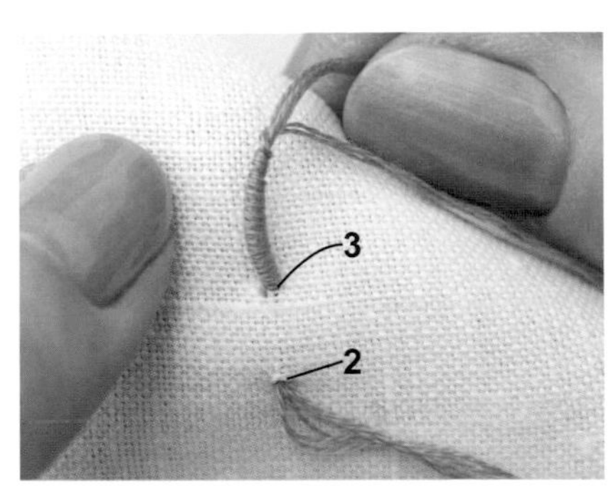

10 拇指底下的線如圖（為了不讓捲起的線散開，所以手指不能離開）。

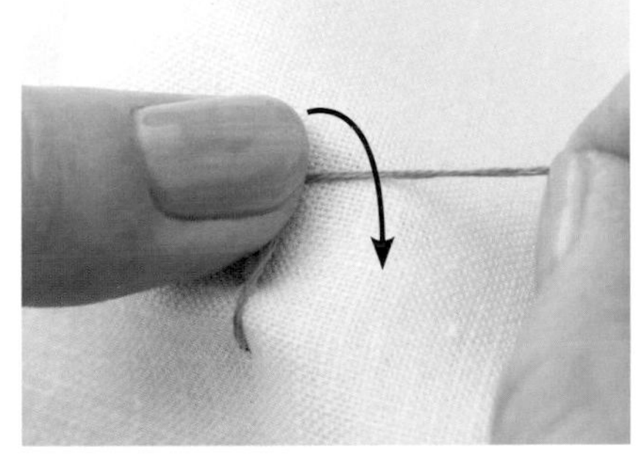

11 拇指繼續按著捲線部位，拉線拉到布快要起皺時，將捲線往自己這側倒。

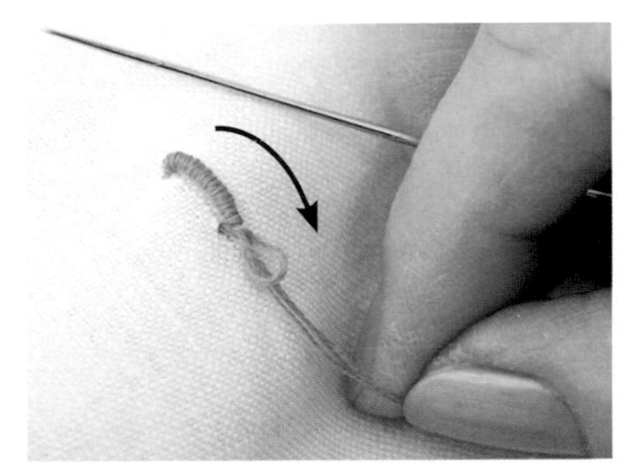

12 拇指離開後，繼續拉線。

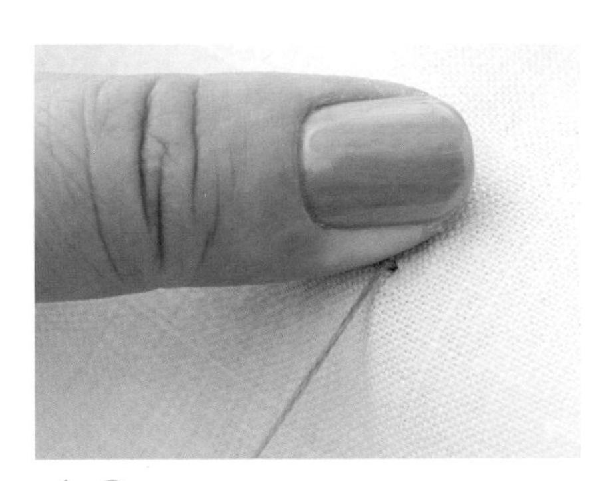

13 輕輕按住，同時將線往自己這側拉，調整形狀。

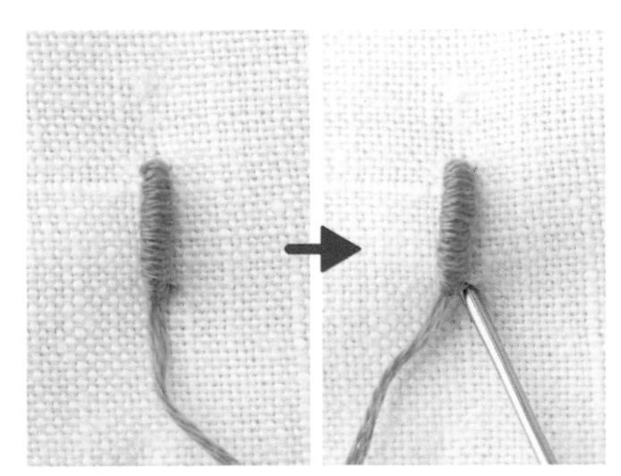

14 在**2**入針。

15 大功告成。

捲線玫瑰繡

Bullion Rose

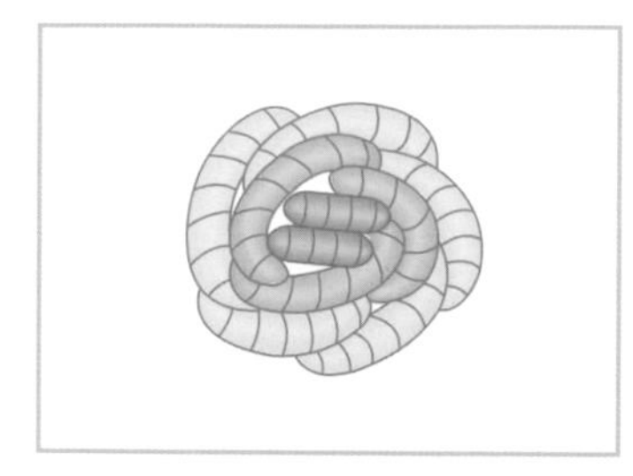

將捲線繡繡成玫瑰的形狀。

實際大小的針目（3股線）

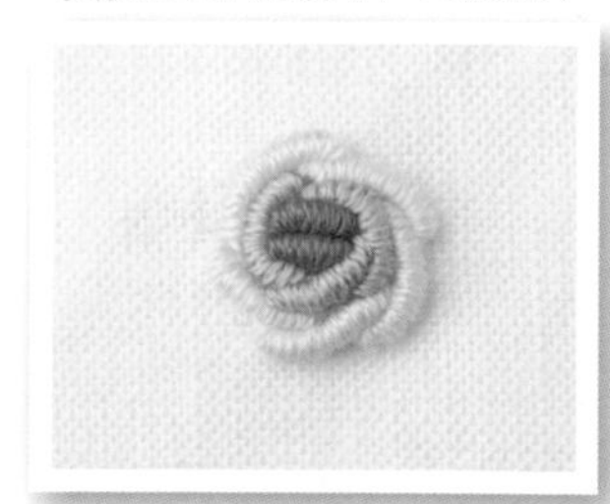

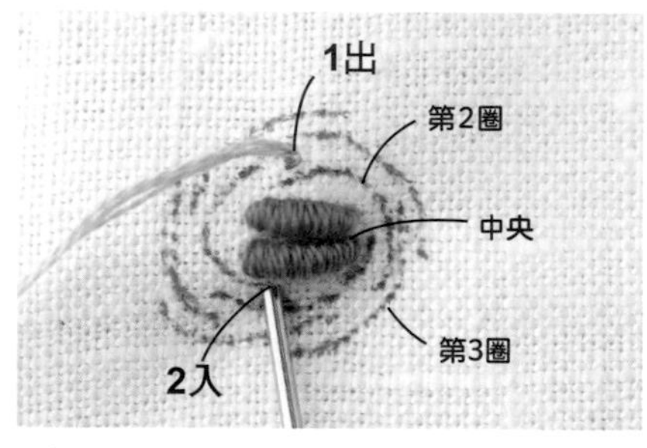

1 在花朵正中央先繡兩條並排的捲線繡。第2圈的第一個捲線繡，請在**1**出針，在**2**入針。

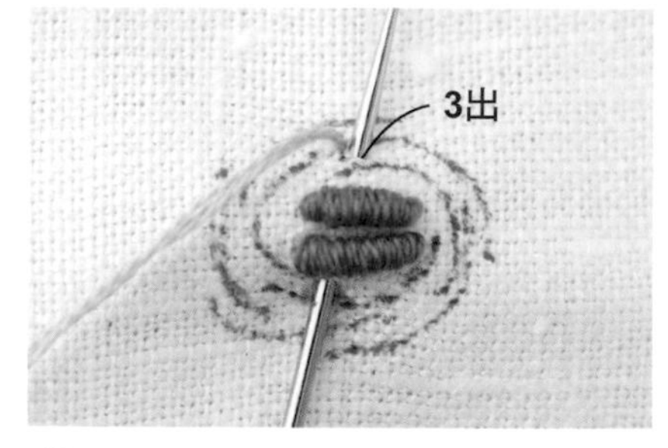

2 在**3**（**1**的旁邊）出針。

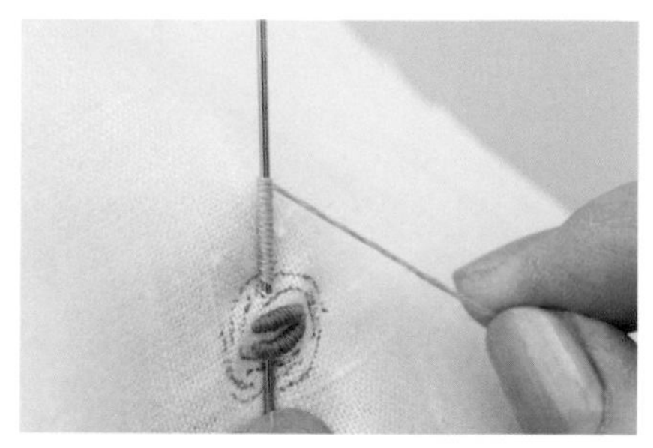

3 請參照捲線繡將線繞住針。

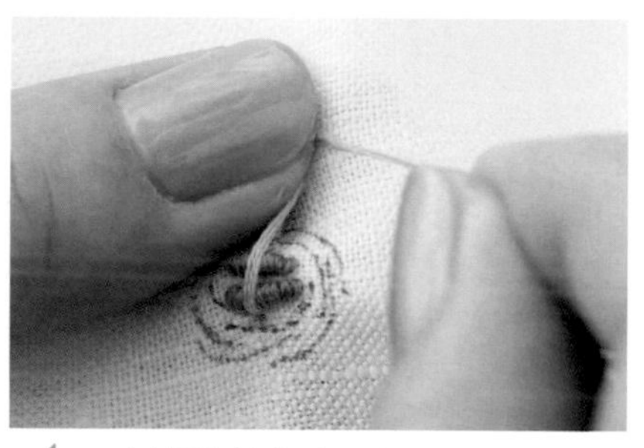

4 以拇指按住線，並同時拔針拉線。

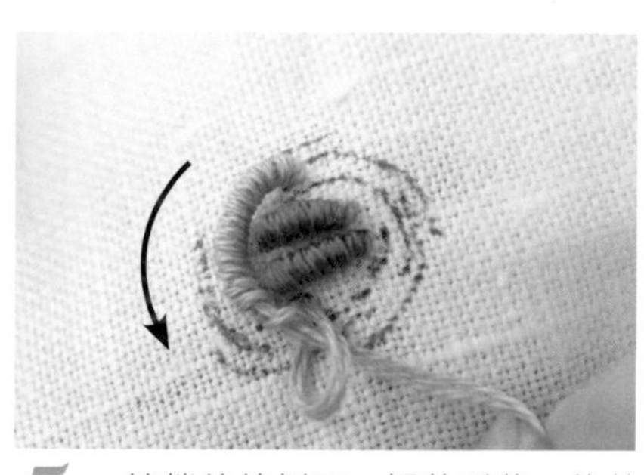

5 讓捲線繡倒下，調整形狀，使其成為繞著花朵中央的形式並拉線。

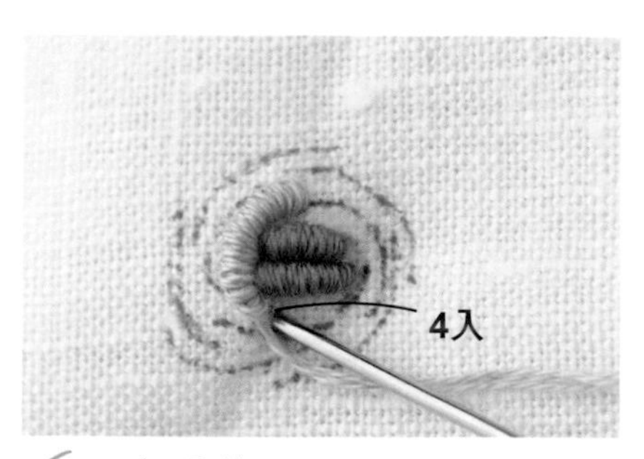

6 在**4**入針。

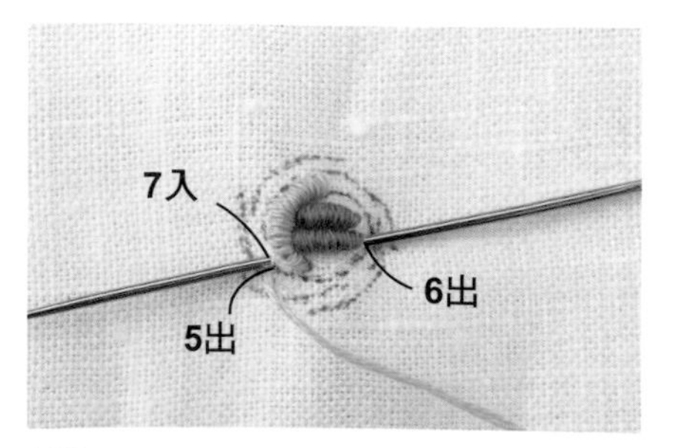

7 第2個捲線繡的作法相同。以此作法漸漸讓花瓣成形。

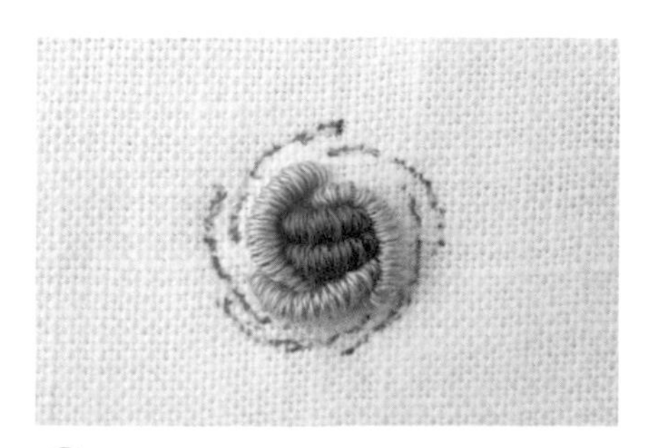

8 完成第2圈。

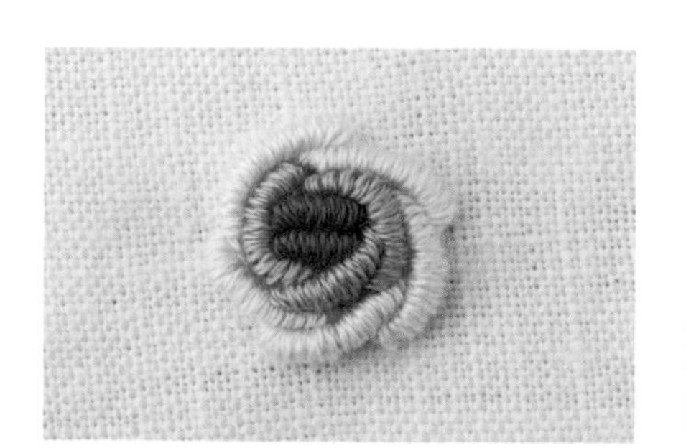

9 完成第3圈。

捲線結粒繡

Bullion Knot

拉近出針的位置及入針的位置，讓捲線繡變成一個圈。

實際大小的針目
（3股線）

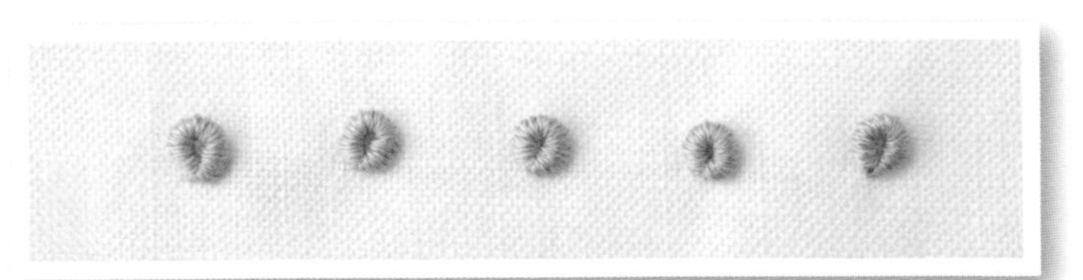

※事先標注上下左右的點會比較方便。

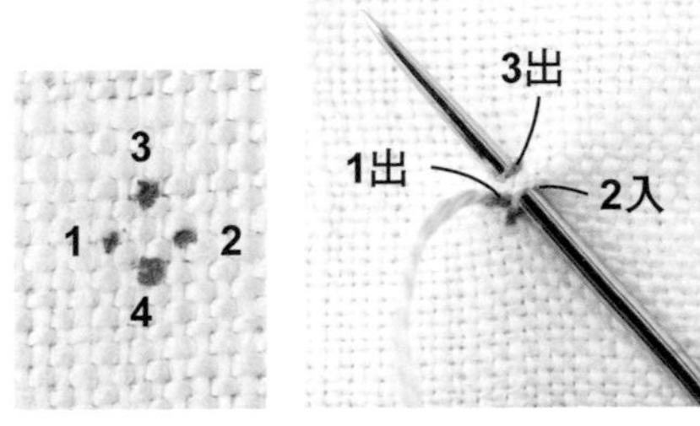

1 在**1**（想要製作結粒繡的位置）出針，**2**及**3**的距離縮小，固定住針。

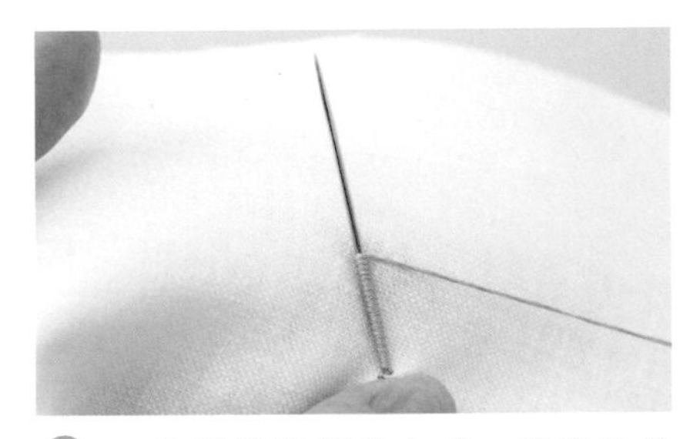

2 參照捲線繡的方式，將線繞針（圖中共繞了20圈）。

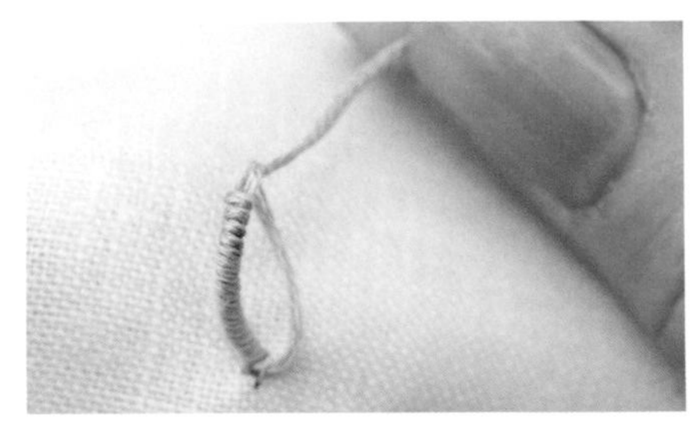

3 以拇指按住，同時拔針拉線。

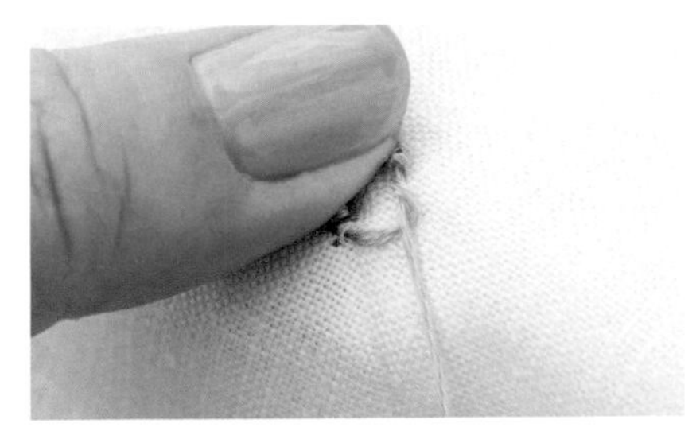

4 輕輕以拇指按住，同時拉線，調整圈圈的形狀。

5 圈圈成形，並在布上翹起。

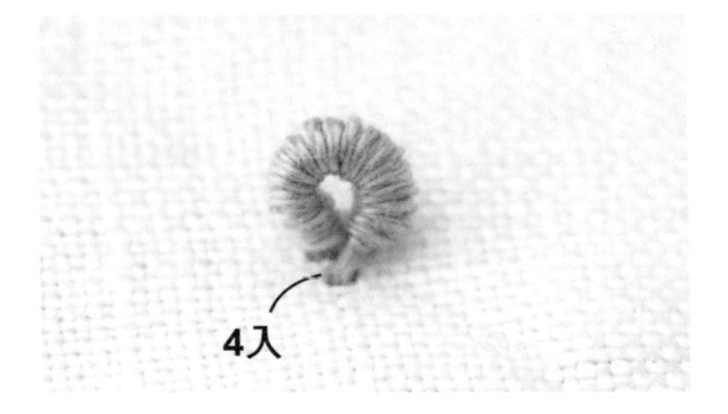

6 在**4**（圈圈根部）入針。

捲線雛菊繡

Bullion Daisy

先作出捲線結粒繡，並固定住中央部位。

實際大小的針目
（3股線）

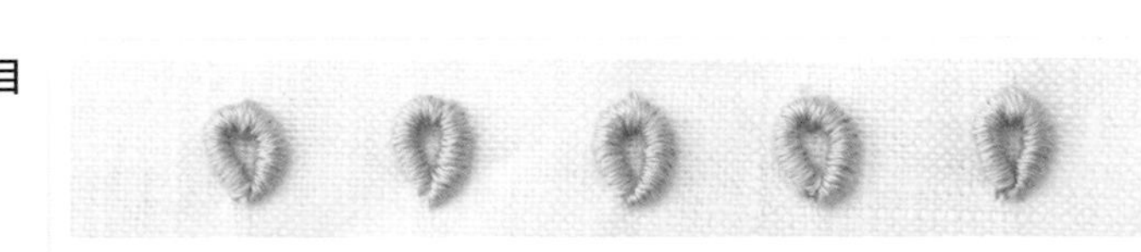

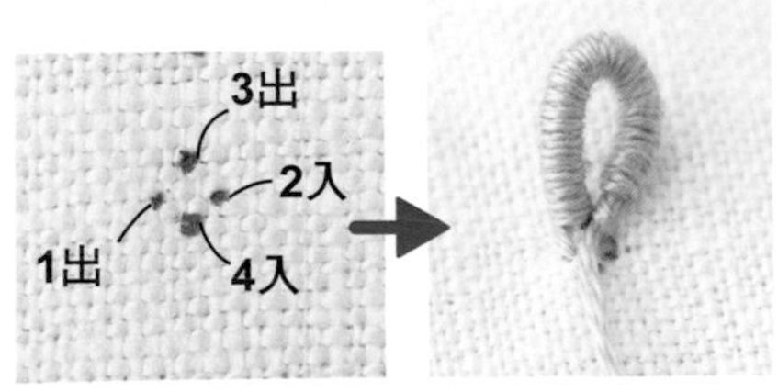

1 繡出一個長長的捲線結粒繡（圖中共繞了30圈）。

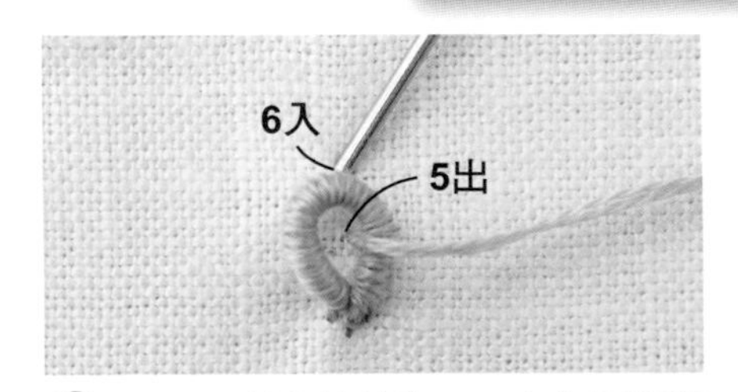

2 如同製作雛菊繡，固定住圈圈部位。

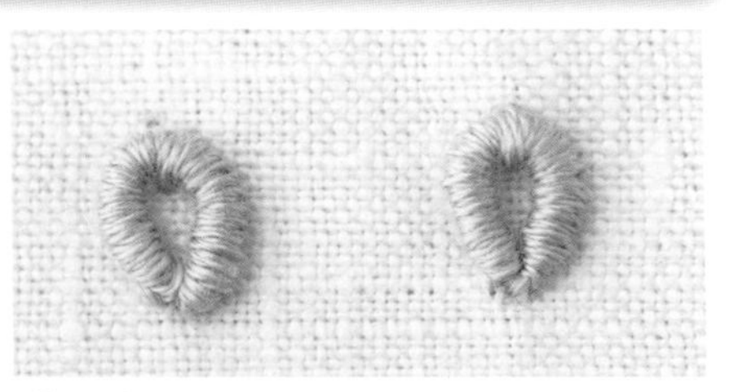

3 完成。

蛛網玫瑰繡

Spider Web Rose

先繡出奇數條的線作基底，接著以其他線穿過基底線即完成。雖然名字是蛛網，但其實形狀可愛宛如玫瑰花。

實際大小的針目（3股線）

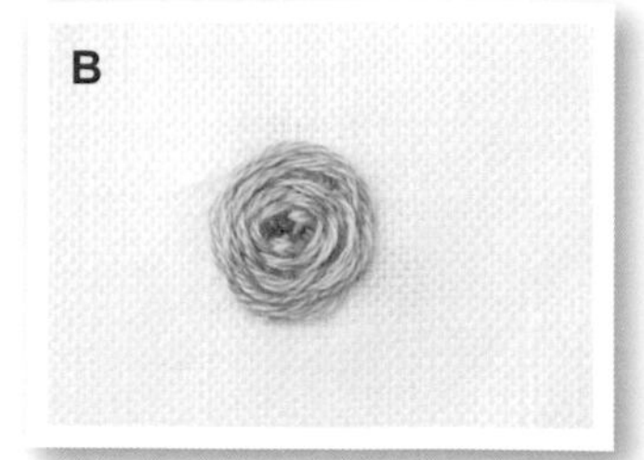

A. 以直線繡製作基底的方法

※以逆時針繞。　※基底的線是奇數條。

1　先以直線繡繡出5條線，作為基底(中央都是相同針位）。

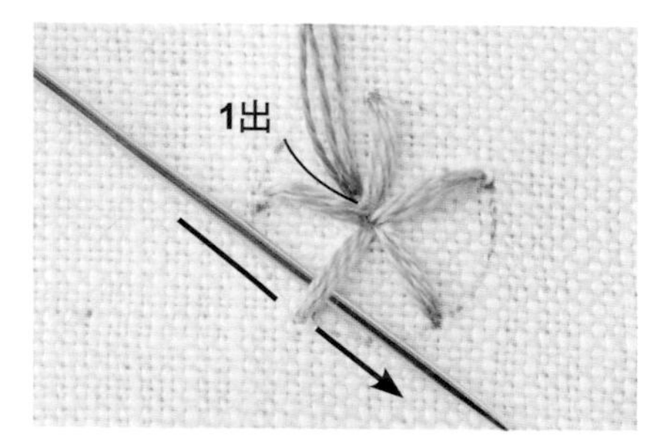

2　在靠近中央的位置出針，以這條繡線穿繞過基底線。

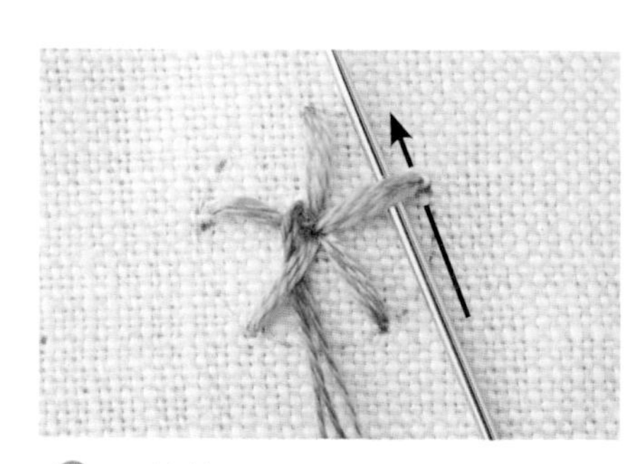

3　繞第一圈。

4　第二圈也以相同作法繞過基底線。

5　請繞到看不見基底線為止，才入針。

6　完成。

B. 以飛行繡製作基底的方法

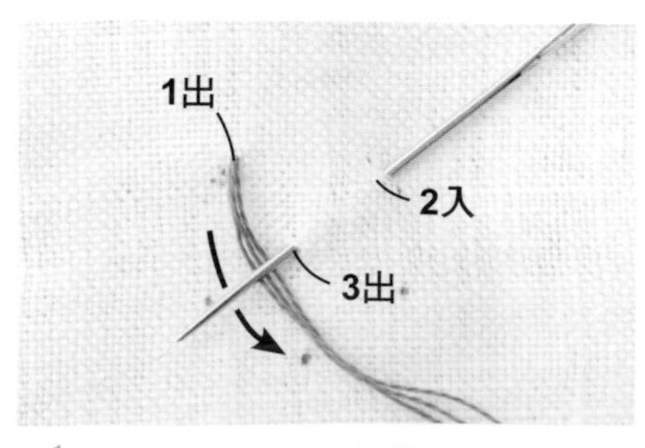

1　先繡出一個飛行繡。

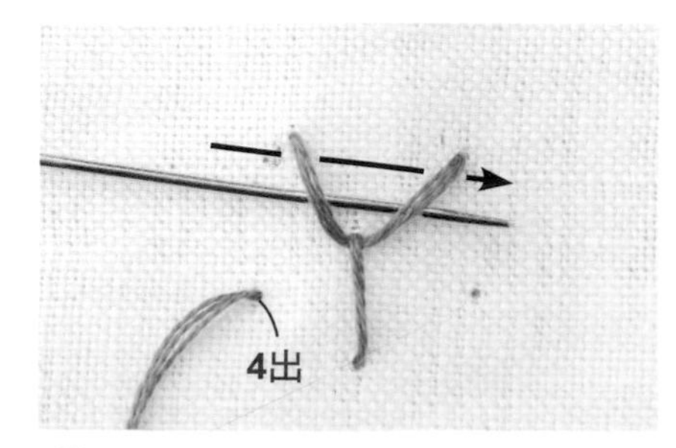

2　將線繞過交叉處。

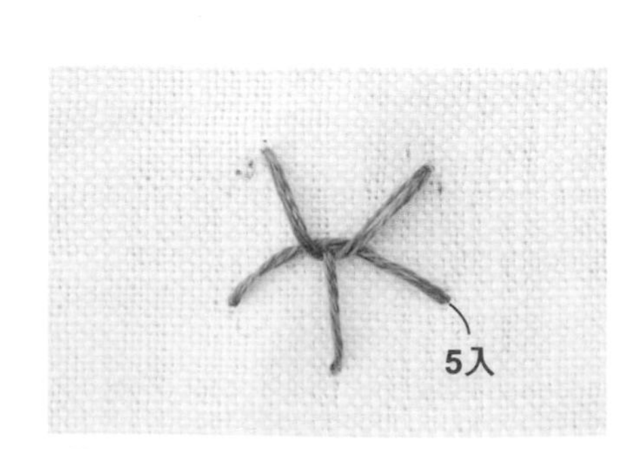

3　完成一個線沒有集中在中心的基底。

肋骨蛛網繡

Ribbed Spider Web

線繞過基底，
捲住其他線。

實際大小的針目（3股線）

※以逆時針繞。

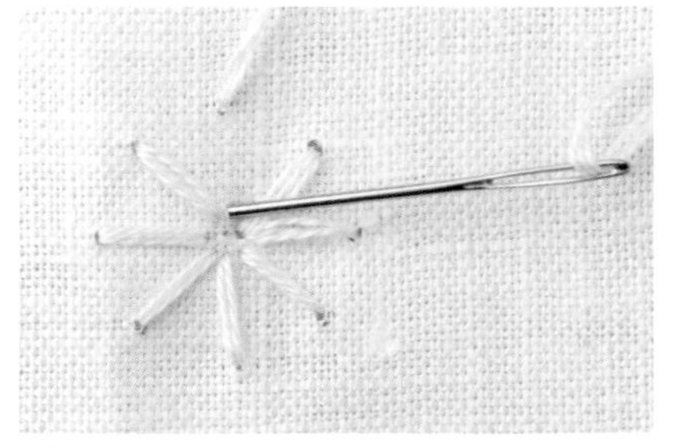

1 以直線繡繡出基底線。線要拉緊，中央要留些空位。

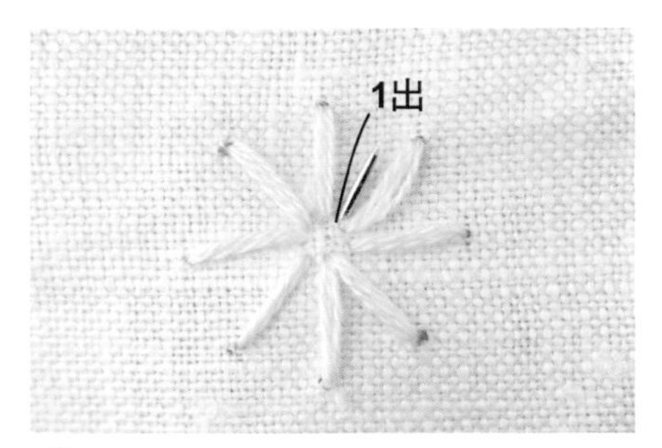

2 在靠近中央的位置出針。

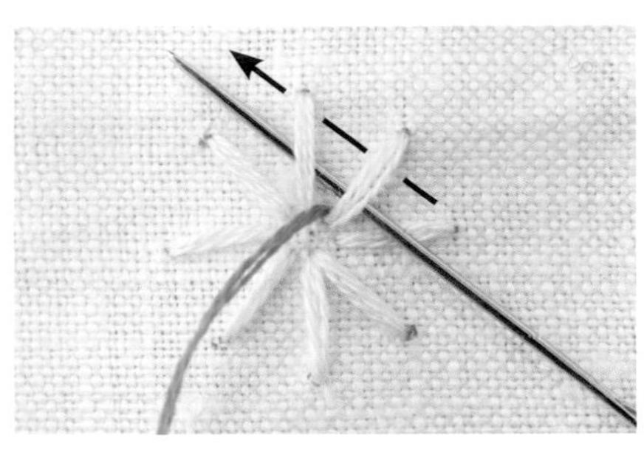

3 線要繞過出針位置兩邊的基底線。

4 拉線，把繞過基底線的線調整為靠近中央。

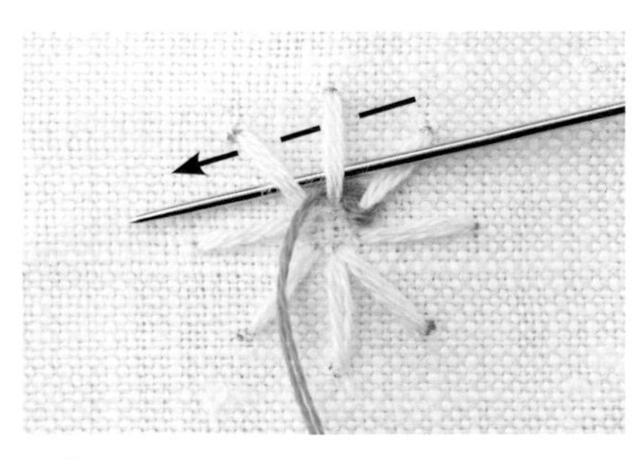

5 按照回針繡的要訣，將線逐一穿過線穿出的兩旁基底線。

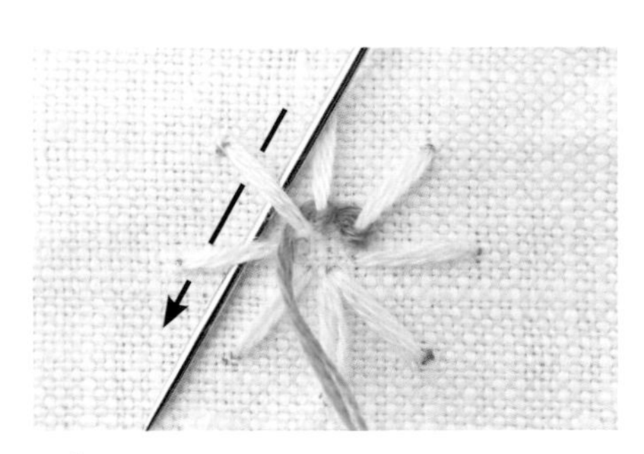

6 請小心不要刺進布裡。

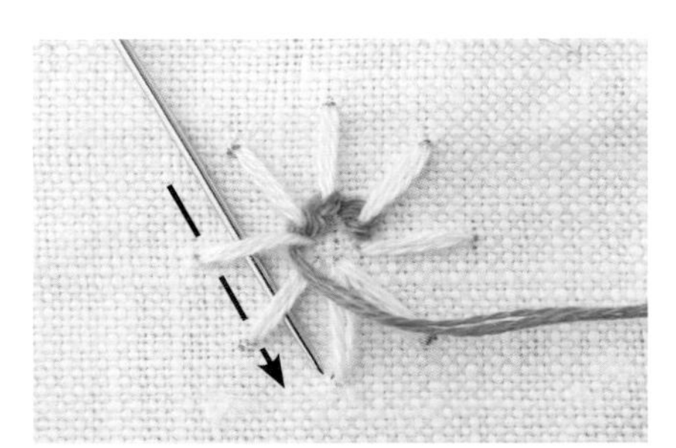

7 為了繞過基底線的線整齊，請一邊拉線一邊重複步驟4至步驟5。

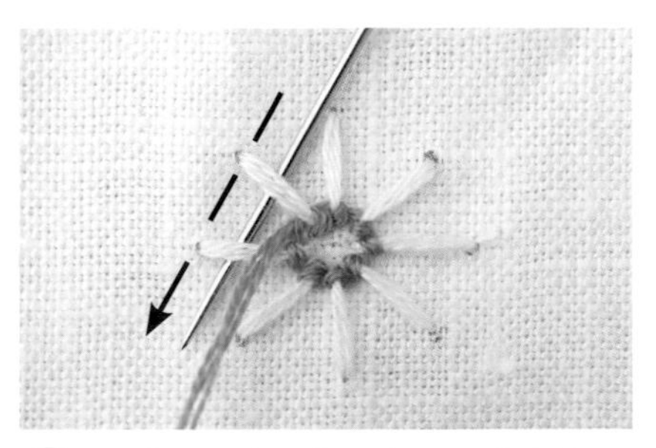

8 第二圈也是依照相同要領穿線。

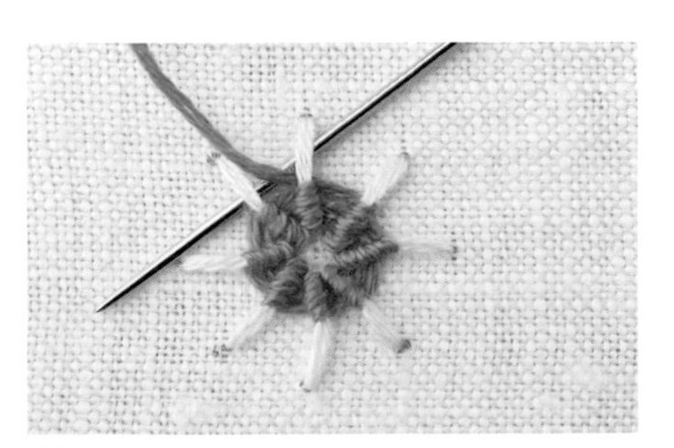

9 繞在基底線上的線形成整齊的圓圈。

單邊圈線套針繡

Cast-on Stitch

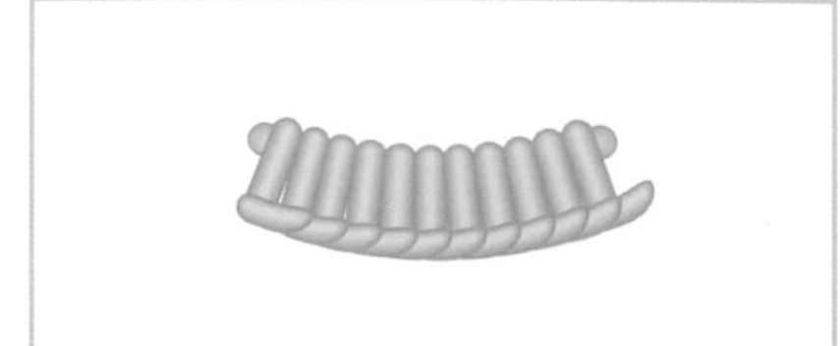

單邊圈線套針繡就是編織的針法。以針作出針法後繡在布上，形成突起的環形波浪邊。

實際大小的針目（A Broder 25號1股線）

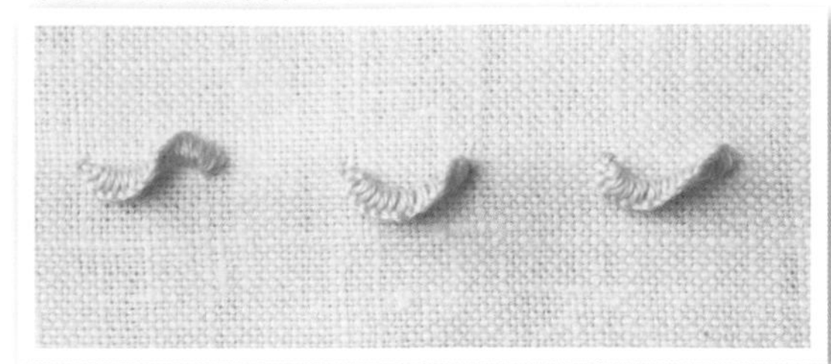

單邊圈線套針玫瑰繡

※繞在針上的線越長，作出來的波浪邊長度也越長。　※請使用捲線繡繡針。

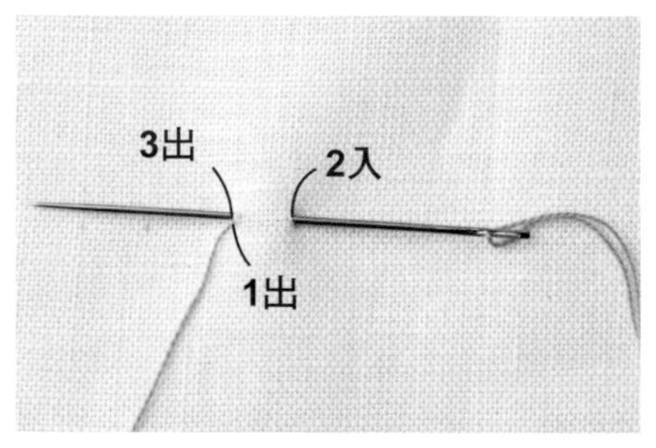

1　打結之後，在**1**出針。在**2**入針後，在**3**出針（**3**及**1**是相同針位），針就保持在這個位置不動。

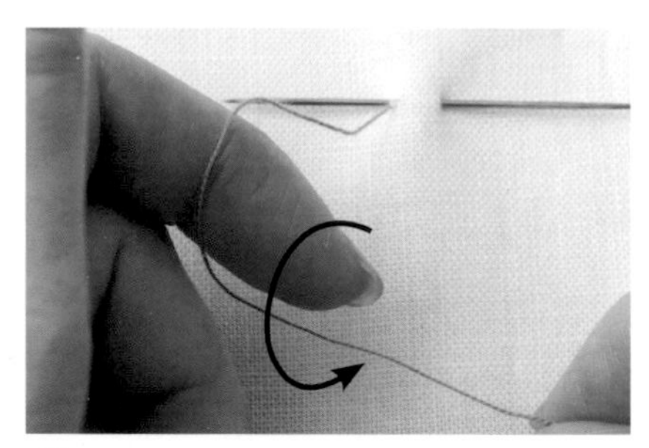

2　左手食指勾住從**1**出來的線。此時線的根部要先由右手輕輕拉住。

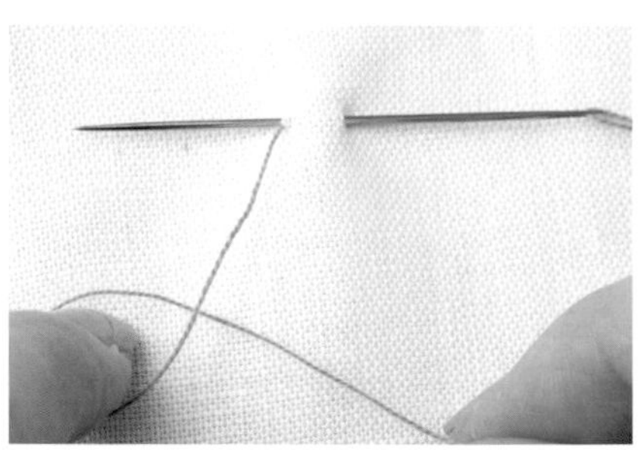

3　線繞過左手食指，作出一個圈。

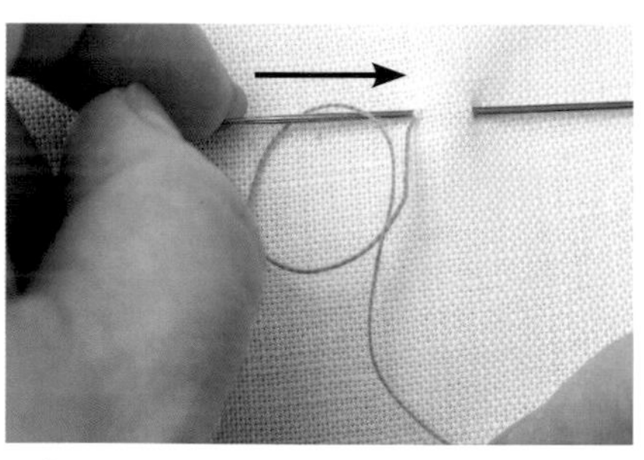

4　將圈圈掛在針上。

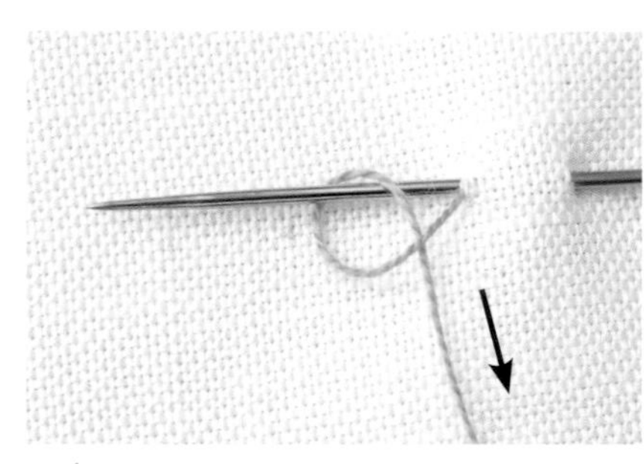

5　以右手拉線。

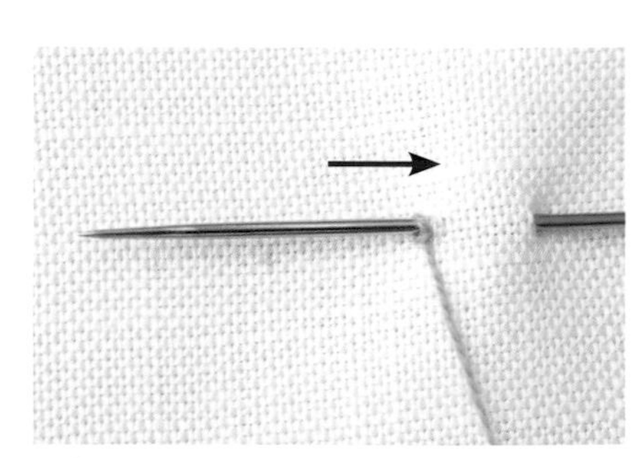

6　將圈圈推向針的右邊。先作好第一個單邊圈線套針繡的第一個結。

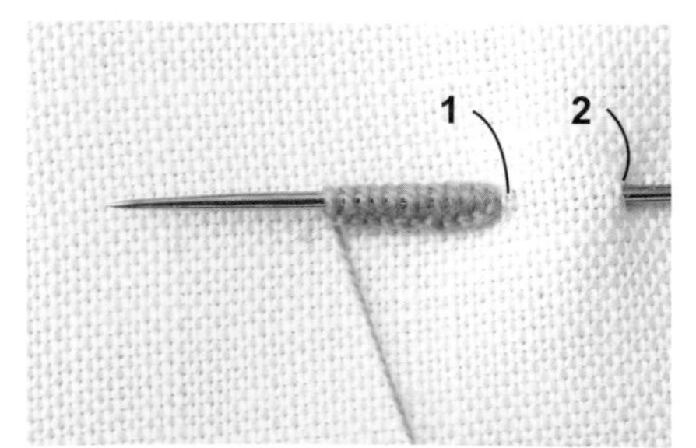

7　之後的作法都相同，推到針的右邊，結與結之間請勿留空隙。作出的長度要比**1**至**2**的距離多出2至3倍。

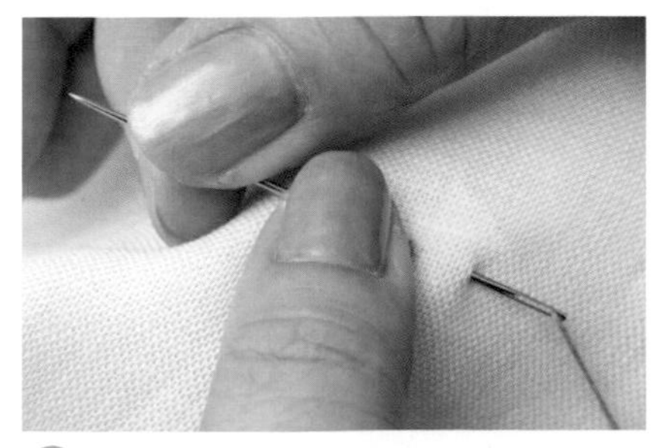

8　輕輕按住繡結的部位，拔針。

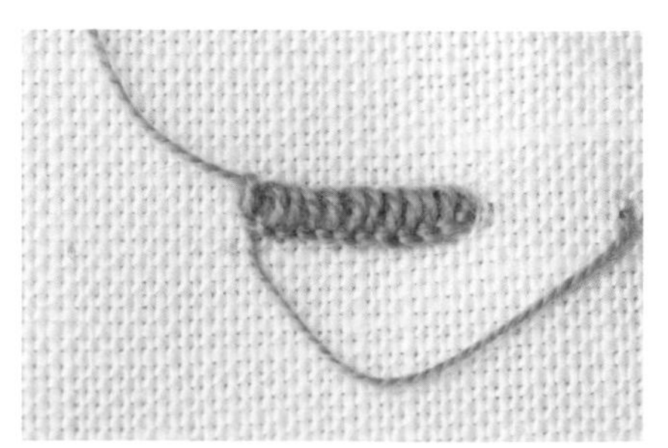

9　拔針之後的樣子。

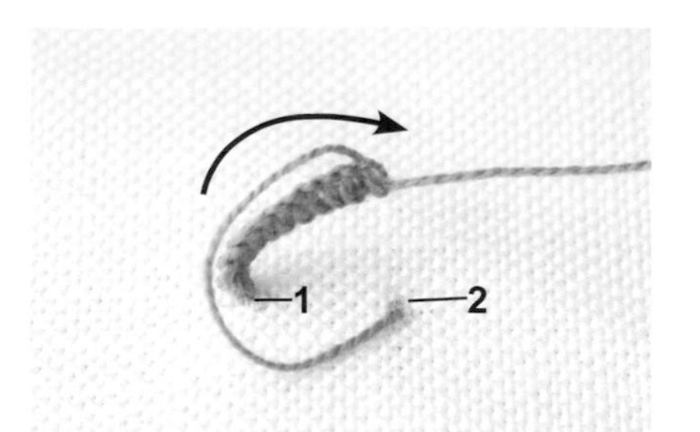

10 直接拉穿過針的線，讓作出的刺繡倒在布上。

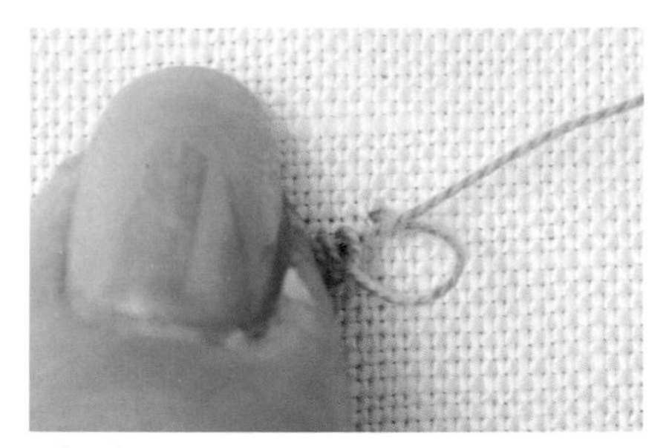

11 輕輕按住刺繡，將線往自己的方向拉，調整形狀。

12 將線拉緊到根部。

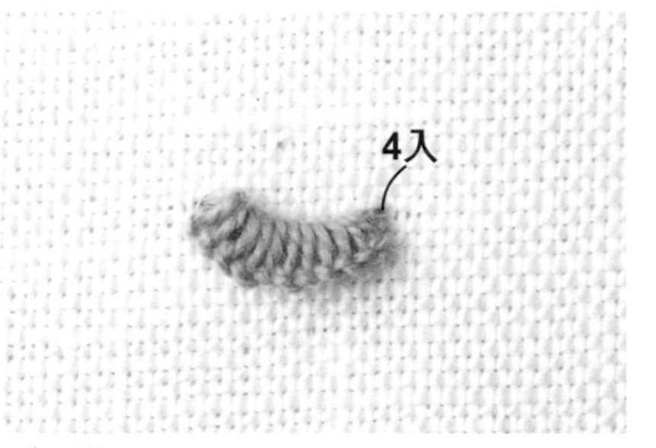

13 在**4**（與**2**相同針位）入針。

單邊圈線套針玫瑰繡的刺繡方法

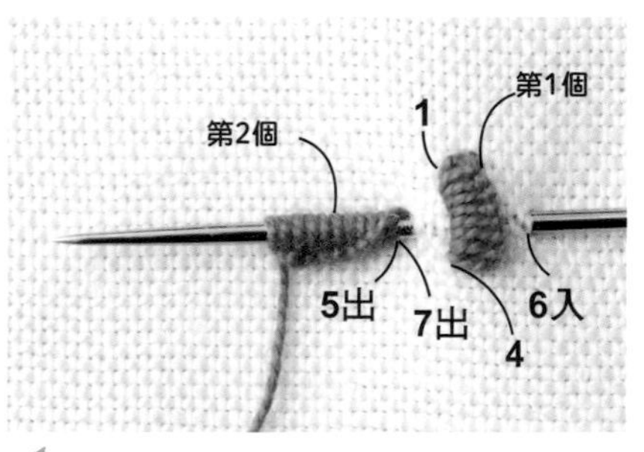

1 繡出第**1**個單邊圈線套針繡。將布轉動90度，繡出第二個單邊圈線套針繡。

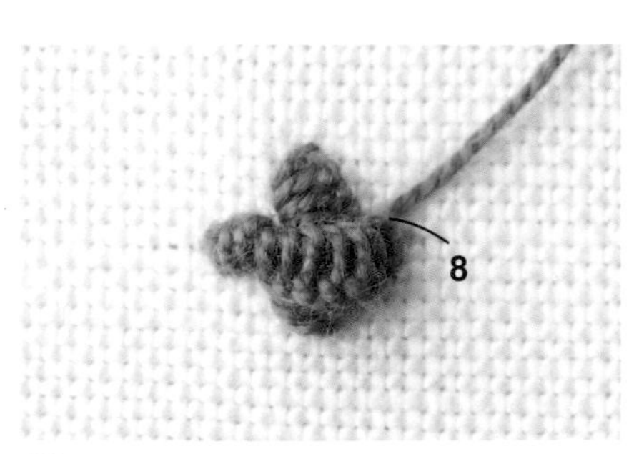

2 朝右側倒下（**8**）。讓單邊圈線套針繡呈現十字交疊的狀態。

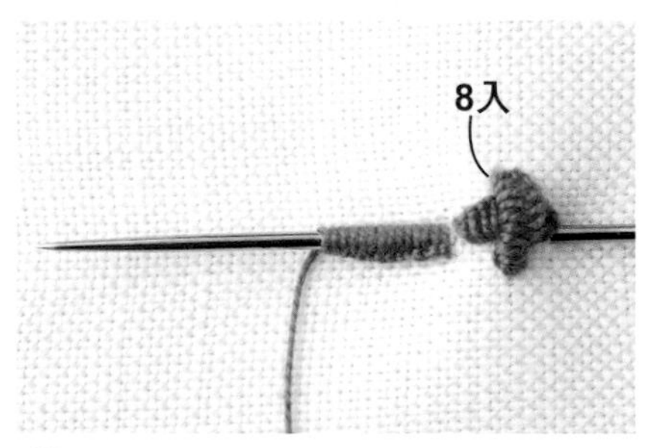

3 在**8**入針（與**6**相同針位）。將布轉動90度，第**3**個單邊圈線套針繡要與第**1**個平行且一樣長。

4 讓第3個單邊圈線套針繡倒在十字底下，完成玫瑰的中央部位。

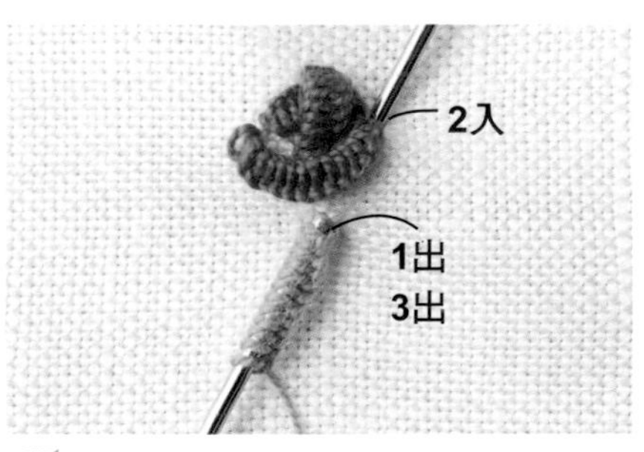

5 換上別的顏色的繡線，繡出第**2**圈的第**1**片花瓣。一邊繡一邊旋轉繡布與自己平行，刺繡起來才方便。

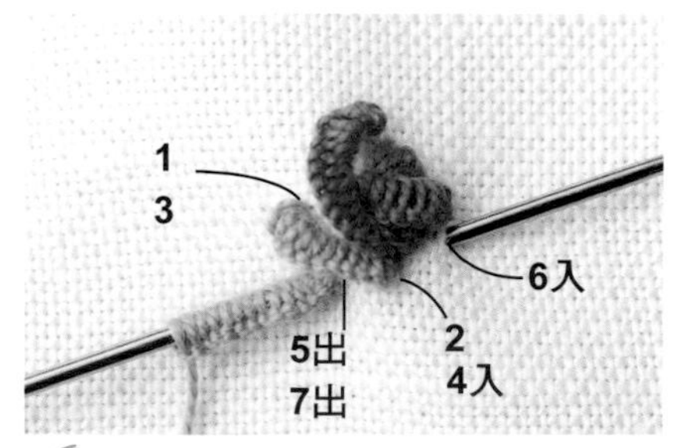

6 繡出第**2**圈的第**2**片花瓣。要跟第**1**片花瓣有些許重疊。

7 完成第**2**圈的**5**片花瓣。

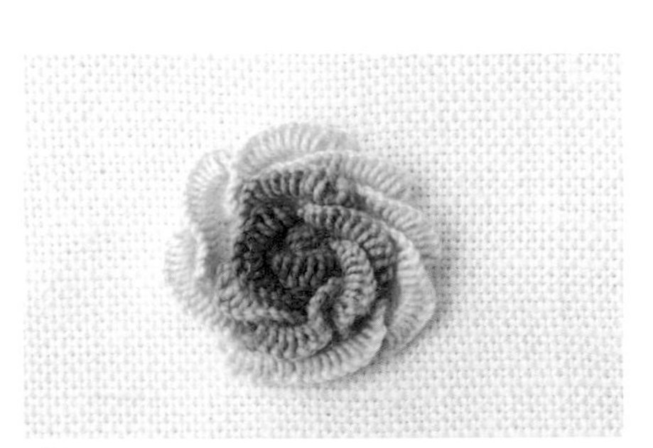

8 完成第**3**圈的**7**片花瓣。

籃網填滿繡

Basket Filling

別稱：基礎針織填滿繡

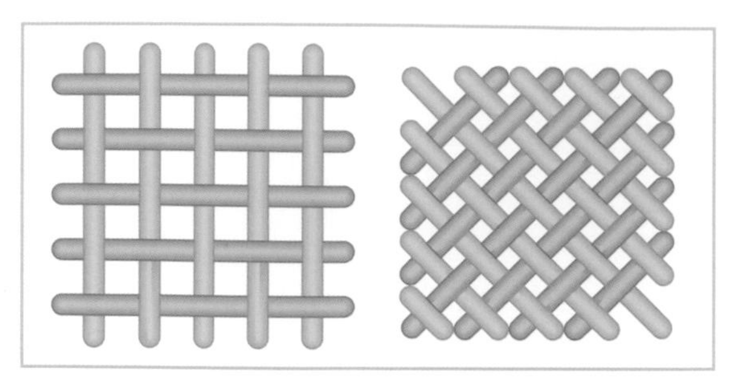

讓線上下交錯穿過線條，就像織物一樣的刺繡。
能在布與刺繡之間作出空隙。

實際大小的針目（3股線）

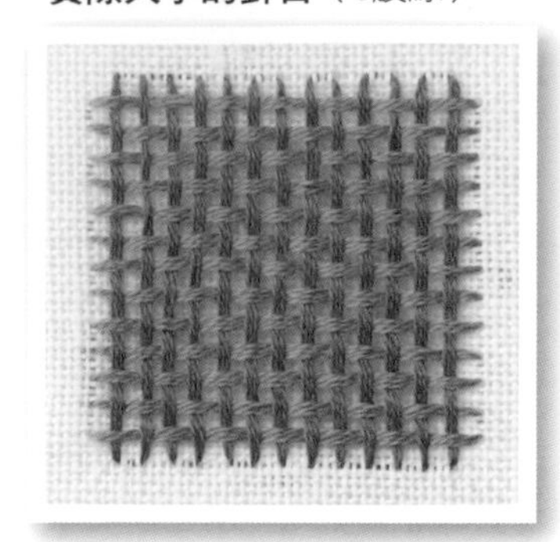

※布與刺繡之間會有間隙。

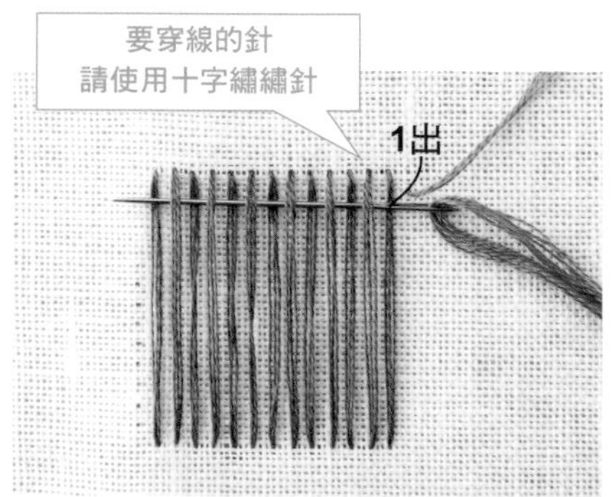

1 作出長長的縱向直線繡，再將作橫線的針從**1**出針，並將上下交錯穿過每一條縱線。

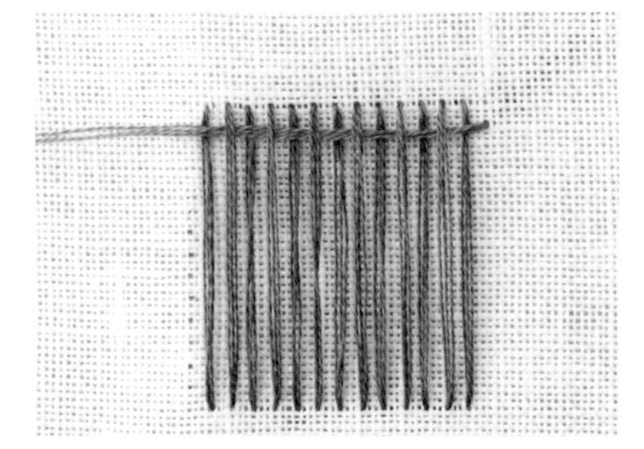

2 將線拉直。

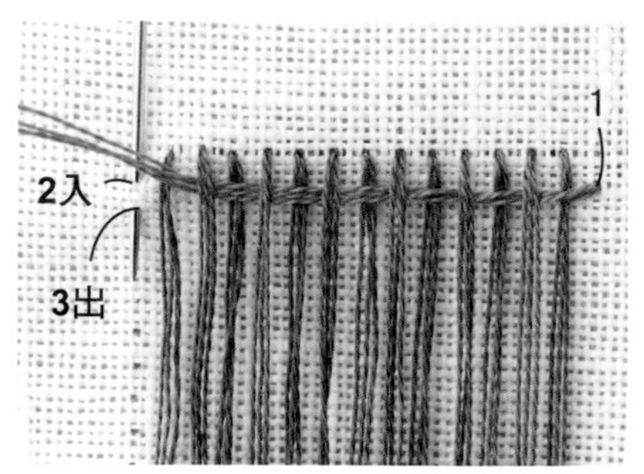

3 在**2**（針位與**1**平行）入針，完成第**1**條線後在**3**出針，開始製造第二條橫線。

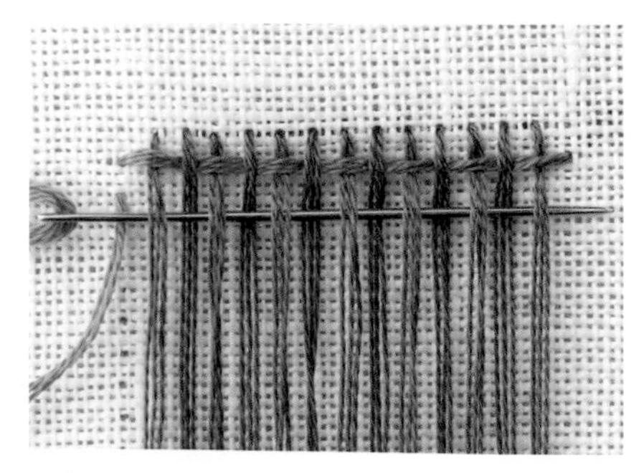

4 讓針往返穿過線，小心不要讓針刺進布裡。上下交錯的順序要與第一條相反。

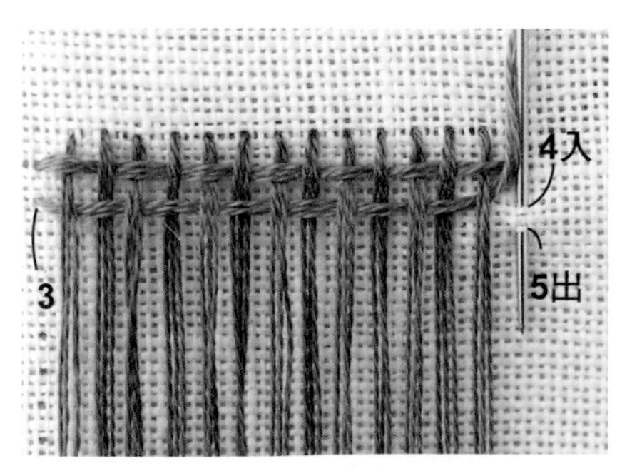

5 拉線將線條弄平整。同樣在**4**（針位與**3**平行）入針，在**5**出針後，開始繡出第三排。

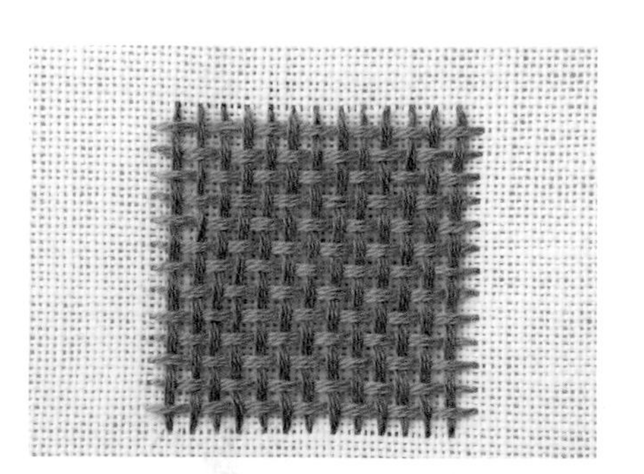

6 讓針目的間隔相等，就能繡得很整齊。

蜂巢填滿繡

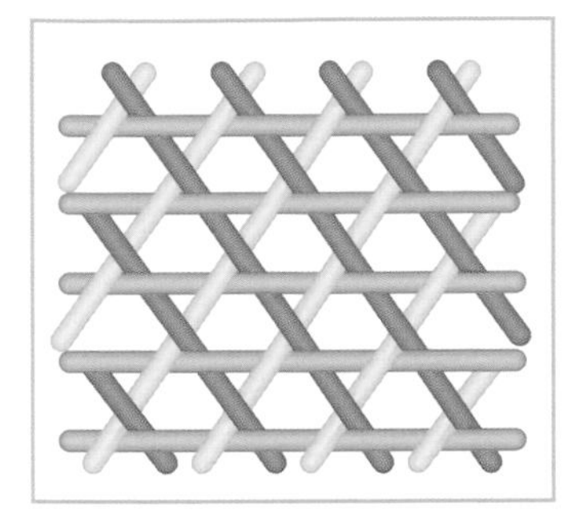

實際大小的針目（3股線）

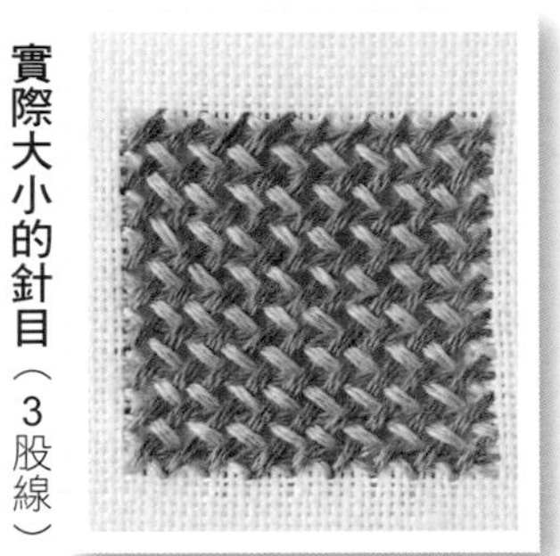

要穿線的針
請使用十字繡繡針

※布與刺繡之間會有間隙。

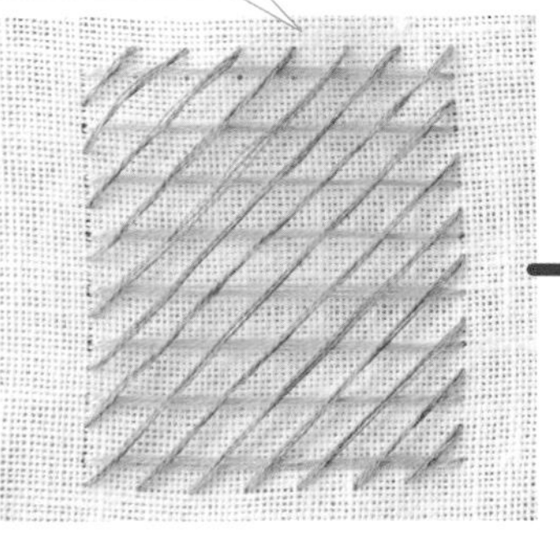

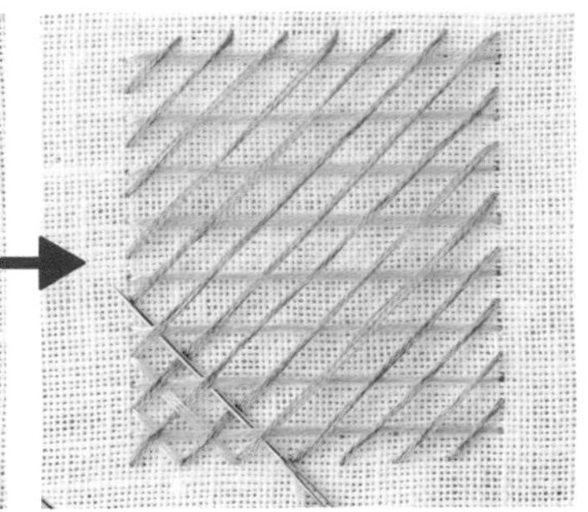

籃網填滿繡的其中一種變形。蜂巢填滿繡因為是在橫線上斜向穿越2條線，所以就成了六角形（蜂巢形）。

① 先以直線繡繡出橫線。
② 讓第二條線縱向且輪流上下穿過橫線。
③ 讓第三條線與第二條線成對角線，輪流上下穿過第二條線。

雲彩填滿繡

Cloud Filling

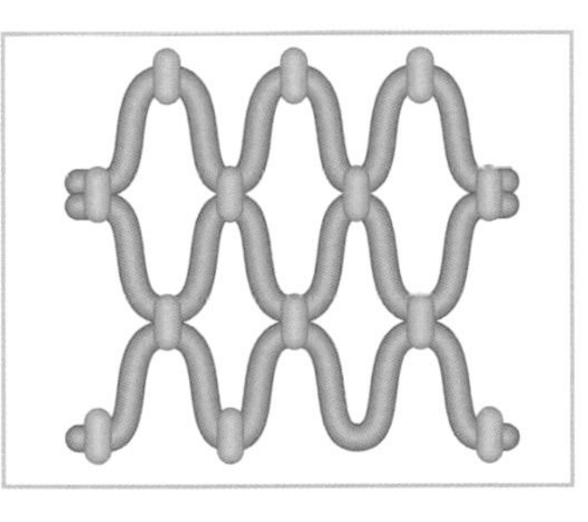

實際大小的針目（3股線）

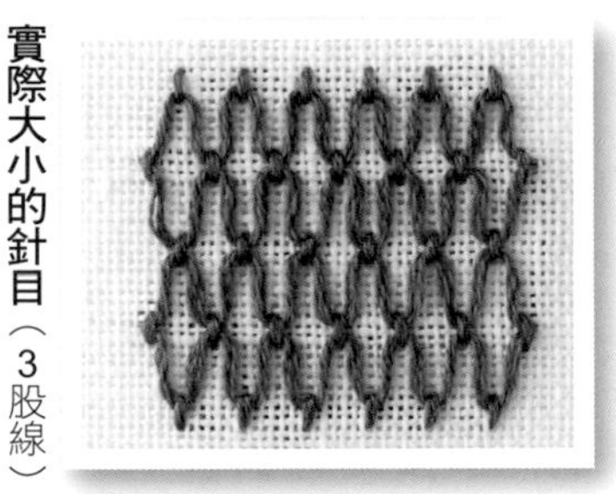

要穿線的針
請使用十字繡繡針

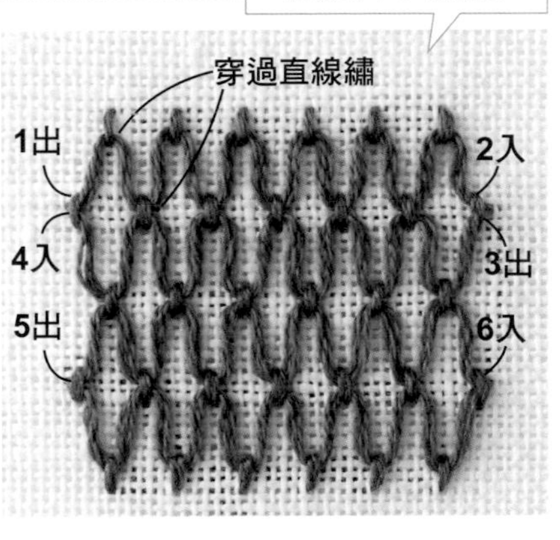

※在刺繡須穿線的第二排時，請將布上下顛倒拿，朝同個方向刺繡。

①直線繡不但要小，還要等距離並排地繡好。
②穿線時請勿繡進布裡，請輪流繞過第一排及第二排的直線繡。

讓線呈現鋸齒狀，繞過小小的直線繡。根據拉線的力道，可以作成波浪形也可以作成相連的三角形花樣。

波浪填滿繡

Wave Filling

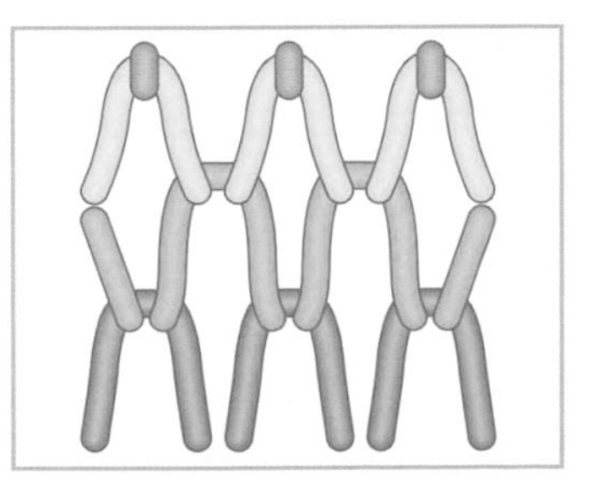

實際大小的針目（3股線）

要穿線的針
請使用十字繡繡針

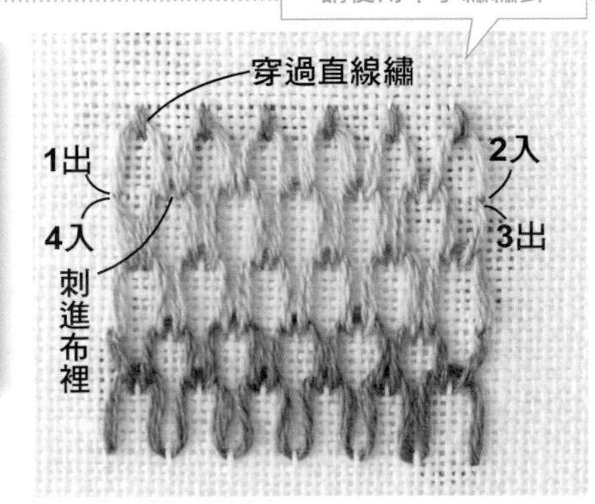

※在刺繡須穿線的第二排時，請將布上下顛倒拿，朝同個方向刺繡。

①先繡出一排小小的直線繡。
②讓針穿過直線繡後，刺進布裡作出波浪形。
③下一排的線都要先穿過前一排的刺繡，再刺進布裡。

反覆讓線穿過小小的直線繡並刺進布裡，以此作出波浪形狀同時填滿一個面。

扭轉網格填滿繡

Twisted Lattice Filling

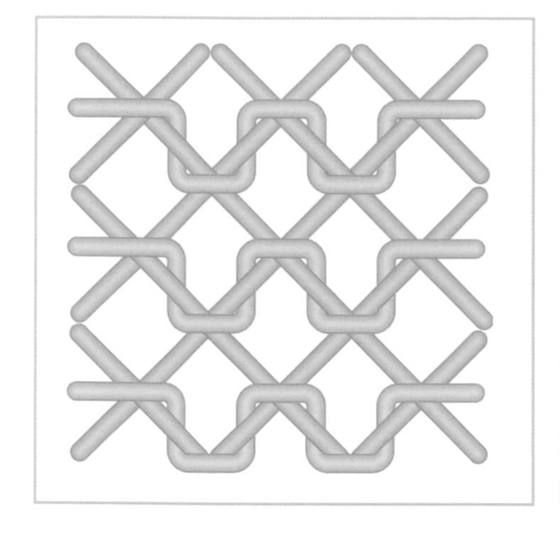

作出斜線的格子紋路（網格）後，再以別的繡線纏繞其格子交錯處。

實際大小的針目（3股線）

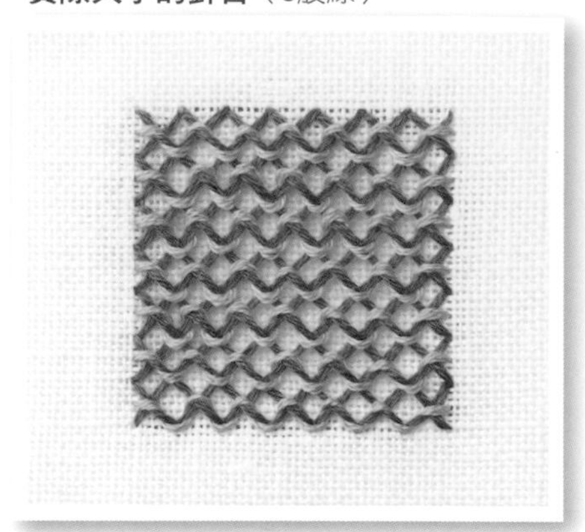

※布與刺繡之間會有間隙。

要穿線的針
請使用十字繡繡針

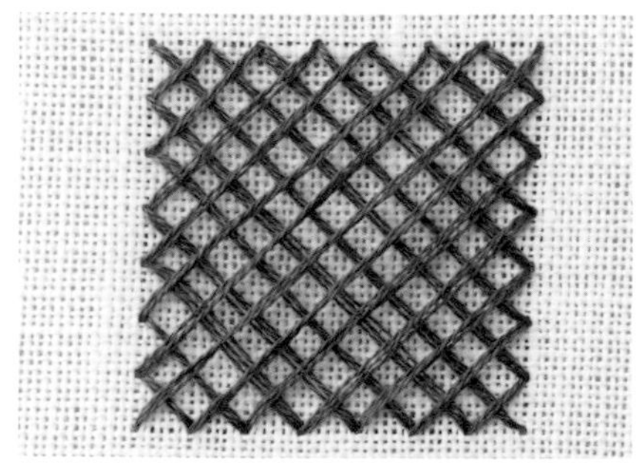

1 以直線繡作出斜線格子。

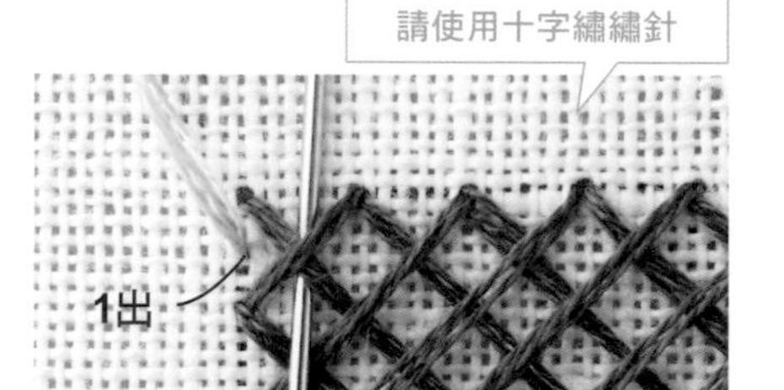

2 從左邊出針（**1**）。從上往下繞過第一排的交錯點。

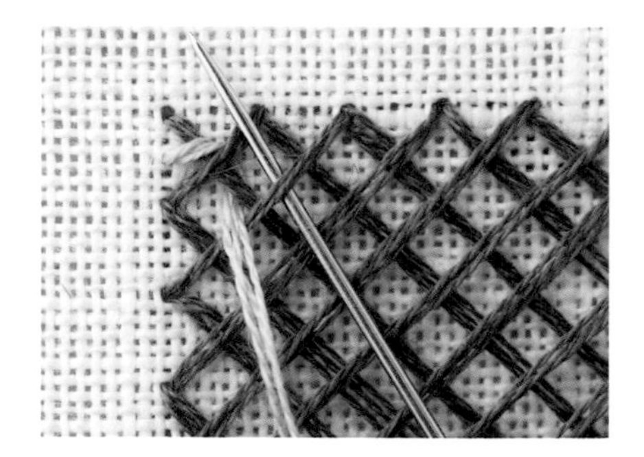

3 從下往上繞過第二排的交錯點。

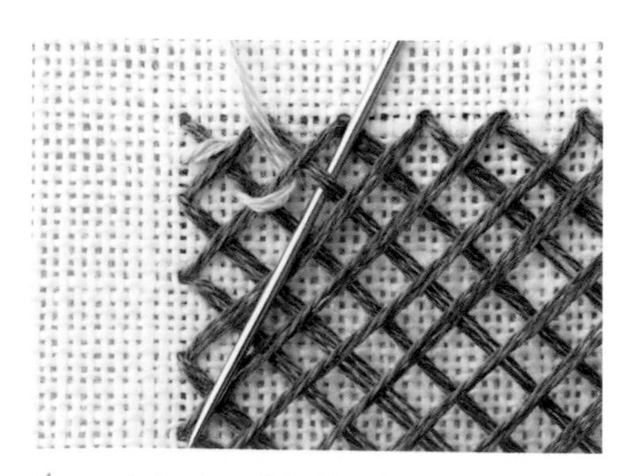

4 由上往下繞過第一排的交錯點。

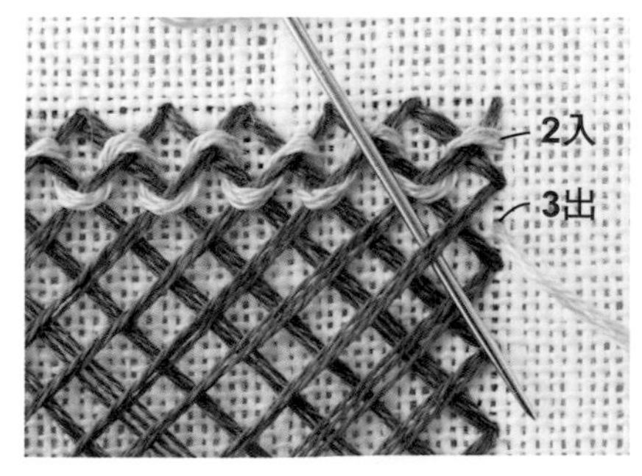

5 繞線繞到底後，讓針在**2**入針，接著從**3**出針，從右往左開始繞線。

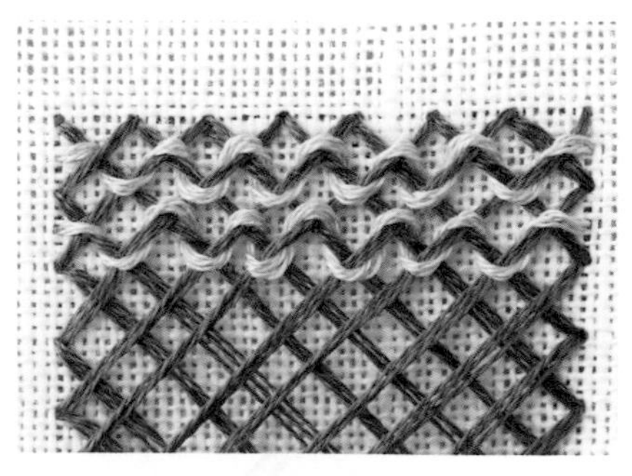

6 左右來回穿針繞線。

釘線格子繡

Couched Trellis Filling

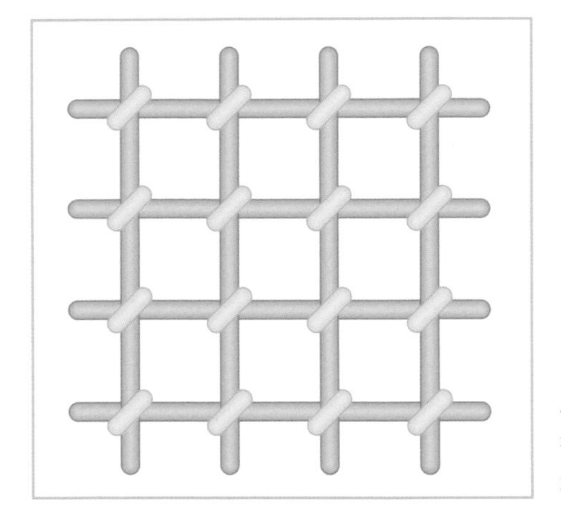

以直線繡作出格子狀後，以釘線繡固定住格子（格架）。

實際大小的針目
（直線繡是3股線，固定線是2股線）

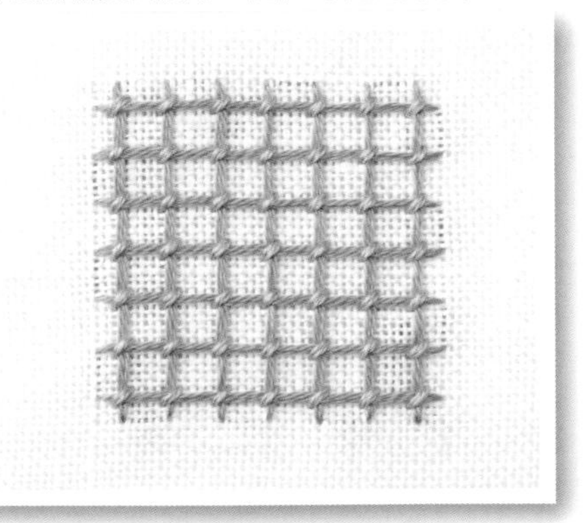

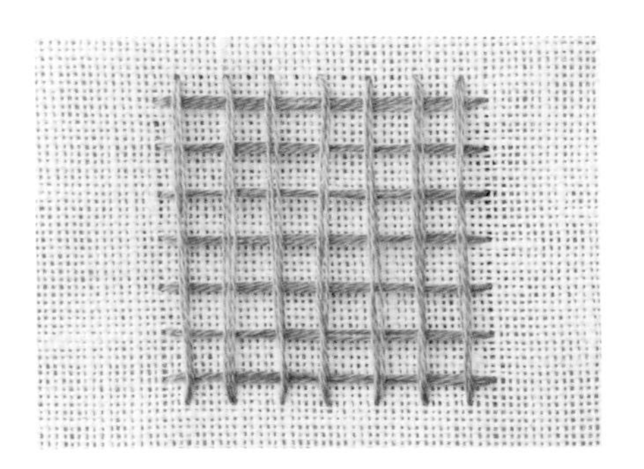

1 以直線繡作出格子狀的圖案。

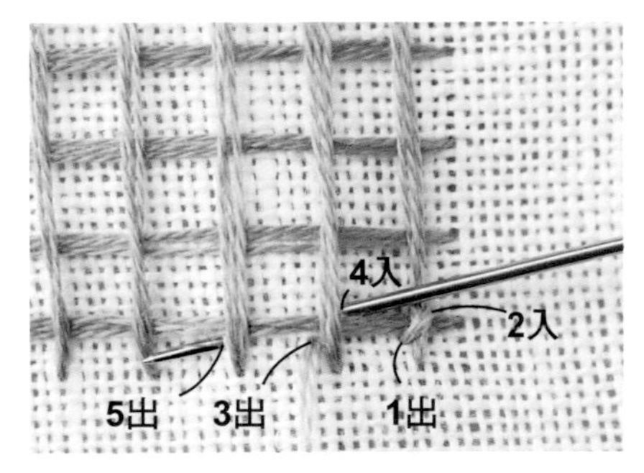

2 按照釘線繡的要訣，固定直線繡的交叉點。

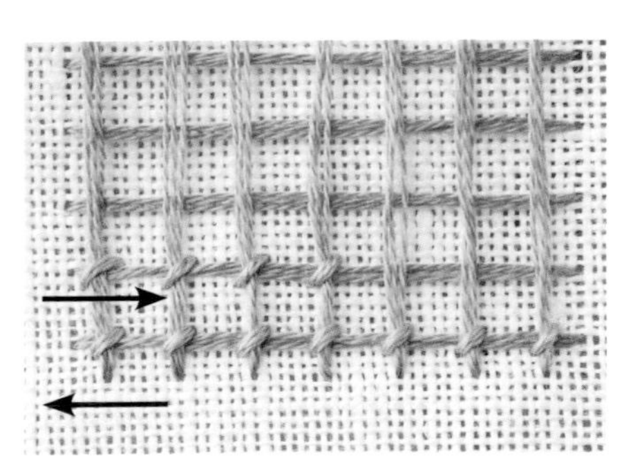

3 先從右往左，再從左往右來回固定交叉點。

斜紋陣列填滿繡

Diagonal laid Filling

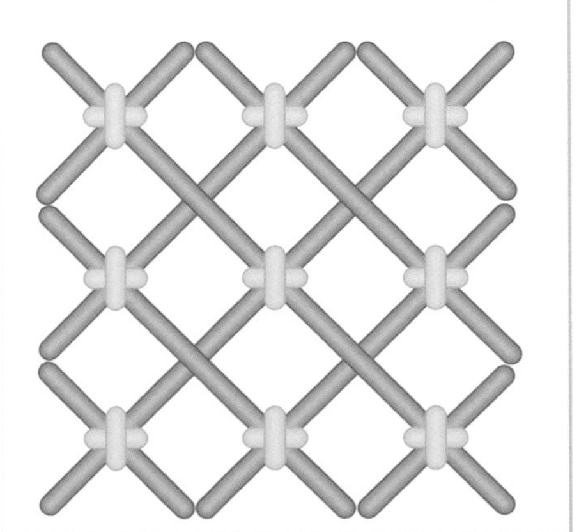

釘線格子繡的應用版。因為線條是斜的所以才取了斜紋(對角線）這個名字。

實際大小的針目
（直線繡是3股線，固定線是2股線）

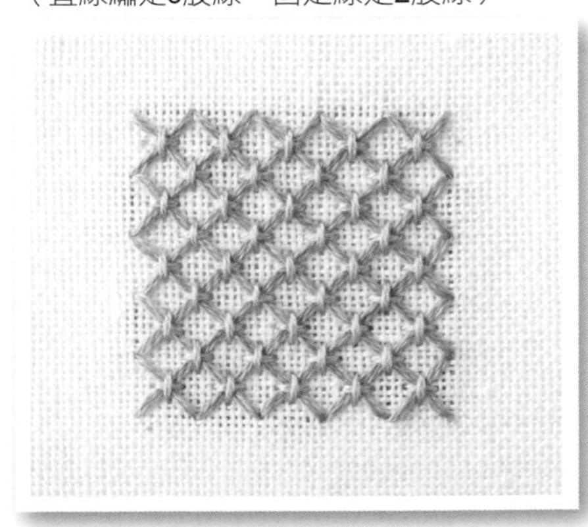

按照釘線繡的要訣，固定住斜紋陣列的交叉點。

十字繡

Cross stitch

據說十字繡是源自於西元四世紀拜占庭時代的土耳其，之後再傳至歐洲。是個要一邊數布目，一邊讓線條變成十字形填滿畫面的刺繡。

實際大小的針目

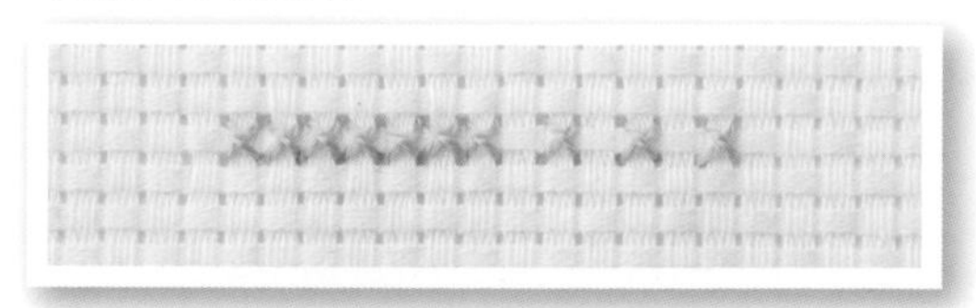

布目的格數

格數是以布目大小的單位，代表1英吋（約2.54cm）有多少條織線。
格數越大代表布目越小。就算圖案相同，刺繡的大小也會因為布目而有所變化。

實際大小的針目

Lugana

Aida 11格

Aida 16格

繡布

因為是數著布目刺繡，所以是事先開好洞，
讓布目方便計算的十字繡的專用布。

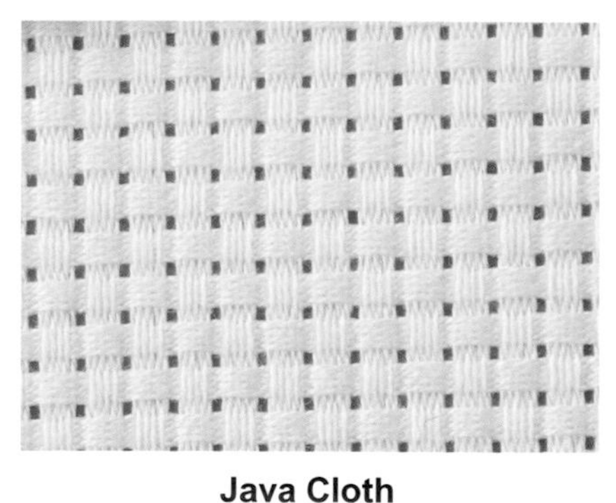

Java Cloth

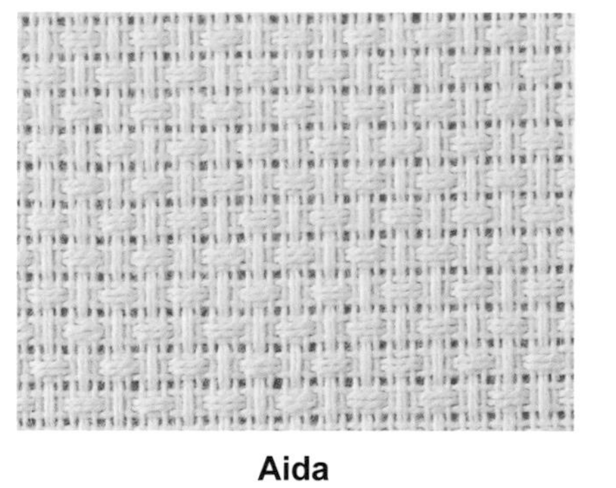

Aida

十字繡輔助網

可以先縫在無法數布目的布上，
之後再拆掉的格狀布。

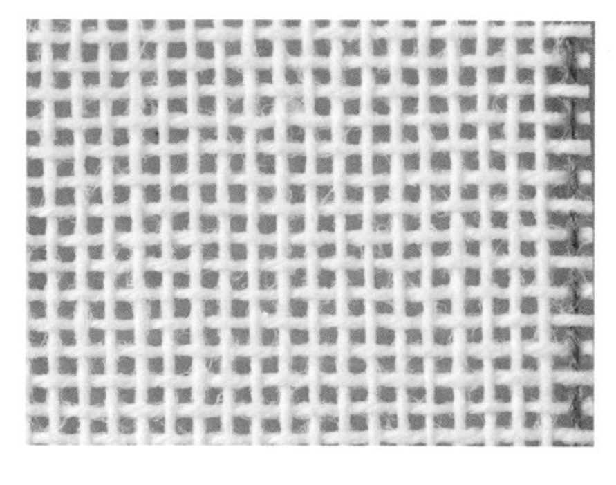

十字繡輔助網的使用方法

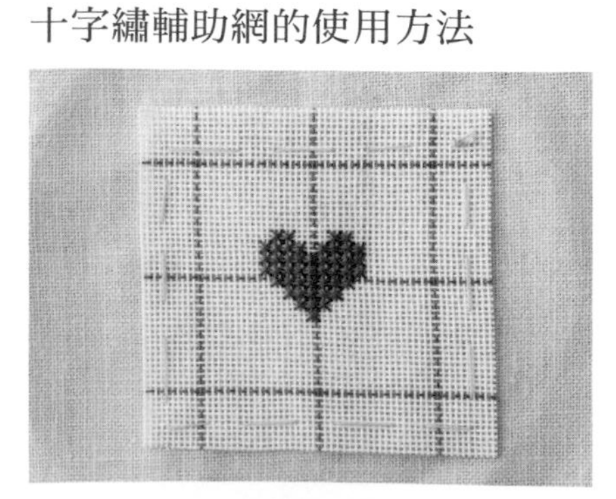

1 剪下比圖案還要大的十字繡輔助網，以粗縫縫在布上，才開始刺繡。

2 拆掉粗縫線，一次拔除一根十字繡輔助網的橫線及縱線。

3 完成。

橫向開始刺繡

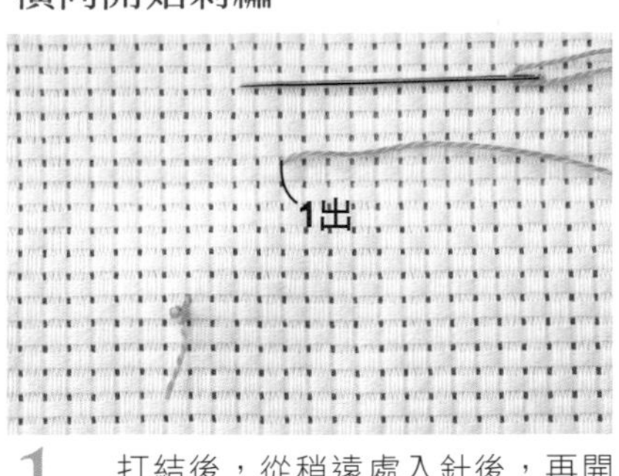

1 打結後，從稍遠處入針後，再開始收拾線頭。從**1**出針。

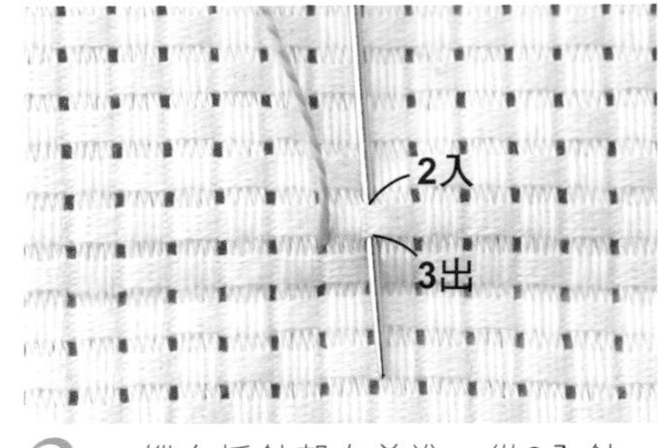

2 縱向插針朝右前進。從**2**入針，在**3**出針。

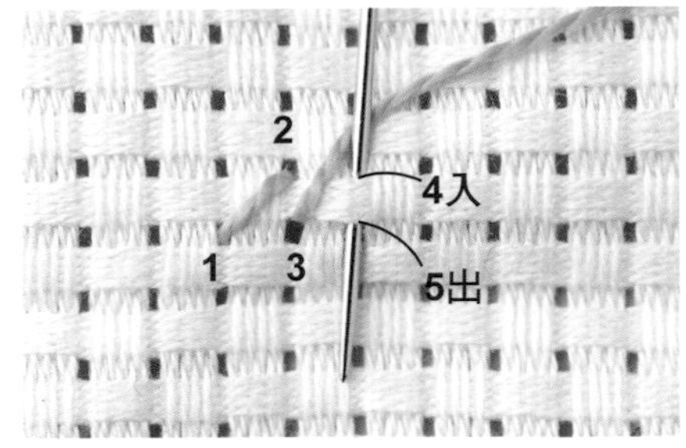

3 拉線，從**4**入針，在**5**出針。

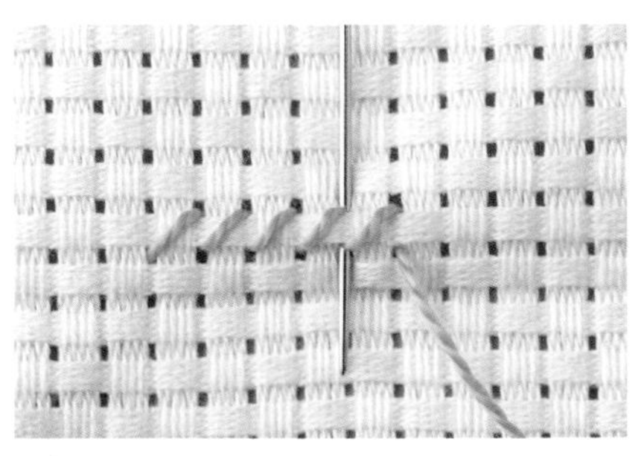

4 繼續縱向插針，只是朝左邊刺繡。

5 完成。

刺繡結束

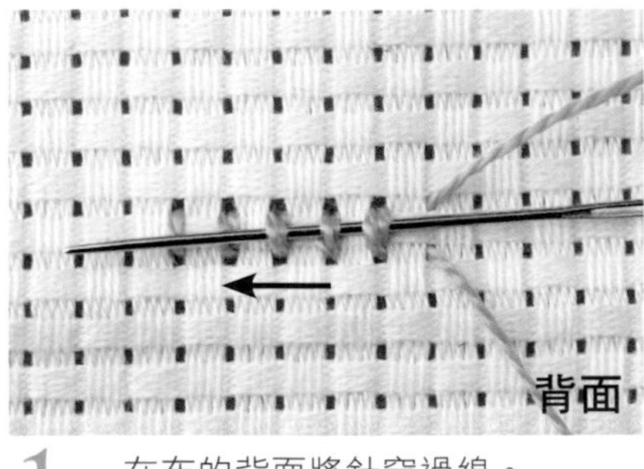

1 在布的背面將針穿過線。

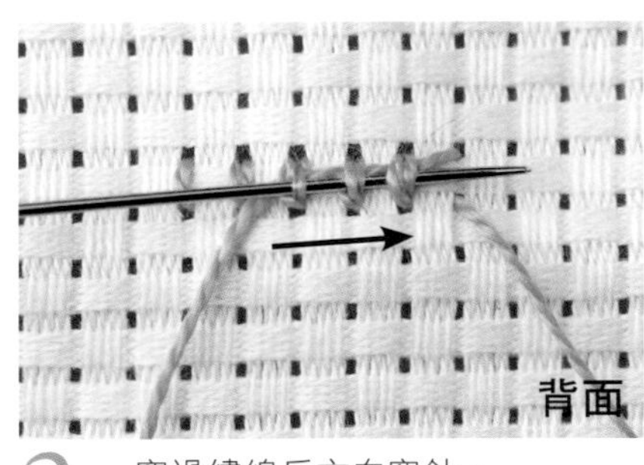

2 穿過繡線反方向穿針。

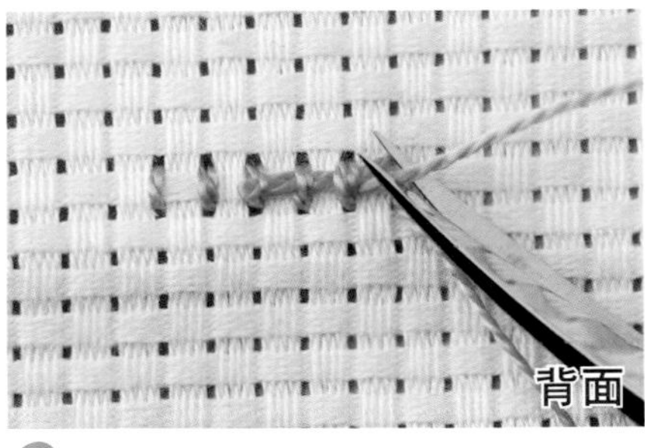

3 剪斷線。

收拾刺繡開頭的線

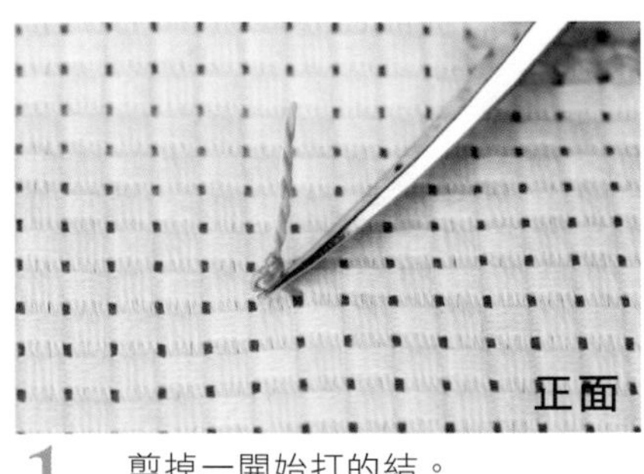

1 剪掉一開始打的結。

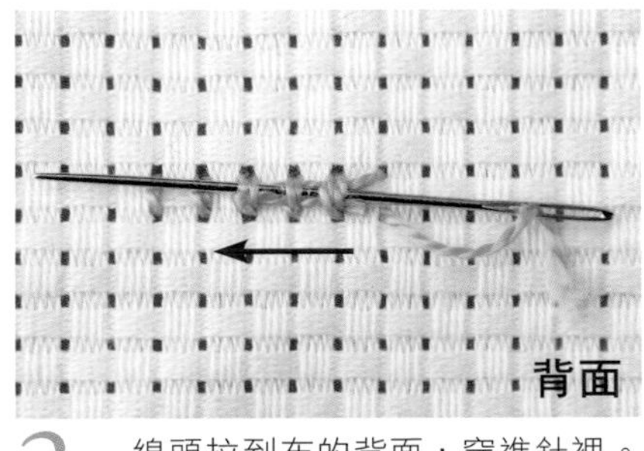

2 線頭拉到布的背面，穿進針裡。然後讓線來回纏繞背面的繡線。

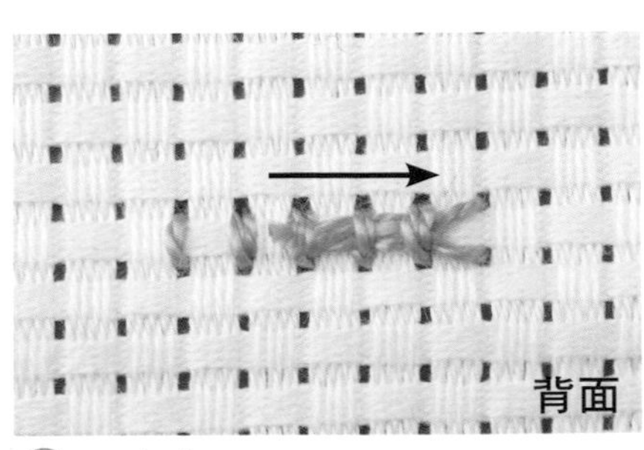

3 完成。

一個一個製作十字繡

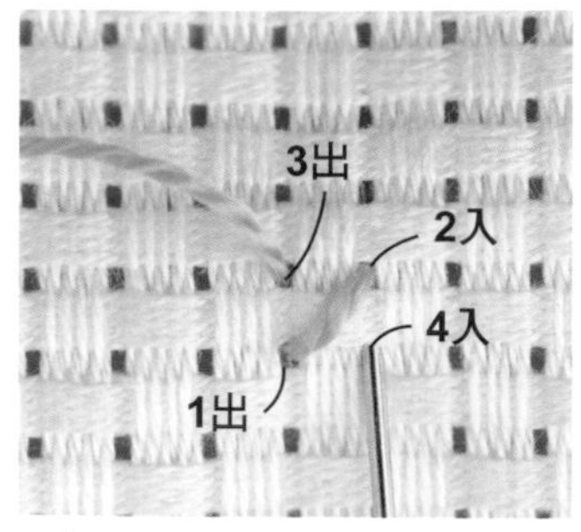

1 在**1**出針，從**2**入針，在**3**出針後，拉線，在**4**入針。

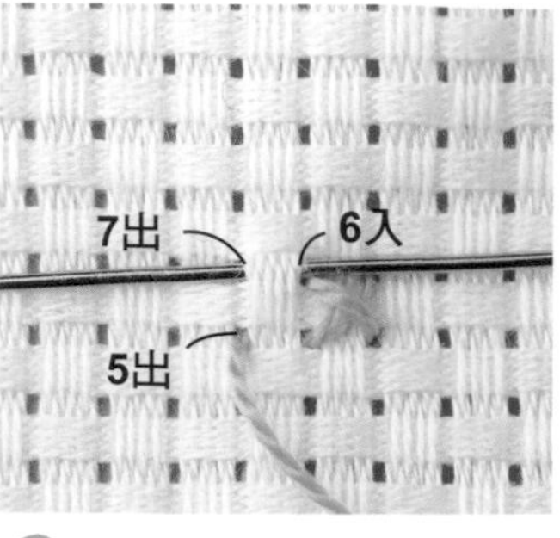

2 在**5**出針，從**6**入針，在**7**出針後，拉線。

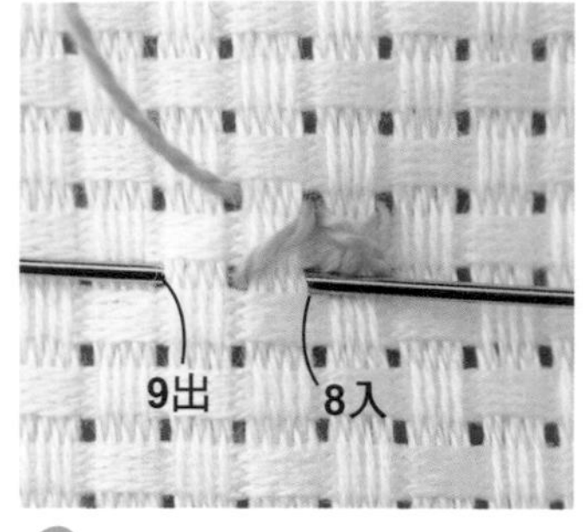

3 在**8**入針，在**9**出針。

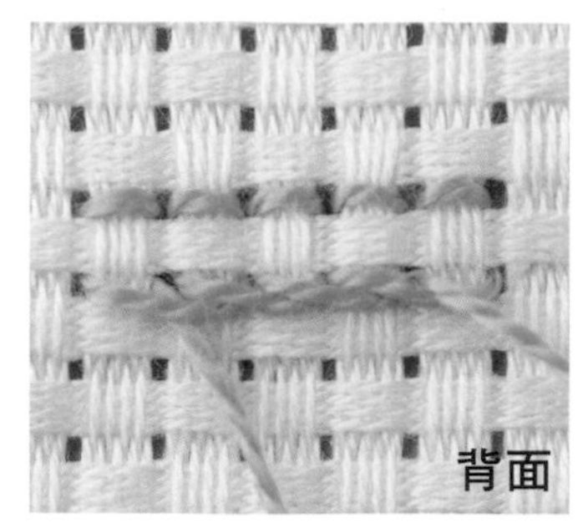

4 從背面看，繡線為兩排橫線。

縱向十字繡

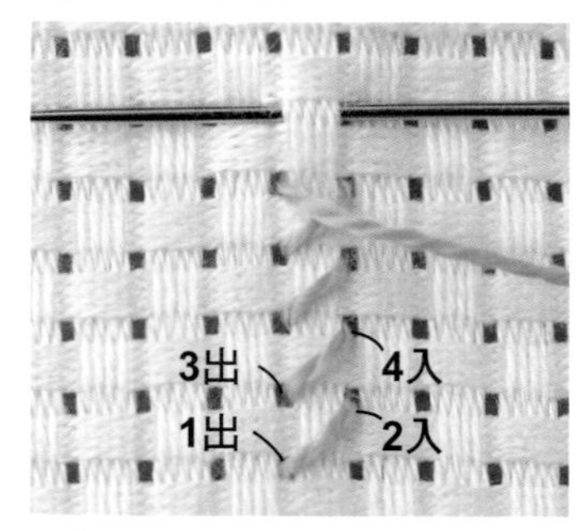

1 在**1**出針後，從**2**入針，在**3**橫向出針，作出斜線。一邊朝旁邊穿針，一邊從下往上刺繡。

2 一邊橫向穿針，一邊從上往下刺繡。

3 重複以上步驟。

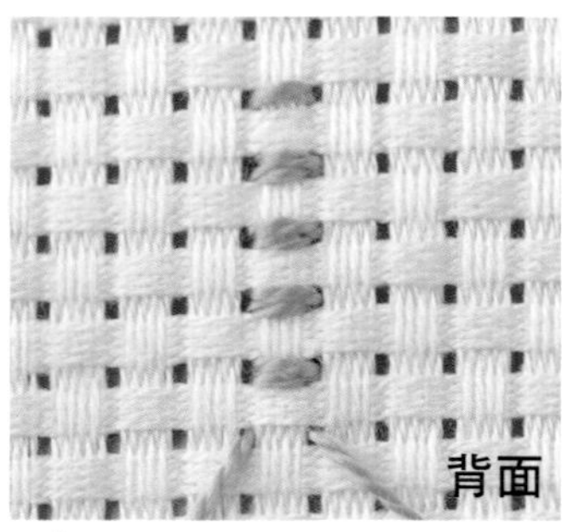

4 從背面看，繡線為多排橫線。

斜向製作十字繡

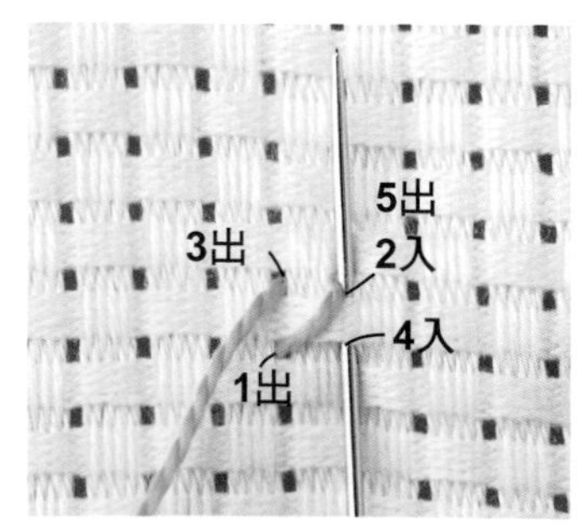

1 在**1**出針後，從**2**入針，在**3**出針，從**4**入針，在**5**出針。

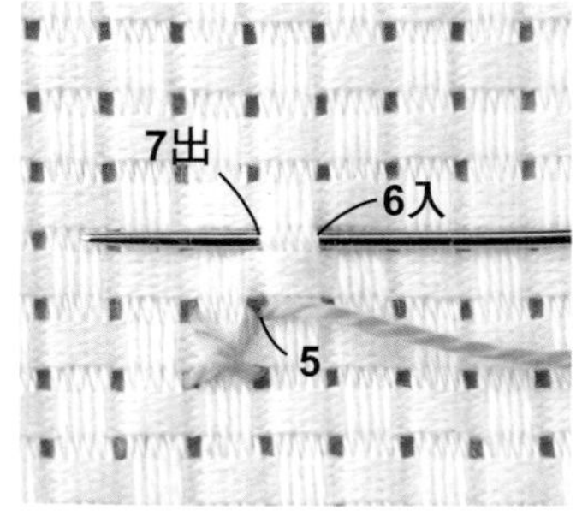

2 在**5**出針後，從**6**入針，在**7**出針。

3 完成。

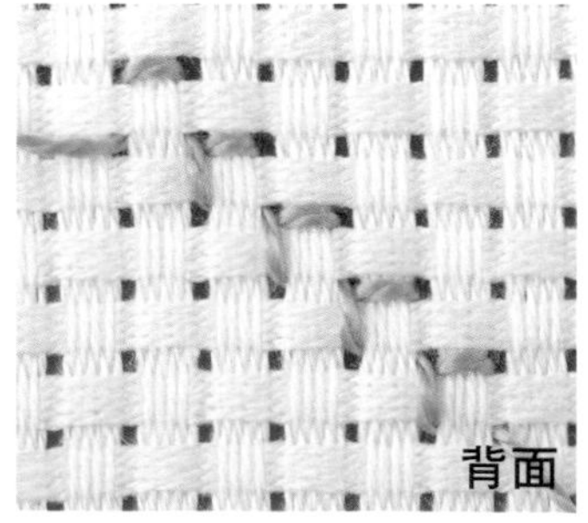

4 從背面看，繡線為縱橫並排。

半十字繡

Half Cross stitch

實際大小的針目

讓線斜向穿越，只繡十字的一半。

在**1**出針後，從**2**入針，在**3**出針。

雙重十字繡

Double Cross stitch

別稱：士麥那十字繡、利維坦十字繡

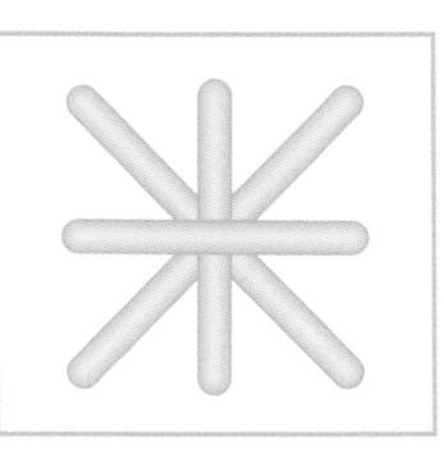

在同一處繡兩個十字繡。分別在打叉線條上繡上十字，及在十字上繡上打叉這兩種繡法。

實際大小的針目

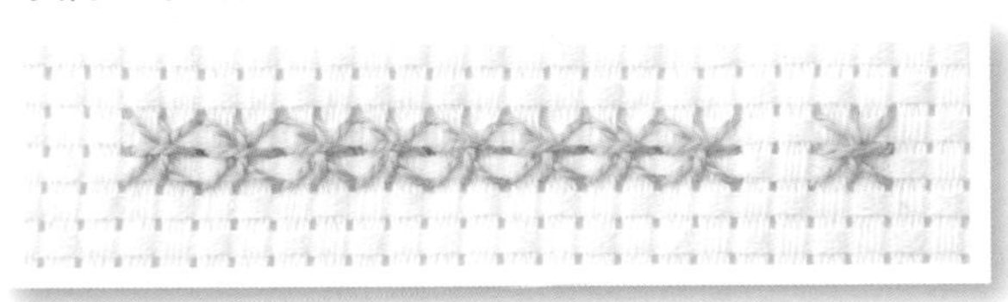

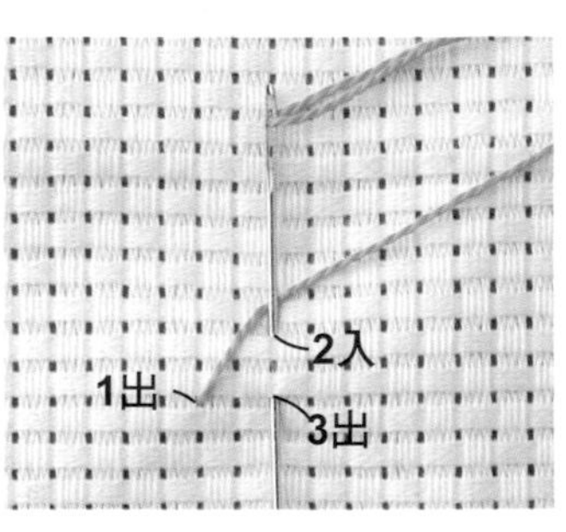

1 在**1**出針後，從**2**入針，在**3**出針。

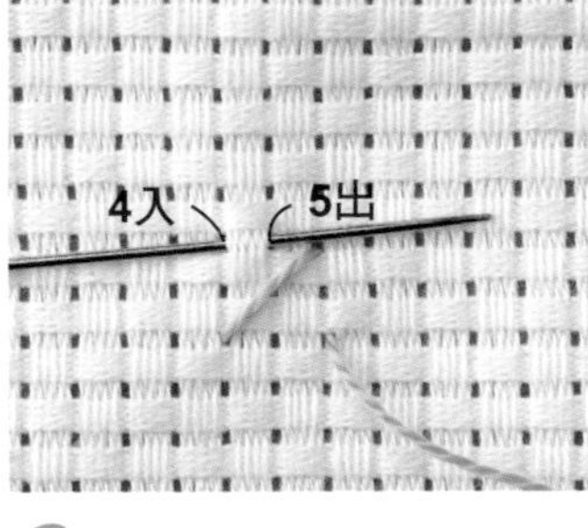

2 在**4**入針，從**5**出針，繡出一個交叉。

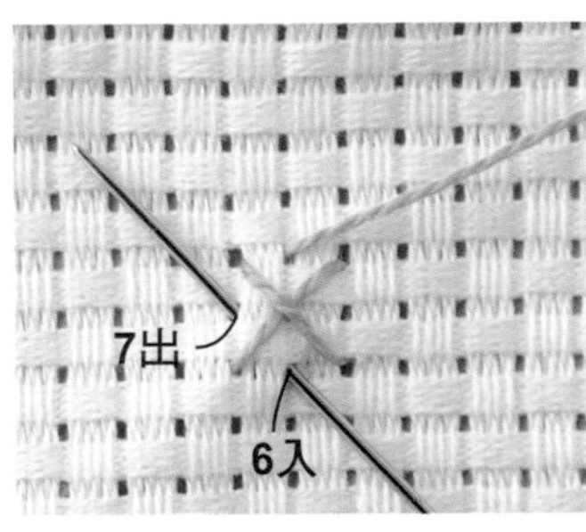

3 在**6**入針，從**7**出針。

4 在**8**入針後即大功告成。

3/4十字繡

Three-quarter Cross stitch

只繡3/4個十字繡。可用在想讓圖案邊角變圓潤的時候。

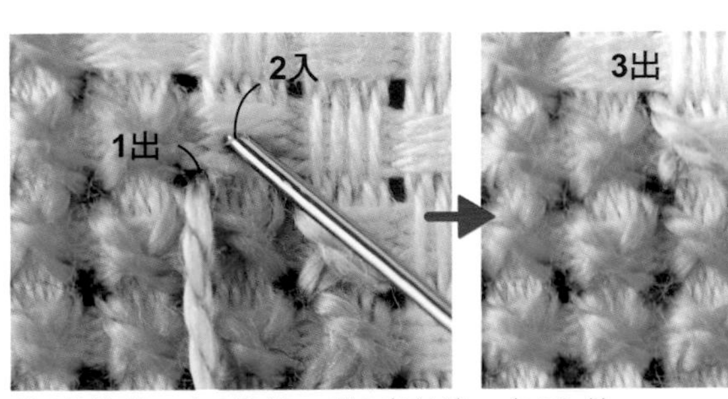

從**1**出針後，在**2**入針，從**3**出針後，在**4**入針。

實際大小的針目

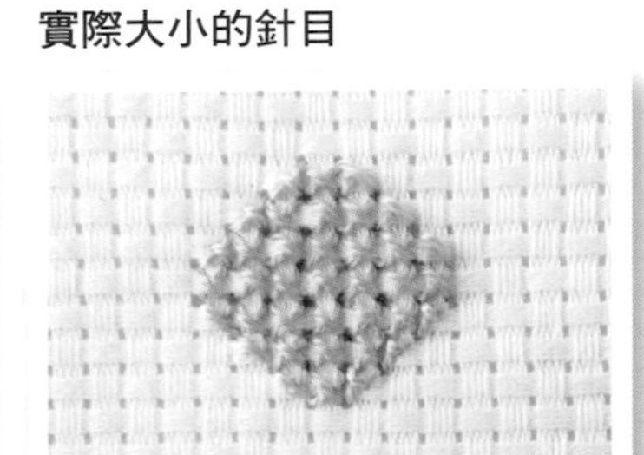

立體繡

～宛如浮雕的刺繡～

關於立體繡

立體繡的起源並沒有定論，不過據說是源自於17世紀的英國。西元1650年到1680年抵達巔峰，被稱為「浮雕繡（Raised work）、填充繡（Padded work）」。不單單是在平面上刺繡，任何人物、蟲魚鳥獸、花草樹木都可以繡得很立體。經常用在小盒子或是過去價昂的鏡子周圍、布製書套、針包等。由於樣式的象徵性質濃厚因此看起來很老舊，但點子卻很新穎。

由於刺繡在當時是年輕女性的嗜好，所以這一類的刺繡會被拿來裝飾房間或拿來展示比拼技術高低。材料有絲綢、麻布、金線、鐵絲，填充棉花是現代人才拿來使用的，過去是用馬的毛當填充物，可說是表現當時的年代代表。

19、20世紀後，立體繡再度流行，轉而被稱「Stump work」。據說是因為拿樹木被砍伐後的殘幹（Stump）來當填充物，但其實真正的名稱由來也一樣沒有定論。

其技法就如名稱。如「分離式（Detached）刺繡」，就是線不繡在布上，只靠穿線作出刺繡。以及「浮雕（Raised）繡」，指的是刺繡會在布上隆起。還有將線繞在鐵絲上，或是繡在其他布上後塞東西進去，再像貼花一樣縫在作品上，樣式相當多樣化。

P.84的刺繡與顏色編號

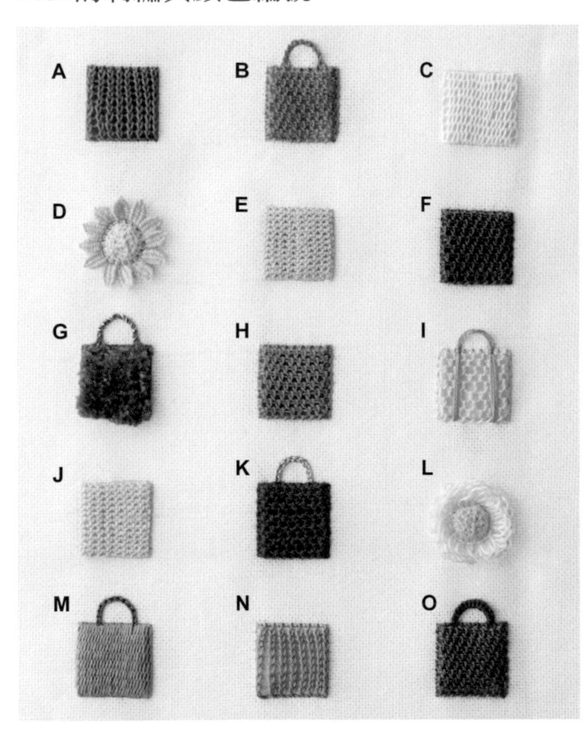

※繡線是使用DMC 8號繡線。紫色文字顏色編號。
※所有的四角形都加了繡線及同種顏色的毛氈。

A／錫蘭繡（**3814**・P94）

B／盤線分離式釦眼繡（**760**・P86）
包包把手 ── 回針繡（P19）繞線之後的釦眼繡（P36）
把手的金屬零件 ── 直線繡（**D3821** 2股線・P55）

C／浮雕莖幹繡（**445**・P92）

E／浮雕鎖鍊繡（**955**・P93）

F／盤線分離式釦眼繡（**3041**・P86）

G／絨毛繡（**840**・P95）
包包把手 ── 繞線鎖鍊繡（P30）
（**840**加**D3821** 纏繞2股線）

H／盤線分離式釦眼繡（**352**・P86）

I／分離式釦眼繡（**747**・P89）
包包把手 ── 直線繡（**519** 3股線・P55）

J／浮雕鎖鍊繡（**ECRU**・P93）

K／分離式釦眼繡（**601**・P89）
包包把手 ── 鎖鍊繡（**D3821** 2股線・P28）

M／浮雕莖幹繡（**519**・P92）
包包把手 ── 鎖鍊繡（**840** 2股線・P28）

N／錫蘭繡（**210**・P94）

O／盤線分離式釦眼繡（**414**・P86）
包包把手 ── 釦眼扇形繡（**517** 2股線・P88）

實際大小的圖案

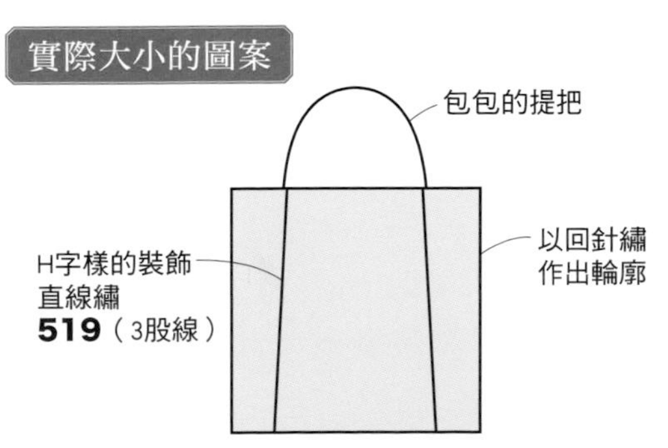

※D和L在P.90

盤線分離式釦眼繡

Corded Detached Buttonhole Stitch

別稱：填充釦眼繡、盤線布魯塞爾繡

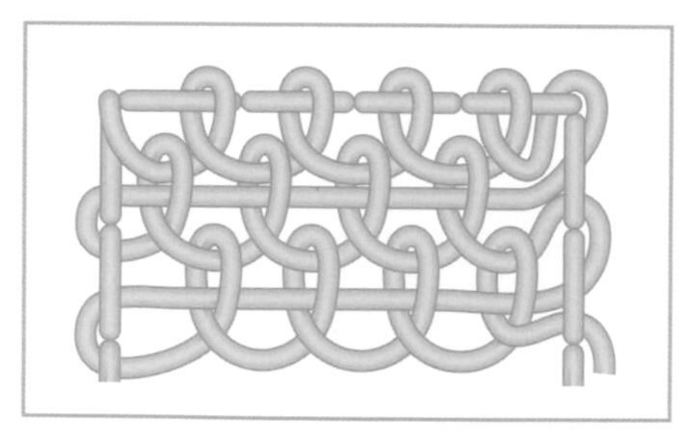

先繡好左右一條芯線，
然後連同芯線一併穿線，
再作出釦眼繡。

實際大小的針目

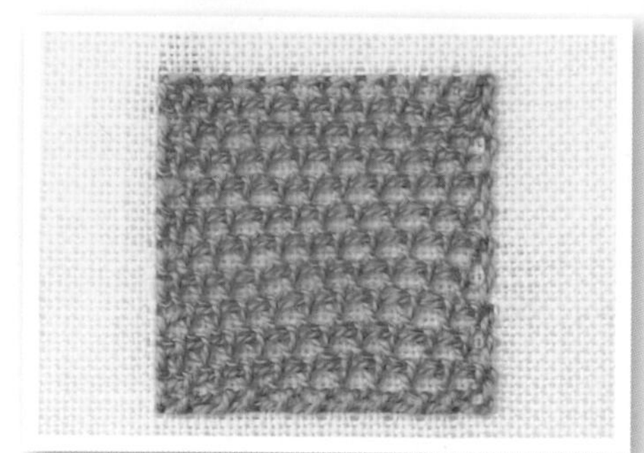

1 以相同針數製作

施以回針繡，上方每一針都作一次釦眼繡後，再作編織繞線。
到了尾端後，將針通過上方最後一條線，繞到輪廓外側，穿過第一個縱向回針繡，即拉直線到反方向的尾端，穿過左邊的縱向回針繡與一開始的繞線後，再作出釦眼繡。
依序如下：繞過左邊一開始的線（**1**），但不要繞過右邊最後的線（**2**），不要繞過左邊一開始的線（**3**），要繞過右邊最後的線（**4**）。
以此作法，每一排都輪流重複保持相同針數不要增減，就能填滿整個面。

1 要繞過左邊一開始的線
縱向的穿越線算一針
2 不要繞過右邊最後的線
針數／7針
第一排／7針
第二排／7針
第三排／7針
3 不要繞過左邊一開始的線
製作針數的方向
4 要繞過右邊最後的線
重複步驟1至步驟4刺繡

2 針數每次增加一針

繡出回針繡，先作出如同裙子一樣變寬的框框。與步驟**1**一樣穿線後再施以釦眼繡。
要繞過左邊一開始的線，也要繞過右邊最後的線，並刺進布裡，每一排的針數就能增加一針。

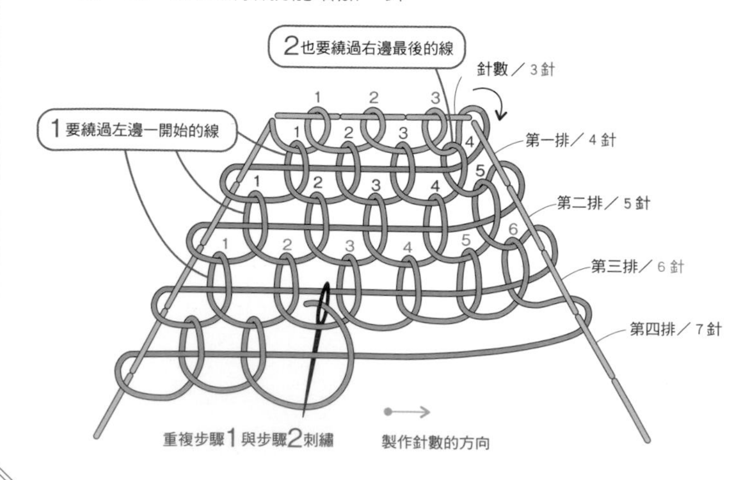

3 針數每次減少一針

以回針繡作出像是倒三角的框框。同步驟**1**先穿線再施以釦眼繡。不要繞過左邊一開始的線，也不要繞過右邊最後的線，而是刺進布裡，每一排的針數就能減少一針。

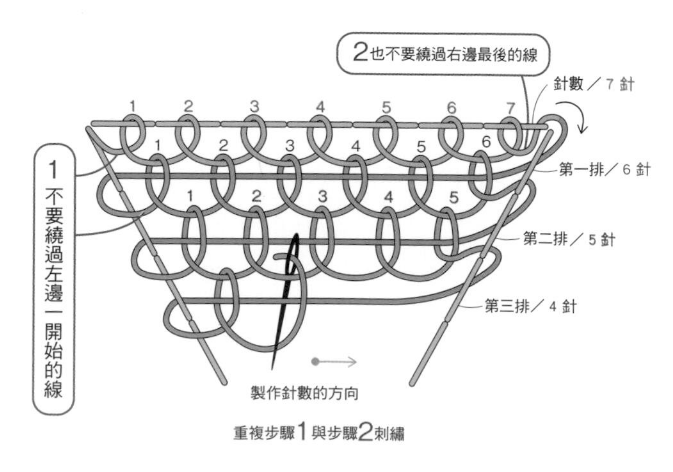

※布與刺繡之間會有間隙。

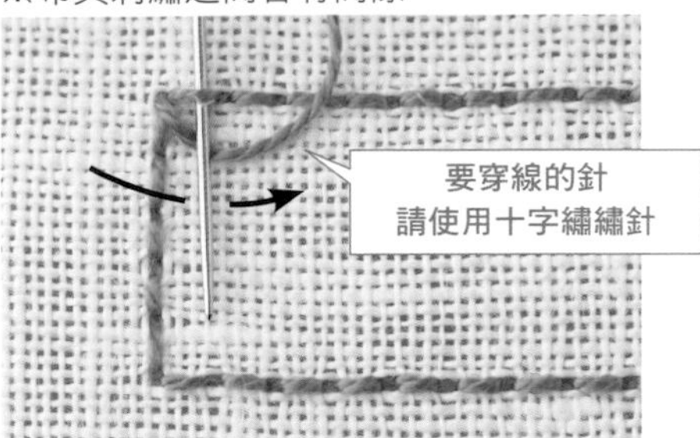

1 以回針繡繡出輪廓。讓針帶著線穿過回針繡，繡出一個朝下的釦眼繡。

2 拉線，已作好第一個繞線動作。

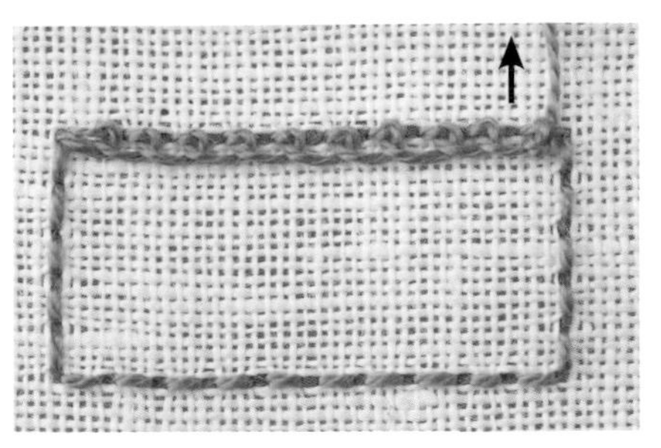

3 同樣繡一排，讓針穿過最後的回針繡至輪廓外。

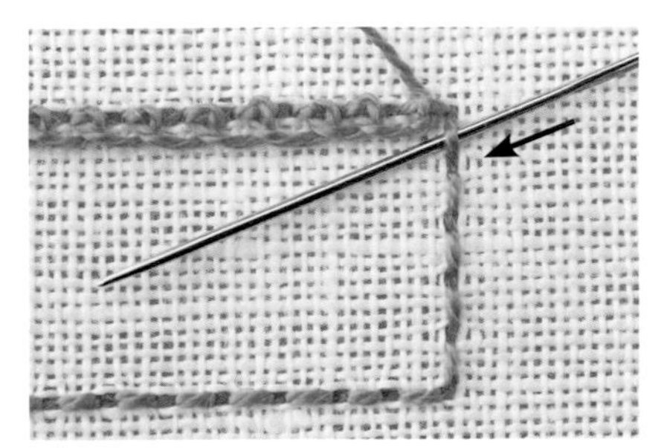

4 從外側讓針帶著線穿過右邊第一個縱向回針繡。

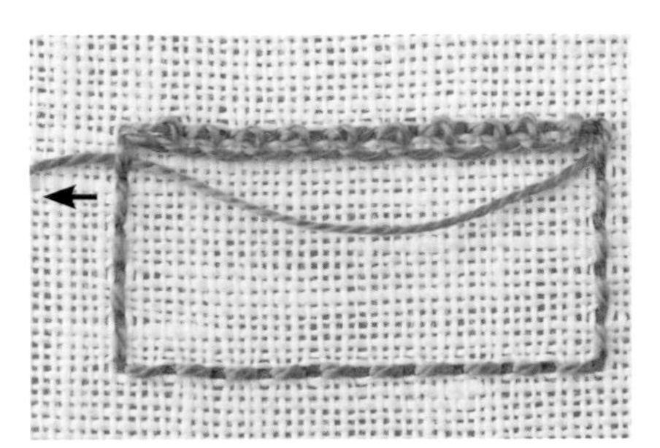

5 直接讓針帶著線穿過左邊第一個縱向回針繡。

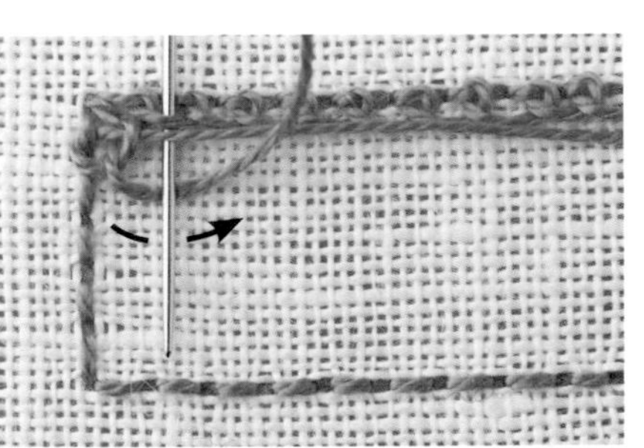

6 只以線穿過左邊的編織繞線及方才拉直的線，作出一個向下的釦眼繡。

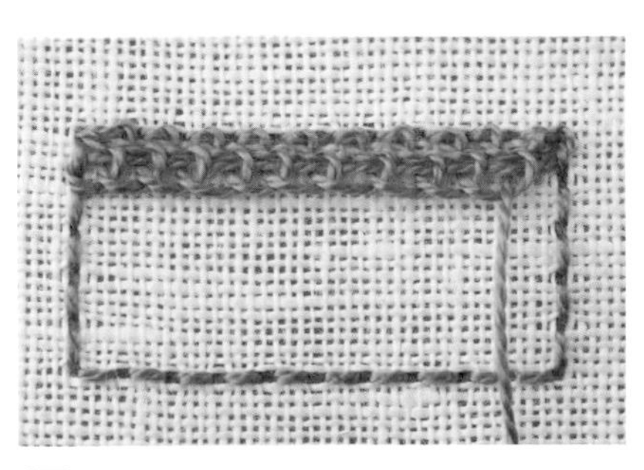

7 再到尾端之前都依序作出釦眼繡。

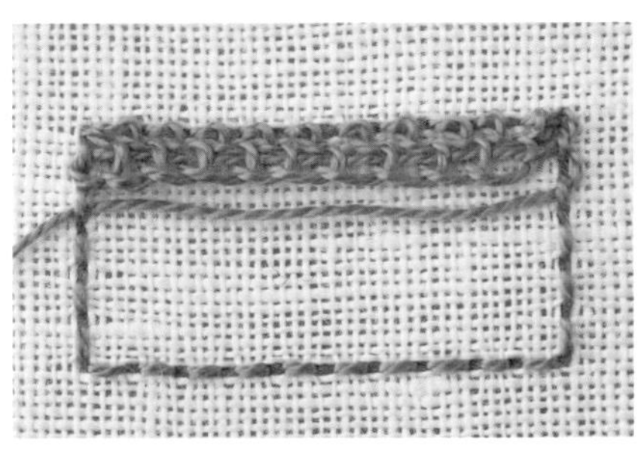

8 在右邊第11段再度從內側入針，從圖案外側出針。將線穿過第二個縱向回針繡。

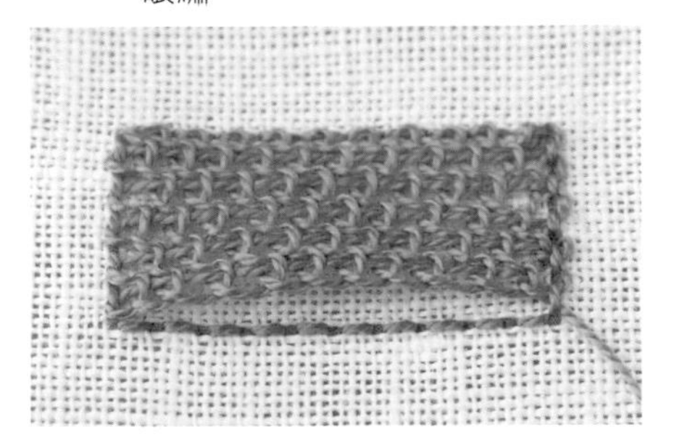

9 依照同樣要領繡到最底下。

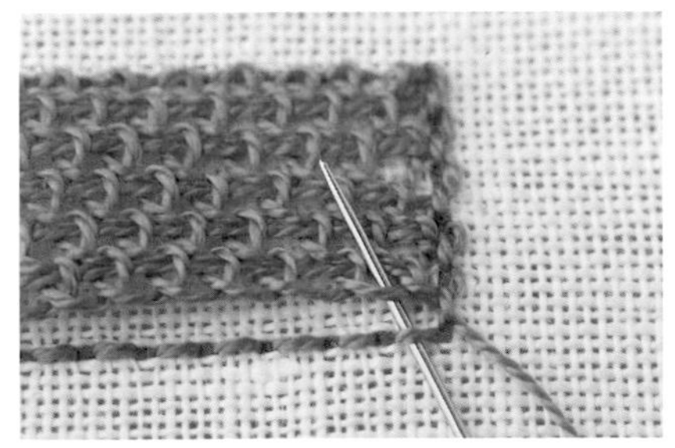

10 底下的回針繡要與釦眼繡的線纏繞在一起，準備將繡面收合。若要放入填充物，請在此時放進去（參照P.97）。

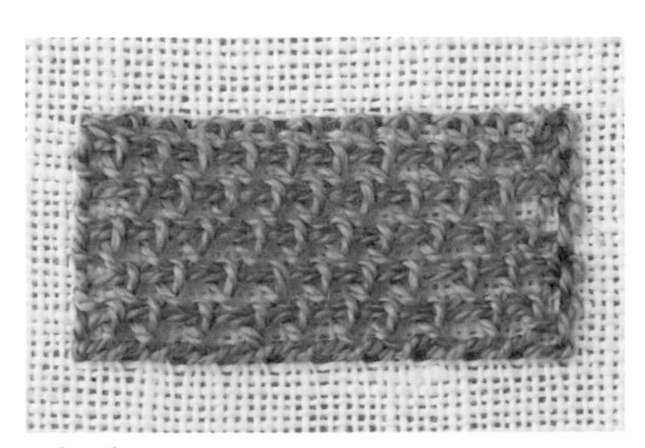

11 大功告成。

12 背面的狀態。只看見回針繡的線。

釦眼扇形繡

Buttonhole Bar

實際大小的針目

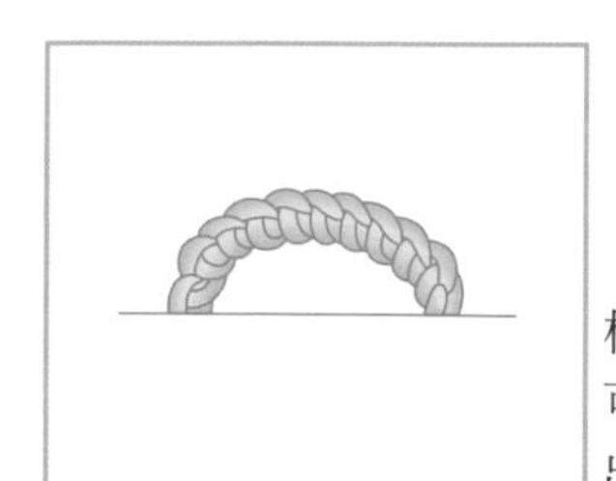

根據線條的鬆緩程度，可作出直線，也可以作出扇形。

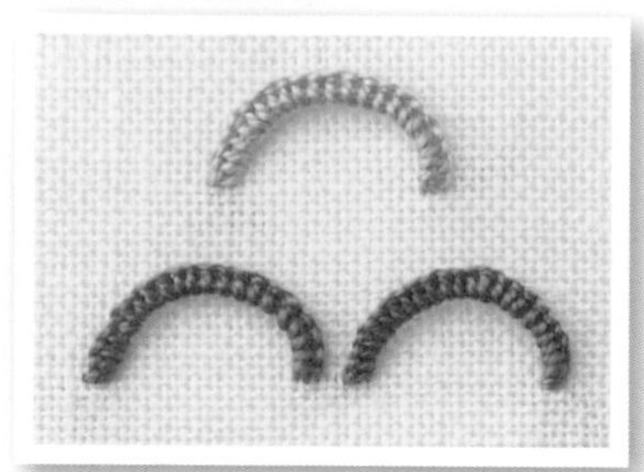

作出兩條芯線，製作釦眼扇形繡的時候

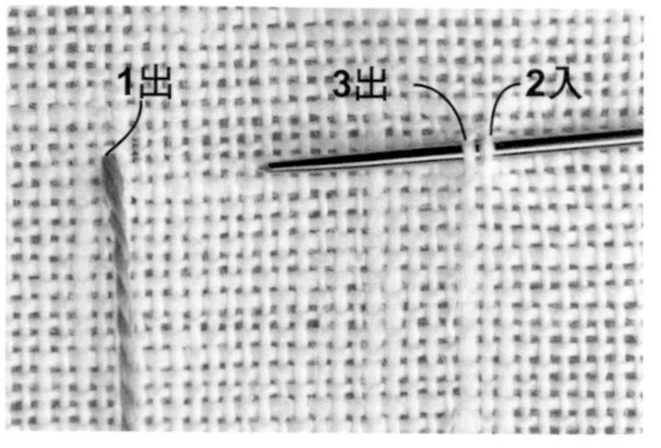

1 在**1**出針後，從**2**（想製作扇形繡的位置）入針，在內側挑一針穿布（製作釦眼扇形繡時，橫向挑針穿布，扇形繡較不易歪掉）。

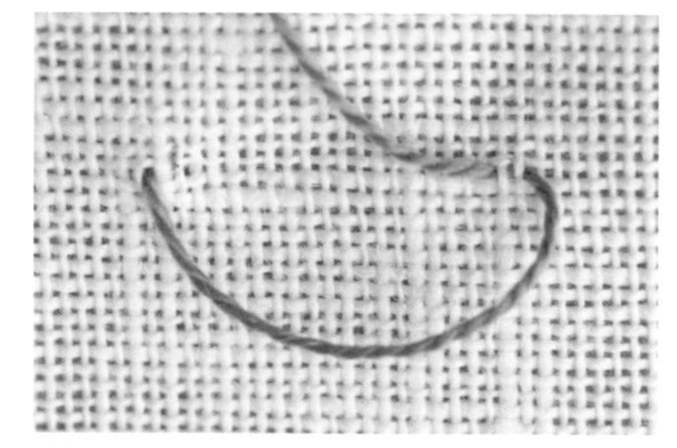

2 作出第一條芯線。

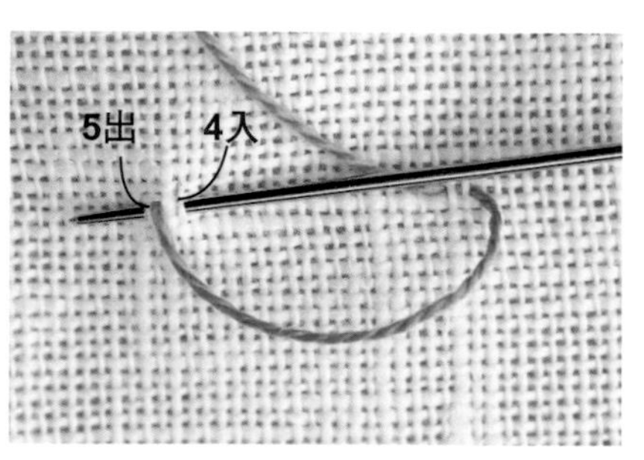

3 在**1**的旁邊同時也是內側入針，在**1**的附近出針。

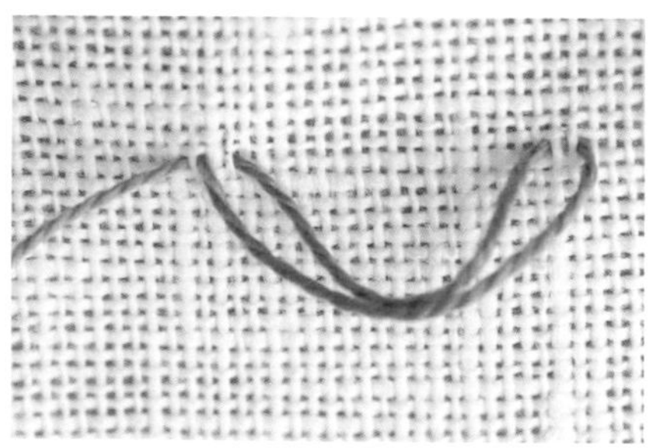

4 作出第二條芯線。鬆弛芯線，調整成想製作的扇形繡大小。

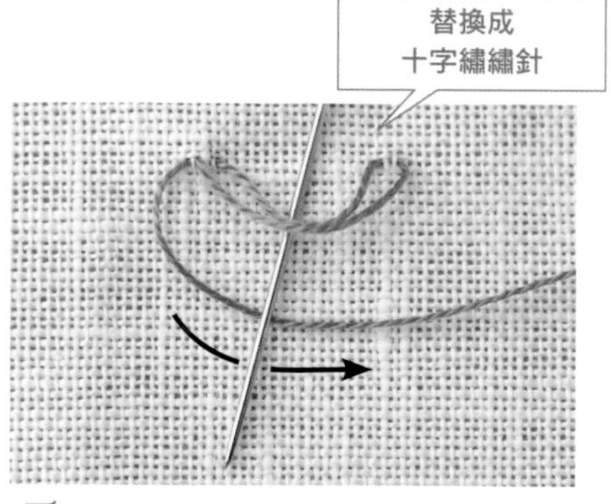

5 將針穿過芯線底下，繡出一個朝下的釦眼繡。

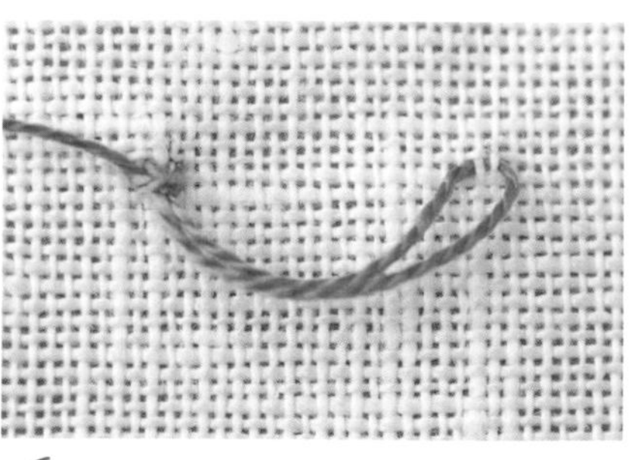

6 拉線後，將打結處推到左邊。

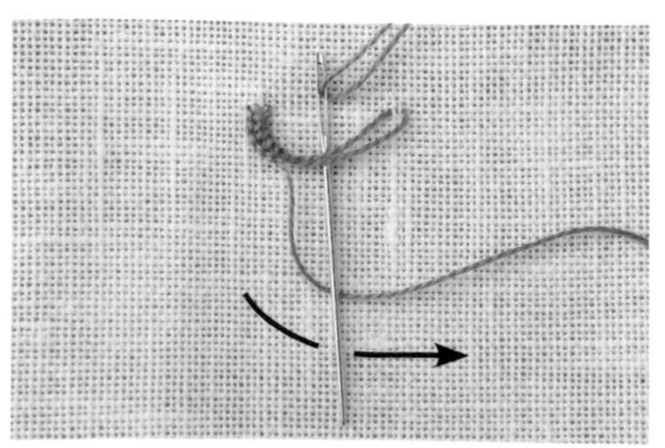

7 請勿讓針目重疊，從左邊開始作出並列的釦眼繡。

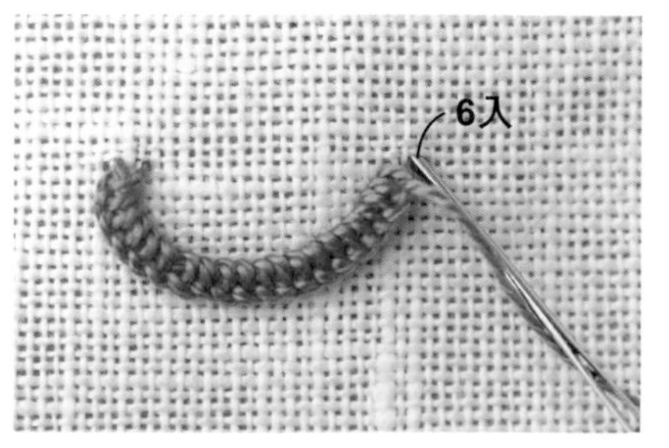

8 繡完之後，在**2**的附近**6**入針。

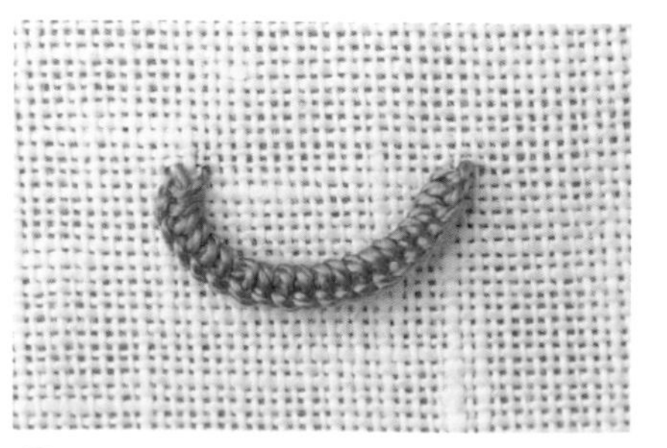

9 大功告成。

分離式釦眼繡

Detached Buttonhole Stitch

別稱：布魯塞爾繡、分離式毛毯邊繡

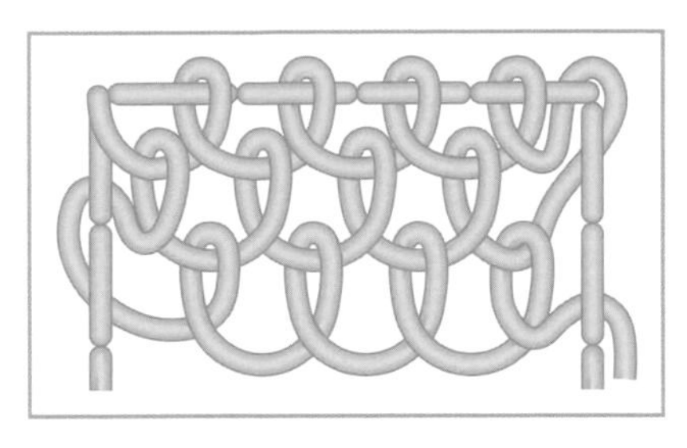

從左至右又從右至左，來回繞線同時作出向下的釦眼繡。

實際大小的針目

※布與刺繡之間會有間隙。

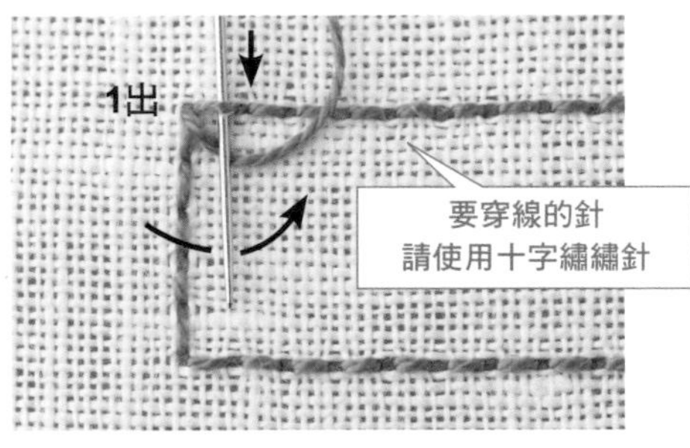

1 以回針繡繡出輪廓。讓針穿過回針繡的線，作出一個向下的釦眼繡。

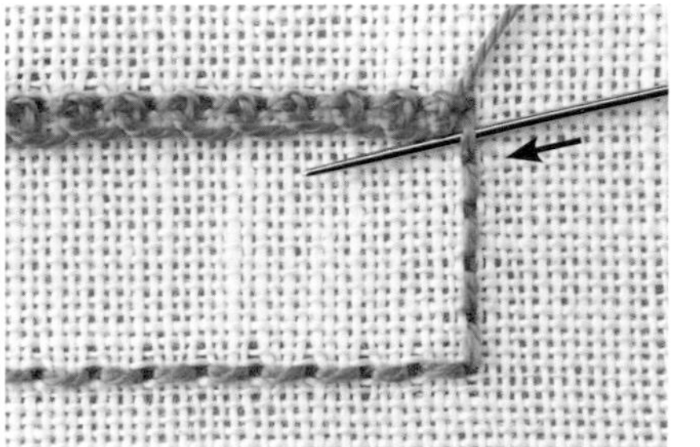
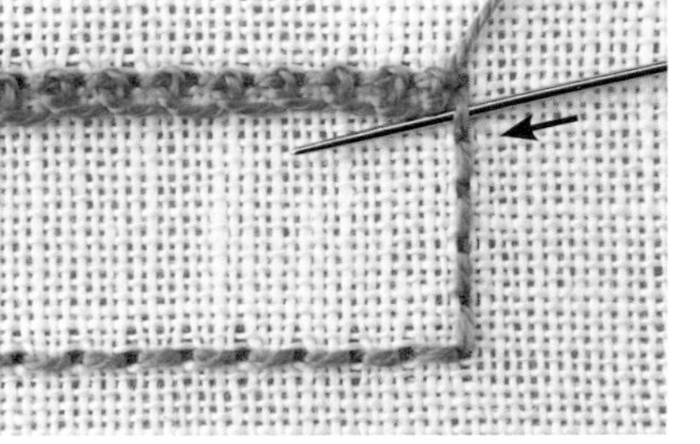

2 讓針穿過最後的回針繡，到圖案輪廓外頭。接著針穿過右邊的第一個縱向回針繡。

3 讓針穿過釦眼之後，將線放在針底下，作出逆向釦眼繡。

4 重複作出釦眼繡，針目數須相同。

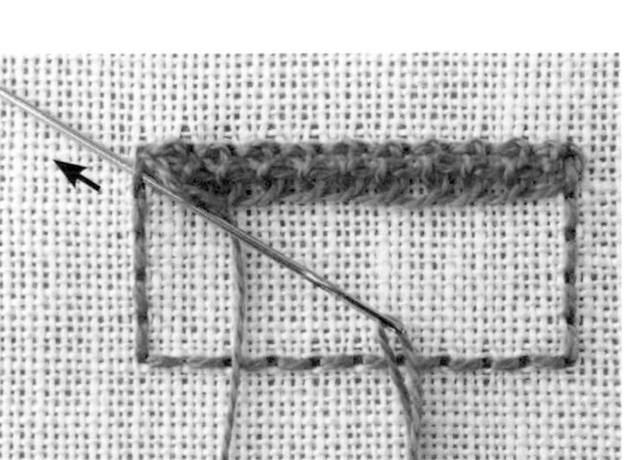

5 請將針從內側繞過第一排的回針繡。

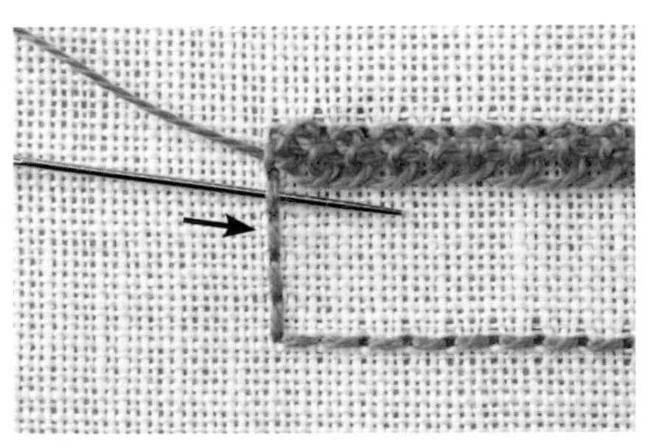

6 請將針從外側繞過第二排的回針繡。

7 重複作出同樣的釦眼繡。

8 最後請穿過圖案輪廓下方的回針繡並繞線，準備收合。若要放入填充物，請在此時放進去（參照P.97）。

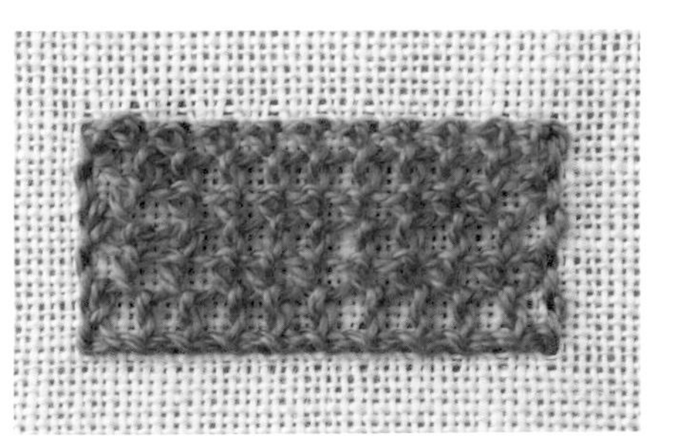

9 完成。

分離式釦眼繡圓形

Detached Buttonhole Stitch

分離式釦眼繡可在刺繡途中大幅縮減針數。
要繡出圓形圖案時，請從外圍以螺旋狀的方式，朝內側一邊縮減針數，一邊刺繡。
均勻地劃分圓形輪廓，繡出回針繡。接下來，一邊穿過回針繡的線，一邊繡出一圈釦眼繡（藍色部位）。
第二圈要繞過第一圈的線，繡出釦眼繡（粉紅色部位）。越接近圓心，針數也越少。
針數減少時，每一圈會少一針，並逐漸繞向圓心。

實際大小的針目

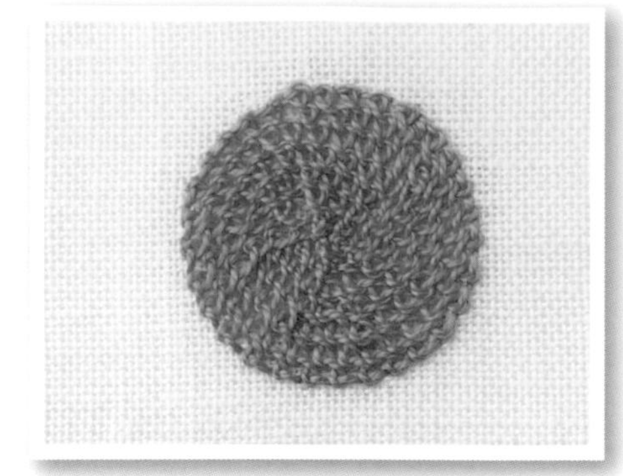

穿過回針繡的線邊作出釦眼繡繞一圈（藍色部位）。第二圈是穿過第一圈的線後，作出釦眼繡（粉紅色部位）。

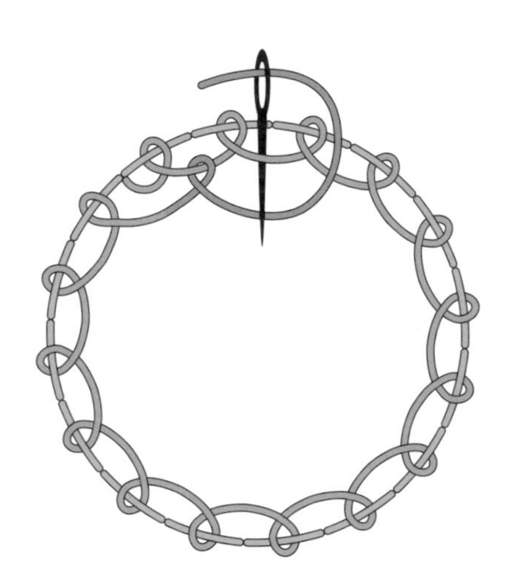

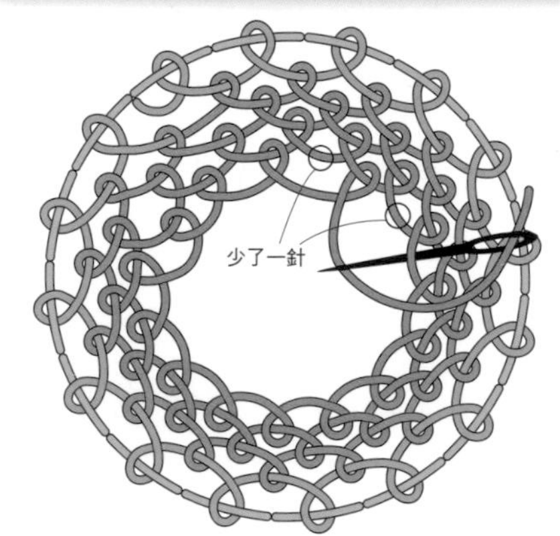

P.84的**D**和**L**的刺繡及顏色編號

※繡線是使用DMC 8號繡線。

D的刺繡順序

1. 將圓圈均分為18等分後，繡出回針繡（**3348**）。
2. 穿過回針繡的線後，繡一圈釦眼繡（**745**）。
3. 穿過釦眼繡的線後，再繡出第二圈釦眼繡（總計三圈）。
4. 第四圈會開始減少一個針目。
5. 朝裡頭塞入同顏色的羊毛氈，收合開口。
6. 以浮雕葉形繡作出十二片花瓣（**818**）。

L的刺繡順序

1. 將圓圈均分為18等分後，繡出回針繡（**725**）。
2. 穿過回針繡的線後，繡一圈釦眼繡（**725**）。
3. 穿過釦眼繡的線後，再繡出第二圈釦眼繡（總計三圈）。
4. 第四圈會開始減少一個針目。
5. 朝裡頭塞入同顏色的羊毛氈，收合開口。
6. 從花瓣外側開始繡出絨毛繡（**3865**）。
7. 在內側繡出後3排絨毛繡。

實際大小的圖案

※布與刺繡之間會有間隙。

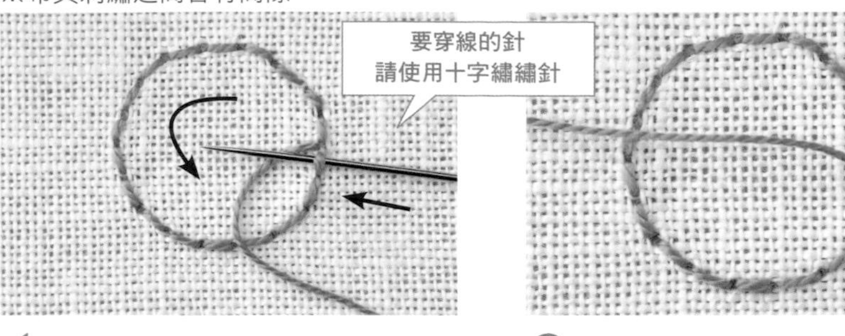

1 以回針繡繡出輪廓。以針從外側繞過回針繡的線，繡出釦眼繡。

2 拔針後，拉動釦眼繡的線。

3 按照相同要訣繡一圈。

4 第二圈就跳過一開始作出的線，繡出釦眼繡。

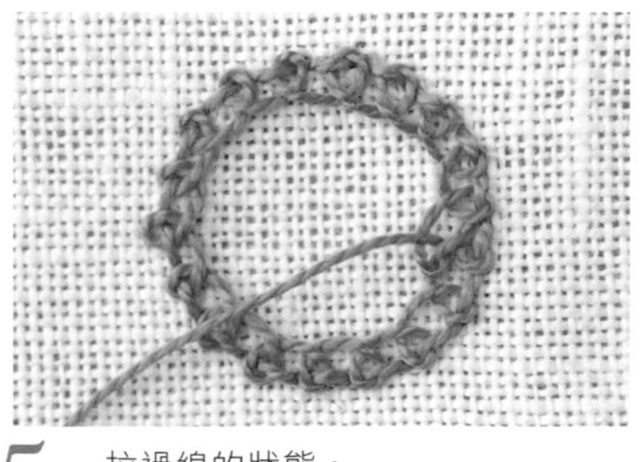

5 拉過線的狀態。

6 按照相同要訣繡第二圈。

7 繡出第三圈。

8 在第四至五圈繡出兩針釦眼繡，重複少一針。
若要放入填充物，請在此時放進去（參照P.97）。

9 在第6圈少一針，繡出釦眼繡。

10 中央被填滿後，從圓心入針，在輪廓線條的回針繡的裡線附近出針。

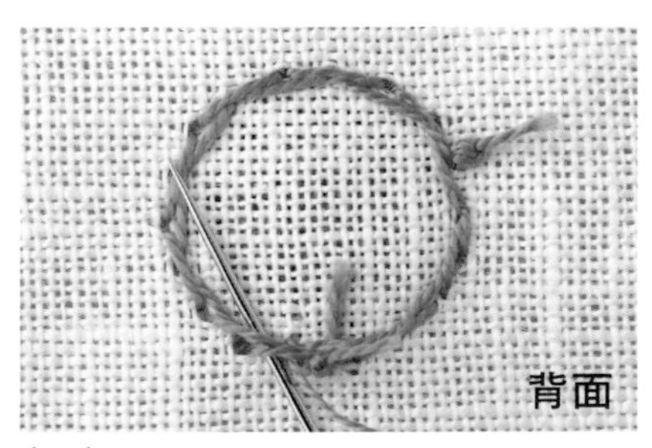

11 在布的背面收拾線頭。

12 完成。

浮雕莖幹繡

Raised Stem Stitch

別稱：莖幹繡、浮雕輪廓繡

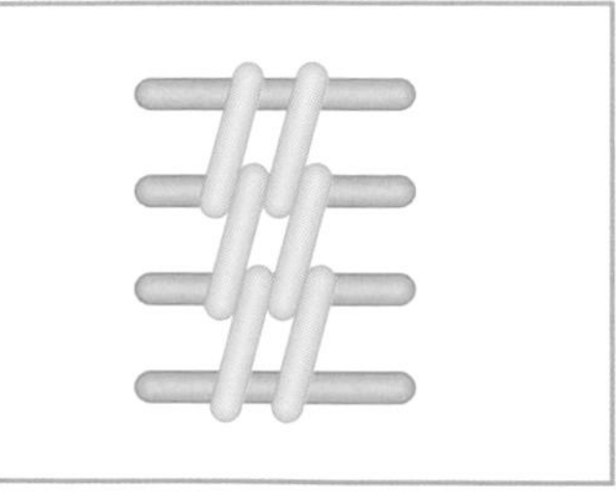

按照輪廓繡的要訣，繞過等距離平行的芯線。一邊改變繡布的方向，一邊反覆來回刺繡。

實際大小的針目

※布與刺繡之間會有間隙。

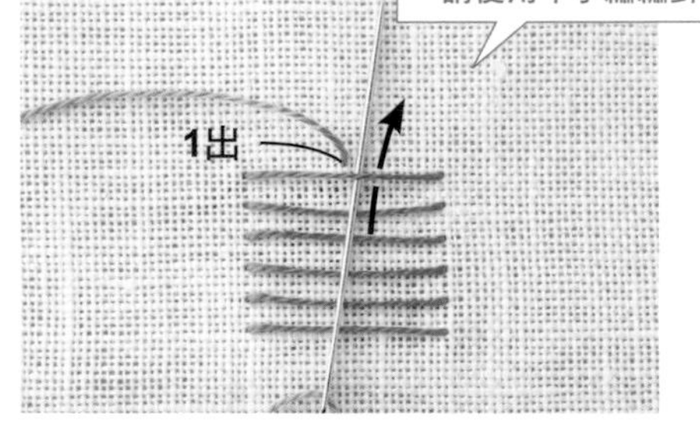

1 繡好芯線。從最上方中央出針，從下方穿過第一條橫線。

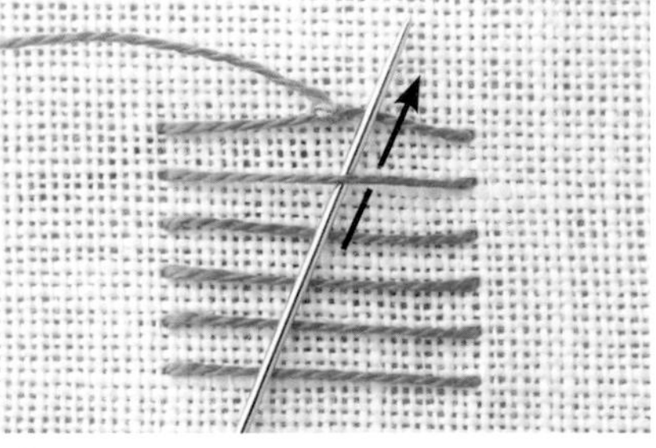

2 按照輪廓繡的要訣，每次穿過一條芯線。

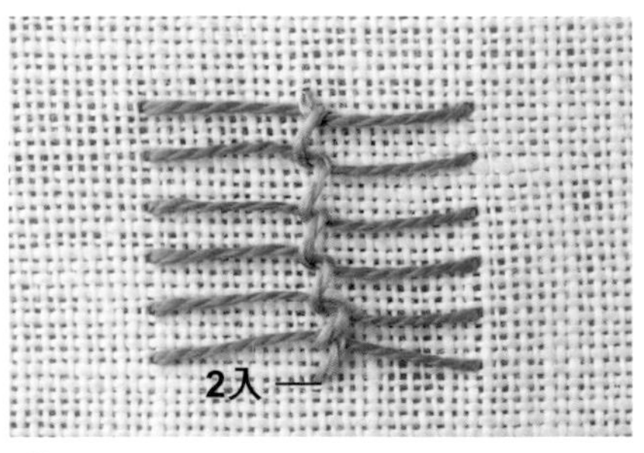

3 繡出一直排後，在**2**入針。

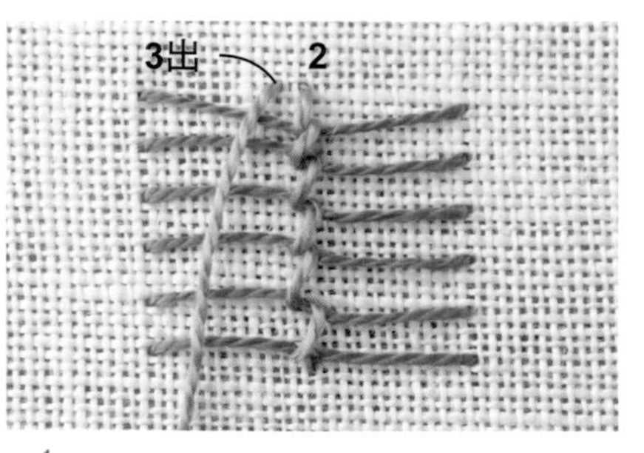

4 將繡布上下顛倒拿後，在**3**（**2**的旁邊）出針。

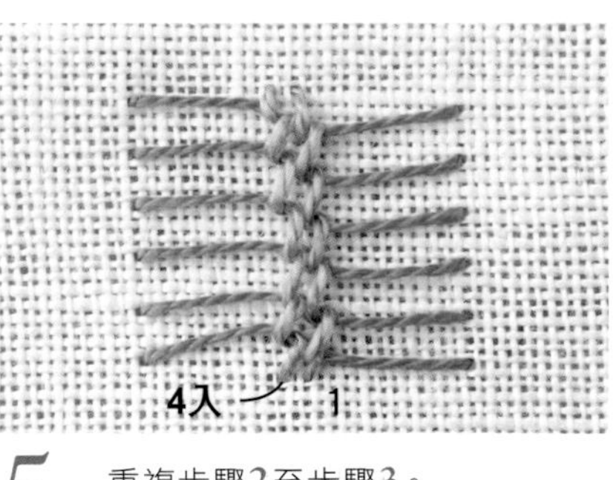

5 重複步驟2至步驟3。

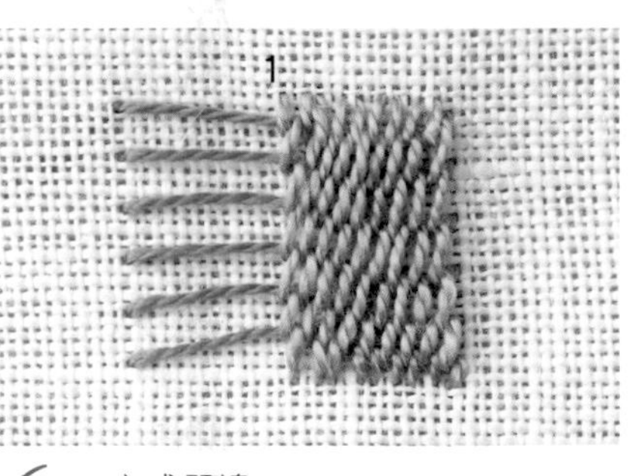

6 完成單邊。

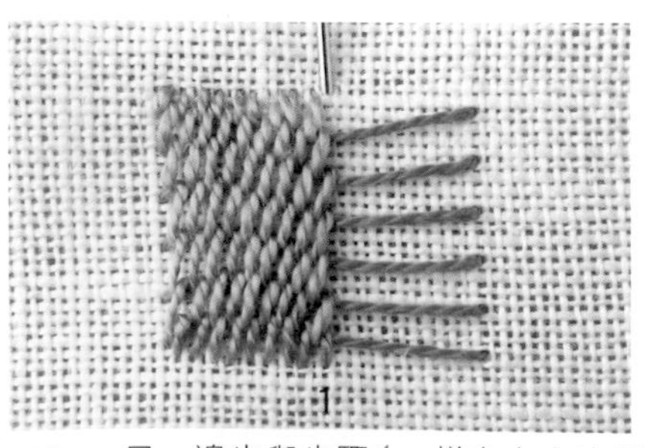

7 另一邊也與步驟**4**一樣在上方出針。

8 按照相同要訣繡好，填滿整個圖案。

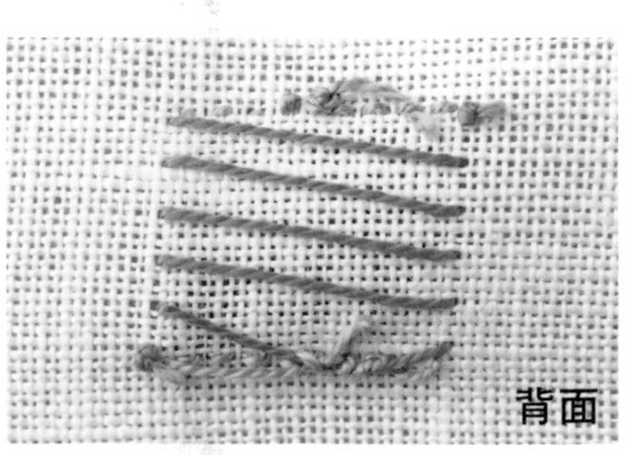

9 從布的背面呈現的樣子。

浮雕鎖鍊繡

Raised Chain Stitch

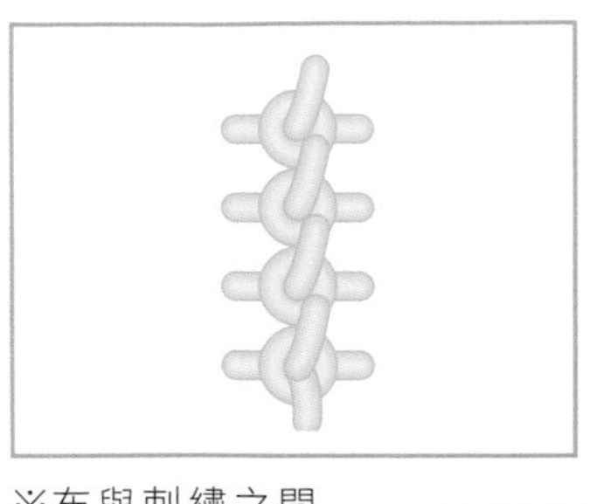

按照鎖鍊繡的要訣，繞過等距離平行的芯線。朝著同個方向刺繡。

※布與刺繡之間
會有間隙。

實際大小的針目

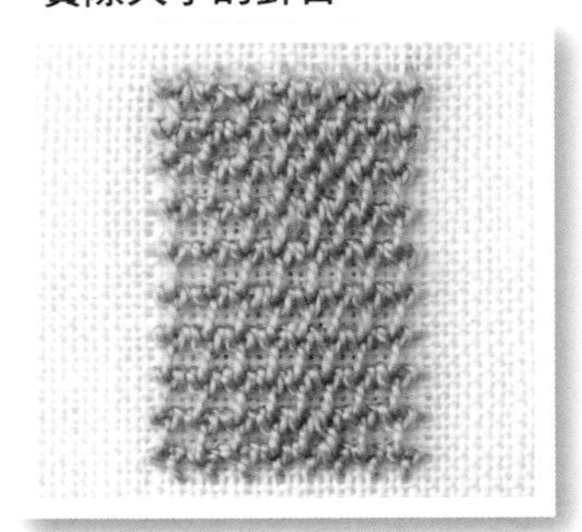

要穿線的針
請使用十字繡繡針

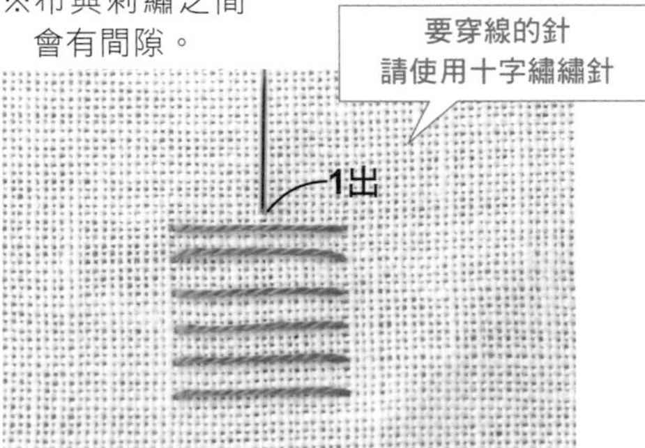

1 橫向繡好芯線。從最上方中央出針。

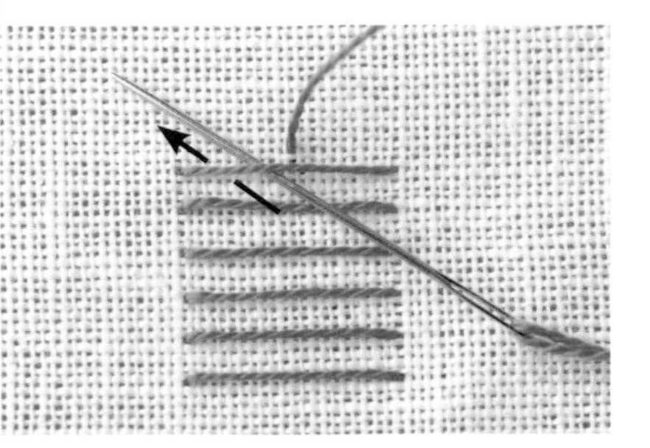

2 針由下往上繞過第一條橫線，朝左邊出針。

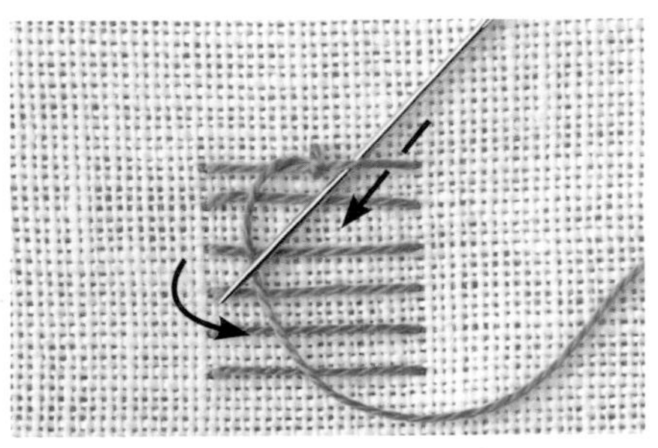

3 針從上往下穿過第一條橫線，線要擺在針底下。

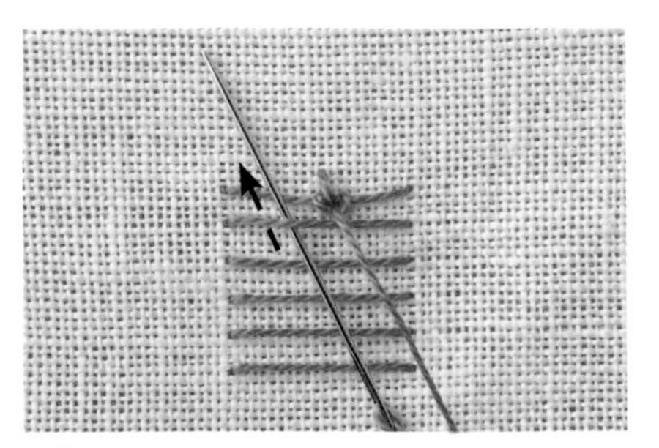

4 拉線，收緊針目。

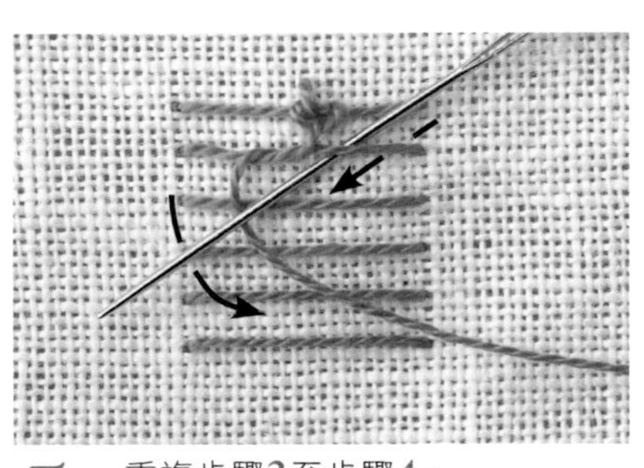

5 重複步驟2至步驟4。

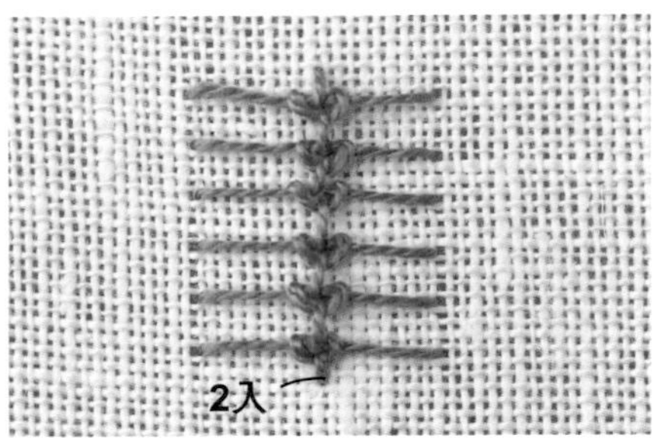

6 繡到最後一條橫線之後，在下方（2）入針。

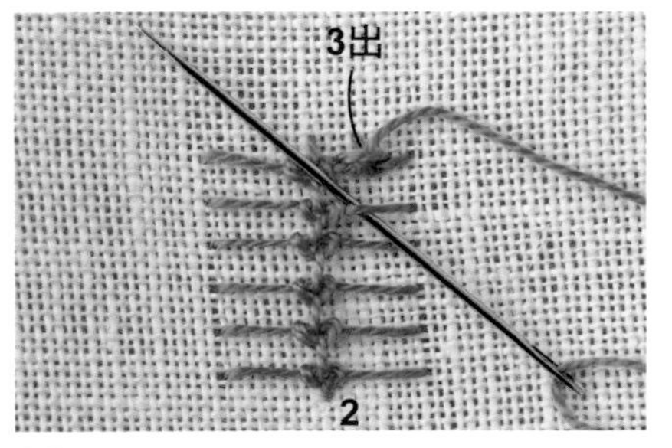

7 從上方出針後，按照同樣的要訣重複刺繡。

8 繡滿一半的狀態。剩下的一半也從上往下繡。

9 完成。

錫蘭繡

Ceylon Stitch

看似毛織品的刺繡。在布的背面拉線並由左朝右繡。

※布與刺繡之間會有間隙。

實際大小的針目

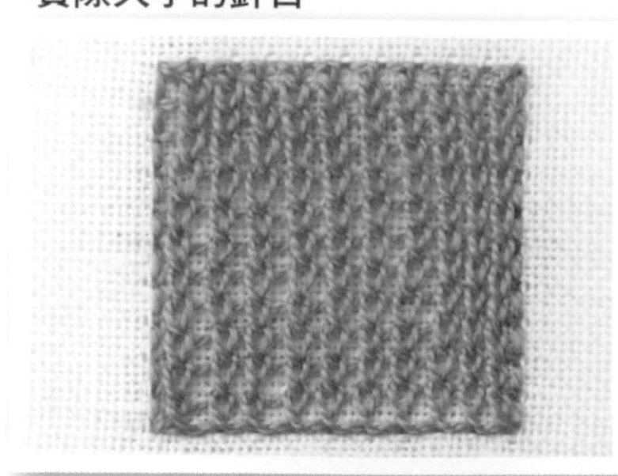

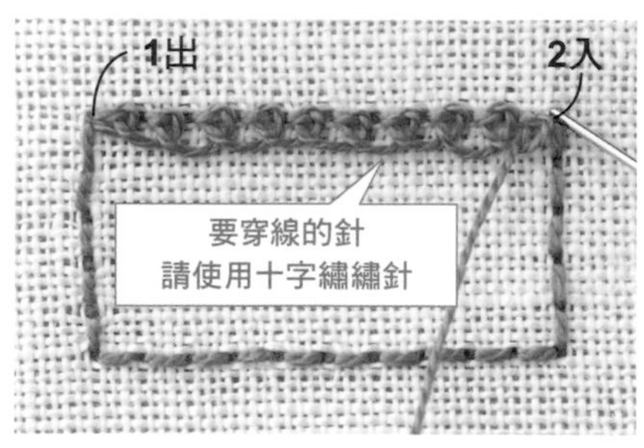

1 以回針繡繡出圖案輪廓。讓針穿過線，繡出朝下的釦眼繡。

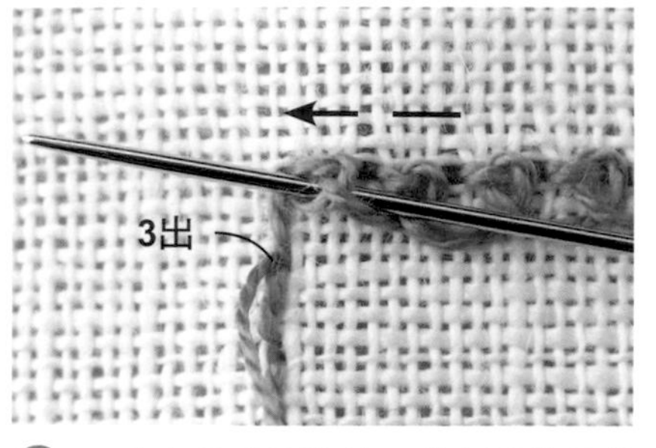

2 在布的背面拉線，從左邊的回針繡連接處出針。穿過釦眼繡的交叉部位後繡出釦眼繡。

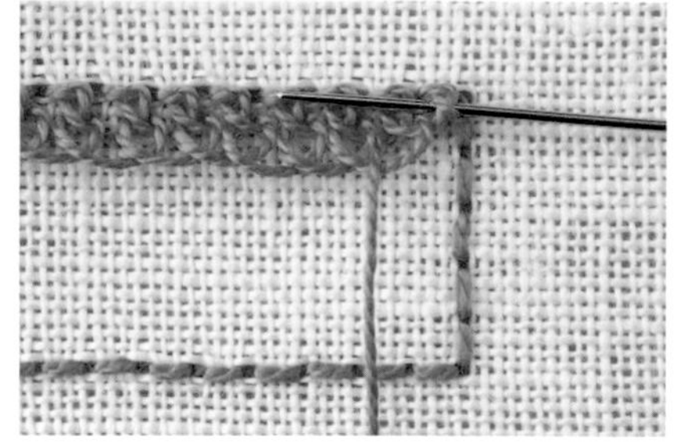

3 按照同樣要訣繡至尾端。

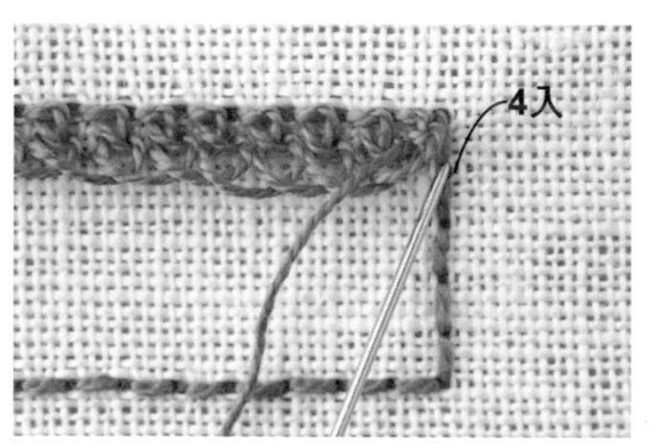

4 在左邊的回針繡相同位置（4）入針。

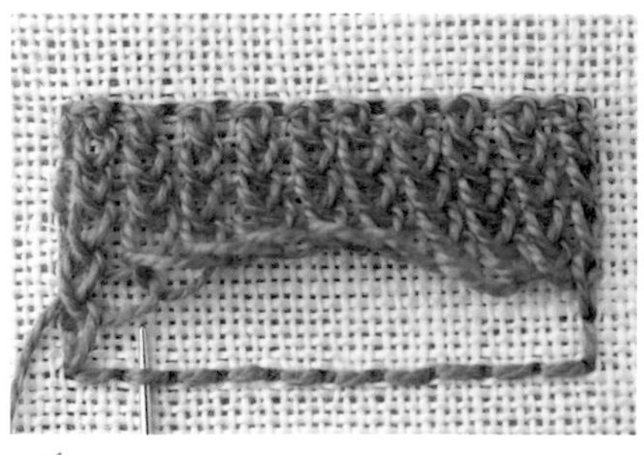

5 在布的背面拉線，重複步驟2至步驟4。最後從左邊的邊角出針，穿過在前一排的交叉部位與下方的回針繡的線。

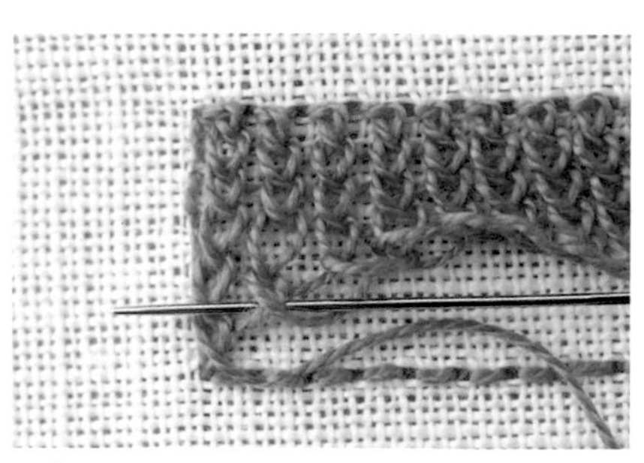

6 針繞過前一排的交叉部位。

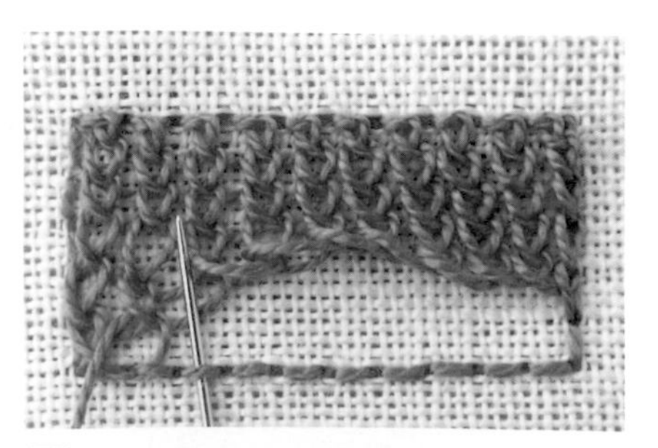

7 繞過下方的回針繡的線。

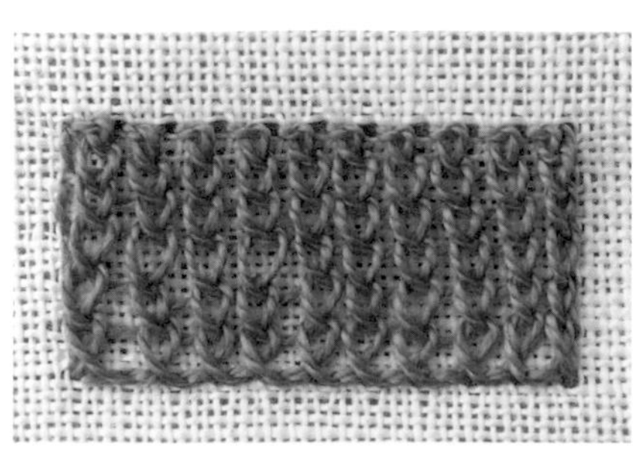

8 結束後，在右下角入針，即完成。

絨毛繡

Smyrna Stitch

別稱：土耳其結繡

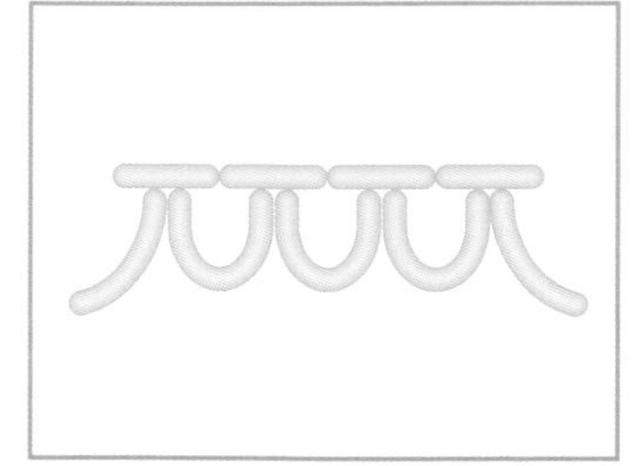

是以土耳其的都市名稱士麥那（現為伊茲密爾）取名的刺繡。

實際大小的針目

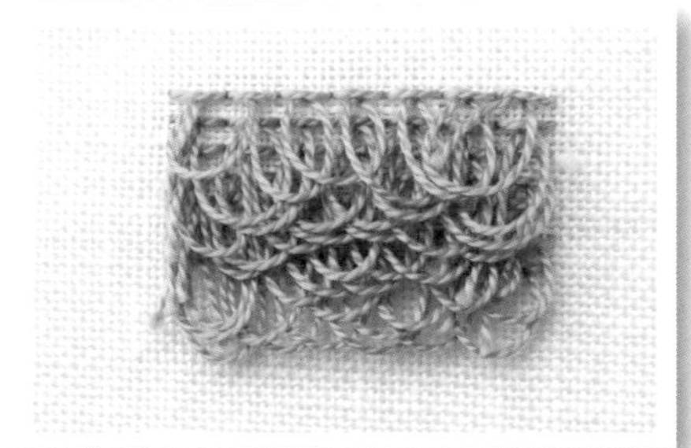

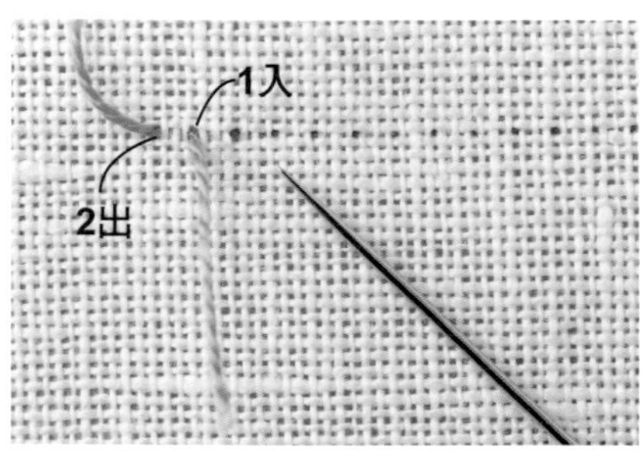

1 從**1**出針後，在**2**入針。線頭先留在布的表面。

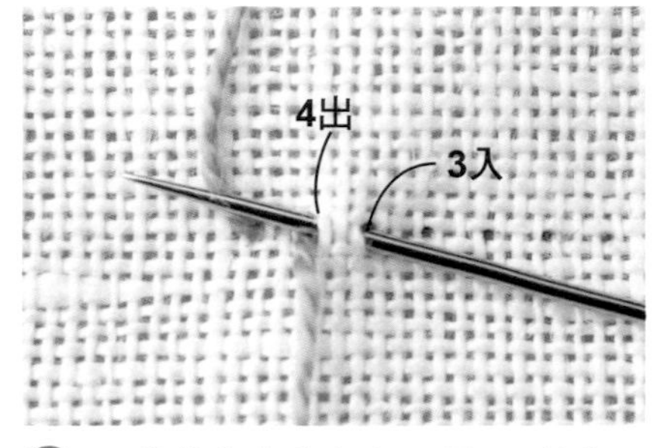

2 線放在布的上方。從**3**入針後，回半針，在**4**（與**1**相同針位）出針後，上方會有條線。

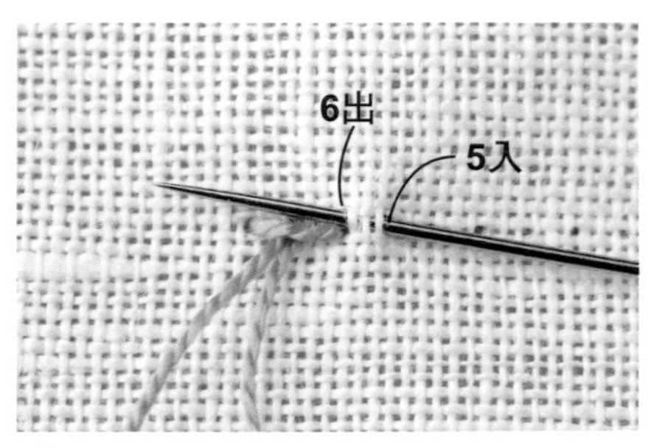

3 線放在布的下方。從**5**入針後，回半針，在**6**（與**3**相同針位）出針。拔針之後，就能作出圓圈。

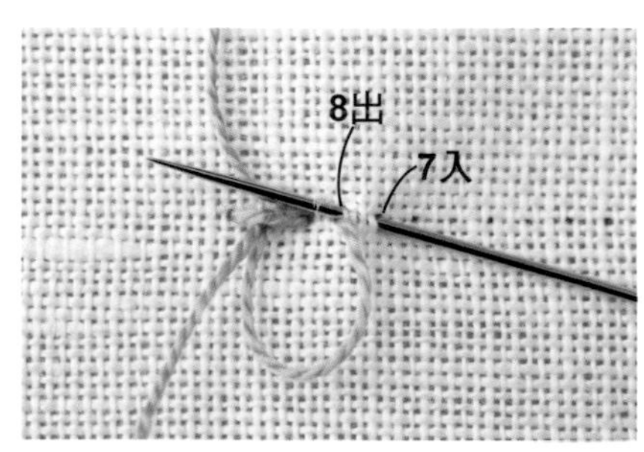

4 保持圓圈的形狀，將線放在布的上方。在**7**入針後，回半針，在**8**（與**5**相同針位）出針後，上方會有條線。

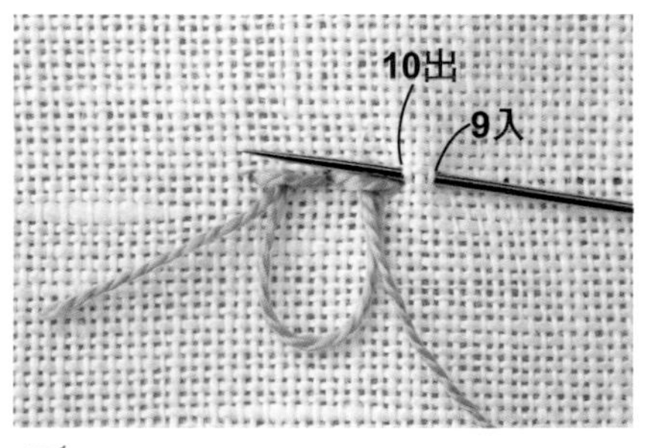

5 線放在布的下方。從**9**入針後，回半針，在**10**（與**7**相同針位）出針。拔針之後，就能作出個圓圈。

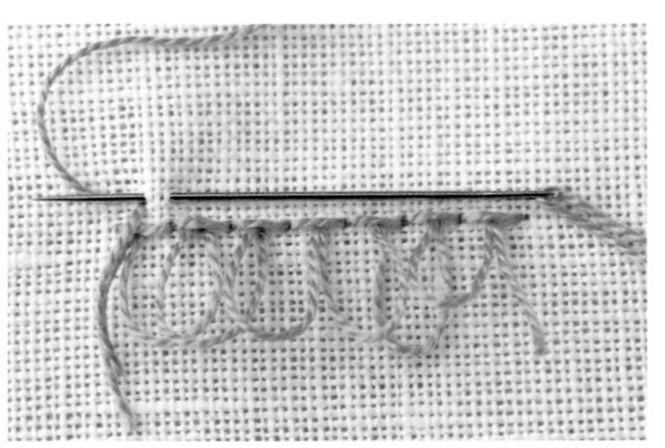

6 刺繡時要讓圓圈大小一致。若要重複繡絨毛繡，請讓重疊部位位在上排。

要剪掉絨毛繡的時候

實際大小的針目

1 剪刀伸進圈圈裡。

2 剪成喜歡的長度並剪齊。

浮雕葉形繡

Raised Leaf Stitch

別稱：針織飾邊繡

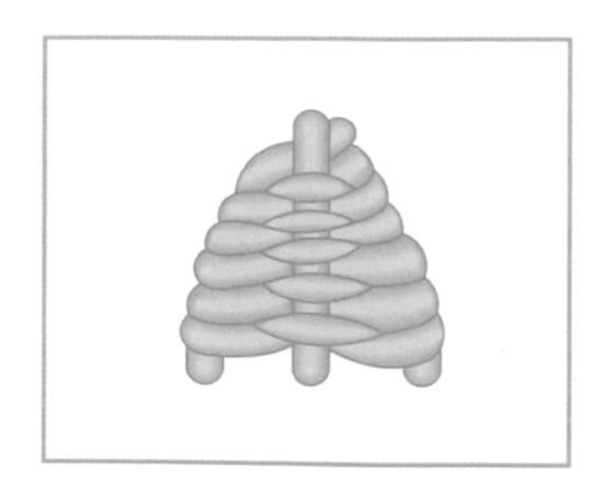

可作出突出的葉片造型的刺繡。

實際大小的針目

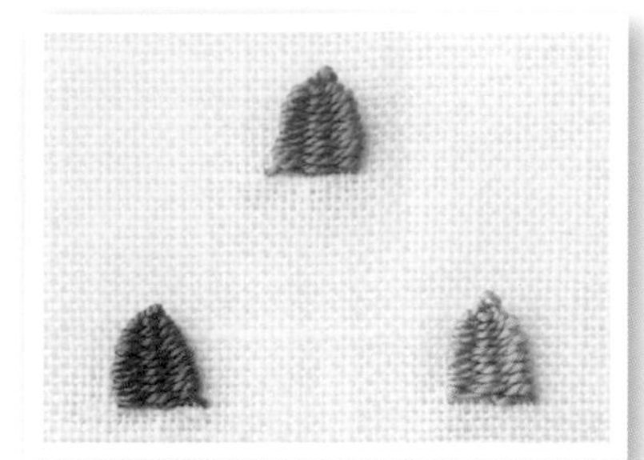

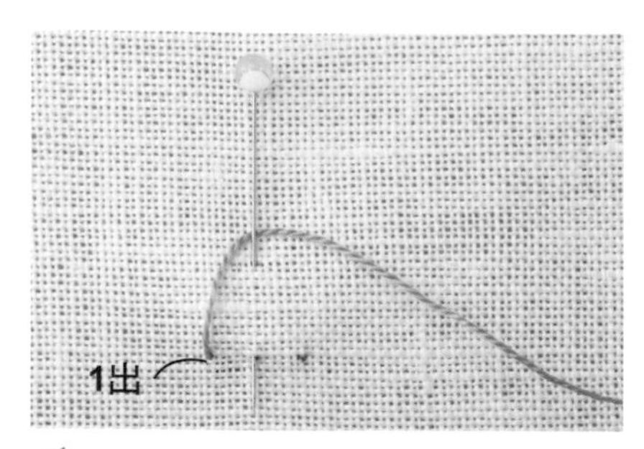

1 在中心部位刺下珠針後，繡針在**1**出針。

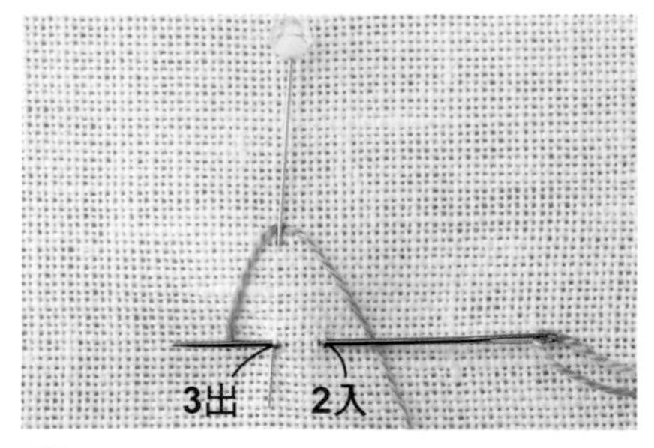

2 將線掛在珠針上，繡針在**2**入針，在**3**出針。

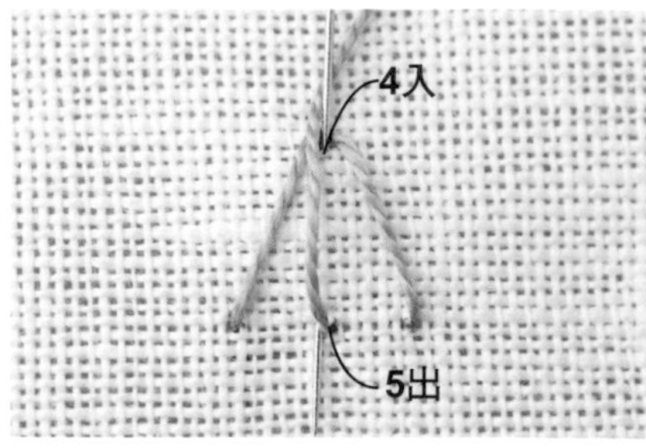

3 繡針拔針，將線掛在珠針上作出三條芯線。

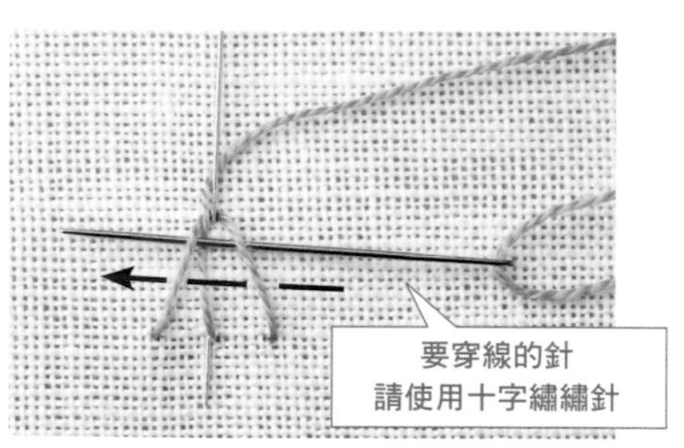

4 繡針從右往左穿過左右兩條芯線。

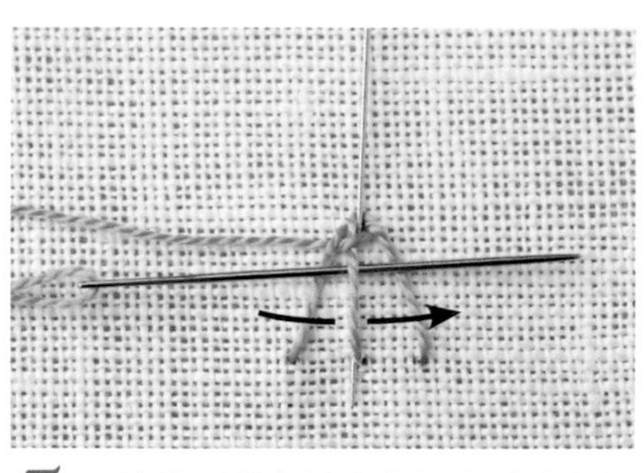

5 繡針再從左往右穿過方才沒穿過的中央芯線。

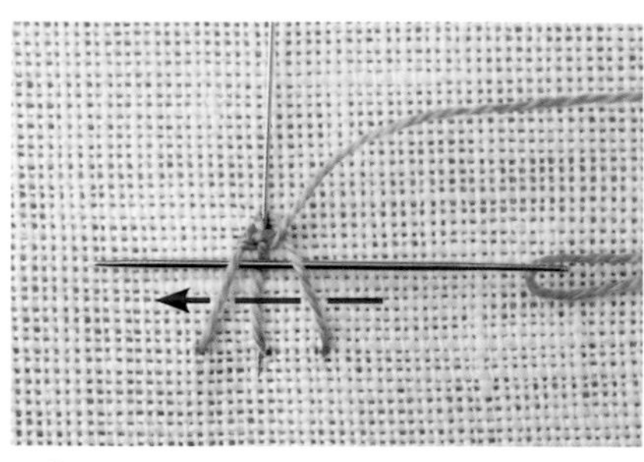

6 重複步驟**4**至步驟**5**。請以針頭整理針目使其緊貼。

7 注意拉線的力道，結束時，在中央芯線的旁邊入針。

8 拔出珠針。

9 完成一個突出布面的葉片。

在浮雕刺繡裡放入填充物的方法

因為是布與刺繡之間會有間隙的刺繡，因此可在中間塞入毛氈等物，使其膨脹鼓起。

A.塞入毛氈

※實際製作請讓繡線及填充物的顏色一致。

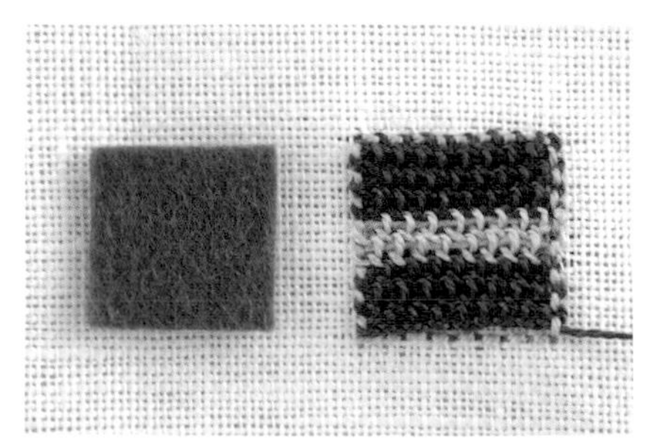

1 事先準備好一塊毛氈，剪成比圖案小一圈的尺寸。顏色請與繡線顏色搭配。

2 從刺繡底下塞入毛氈。使用鑷子或錐子將毛氈塞到底。

3 以事先留下的線開始纏繞。穿過回針繡，再穿過釦眼繡。

B. 塞入羊毛氈

1 將與繡線同色的羊毛氈搓圓，塞進裡頭。

2 在途中繡出一針，每次減少一針，最後在中心穿針，再將線穿到布的背面，請留意線不要拉太緊。

3 在布的背面打結固定。

C. 將毛氈當作基底後再刺繡

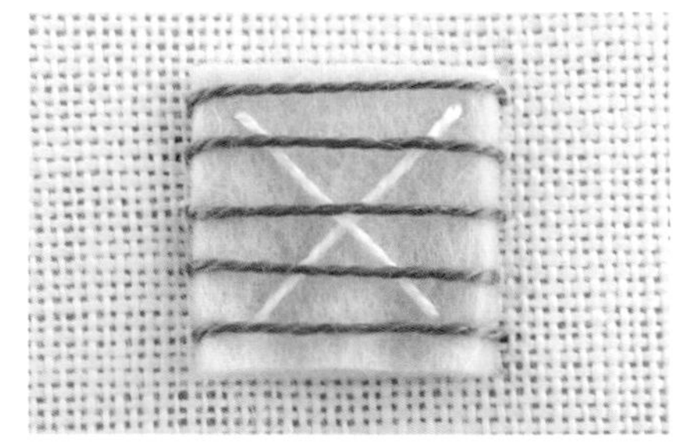

1 將毛氈放在布上後，以疏縫固定（X字的部位）。接著繡出五條芯線並打結固定。

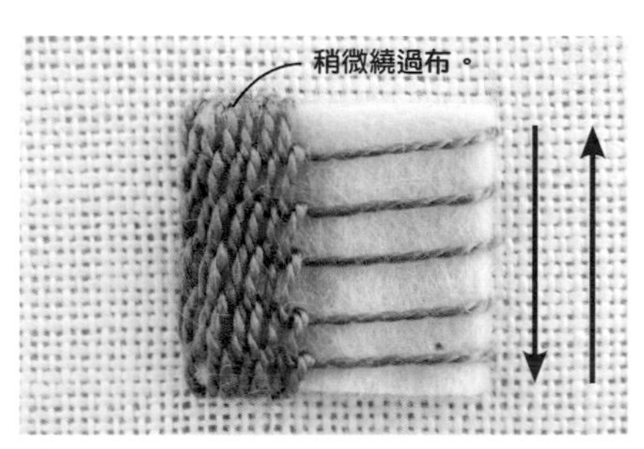

2 在邊邊繡一針。將布上下顛倒拿並來回刺繡，在毛氈上作出繡面，請讓線條平行，之後拆除疏縫的線。

3 填滿整個繡面。最後在布的背面打結固定。

抽紗繡&挪威Hardanger繡

～拔掉布線作出交錯刺繡～

關於抽紗繡

剪斷去除布上的直線及橫線，對剩下的織線施以各種繡技，好製造出鏤空花樣的技術。正式名稱為Drawn Thread Work。

據說是發源於義大利，在16世紀時廣傳到歐洲各地，之後在每個地方與當地的傳統刺繡技法混合，衍生出義大利托斯卡尼的Casalguidi繡、丹麥的Hedebo繡和挪威的Hardanger繡等各種獨特技法。

P.98的圖案

※繡線是使用DMC 8號繡線。指定以外的繡線顏色為**353**

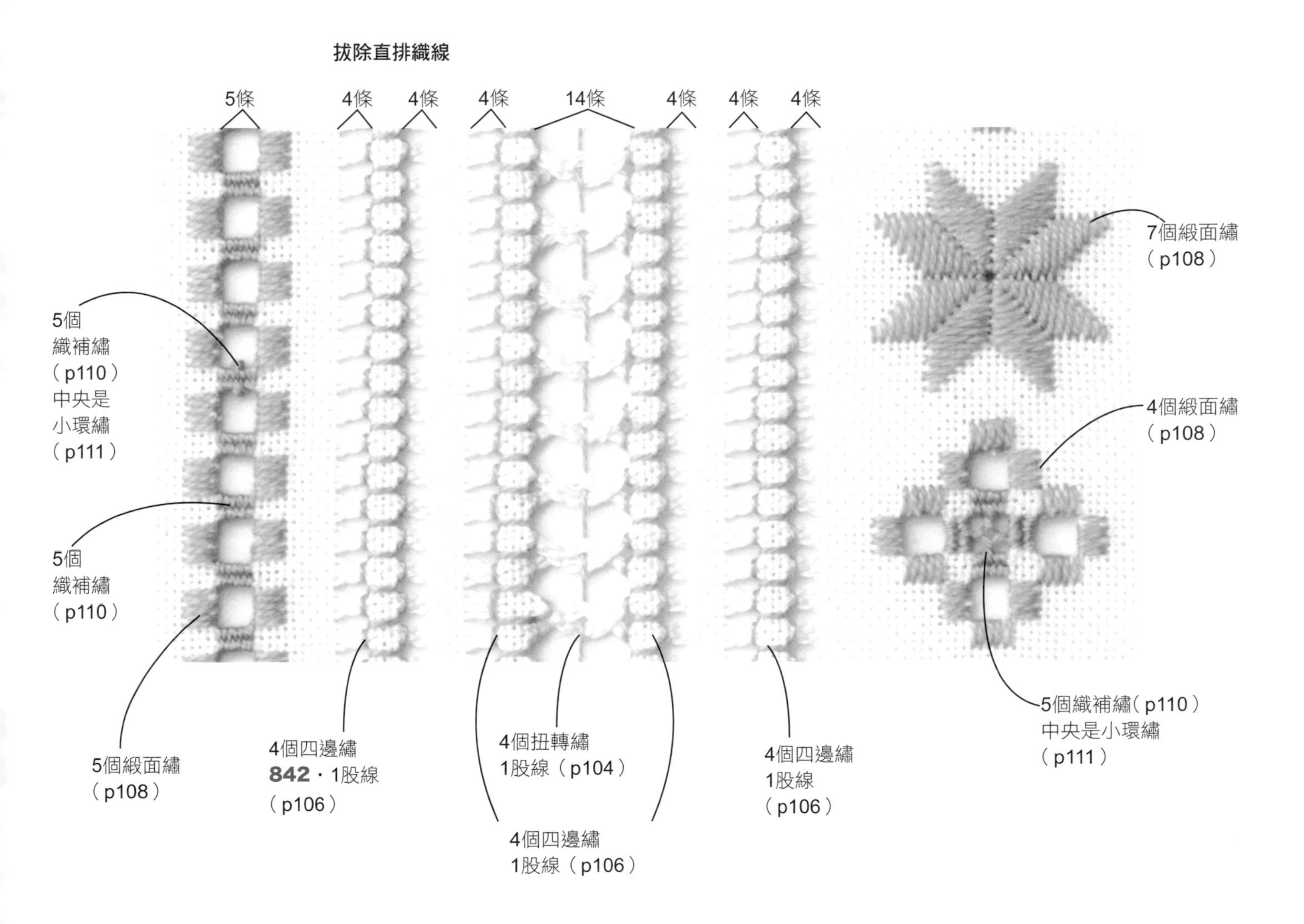

拔布線的方法＆布線的收尾

抽紗繡是要拔除布的織線，纏繞剩下的線作出花紋。要作出方正的花紋，先決條件就在於如何拔除織線。
以下說明拔掉橫線留下直線並施以交錯縫的方法。
首先，想要作出好幾條直線被綁起的花紋，請決定拔掉幾條橫線。
要以3條織線作出邊繡（參照P.102）時，就要拔除該以3為倍數的線。
接著根據您想留下多長的直線，來決定拔除的橫線數目。

製作框框

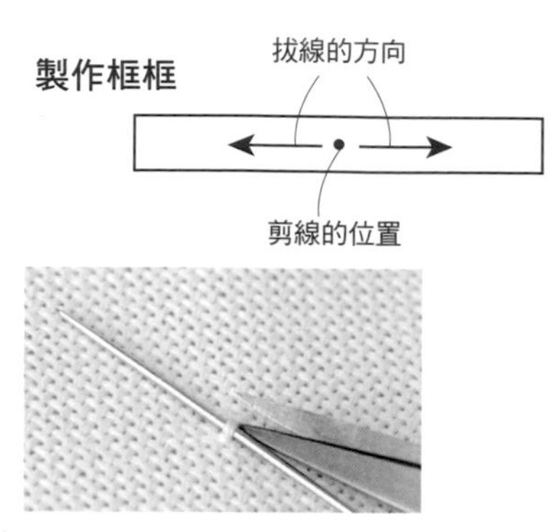

1 從中央往左右拔線。以針穿過要拔除的線的中央橫線，再以剪刀剪斷。剪線時請一次剪一條。

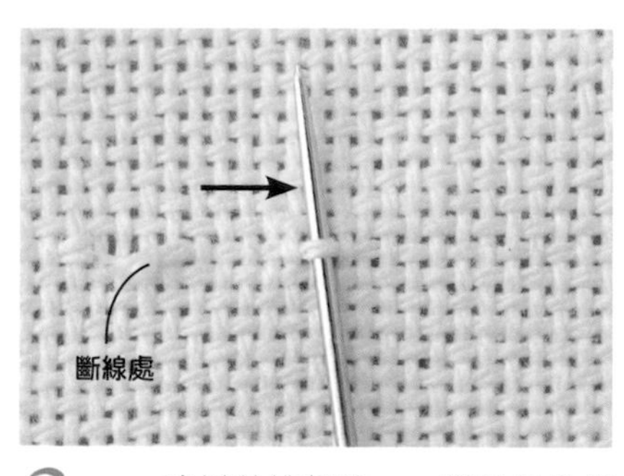

2 一邊以針挑起線，一邊慢慢地拔線。

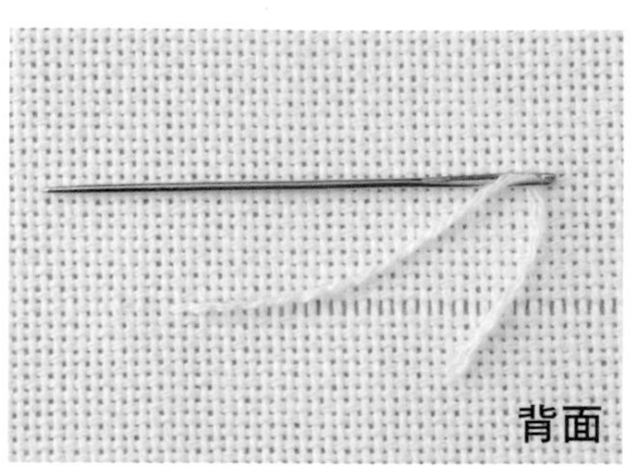

3 將布翻到背面，將拔除的線穿過針孔。

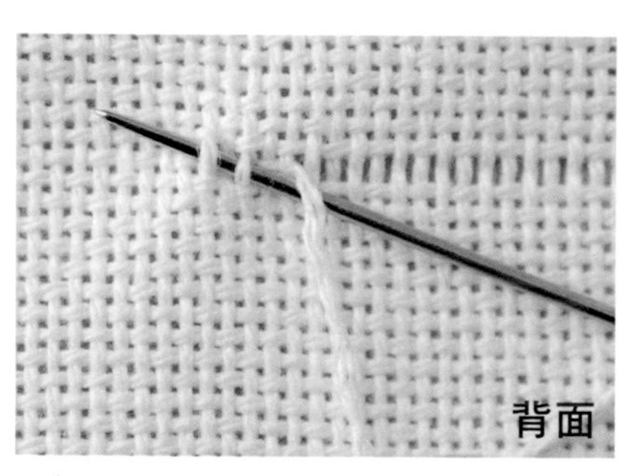

4 將拔除的線順著針穿過兩條織線（中間有一條織線沒穿越，長度大約1cm）。線尾先放著。

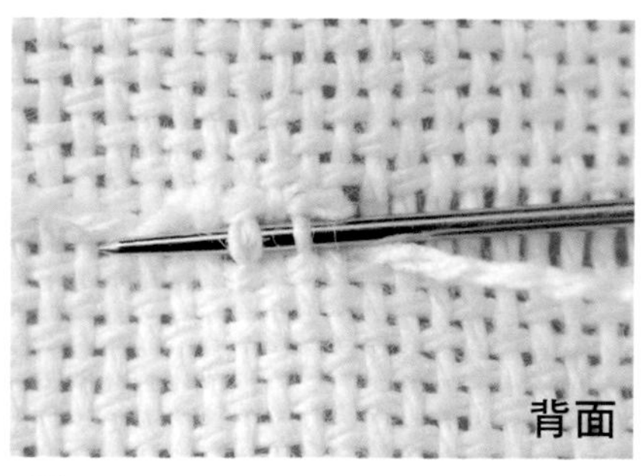

5 下一排也以同樣的方式拔線。將拔除的線穿過針孔對齊，穿過織線。

6 上下兩條被拔除的線，在穿過織線時要交錯穿過。

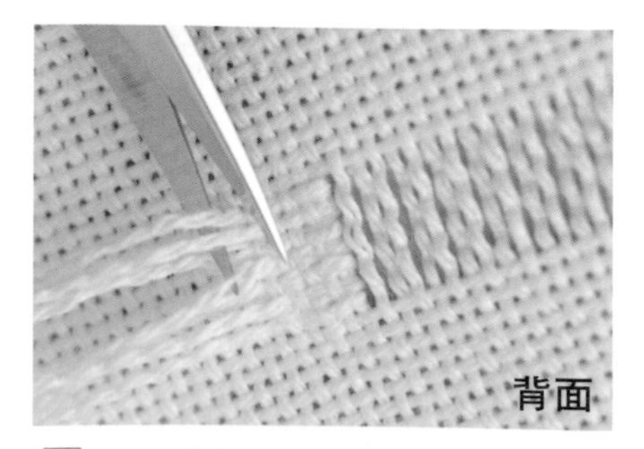

7 拔除必要的橫線條數，以同樣的方式收尾，將線尾剪齊。

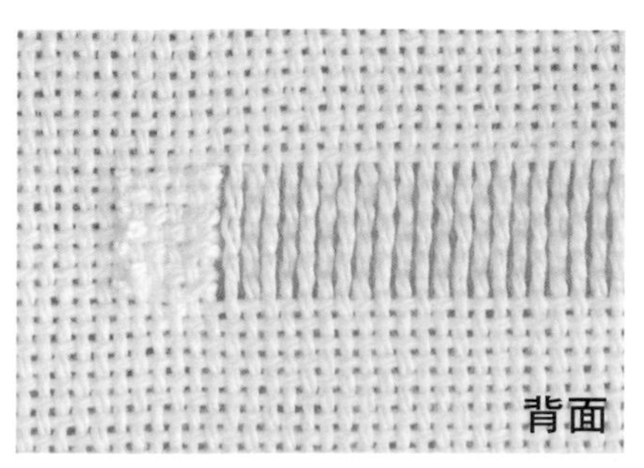

8 拔除的線呈現整齊收尾的狀態。

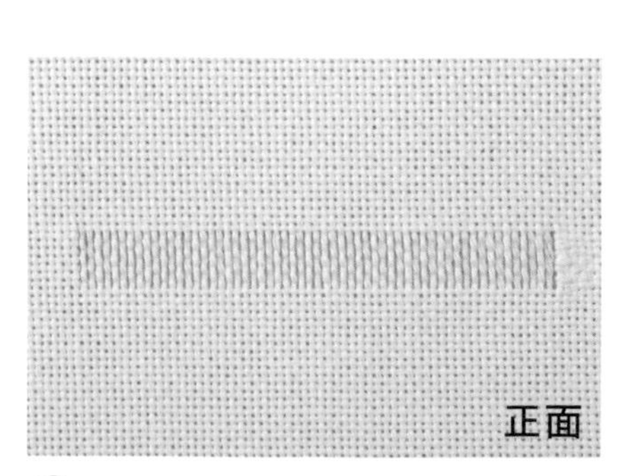

9 拔除橫線，只留下直線的狀態。

直線&橫線的收尾

拔掉很多條橫線時，將拔除的線穿過織線收尾後，還可直接施以釦眼繡加以補強。

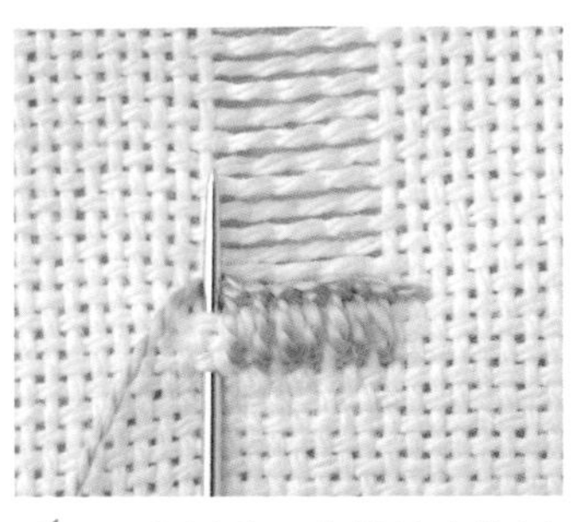

1 在以收尾的織線處施以釦眼繡（參照P.36）。

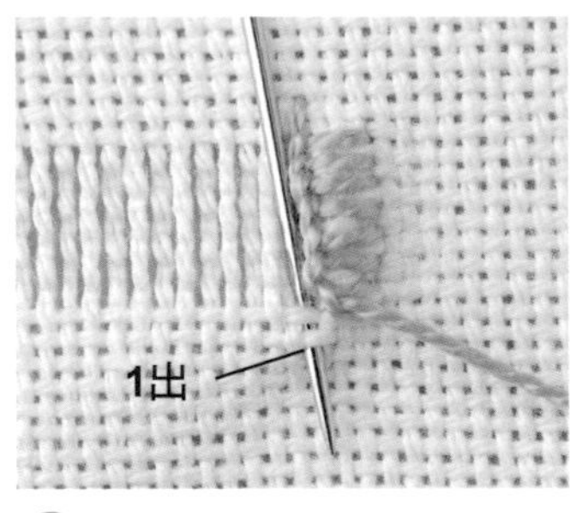

2 在**1**出針。

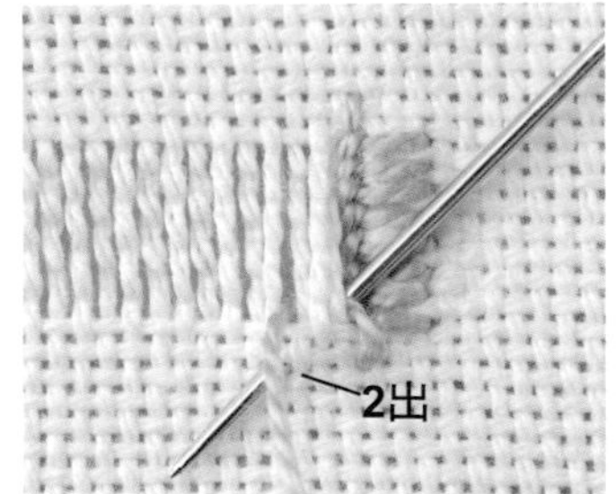

3 挑起三條直的織線，在**2**出針。拉線（參照邊繡／P.102）。

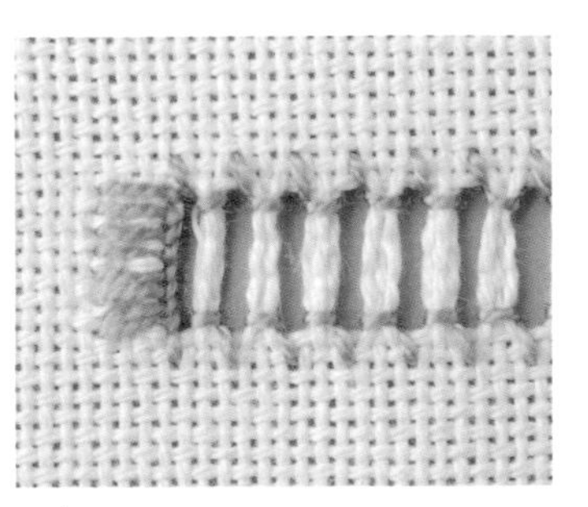

4 以邊繡及釦眼繡完成邊框。

古典邊繡

Antique Hem Stitch

雖然跟邊繡很像，但卻是從布的背面纏繞織線。

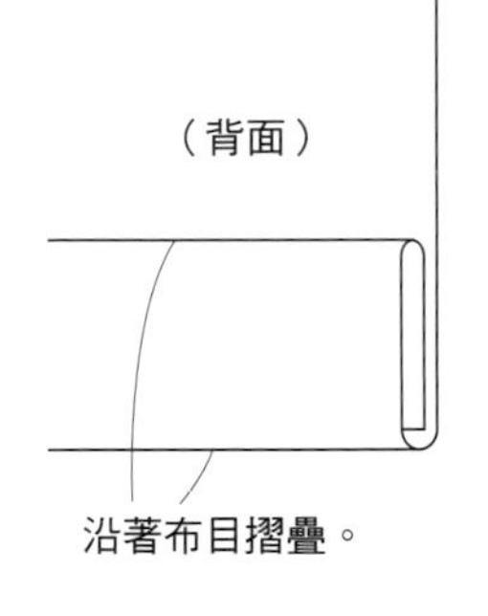

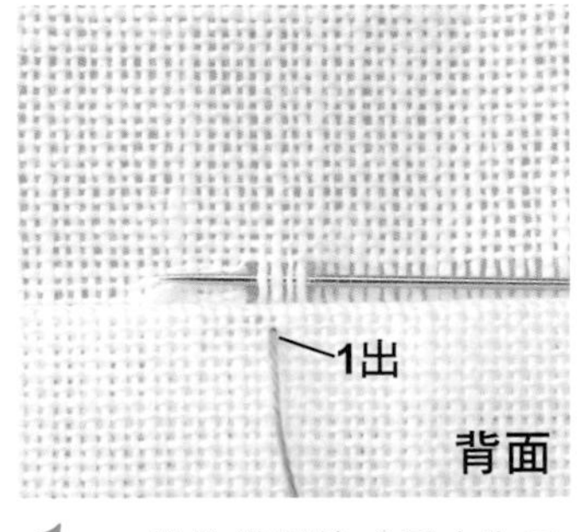

1 拔除橫織線（圖中為三條），從對摺後形成的山線底下（**1**）出針。

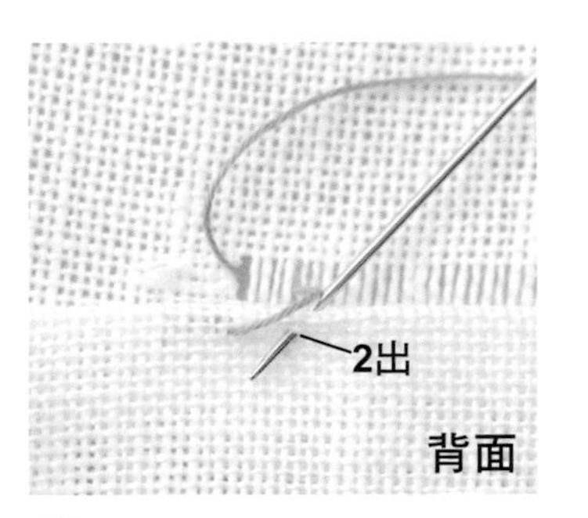

2 穿過四條直織線，針通過布的表面從**2**出針。線要朝下拉。

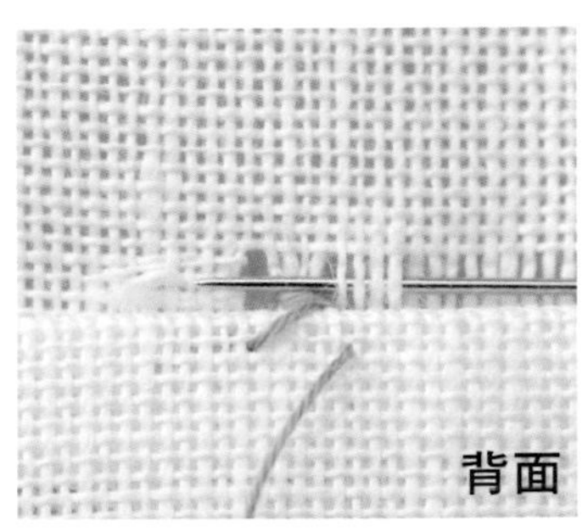

3 重複步驟**1**→步驟**2**。布的表面只會有小小的針目。

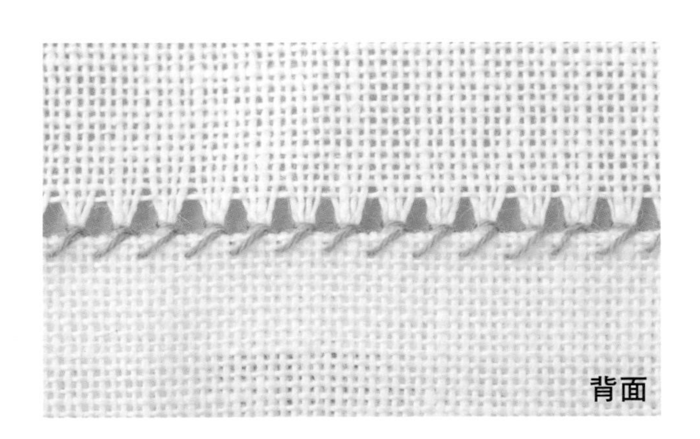

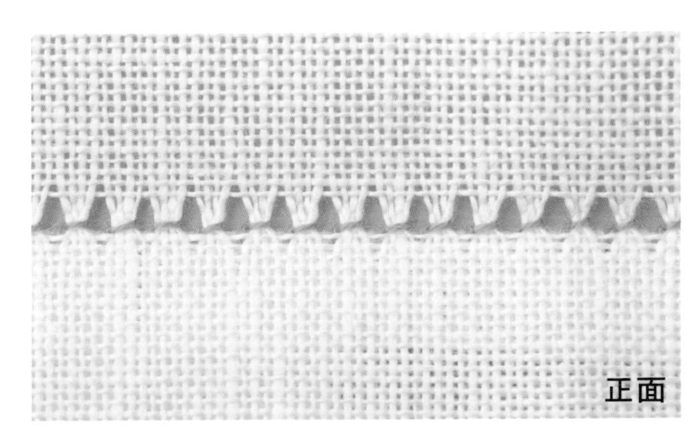

邊繡

Hem Stitch

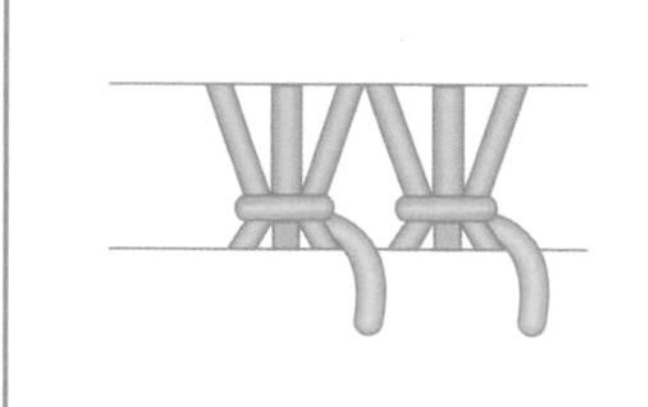

也叫作單邊繡，在抽紗繡之中是最簡單的刺繡。

實際大小的針目

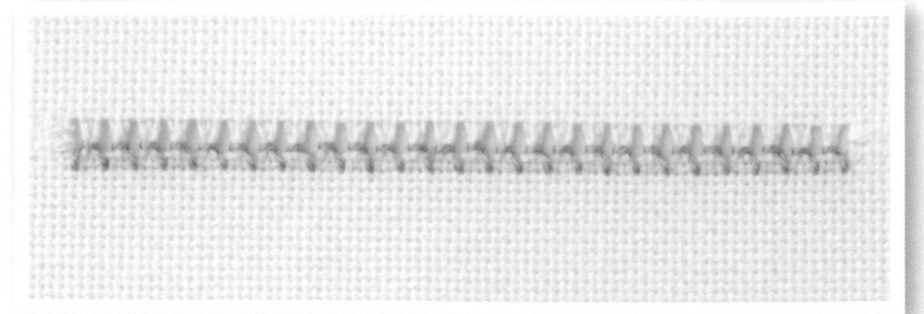

圖中的飾框作法（三條綁成一束的情況）

拔除橫線（3的倍數），為線頭收尾（參照P.101）。

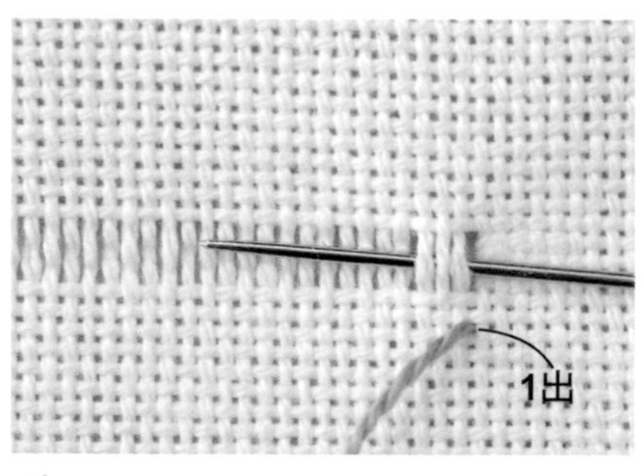

1 拔除橫織線後收尾。從**1**出針，準備穿過三條織線後拉線。

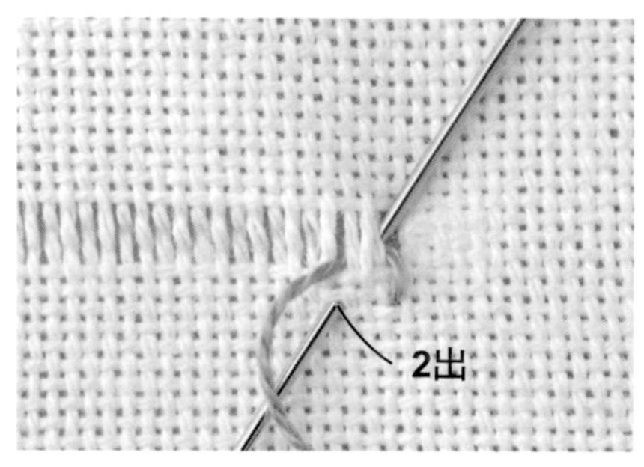

2 針要從**1**的上方，也就是一開始穿越的織線位置穿針，並在**2**出針。

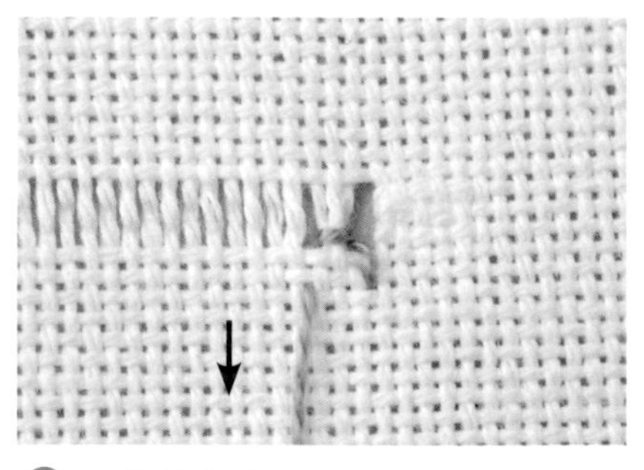

3 將線往下拉。

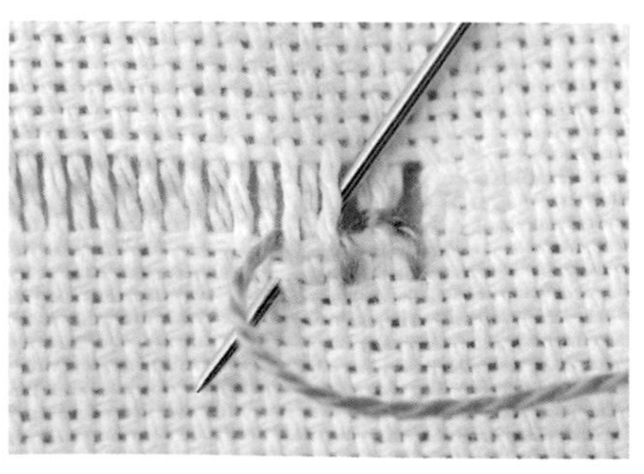

4 重複步驟1至步驟2。

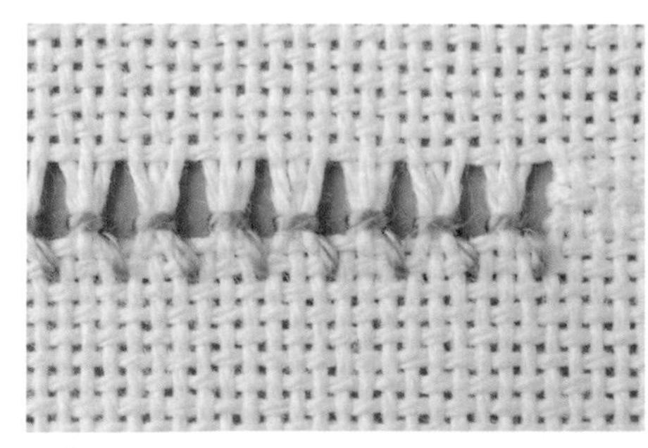

5 一邊刺繡，一邊拉緊線。

打結繡

Knotted Border

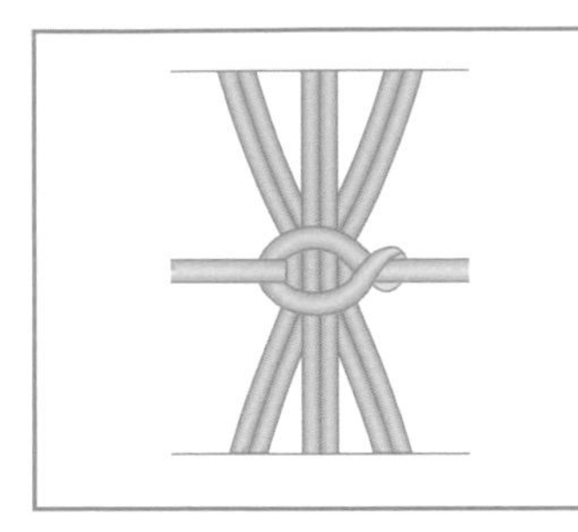

將織線綁起來打結，
作成緣飾的刺繡。

實際大小的針目

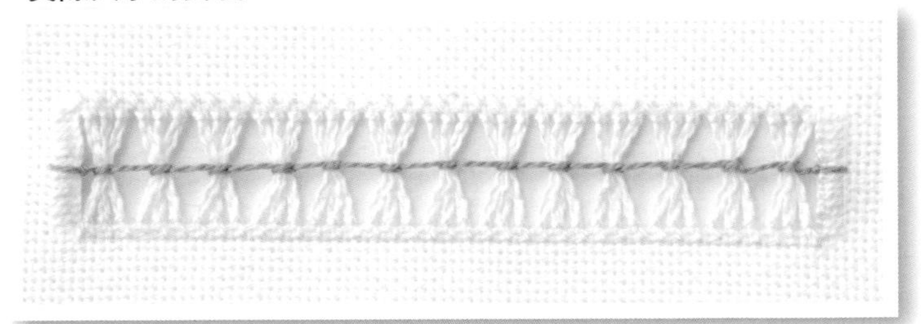

圖中的飾框作法（六條綁成一束的情況）

1 拔除橫線（6的倍數），為線頭收尾（參照P.101）。
2 以釦眼繡為橫線收尾。
3 以捆綁2條織線的邊繡為直線收尾。

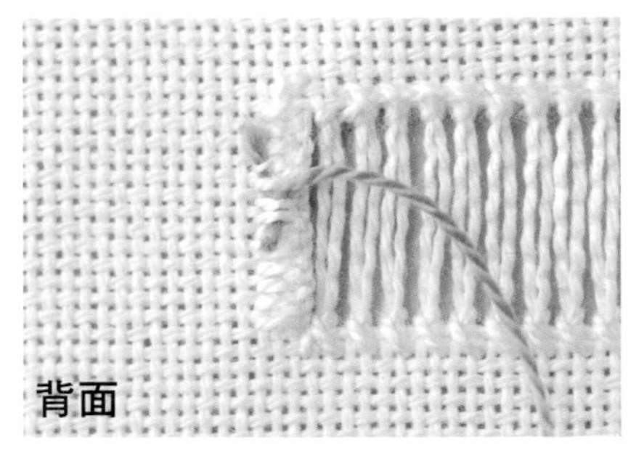

1 將纏繞布背面的刺繡，別上繡線。

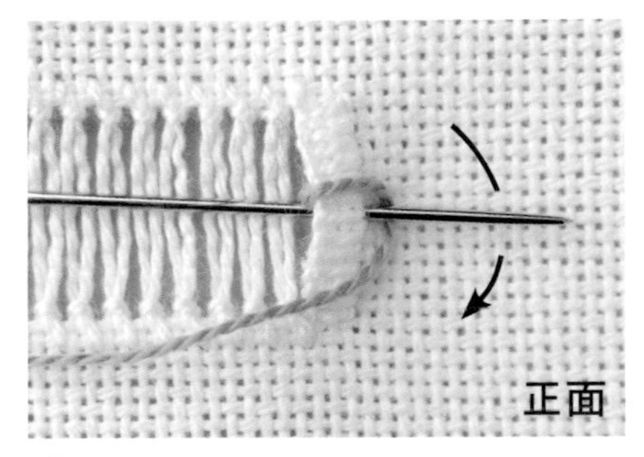

2 將布翻回表面。在釦眼繡的中央出針，將線繞過針後，朝左拉並固定住線。

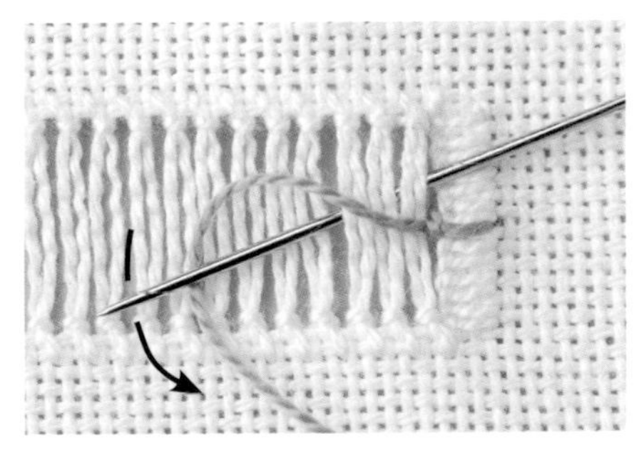

3 在靠近自己的這側繞過三捆線，將線繞過針頭。

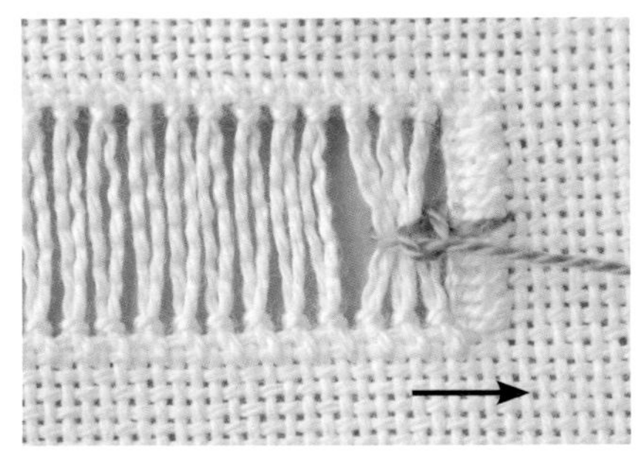

4 將線往右拉後，將結收緊。

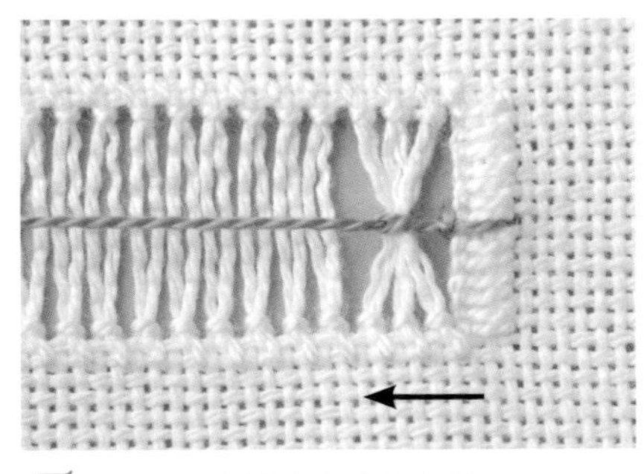

5 朝左（刺繡方向）拉線。

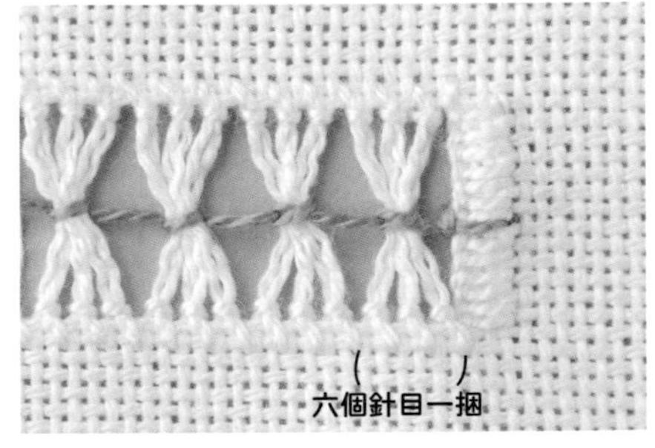

6 重複步驟3至步驟5。

扭轉繡

Interlaced Border

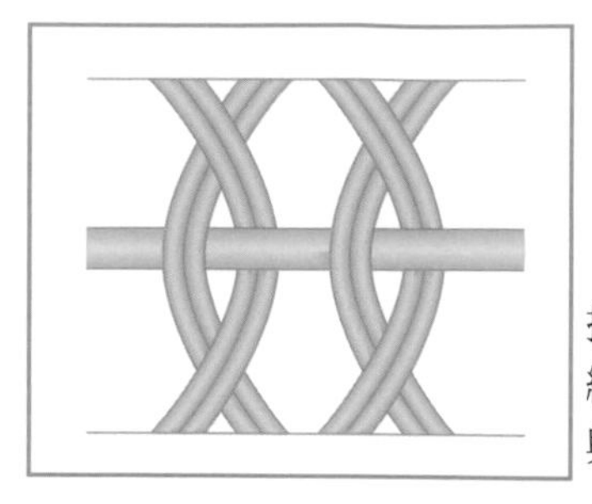

扭轉前一個針目的織線，同時讓繡線與其交錯。

實際大小的針目

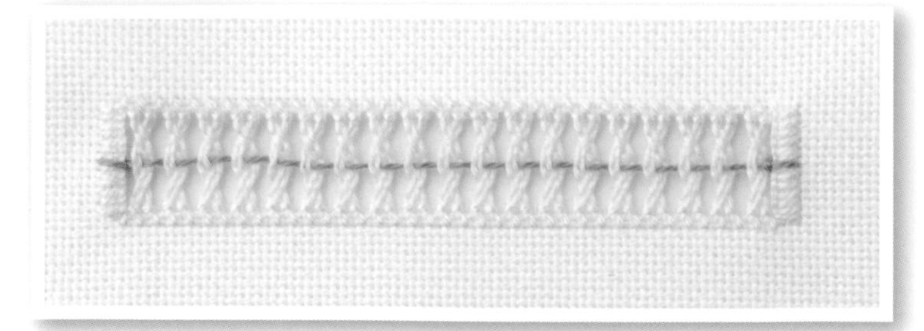

圖中的飾框作法（四條綁成一束的情況）

1 拔除橫線（4的倍數），為線頭收尾（參照P.101）。
2 以釦眼繡為橫線收尾。
3 以捆綁2條織線的邊繡為直線收尾。

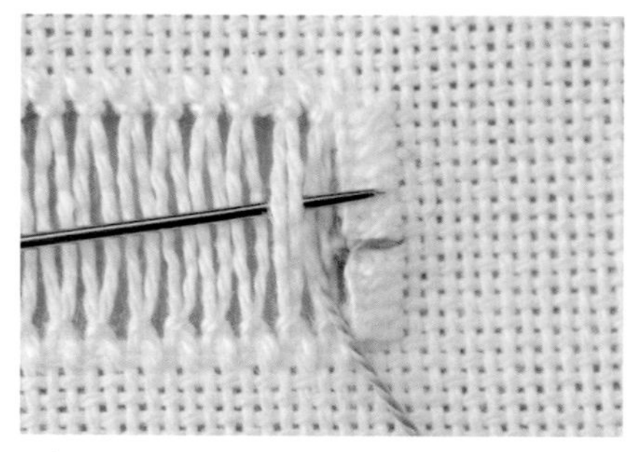

1 纏繞背面的刺繡後添加繡線（參照P.103的步驟1至步驟3）。圖中是兩條一束，請在兩束線的中間入針。

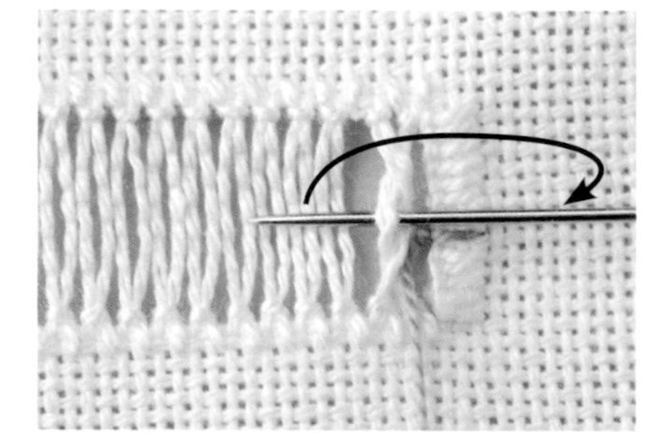

2 保持入針狀態穿過一束線，針朝右倒，一次扭轉兩捆線。

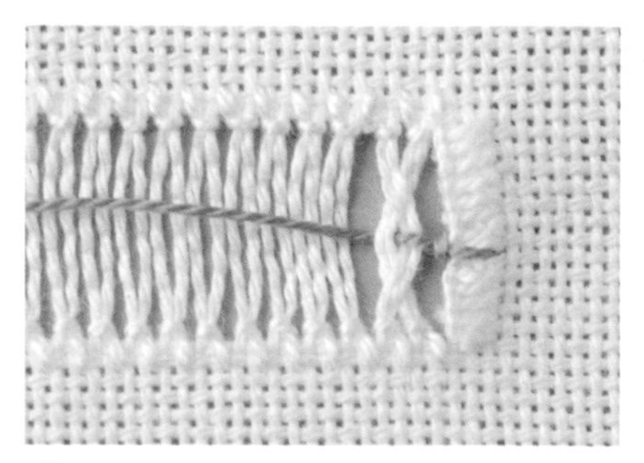

3 拉線。線是呈現筆直穿越兩束線之間的狀態。

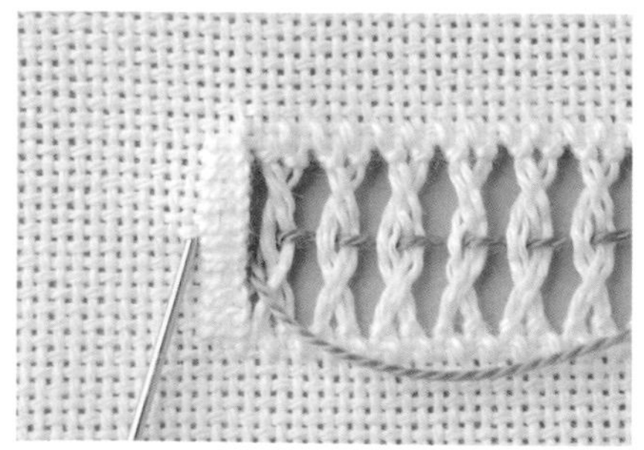

4 依照同樣要訣刺繡。結束時在釦眼繡正中央入針。

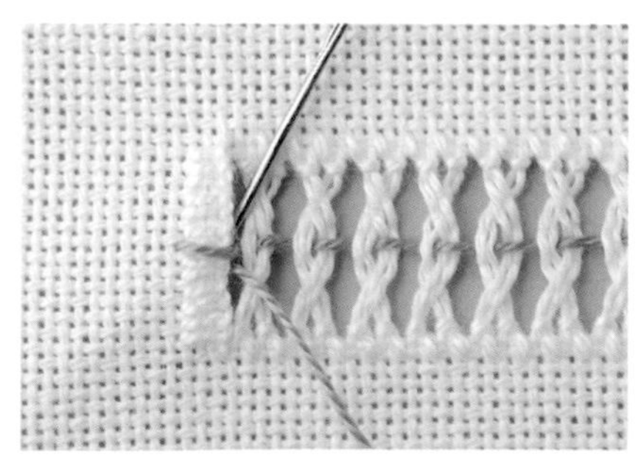

5 從穿越線的底下往上出針，跨過穿越線後，在背布入針。

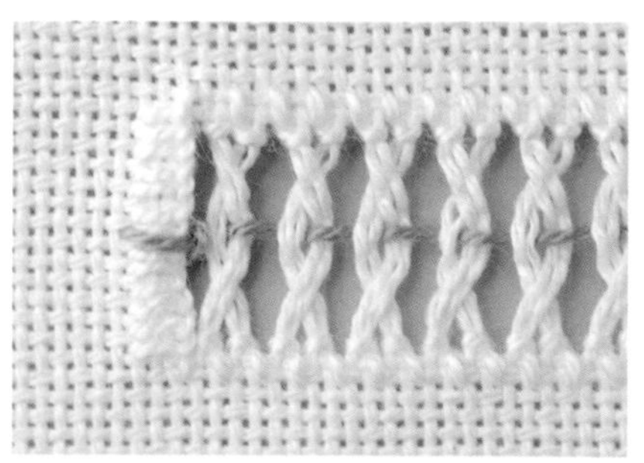

6 在背面繞住釦眼繡之後剪斷線。

織補繡

Needle weaving

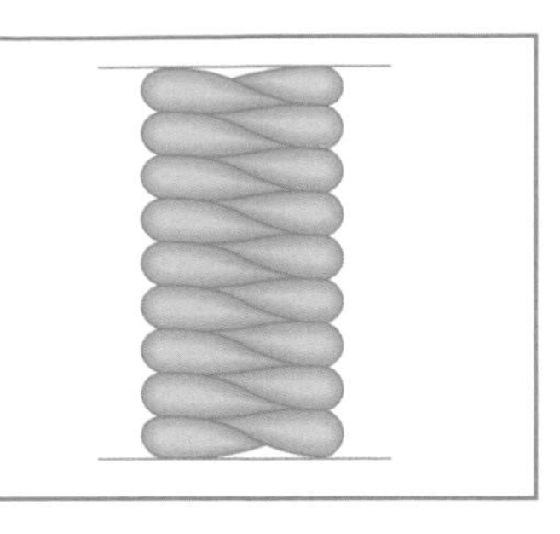

以織補繡纏繞織線。

實際大小的針目

圖中的飾框作法（六條綁成一束的情況）

1　拔除橫線（6的倍數），為線頭收尾（參照P.101）。
2　以釦眼繡為橫線收尾。
3　以捆綁3條織線的邊繡為直線收尾。

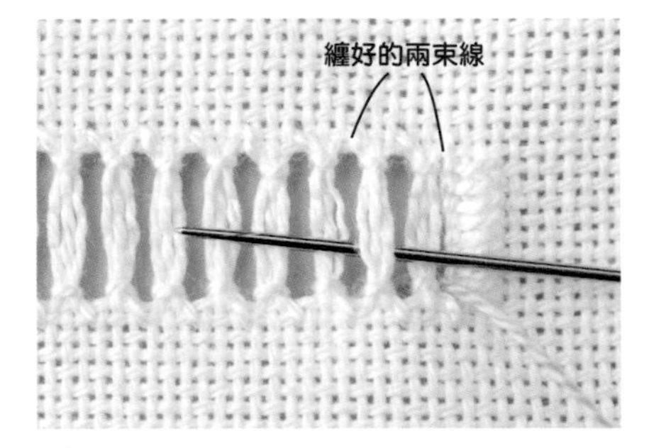

1　纏繞釦眼繡的背部線條後，添加繡線，在纏好的兩束線右方出針，在中央入針後，挑起左邊的線束。

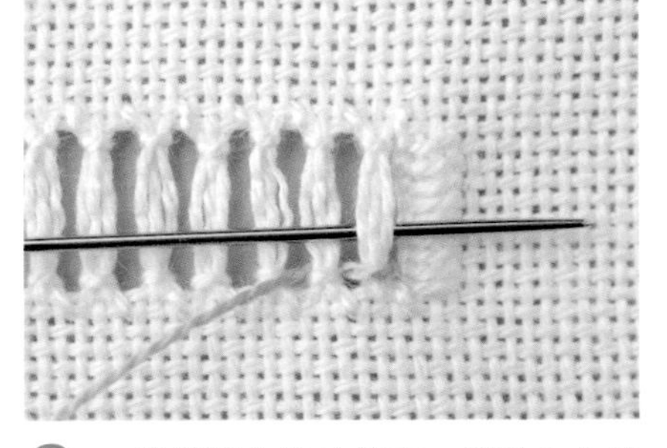

2　線繞過左邊的線束，穿過中央後繞過右邊的線束。

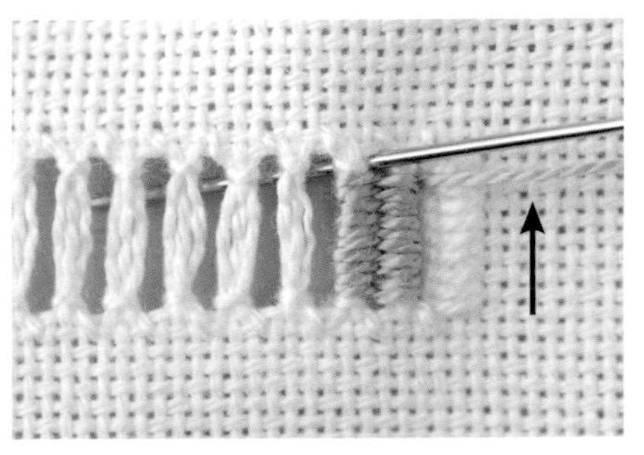

3　輪流繞過左右兩邊的線束。

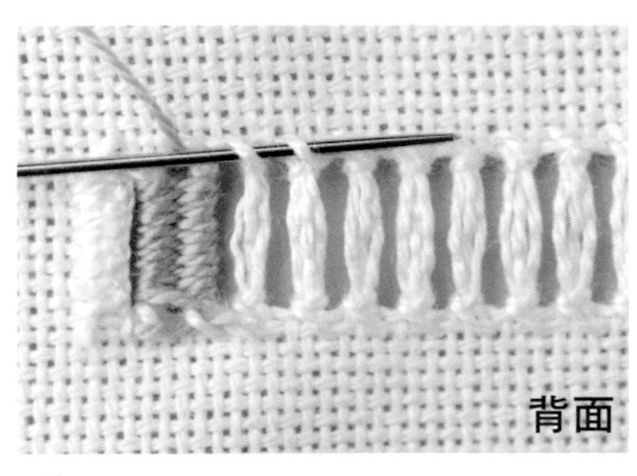

4　將纏繞至上方的布翻到背面，讓線穿過邊繡之間，在接下來的兩束線的開頭入針穿線。

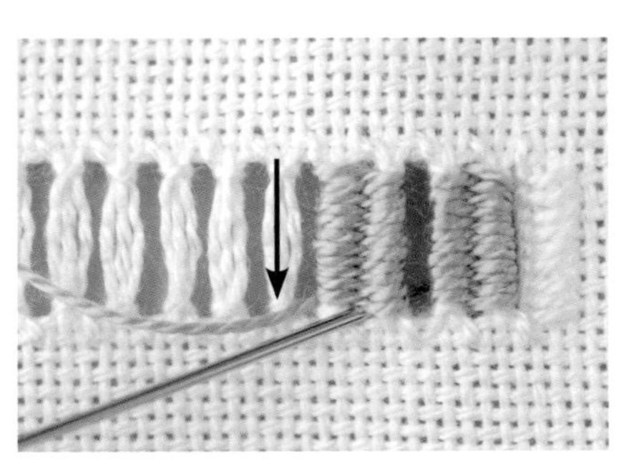

5　這次改成由上往下纏繞。

在途中改變並繞方法

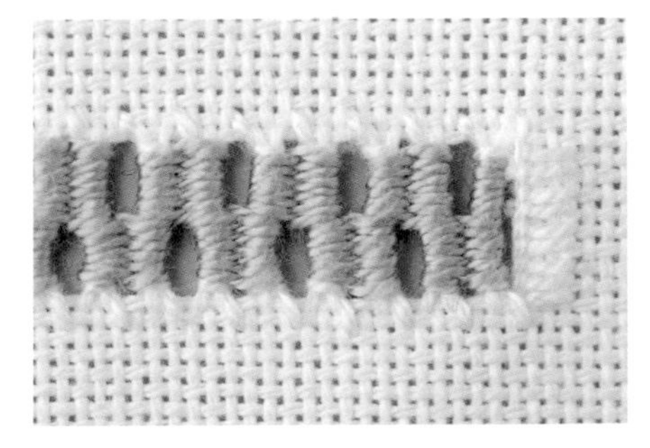

纏繞第一束及第二束的線，但只繞到中間就換成繞第二束及第三束。
替換繡線完，經常是從下開始纏繞。最左邊及最右邊就以繞線繡（參照P.106）來繞。

繞線繡

Overcast Bar

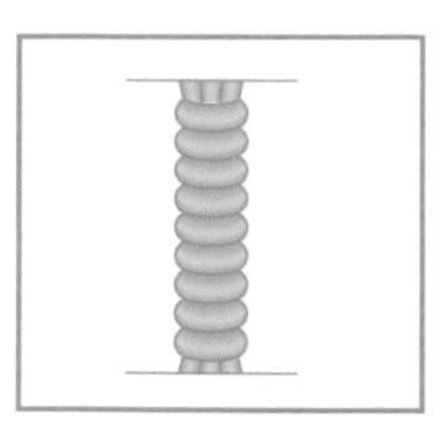

將線繞在
纖線上。

圖中的飾框作法

拔除橫線（幾條都可以），以邊繡處理每三條縱線。

實際大小的針目

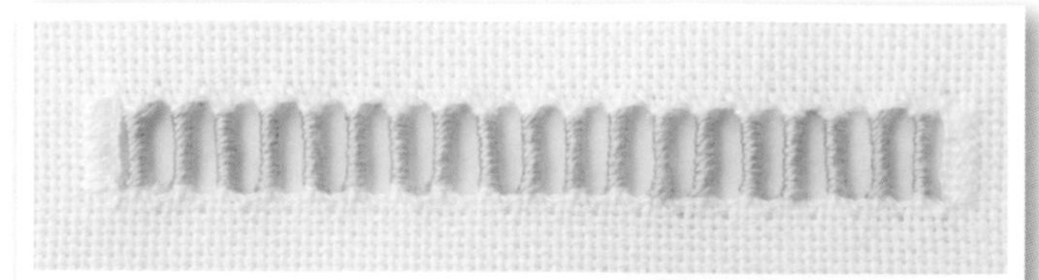

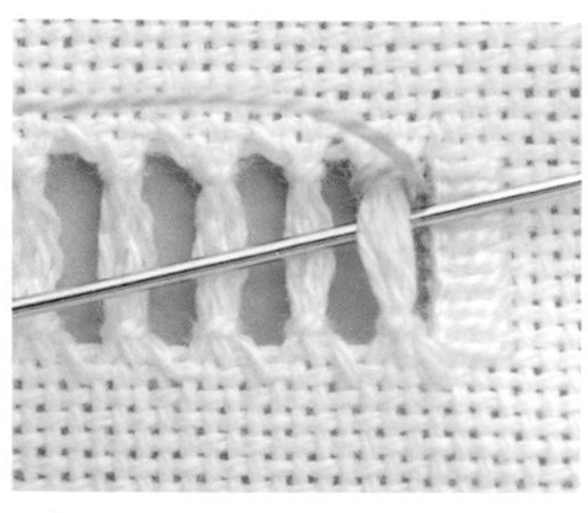

1 在邊繡的背面添加繡線，朝布的表面出針後，以線捆紮成束。

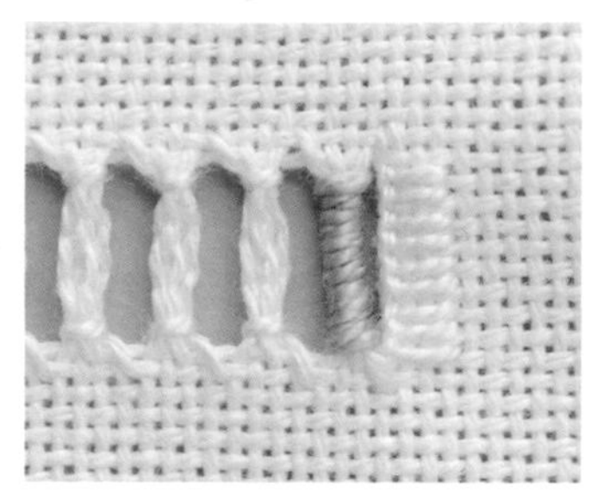

2 完成綑紮一束的狀態。

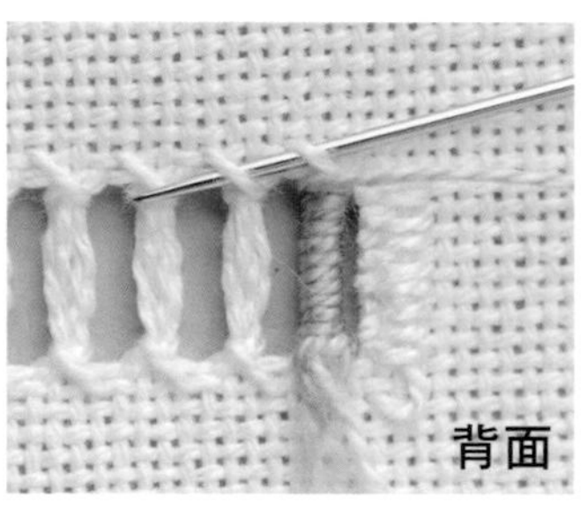

3 在布的背面穿過邊繡，朝下一個線束出針。

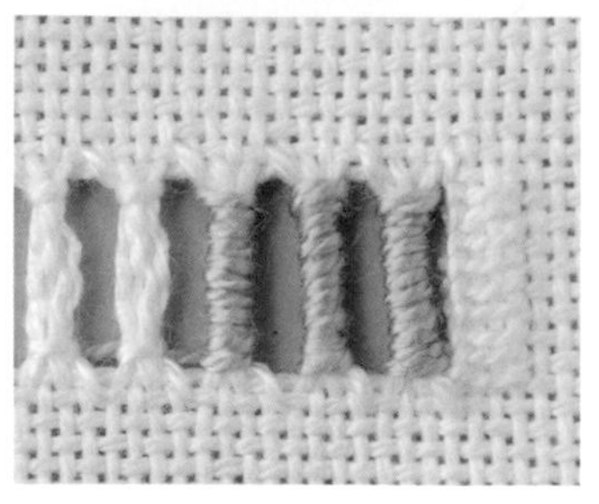

4 下一束是從下往上纏繞。讓線並排纏繞。

四邊繡

Four-sided Stitch

別稱：正方形開放式繡

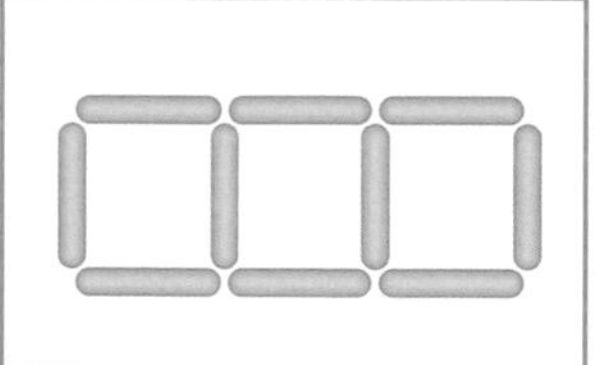

不要拉線，讓四方形並列的刺繡。若拉線，則是作出如同蕾絲的花紋。

實際大小的針目

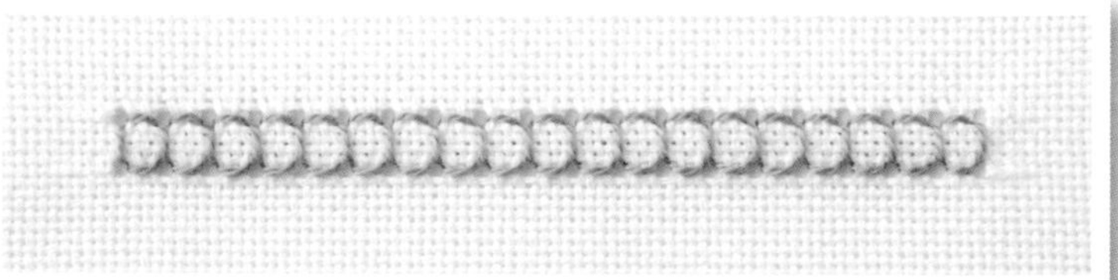

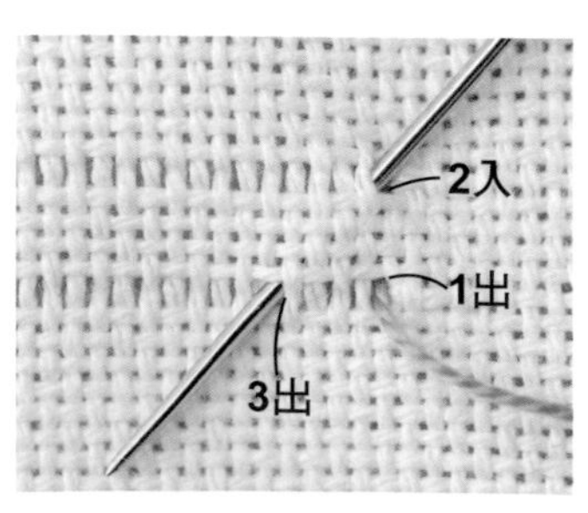

1 事先拔除必要的織線。拔除後，線請牢牢拉緊。在**1**出針後，由**2**往**3**朝斜下方穿布。

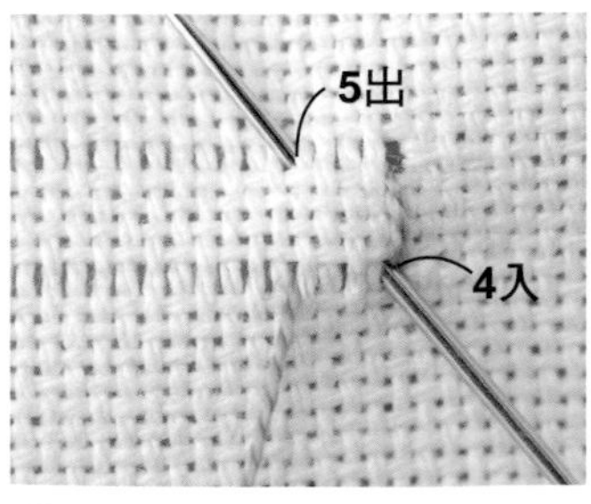

2 一邊拉線，一邊從**4**（**4**及**1**是相同針位）往**5**朝斜上方穿布。

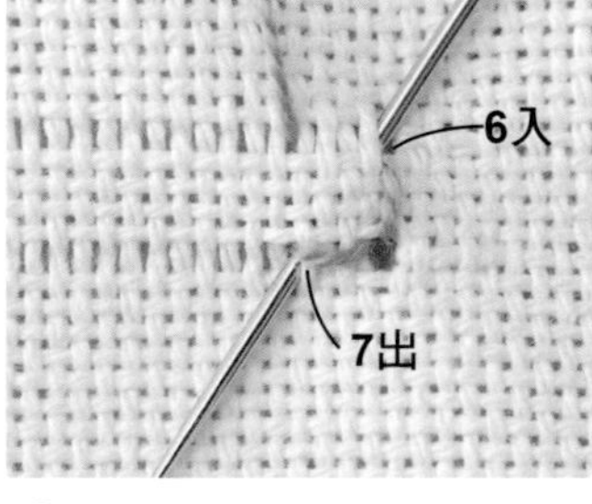

3 拉線後，再度從**6**（**6**及**2**是相同針位）往**7**朝斜下方穿布。

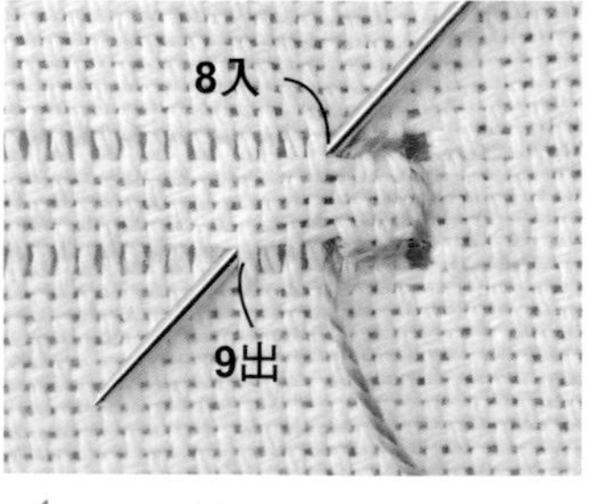

4 一邊拉線一邊從**8**往**9**朝斜下方穿布。

關於挪威Hardanger繡

數著繡布的直橫織線刺繡，並結合拔除織線後，以繡線繞過剩下織線的技法。16世紀義大利的抽紗繡技法傳到了挪威，在Hardanger這塊地區被融合精進，最後就被稱為Hardanger刺繡。

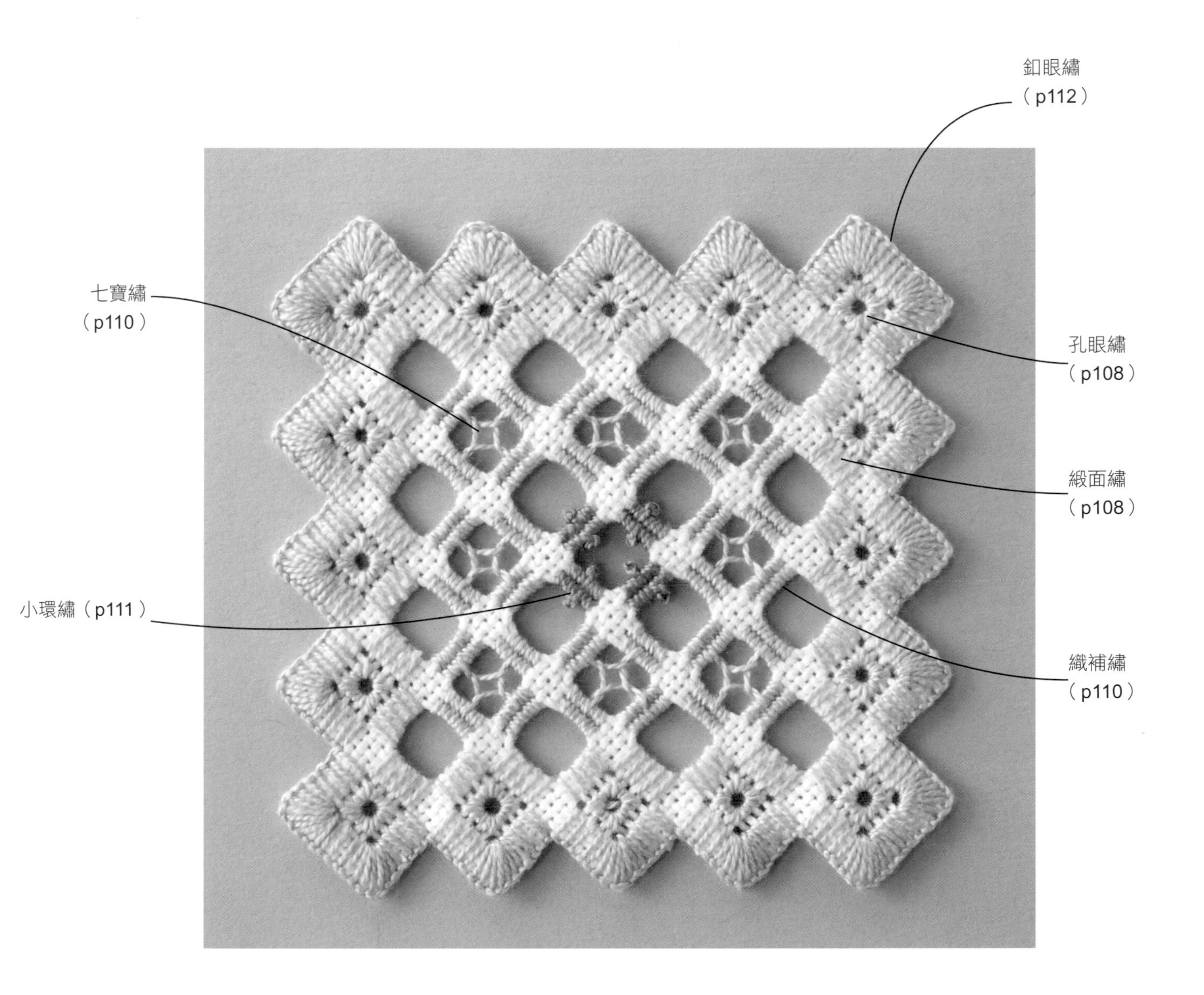

緞面繡

Satin Stitch

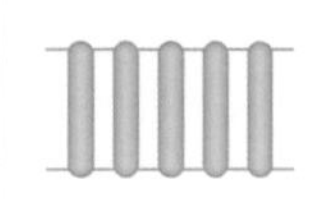

一個格子是由五條繡線（4條織線）組成的緞面繡，作出直線及階梯狀的刺繡。剪斷織線後，緞面繡就負責擔任不讓織線脫線的任務。

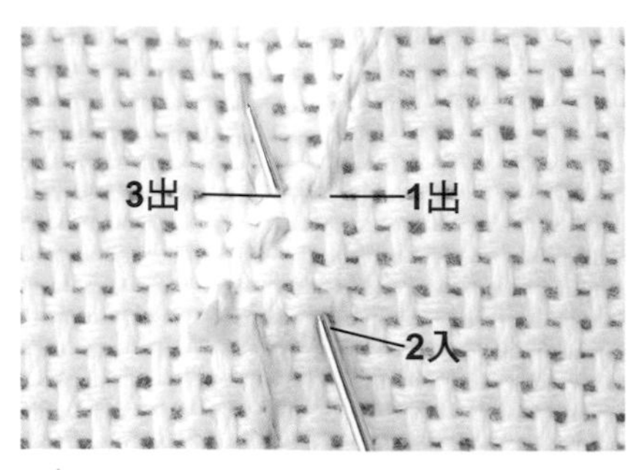

1 一開始先稍微斜縫。在**1**出針後穿過四個針目，在**2**入針後，於**3**出針。

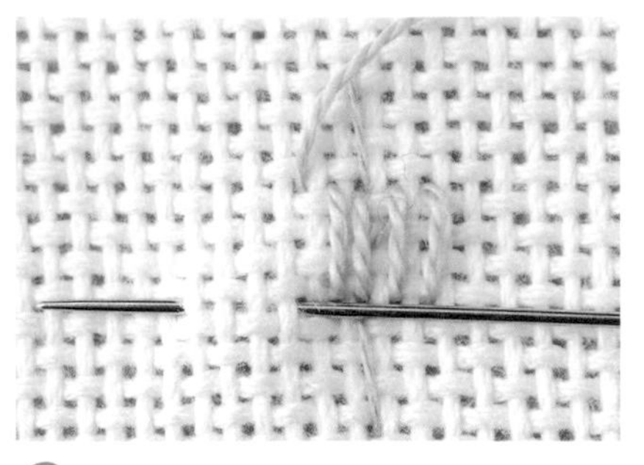

2 在斜線上並排縫五針，再朝下一個格子出針。

3 繡完一圈後，即完成。

孔眼繡

Eyelet Stitch

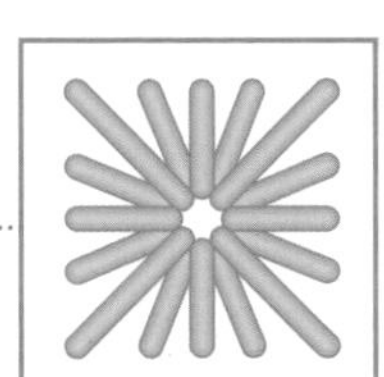

以緞面繡及釦眼繡製造框框，使孔眼繡在繡框的正中央。線集中繡在中央處並用力拉，就能在中央開個洞。

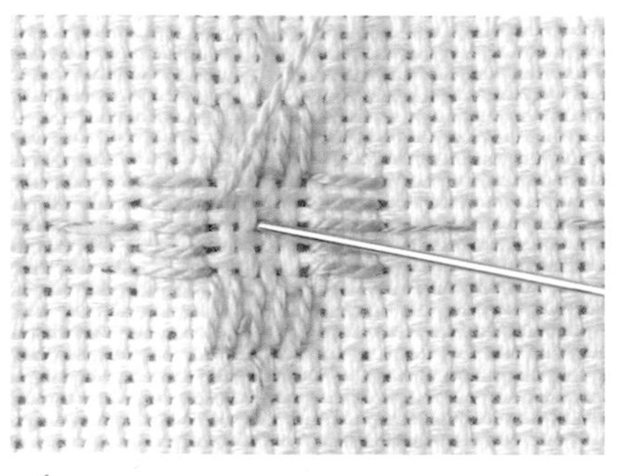

1 從外側出針，在中央入針。

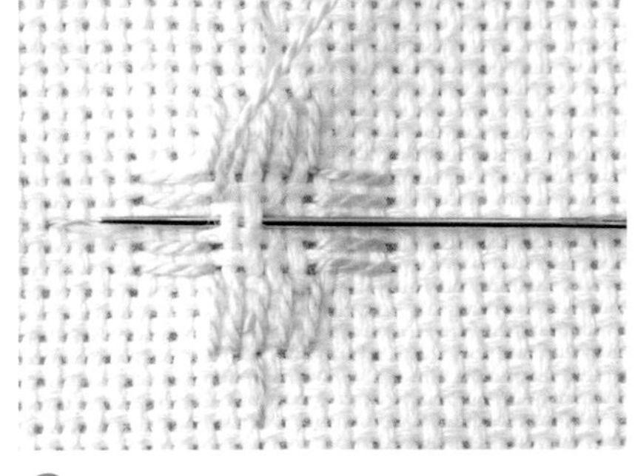

2 空一個針目，在第二個針目出針。

3 用力拉線，同時刺繡其他針目。

4 繡完一圈，在布的背面出針後，穿過五條繡線的中間。

5 剪斷線。

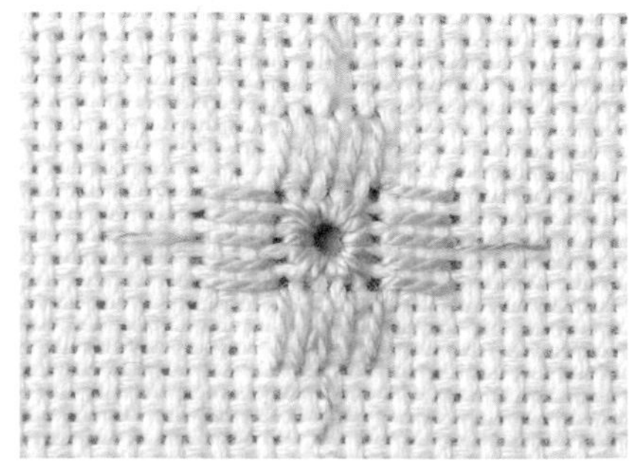

6 完成。

中央拔線的方法

剪掉對稱的緞面繡內側織線後，拔掉直線及橫線。請注意別剪到繡線，因此要一次剪一條。

1 以剪刀一次剪掉一條對稱繡線之間的織線。

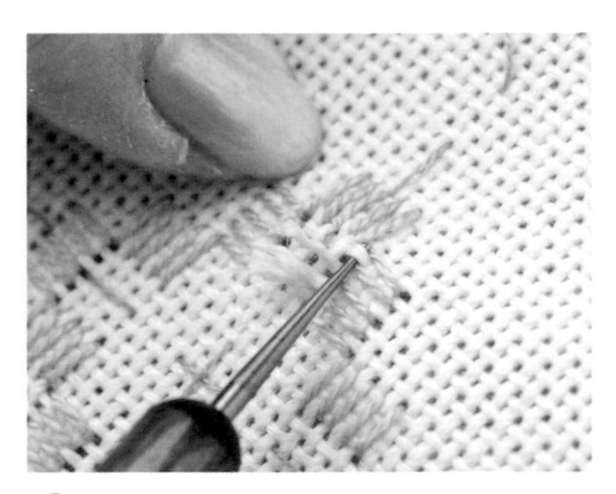

2 以錐子除去織線。逐一除去四條織線。

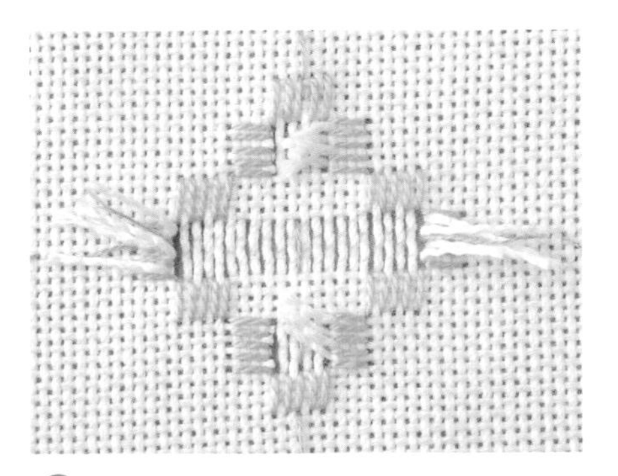

3 拔除掉橫線的狀態。

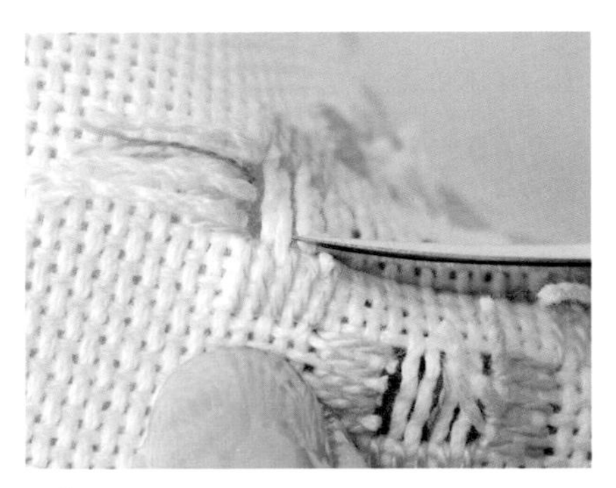

4 按照同樣要訣剪斷縱線。

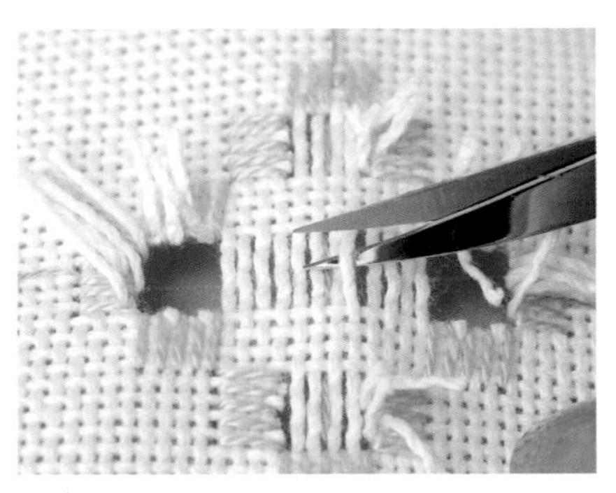

5 一次剪斷一條，以免剪到繡線或其他織線。

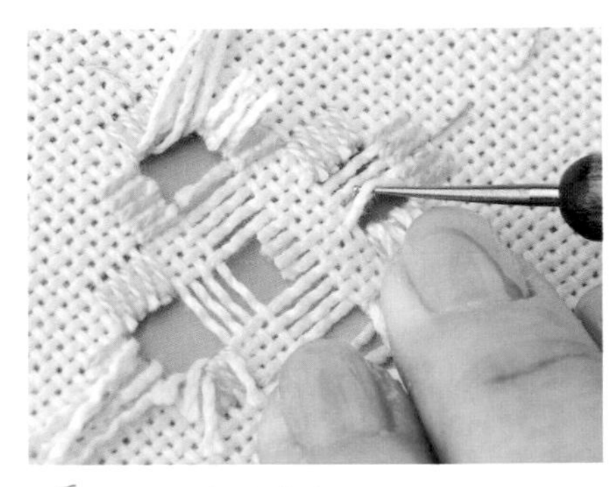

6 一一去除織線。

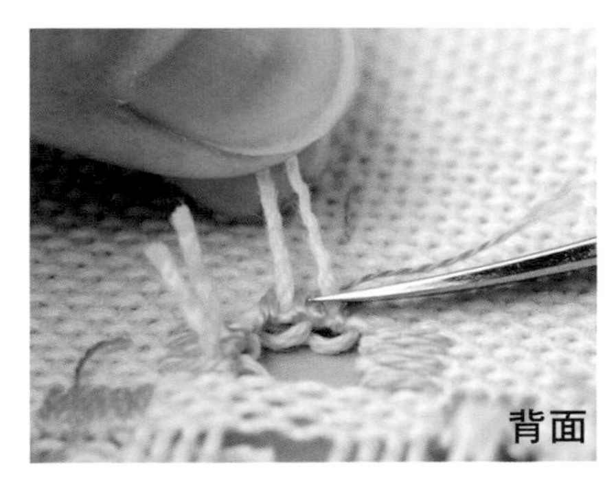

7 翻到布的背面，立起線頭後，一邊拉緊，一邊從根部剪斷。

8 除去直線及橫線的狀態。

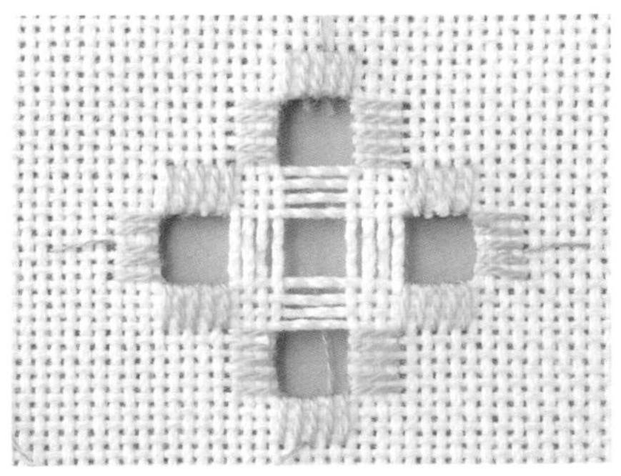

9 完成。

織補繡

Woven Bars

別稱：挪威曙光繡、交錯纏線織補繡

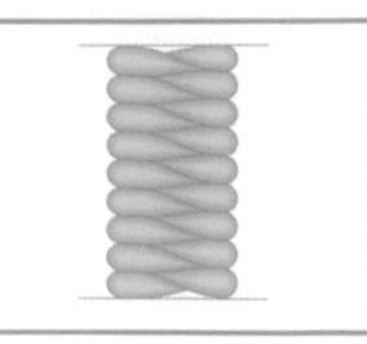

剪斷織線後，將剩下的織線兩兩成對，互相纏繞。

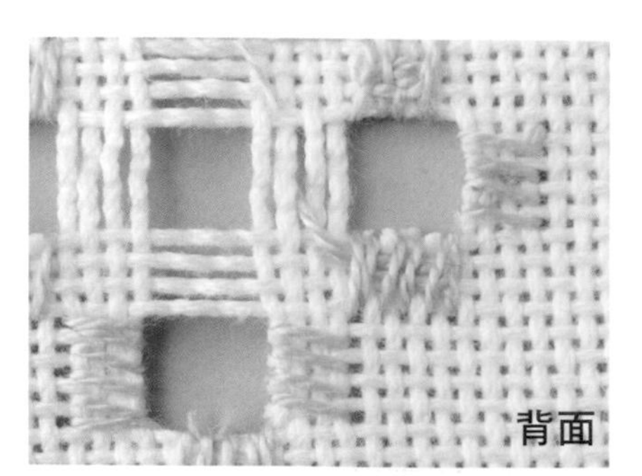

1 將繡線固定於背布的線條裡，在四條織線的中央處入針。從背面看的樣子如圖。

2 從正面看的樣子。

3 將織線兩兩成對，以繡線輪流纏繞。

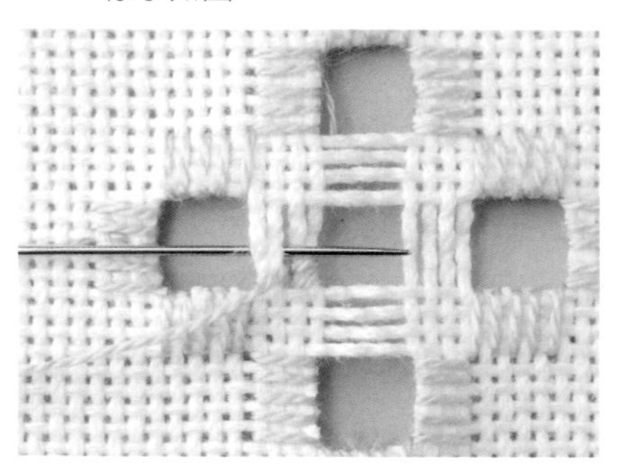

4 每纏繞一次都要拉線。

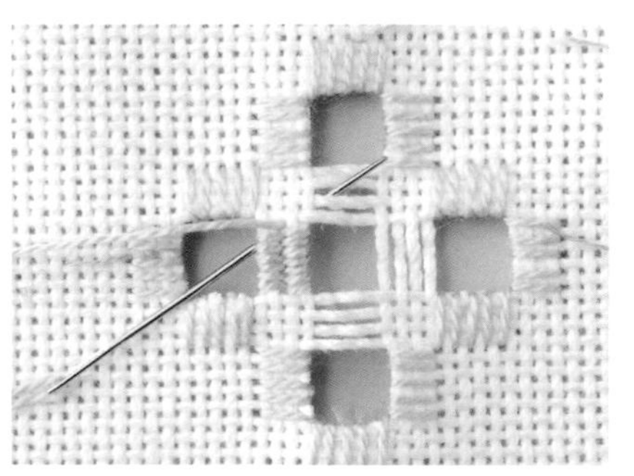

5 繡完一個區塊至下一個區塊時，請勿讓繡線在布的背面留下拉線線條。

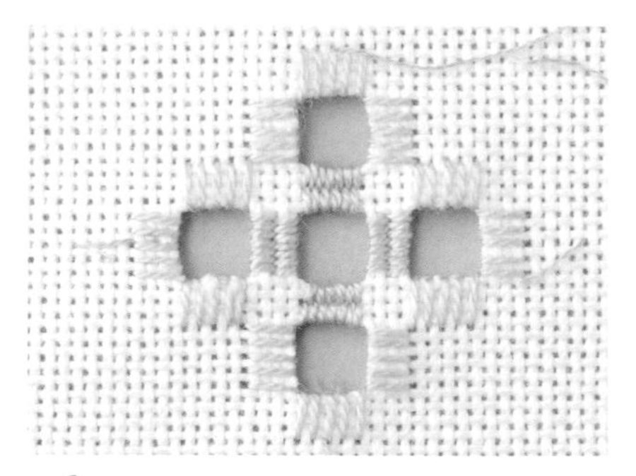

6 完成。

七寶繡

Dove's Eye

別稱：挪威七寶繡

在作織補繡的途中添加七寶圖案。

1 進行織補繡至最後一邊的一半時，從相鄰的線束背面入針。

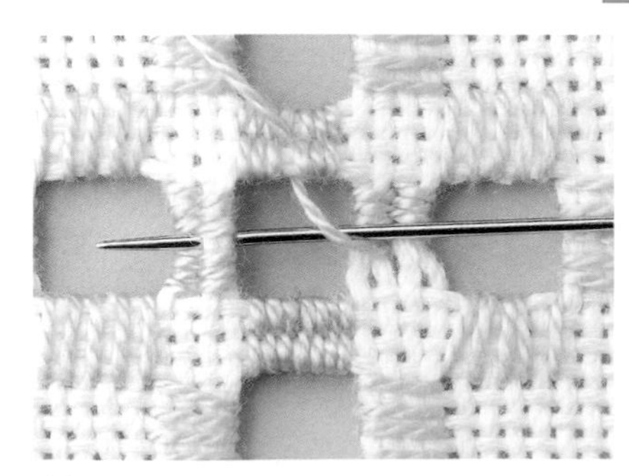

2 穿過步驟1所製造的線條底下，朝下一個鄰邊的線束背面入針。

3 旋轉繡布，讓針穿過步驟2所製造的線條底下，朝下一個鄰邊的線束背面入針。

→接續下頁

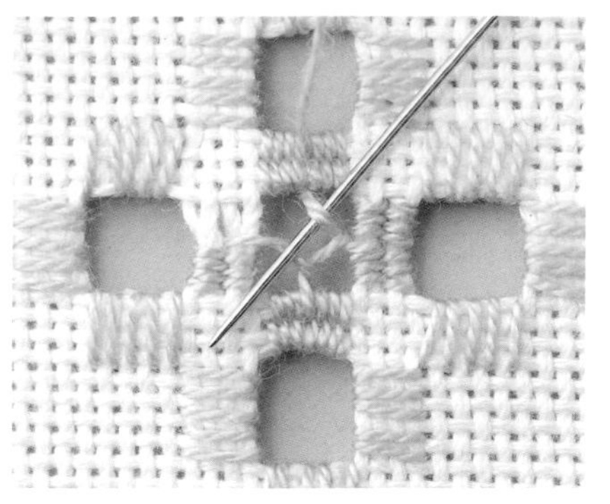

4 旋轉繡布，讓針穿過步驟3所製造的線條底下。

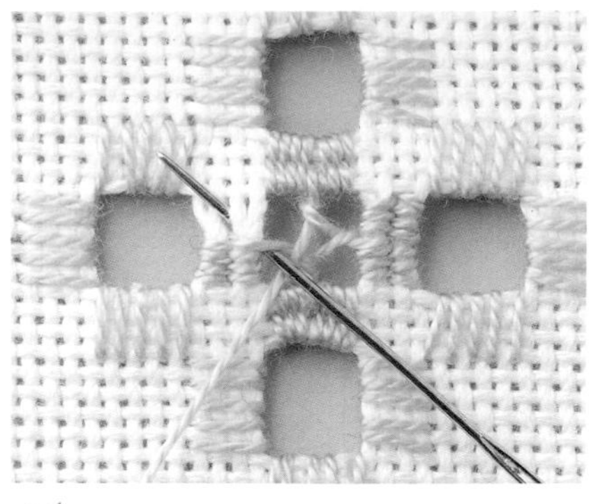

5 最後穿過在步驟1所製造的線條底下，將剩下的織補繡完成。

6 完成。

小環繡

Picots

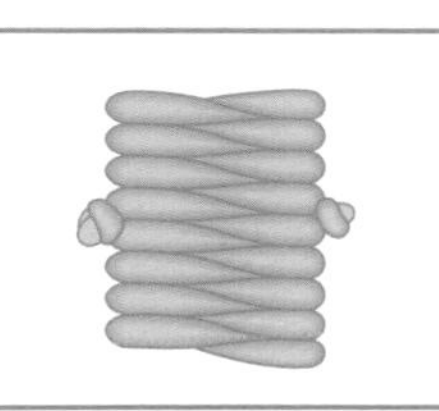

在作織補繡的途中製作小環（打結），接著繼續纏繞線束。

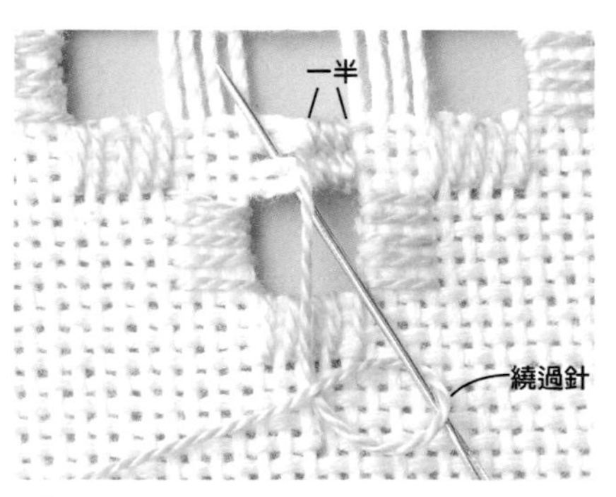

1 織補繡作到一半時，將線繞過針一圈後，從中央出針。

2 拉線後，牢牢地纏住針，在拉著線的情況下拔針。

3 將布上下顛倒拿。將針放在對面，同樣以線繞針一圈。

4 雙方都作出個小環。

5 作完剩下的織補繡後，接下來轉移到鄰邊。

6 四周全部都繡過後即完成。

釦眼繡

Buttonhole Stitch

別稱：毛毯邊繡

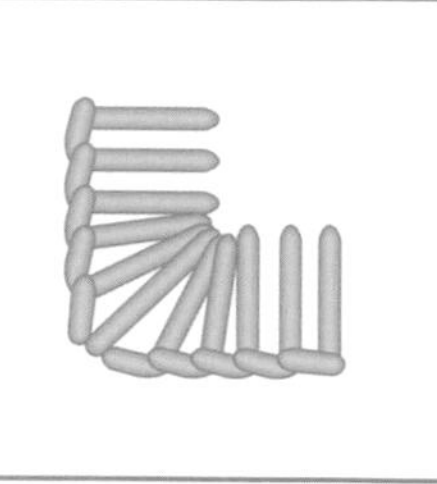

作出邊線的刺繡。每一針都要勾住織線，邊角要在同個針眼部位入針再推進。

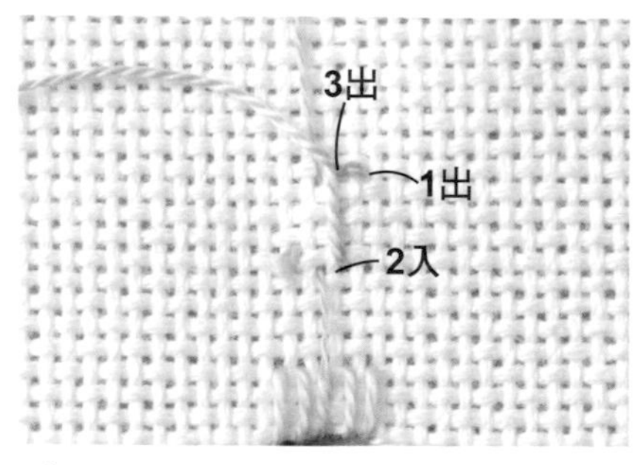

1 一開始要稍微斜縫。從**1**出針後，挑針**2**入，**3**出，勾住線。

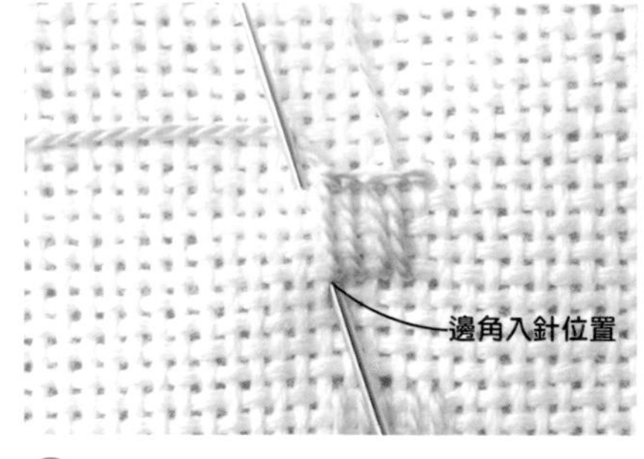

2 接著開始推進。邊角入針的位置要跟前一針相同。

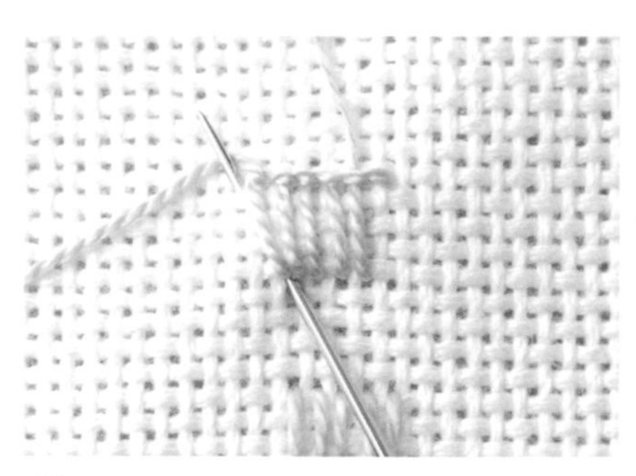

3 入針位置相同後，出針位置每次往旁邊一動一格。

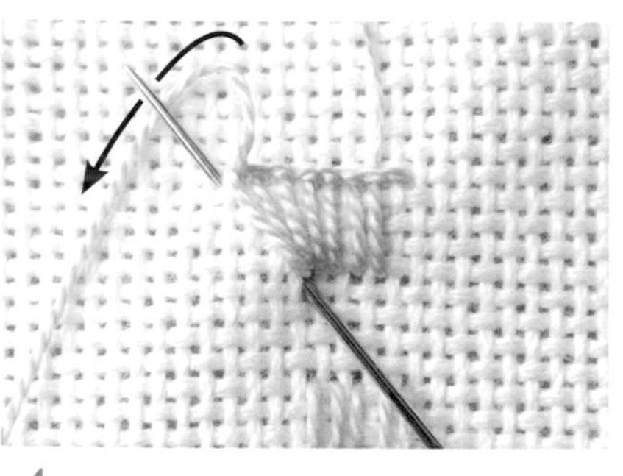

4 繡到邊角後，開始改變刺繡前進方向。

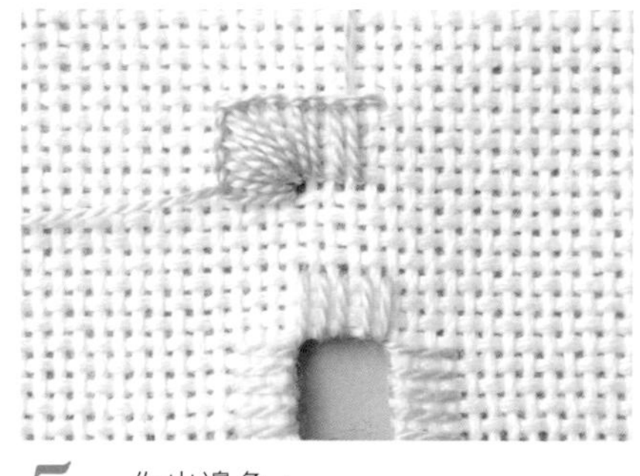

5 作出邊角。

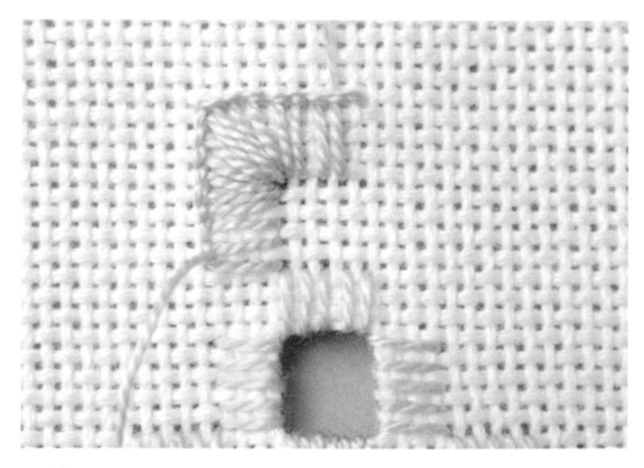

6 以釦眼繡繡出一個區塊（五格）。

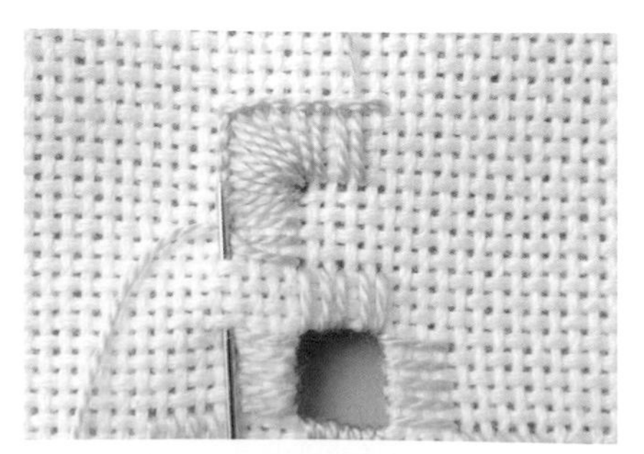

7 改變方向後，繡出釦眼繡。

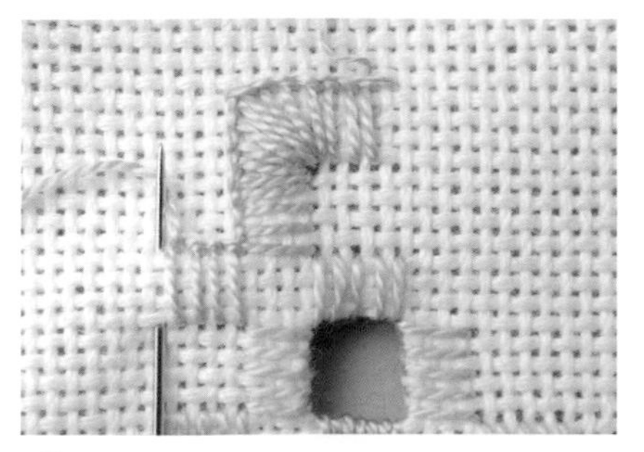

8 繡完一個區塊後，回到步驟2，接著繞行圖案外圍一圈。

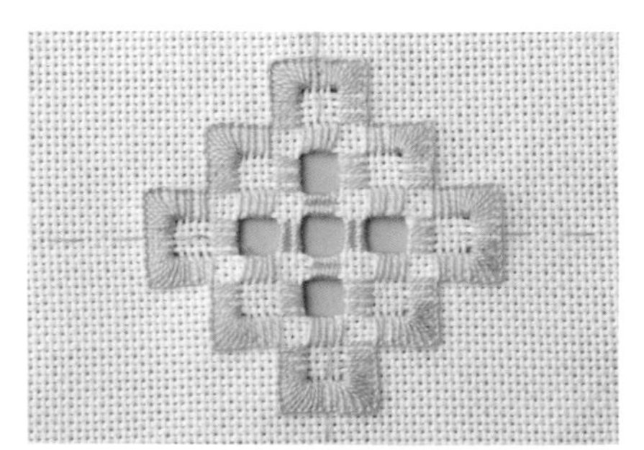

9 完成。

剪線的方法

在裁剪釦眼繡的邊緣時，切記不要剪到繡線，
也不要留下織線。

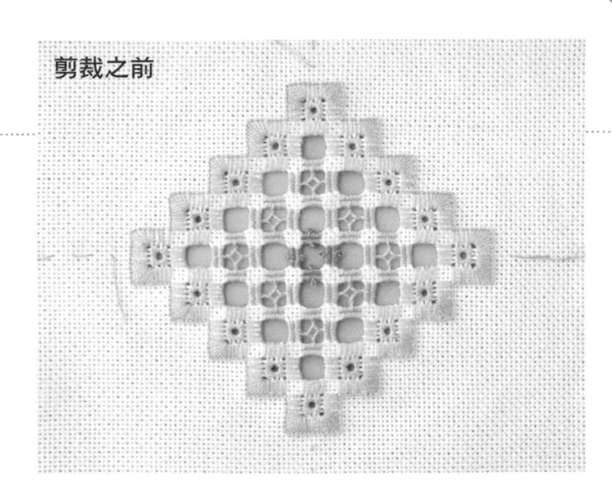

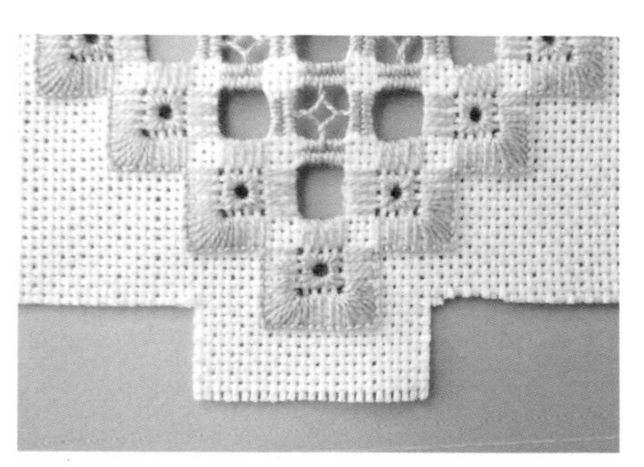

1 先在釦眼繡的周圍留1cm的距離，大略剪下。

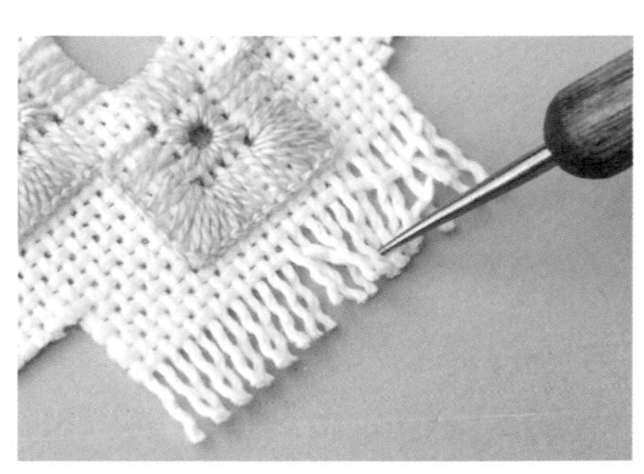

2 一次去除一根織線。

3 除線除到刺繡邊緣的狀態。

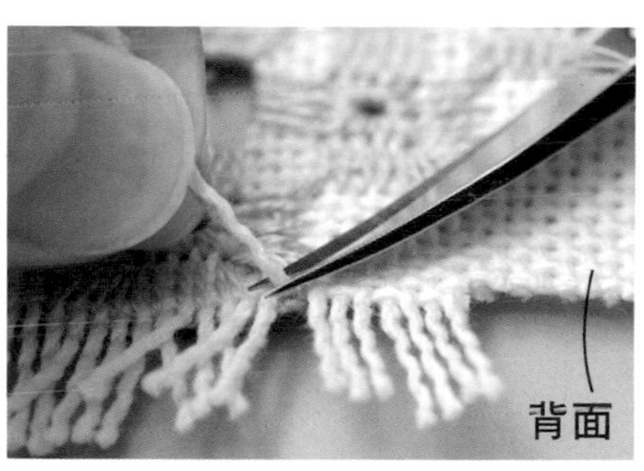

4 小心翼翼地一一剪斷釦眼繡外側的織線。

5 從背面看如圖剪得十分貼近釦眼繡。

6 若從正面看，則看不見被剪掉的線頭。

7 除去下一個邊框的多餘直線及橫線。

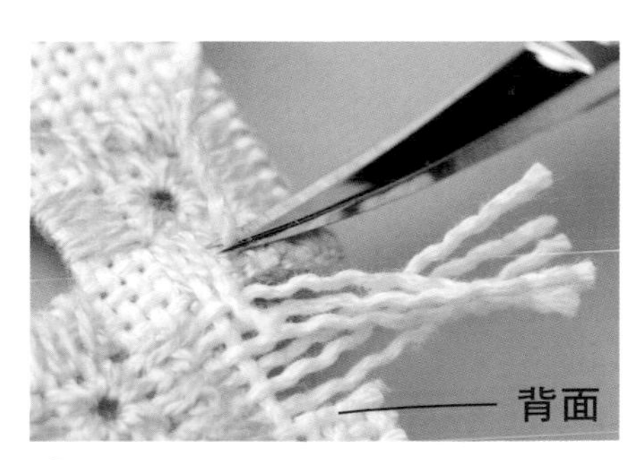

8 從布的背面剪斷織線。

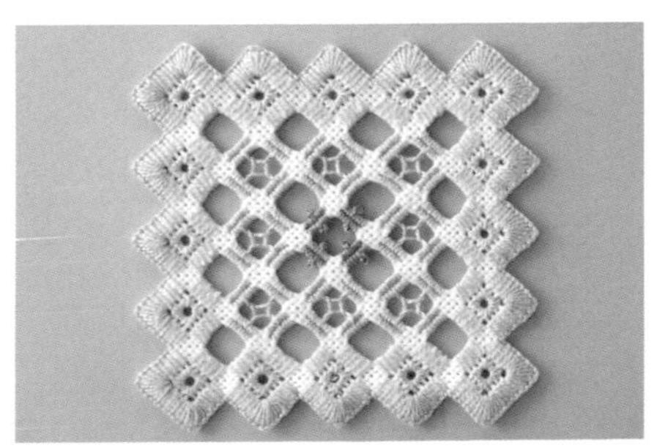

9 周圍的織線全部剪除，完成作品。

封面、內頁的原寸刺繡圖案

※指定以外的繡線是使用DMC 25號繡線。

※單邊圈線套針繡作的玫瑰花、花苞都是使用A Broder 25號1股線。

封面

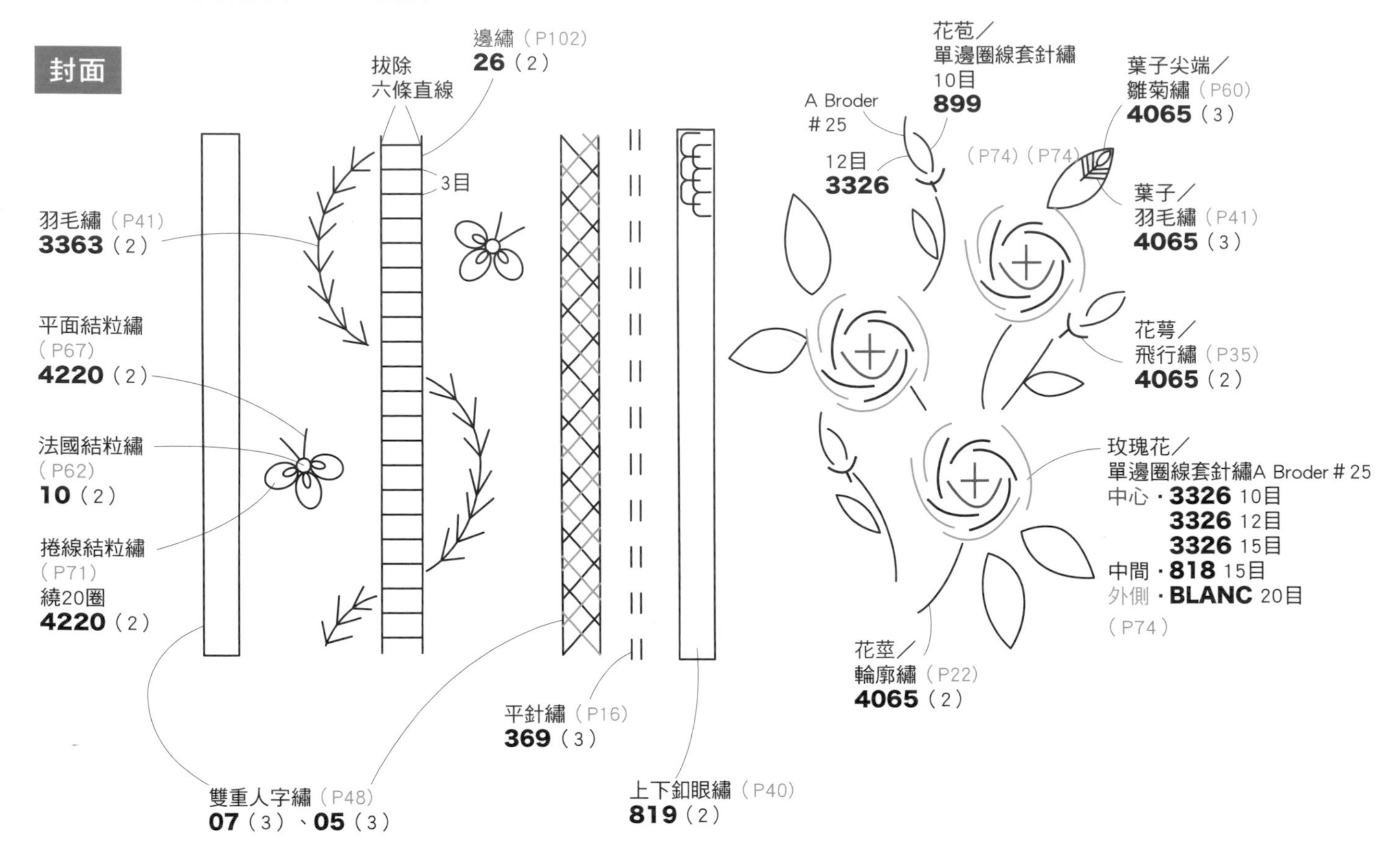

第五頁

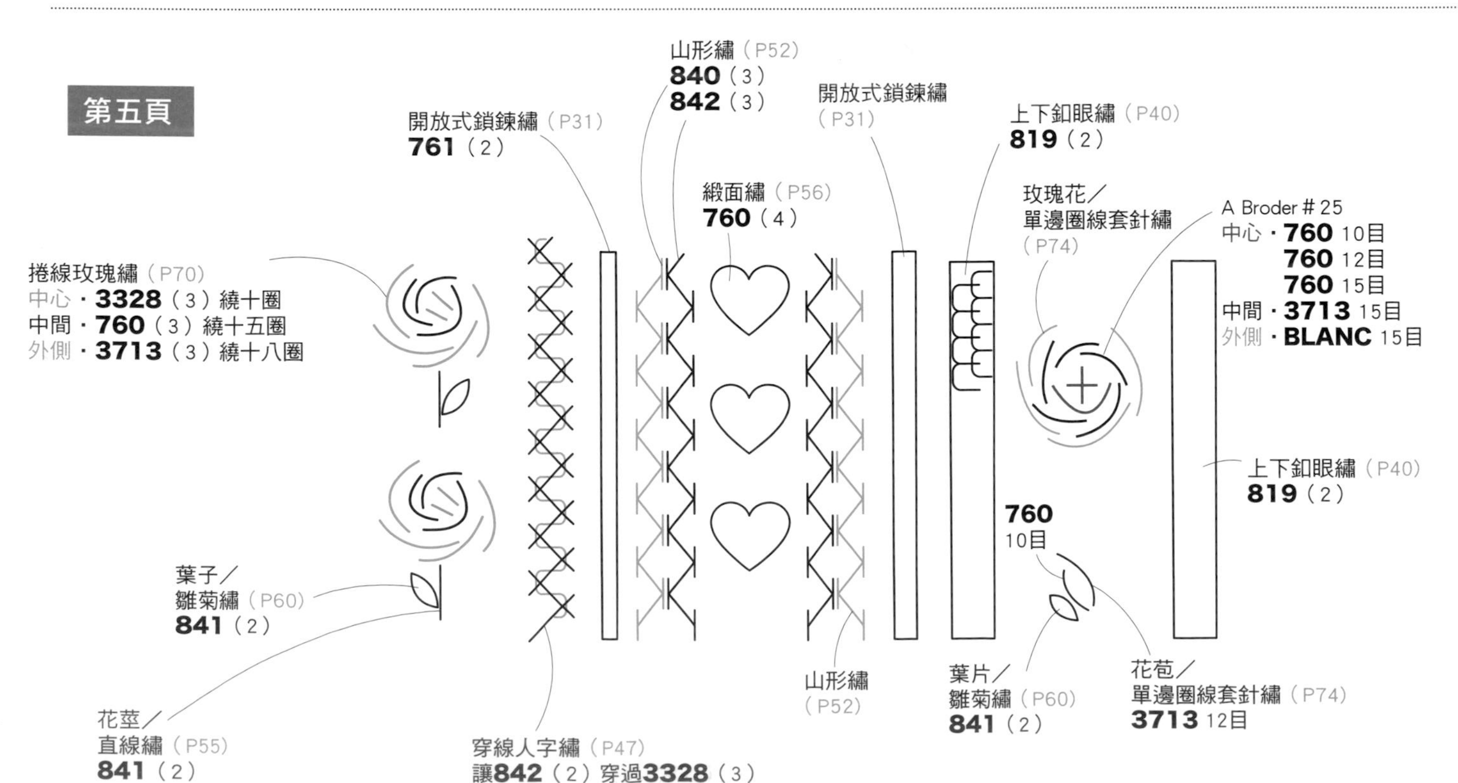

P.15

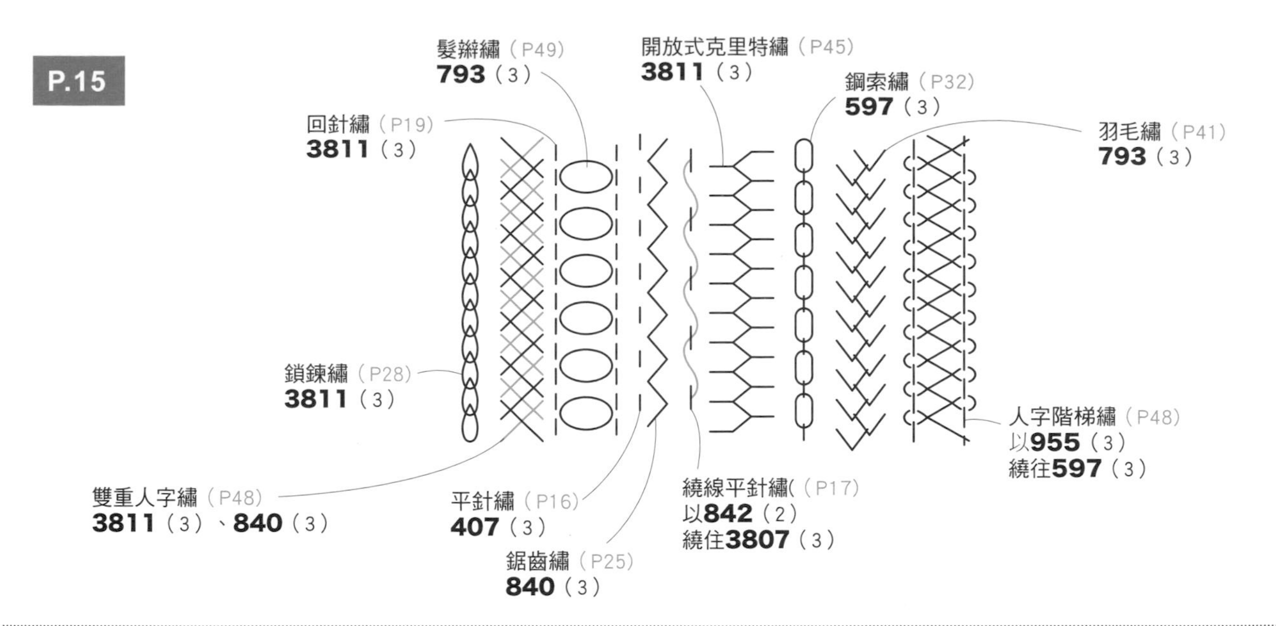

P.54

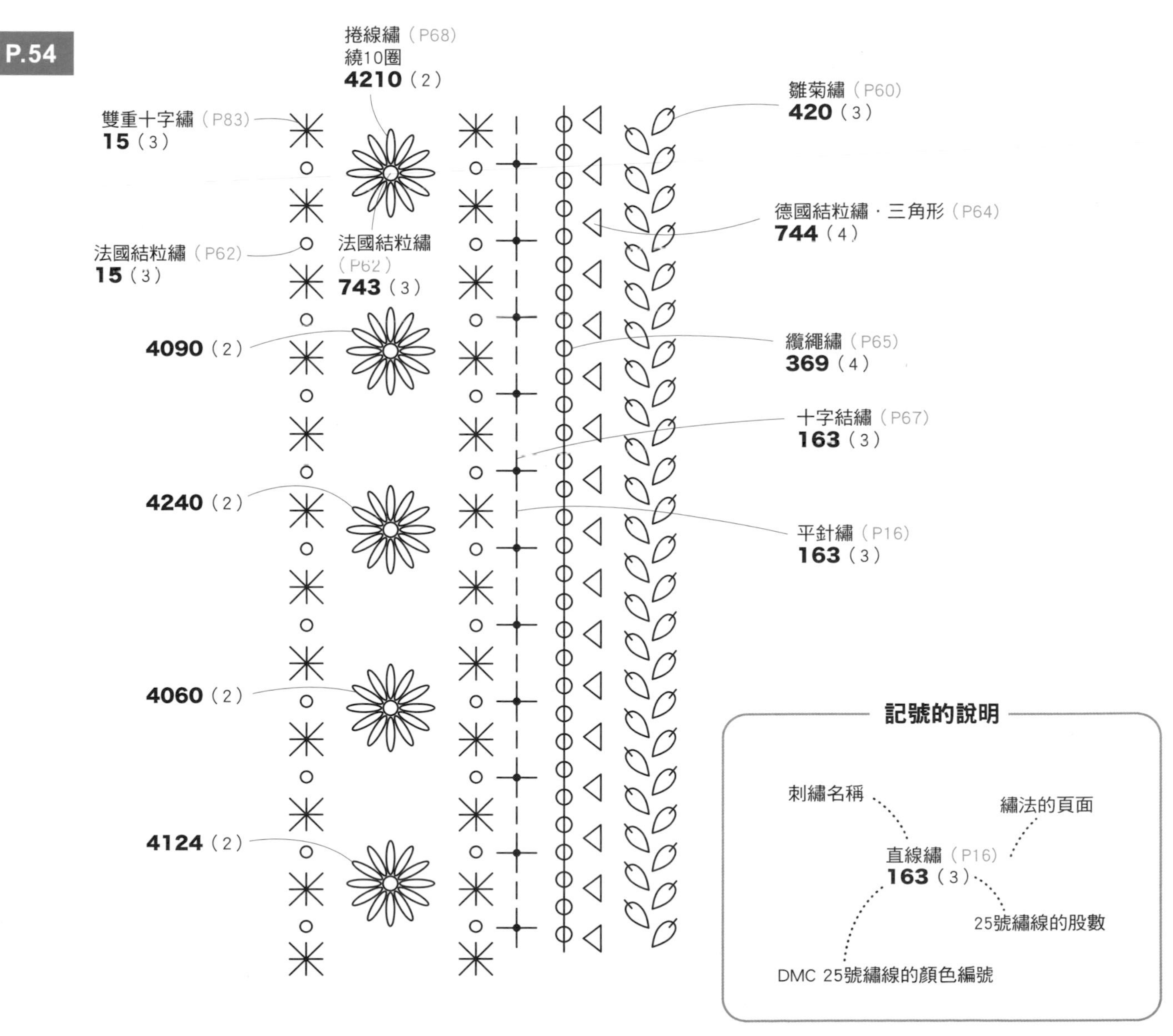

記號的說明

刺繡名稱

繡法的頁面

直線繡（P16）
163（3）

25號繡線的股數

DMC 25號繡線的顏色編號

學會緞帶繡の第一本工具書
新手必備の基礎針法練習BOOK

國家圖書館出版品預行編目資料

一本搞定！初學者的刺繡基礎教科書 / アトリエ Fil 著 ; 黃盈琪譯.
-- 二版. -- 新北市 : 雅書堂文化事業有限公司, 2023.10
面； 公分. -- (愛刺繡 ; 23)
ISBN 978-986-302-689-1(平裝)

1.CST: 刺繡 2.CST: 手工藝

426.2 112016282

ATELIER Fil

由清弘子（左）及安井しづえ（右）組成的團體。
兩人長年學習法國刺繡，在2004年創立了ATELIER Fil。
專攻立體刺繡。
以花朵立體刺繡為主，其可愛的圖案及用色鮮美的立體刺繡（Stumpwork）吸引了不少愛好者。ATELIER Fil定期舉辦展示會，在文化中心擔任講師，並在代代木上原開辦教室。
在NHK的「美妙的手作藝品」中多次出演。
著有《花・葉・果實的立體刺繡書（暢銷版）：以鐵絲勾勒輪廓，繡製出漸層色彩的立體刺繡》、《一學就會の立體浮雕刺繡可愛圖案集：Stumpwork基礎實作——填充物＋懸浮式技巧全圖解公開！》等書，以上繁體中文版由EB新手作出版。

http://www.atelier-fil.com/

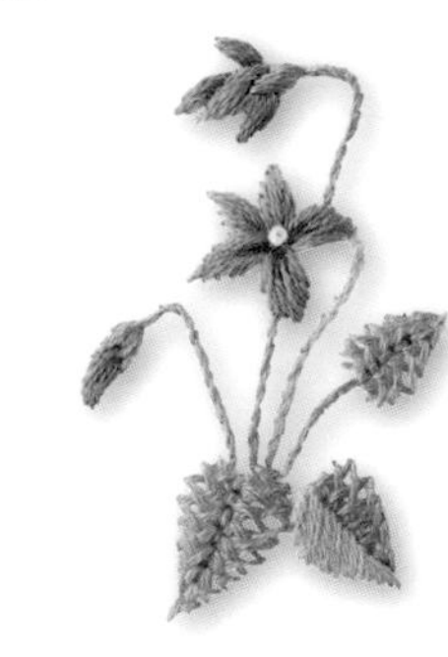

愛｜刺｜繡｜23

一本搞定！
初學者的刺繡基礎教科書（暢銷版）

作　　者／アトリエ Fil
專業審訂／王棉老師
譯　　者／黃盈琪
發 行 人／詹慶和
執行編輯／黃璟安
編　　輯／劉蕙寧・陳姿伶・詹凱雲
執行美編／韓欣恬
美術編輯／陳麗娜・周盈汝
出 版 者／雅書堂文化事業有限公司
發 行 者／雅書堂文化事業有限公司
郵政劃撥帳號／18225950
戶　　名／雅書堂文化事業有限公司
地　　址／220新北市板橋區板新路206號3樓
網　　址／www.elegantbooks.com.tw
電子信箱／elegant.books@msa.hinet.net
電　　話／(02)8952-4078
傳　　真／(02)8952-4084

2023年10月二版一刷　定價480元

Lady Boutique Series No.4604
SHISHU NO STITCH TO KIHON
2018 Boutique-sha, Inc.

Original Japanese edition published in Japan by BOUTIQUE-SHA.
Chinese (in complex character) translation rights arranged with BOUTIQUE-SHA
through Keio Cultural Enterprise Co., Ltd., New Taipei City, Taiwan.

STAFF
編輯／三城洋子
攝影／藤田律子
書本設計／橋本祐子
描圖／白井麻衣
校對／安彥友美

經銷／易可數位行銷股份有限公司
地址／新北市新店區寶橋路235巷6弄3號5樓
電話／(02)8911-0825　傳真／(02)8911-0801

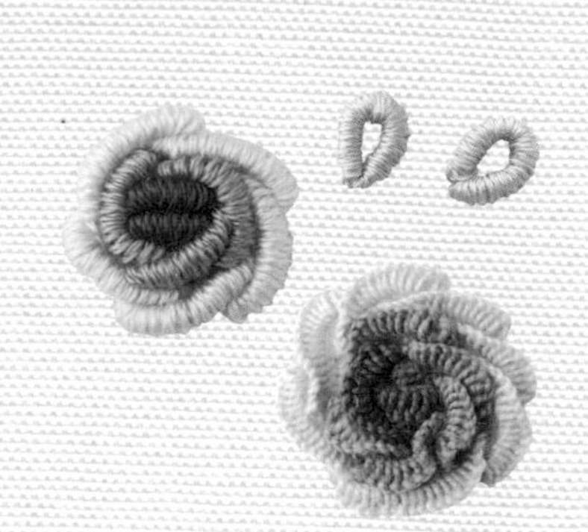

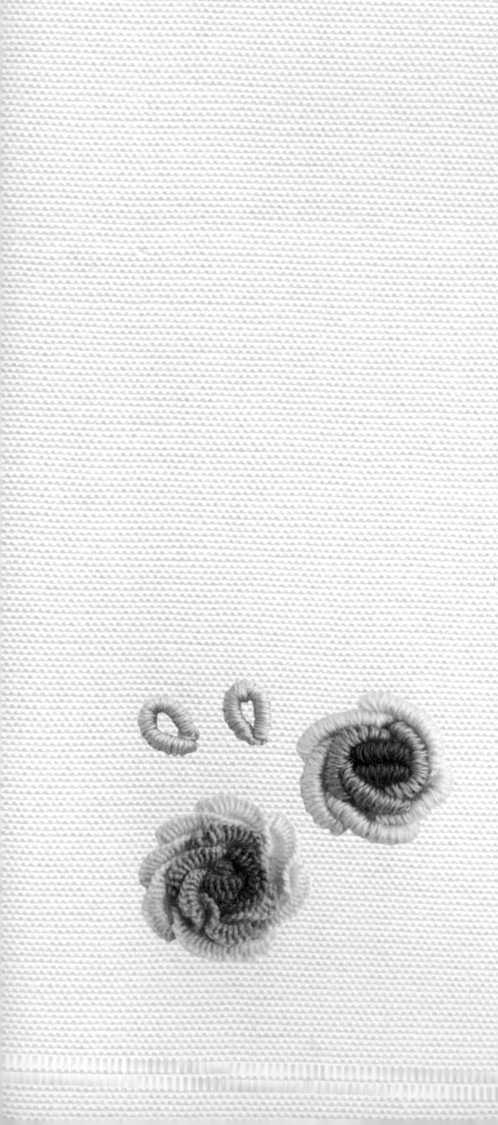